Elektronik als Hobby

Willi Priesterath

Elektronik als Hobby

Von der Grundschaltung zum
integrierten Schaltkreis

Mit 8 wichtigen
Universalplatinen

FALKEN

CIP-Titelaufnahme der Deutschen Bibliothek

Priesterath, Willi:
Elektronik als Hobby: von d. Grundschaltung zum
integrierten Schaltkreis / Willi Priesterath. –
Niedernhausen/Ts.: Falken-Verlag, 1988
(Falken-Sachbuch)
ISBN 3–8068–4293–0

ISBN 3 8068 4293 0

© 1988 by Falken-Verlag GmbH, 6272 Niedernhausen/Ts.
Titelbild: Kreativ Design Gerd Aumann, Wiesbaden
Bildquellenverzeichnis:
Beyschlag GmbH, Heide: Abb. 40;
Robert Bosch GmbH, Stuttgart: Abb. 88a;
ERSA, Ernst Sachs, Wertheim: Abb. 20b, 20c, 22b;
Kontakt Chemie – Technische Aerosole GmbH, Rastatt: Abb. 76, 80;
Weller, Cooper Group Deutschland GmbH, Besigheim: Abb. 22a, 26;
alle anderen Abbildungen: Willi Priesterath
Die Ratschläge in diesem Buch sind vom Autor und vom Verlag
sorgfältig erwogen und geprüft, dennoch kann eine Garantie
nicht übernommen werden. Eine Haftung des Autors bzw. des
Verlages und seiner Beauftragten für Personen-, Sach- und
Vermögensschäden ist ausgeschlossen.
Satz: Grunewald Satz + Repro GmbH, Kassel
Druck: Mainpresse Richterdruck, Würzburg

817 2635 4453 62

Inhalt

Experimentierradio

„Hier ist Berlin, hier ist Berlin." Das waren 1925 die ersten Worte des Sprechers der neugegründeten Reichsrundfunkgesellschaft, die durch den Äther gingen. In den Haushalten saßen die Leute damals gespannt vor den (meist) schwarzen Empfängern, die erst wenige Jahre zuvor auf den Markt gekommen waren. Die Stimme, die aus dem Lautsprecher kam, krächzte und plärrte zwar sehr, doch waren damals alle fasziniert von dem „Wunderding", das sprechen und musizieren konnte. Nun, hätten die Menschen damals gewußt, was wir heute hier auf den folgenden Seiten erfahren, wäre das Erstaunen über den Kasten sicherlich geringer gewesen. Die erste Schaltung nämlich, die wir aufbauen, ist ein solches Radio; nicht ganz so kompliziert wie damals, aber funktionstüchtig.

Eine Lexikondefinition für „Radio" lautet: Rundfunk (Radio) ermöglicht Verbreitung von Nachrichten u. a. Hördarbietungen mit Hilfe der Funktechnik für eine große Hörerzahl. 1920 Übertragung des ersten Instrumentalkonzertes durch den Langwellensender in Königswusterhausen ...

Es folgen noch weitere Daten, auf die wir hier nicht näher eingehen wollen. Wenn heute von einem oder von dem Radio die Rede ist, stellt man sich meist eine Stereoanlage mit mindestens 50 W (Watt), Kassettendeck, Plattenspieler und jede Menge Schnickschnack vor. Einige denken auch an ein Koffergerät, andere an einen Walkman und wohl die wenigsten an ein ganz einfaches und primitives Empfangsgerät. Die Empfangsqualität ist entsprechend der einfachen Bauweise recht bescheiden. Auch die Senderauswahl ist nicht sonderlich hoch. Nur maximal drei bis vier starke Sender in der Nähe werden zu hören sein, deren Signale noch stark genug sind, daß die Empfängerschaltung sie aufnehmen und umsetzen kann. Wer allerdings nicht nahe genug an einem starken Sender wohnt, wird möglicherweise nichts empfangen. Es ist dennoch einen Versuch wert, denn hohe Kosten verursacht der Aufbau nicht. Nur drei elektronische Bauelemente müssen gekauft werden:
● ein Kondensator (Abb. 1)
● eine Germaniumdiode (Abb. 2)
● ein Kristallohrhörer (Abb. 3)
Der für den Aufbau erforderliche Kupferdraht findet sich bestimmt in der Bastelkiste.
Weitere Utensilien:
● der Pappkern einer Toilettenpapierrolle
● etwas Küchen-Alufolie
● eine 1-Liter-Packung von Frischgetränken oder von H-Milch.

Das benötigte Material ist in einer genaueren Stückliste auf Seite 14 noch einmal zusammengefaßt.
Doch zunächst zum Schaltbild unseres Radios (Abb. 4). Die mit D1, C2 und LS bezeichneten Symbole sind uns schon aus den Abbildungen 1 bis 3 bekannt. Die übrigen Bauteile sind dann zusammen mit allen anderen, in Abbildung 5 zu sehen.
Zur Vereinfachung der Schaltbilder sind die Bauteile mit Hilfe von Symbolen dargestellt. Wichtig ist natürlich, sie richtig miteinander zu verbinden, damit die Schaltung auch funktioniert. Die

KAPITEL

1

INFO 1 Die Diode

*D*ie Diode ist ein sehr wichtiges elektronisches Bauelement und gehört zur Gruppe der Halbleiter.

Es gibt Leiter und Nichtleiter: Die Leiter lassen den elektrischen Strom ohne große Schwierigkeiten durch sich hindurchfließen; sie setzen ihm nur einen geringen Widerstand entgegen. Nichtleiter dagegen haben einen so hohen Widerstand, daß es für den elektrischen Strom unmöglich ist, durch sie hindurchzufließen.

Das bekannteste leitende Material ist Kupfer, aus dem fast alle Kabel hergestellt sind. Umgeben sind die Elektrokabel mit Gummi oder Kunststoff, einem nichtleitenden Material.

Eine Diode verbindet beide Eigenschaften: sie kann den Strom fließen lassen oder ihn sperren. Das ist von bestimmten Umständen abhängig, die wir an dieser Stelle noch nicht näher erörtern wollen.

Die Diode ist für den elektrischen Strom eine elektronische „Einbahnstraße"; man kann sie auch als ein „elektronisches Ventil" bezeichnen:

Sie läßt den Strom nur von der Anode (A) zur Kathode (K) fließen.

Das mechanische Gegenstück zur Diode ist das Blitzventil eines Fahrrades. Unsere „Röntgenzeichnung" gestattet einen Blick auf das Innenleben, so daß wir leicht die Funktionsweise des Ventils erkennen. Im Normalfall drückt die Luft im Schlauch den inneren Kegel in Richtung Gewinde und schließt die Durchlaßöffnung, so daß keine Luft nach außen strömen kann. Die Luftpumpe sorgt nun dafür, daß der äußere Druck auf den Kegel stärker ist als der innere. Dadurch verschiebt sich der Kegel im Ventil nach hinten, und die von außen einströmende Luft gelangt durch die zwei seitlichen Öffnungen ins Schlauchinnere. Entfernt man die Pumpe, so ist der innere Druck wieder stärker als der äußere, das Ventil schließt und der Luftstrom ist unterbrochen.

Bei der Diode ist es ähnlich, nur daß hier der Luftdruck durch eine elektrische Spannung ersetzt ist. Damit die Diode Strom fließen läßt, muß eine elektrische Spannung (U) anliegen; ist sie an der Anode höher (+) als an der Kathode, öffnet die Diode, und ein Strom fließt von A nach K. Ist jedoch die Spannung an der Kathode höher, sperrt die Diode, und es fließt kein Strom mehr.

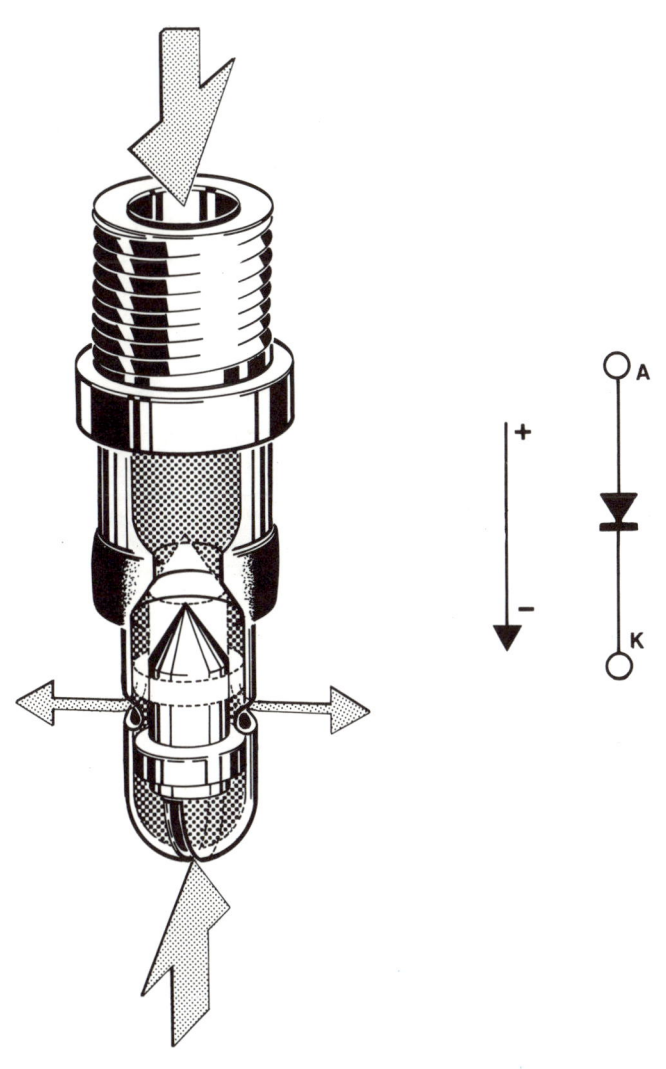

Abb. 1 Der Kondensator besteht aus zwei Platten, die sich gegenüberliegen, ohne sich zu berühren. Diese Bauweise ist im Schaltsymbol (a) leicht zu erkennen. Der prinzipielle Aufbau ist in (b) angedeutet; ein Kondensator mit durchsichtigem Gehäuse.

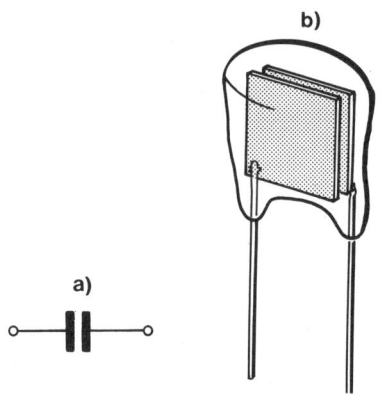

Abb. 1

Verbindungsstellen der einzelnen Bauteile sind im Schaltbild durch einen Punkt gekennzeichnet. So ist zum Beispiel die Diode D1 mit ihrem Anschluß K (Kathode) mit C2 und LS verbunden (Abb. 4).

Wie funktioniert nun unser Radio?
Von der Sendeantenne aus werden die Rundfunkwellen abgestrahlt, „schwirren" durch die Luft und treffen irgendwann auf die Antenne eines betriebsbereiten Empfängers. In unserem Fall ist es das Experimentierradio, das die

Abb. 2 Die Diode zählt zu den Halbleiterbauelementen. Aus dem Schaltsymbol (a) ist zu erkennen, daß es ein Bauelement mit zwei Anschlüssen ist: der Anode (A) und der Kathode (K). Eine Diode läßt den elektrischen Strom nur in eine Richtung passieren, nämlich von der Anode zur Kathode. Sie blockt den Strom ab, wenn er von der Kathode zur Anode fließen will.

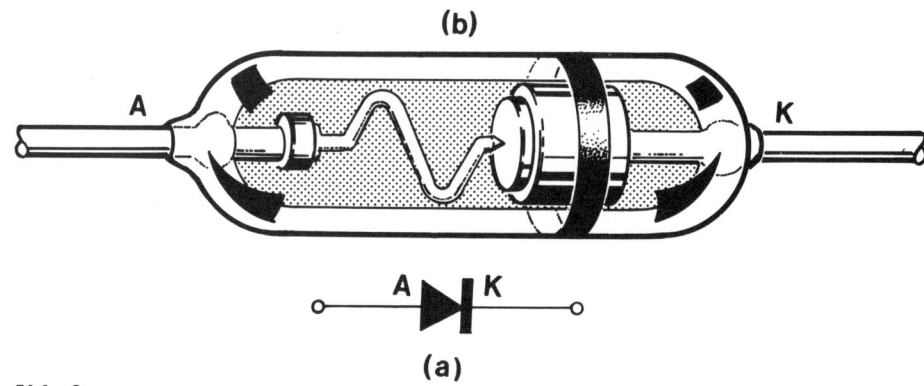

Abb. 2

Abb. 3 Der Kristallohrhörer ist ein Lautsprecher im Miniformat. (a): Schaltsymbol; (b): gegenständliche Zeichnung.

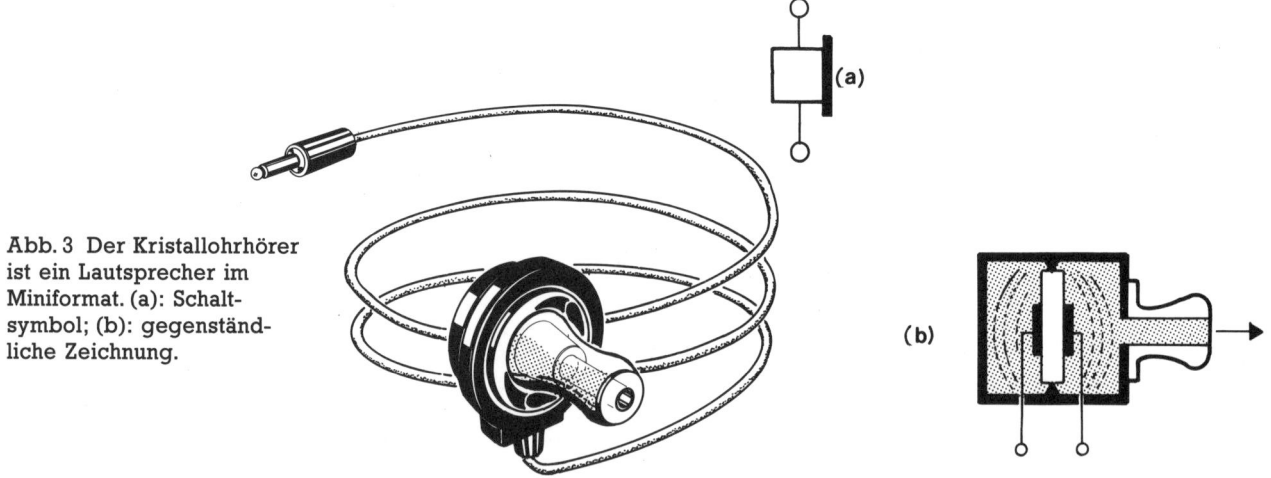

Abb. 3

empfangenen Rundfunkwellen hörbar macht. Was die Schaltung nun im einzelnen leistet, wollen wir jetzt untersuchen, ohne vorerst auf die genaue Funktionsweise der einzelnen Bauelemente einzugehen. Wir werden sie später noch genauer kennenlernen.

Die Antenne fängt die von den Sendern ausgestrahlten Rundfunkwellen auf. Das sind natürlich sehr viele, weil nicht nur ein Sender ein Programm ausstrahlt, sondern viele Sender viele Programme. Würde man das empfangene Wellengemisch umsetzen und hörbar machen, entstünde das reinste babylonische Sprachengewirr, und im Endeffekt wäre nichts zu verstehen. Damit das nicht passiert, filtert die Spule L1 aus dem Gemisch eine Rundfunkwelle mit einer bestimmten Frequenz heraus (vgl. Info 2). Der Kondensator C1 spielt im Augenblick noch keine Rolle.

Wohin nun mit den anderen Rundfunkwellen? Sie müssen zu einem Gegenpol der Antenne, zur Erde, abgeleitet werden; deshalb auch das Erdzeichen. Als Gegenpol ist zum Beispiel der Ventilanschluß eines Heizkörpers oder ein Wasserhahn geeignet. Auf keinen Fall darf hierfür die Schutzerde der Netzsteckdose verwendet werden!

Die ausgefilterte Rundfunkwelle wird von der Diode D1 gleichgerichtet (vgl. Info 1). Das ist notwendig, damit im Ohrhörer der Kristall schwingen und die ausgefilterte Welle in hörbare Impulse umsetzen kann. Damit ist das Funktionsprinzip des Radios schon auf sehr vereinfachte Weise erklärt.

Und nun zu den Kondensatoren C1 und C2:

Fangen wir mit dem letzteren an. Ohne ihn wären Musik und Sprache noch mit einem starken Pfeifen und Rauschen überlagert. Das kommt vom HF-Anteil, der im gleichgerichteten Signal noch vorhanden ist (vgl. Info 2). Mit C2 verbessert sich der Klang: Der Kondensa-

tor leitet die hochfrequenten Anteile der Trägerwelle über den Gegenpol zur Erde ab. Dadurch wird die Verständlichkeit des empfangenen Signals wesentlich verbessert; die Lautstärke nimmt allerdings etwas ab.

Mit unserem Radio können wir bisher nur einen Sender empfangen. Mit etwas Glück können es zwei oder mehr Sender sein, dafür sorgt unter anderem der einstellbare Kondensator C1. Er bildet zusammen mit der Spule L1 einen Parallelschwingkreis (oder auch Parallelresonanzkreis, vgl. Info 5). Da man bei C1 den Kapazitätswert ändern kann, läßt sich das Verhalten des Parallelschwingkreises beeinflussen. Je nach Kapazitätswert von C1 wird eine andere Frequenz aus dem Gemisch ausgefiltert, wir empfangen einen anderen Sender.

Eine Batterie braucht unser Experimentierradio nicht, wir entnehmen den notwendigen Strom der Rundfunkwelle selbst. Es ist zwar nicht sehr viel, aber doch genug, um etwas zu hören. Zu einem späteren Zeitpunkt schalten wir einen kleinen Verstärker mit Batterie hinzu; damit wird die Verständlichkeit etwas besser.

Abb. 4 Im Schaltbild des Experimentierradios sind alle erforderlichen Bauteile so miteinander verbunden, wie es für die einwandfreie Funktion notwendig ist. Ein anderer Ausdruck für das Experimentierradio ist *Detektorempfänger*. **Als** Detektor wird nämlich auch die Diode D1 bezeichnet.

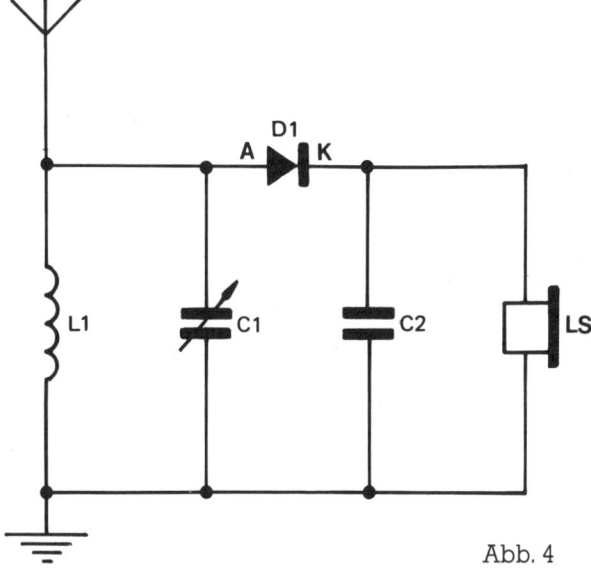

Abb. 4

INFO 2   Von Rundfunk- und anderen Wellen

*S*ie sitzen vor dem Radio, lauschen Ihrer Lieblingssendung und fragen sich möglicherweise, wie es kommt, daß Sie etwas hören können, was etliche Kilometer entfernt ausgestrahlt wird. Schon das Wort „ausgestrahlt" zeigt, daß Sie auf der richtigen Spur sind. Doch ist die genaue Antwort nicht ganz leicht. Begnügen wir uns für den Anfang mit folgender, vereinfachter Erklärung:
Im Sender setzen entsprechende Geräte Sprache und Musik in elektrische Schwingungen um. Es entsteht ein NF-Signal (NF = Niederfrequenz), das im Bild grob schematisch dargestellt ist. Die Anzahl der Schwingungen ist beim NF-Signal relativ gering; es sind in einer Sekunde etwa 15 000 bis 18 000. Die Anzahl der Schwingungen pro Sekunde nennt man Frequenz, und die Einheit bezeichnet man mit Hertz (Hz). Wenn man sagt, die Schwingung habe eine Frequenz von 1 000 Hz, dann meint man also, pro Sekunde erfolgen 1 000 Schwingungen.
Eine Schwingung ist eine gleiche, sich regelmäßig wiederholende Bewegung, vergleichbar mit der Bewegung eines Uhrpendels, wobei eine vollständige Hin- und Herbewegung eine ganze Schwingung ausmacht. Die Zeit, die für eine derartige Schwingung gebraucht wird, nennt man Schwingungsdauer oder auch Periodendauer. Bei einer Frequenz von 1 000 Hz ist die Schwingungsdauer also:

$$T = \frac{1}{f} = \frac{1}{1000} \ \text{sec}$$

Die Formel für die Frequenz lautet:

$$1 \ \text{Hz} = \frac{1}{1 \ \text{s}}$$

f = Frequenz

T = Periodendauer

s = Sekunde

Hz = Hertz

Nun wieder zurück zu unseren Rundfunkschwingungen:
Für die Rundfunkübertragung ist das reine NF-Signal nicht geeignet. Es wird im Sender für den „Transport" zum Empfänger aufbereitet und erhält deshalb einen Signalträger, die sogenannte Trägerwelle. Auch das sind Schwingungen, allerdings mit einer wesentlich höheren Frequenz; sie beträgt bei Mittelwellensendern etwa 500 000 bis 1 605 000 Hz, deshalb spricht man auch von Hochfrequenz (HF). Die von der eingezeichneten Null-Linie am weitesten entfernten Werte (die Spitzenwerte) sind die Amplituden. Die Trägerwelle wird mit Hilfe des NF-Signals „moduliert", so daß ein Gemisch von HF und NF entsteht. Jetzt ändern die Trägeramplituden ihren Wert im Rhythmus des NF-Signals; deshalb heißt diese Art der Signalübertragung Amplitudenmodulation. Die Trägerwelle ist dabei vom NF-Signal umhüllt. Damit ist die Rundfunkwelle (für den Mittelwellenbereich) komplett und kann ungestört vom Sender zum Empfänger gelangen.

Der Empfänger filtert nun aus der Rundfunkwelle wieder das NF-Signal mit der eigentlichen Information heraus. Dazu gibt es verschiedene Methoden. Beim Experimentierradio geschieht dies mit Hilfe der Diode und des Kondensators C2. Von der Trägerwelle (HF) schneidet die Diode alles ab, was unterhalb der Null-Linie liegt. Der Kondensator entfernt aus dem verbleibenden Rest die noch zur Hälfte vorhandene Trägerwelle. Übrig bleibt das demodulierte NF-Signal mit der Information. Die Abbildung macht den Vorgang deutlich.

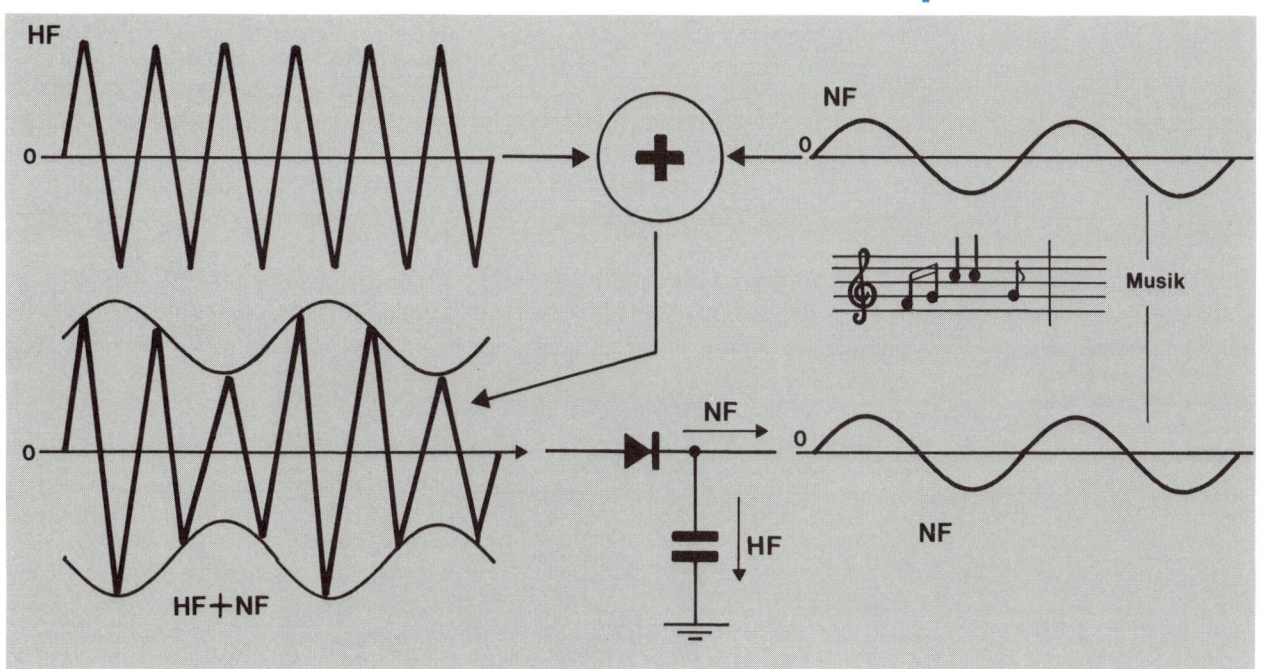

Abb. 5 Hier sind alle Schaltsymbole für das Experimentierradio einzeln aufgeführt.
(a) = Spule L1
(b) = Kondensator mit veränderlichem Wert C1
(c) = Festkondensator C2
(d) = Diode D1
(e) = Kristallohrhörer LS
(f) = Antenne
(g) = Erdzeichen (Gegenpol zur Antenne)

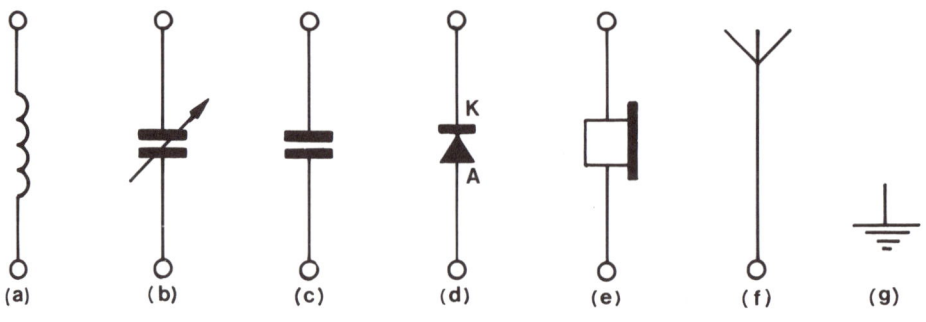

| (a) | (b) | (c) | (d) | (e) | (f) | (g) |

Abb. 5

Aufbau

Und nun zum Aufbau unseres kleinen Radios:

Hier ist zunächst die Stückliste, in der alles aufgeführt ist, was zum Bau des Experimentierradios beschafft werden muß. Zuerst die Teile, die in einem Elektronikgeschäft gekauft werden müssen:

STÜCKLISTE

Anz.	Bez.	Bauteil
1	AA119	D1 (Germaniumdiode)
1	10 nF	C2 (Kondensator nF = Nanofarad)
1	–	LS (Kristallohrhörer) Ohmwert min. 2000 Ω, besser 4000 Ω (Ohm)

Achten Sie beim Kauf des Kondensators darauf, daß die Anschlußdrähte genügend lang sind, etwa 2 cm.

Die folgenden Teile sind sicherlich in jedem Haushalt vorhanden, andernfalls leicht zu besorgen.

1 Pappkern einer Toilettenpapierrolle
1 1-l-Packung von Frischgetränken oder von H-Milch
1 Plakatkarton
1 Stück Küchen-Alufolie von normaler Breite, etwa 1 m lang
2 – 3 m flexibler Schaltdraht, es reicht auch steifer Klingeldraht
1 Antenne, auch sie besteht aus Schalt- oder Klingeldraht, allerdings sollten es ungefähr 10 m sein
10 – 15 m Kupferlackdraht (CuL), Durchmesser 0,3 bis 0,5 mm

Kupferlackdraht wird zum Wickeln der Spule L1 gebraucht. Zur Isolierung ist

Abb. 6 Transformator. Hier findet sich genügend Kupferlackdraht zum Wickeln der benötigten Spule.

Abb. 6

er rundum mit Lack überzogen, der Lack hat also die gleiche Funktion wie der Kunststoffmantel eines normalen Kabels: Er verhindert einen Kurzschluß. Woher den Draht beschaffen? Wenn Sie ein altes, nicht mehr intaktes Adapternetzteil haben, beispielsweise von einem Taschenrechner, dann montieren Sie das Netzteil auseinander. Im Innern befindet sich ein Transformator, auf dem genügend Kupferlackdraht aufgewickelt ist (vgl. Abb. 6). Oder fragen Sie in einer Fernsehreparaturwerkstatt nach einem kaputten Transformator, auch Trafo genannt. Damit ist die Stückliste komplett.

Den Bau des Experimentierradios beginnen wir mit dem Wickeln der Spule. Das Material hierfür ist der Kupferlackdraht und der Pappkern der Toilettenpapierrolle. Den Draht wickeln wir nun in 100 bis 150 eng aneinanderliegenden Windungen auf den Pappkern. Wie so etwas aussieht, zeigt die Abbildung 7. An beiden Enden der Spule muß genügend Draht freibleiben, damit sie sich mit dem übrigen Teil der Schaltung gut verbinden läßt. Damit die Spule auf dem Pappkern beim Experimentieren und Hantieren mit dem Radio nicht dauernd hinundherrutscht, werden beide Enden in einer Schlaufe ein-

mal durch die Papprolle geführt. Wie das zu bewerkstelligen ist, können wir in der Schnittzeichnung von Abbildung 7a gut erkennen.

Die Windungszahl der Spule ist zum Teil mitbestimmend dafür, welchen Bereich wir aus dem Senderspektrum empfangen. Sie können es selbst ausprobieren:

Betreiben Sie das Experimentierradio einmal mit 80 Windungen und einmal mit 150. Sie werden feststellen, daß Sie verschiedene Sender empfangen.

Das Schaltsymbol der Spule ist in Abbildung 7a noch einmal gezeigt.

Was zum Bau des Radios noch fehlt, ist der Kondensator, der im Schaltbild mit C1 bezeichnet ist. Der Pfeil deutet an, daß dieser Kondensator veränderbar ist (Abb. 4). Mit ihm kann man zwischen mehreren Sendern wählen.

Kondensator

Wie ein veränderbarer Kondensator selbst herzustellen ist, sehen wir in Abbildung 8. Für den Aufbau benötigen wir nun die Verpackung von handelsüblichen Frischgetränken oder H-Milch. Die Maße sind einheitlich (170 x 65 x 95 mm). Das Innere der leeren

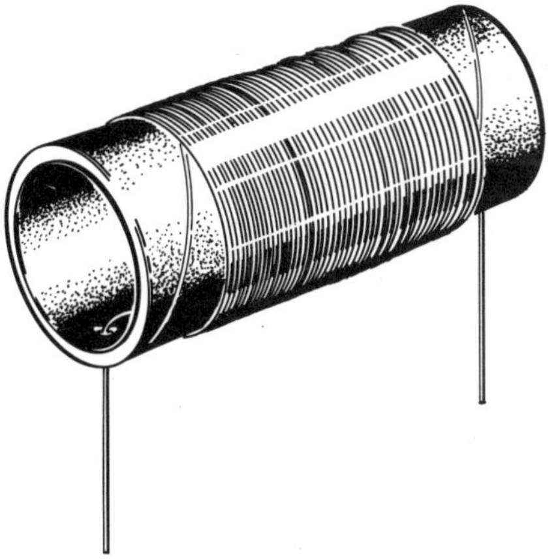

Abb. 7 Eine gewickelte Spule auf einer Papprolle.

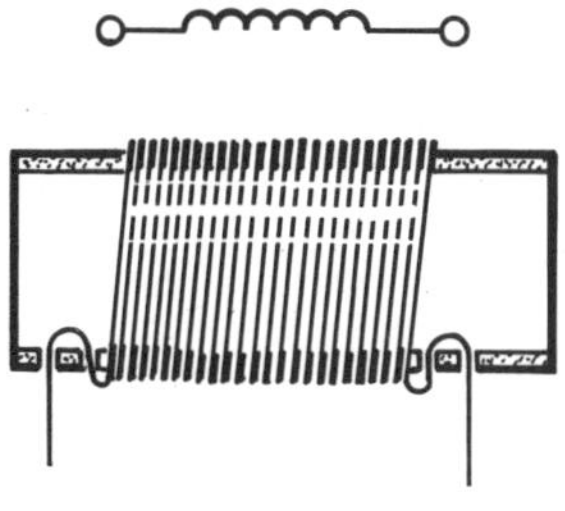

Abb. 7a Das Wickeln der Spule ist nicht schwer, es dauert jedoch eine Weile. Die einzelnen Windungen sollten möglichst gleichmäßig sein und parallel zueinander verlaufen. Ein Tip: Nachdem ein paar Windungen gelegt sind, werden sie am besten mit einem Stückchen Tesafilm fixiert, damit sie nicht wieder abrutschen. Ist die Spule fertig gewickelt, zieht man die Enden in Schlaufen durch die Papprolle (Schnittzeichnung).

Abb. 7

Abb. 7a

INFO 3 Die Spule

*A*n einem Wasserhahn ist ein Verteiler angeschlossen und daran zwei Schläuche. Ein Schlauch führt auf direktem Weg zum Behälter A, der andere Schlauch wird in einer Spirale mit vielen Windungen zum Behälter B geleitet (siehe Abbildung). Der Durchmesser von beiden Schläuchen ist gleich groß. Öffnet man jetzt den Wasserhahn, fließt das Wasser auf direktem Weg in den Behälter A. Bis jedoch das Wasser durch den spiralförmig gedrehten Schlauch den Behälter B erreicht, vergeht einige Zeit. Schließt man den Wasserhahn, läuft das Wasser aus dem Schlauch nach A schnell ab. Beim Schlauch nach B dauert es etwas länger, bis auch hier das Wasser zu fließen aufhört.

Mit der Spule ist es ähnlich. Stellen Sie sich anstelle des Wassermodells einen Stromkreis mit Batterie, Lämpchen und Spule vor und einen zweiten, allerdings ohne Spule. Schaltet man beide Stromkreise ein, beginnt das Lämpchen im ersten Kreis später zu leuchten. Die Spule verzögert also den Stromfluß durch das Lämpchen. Beim Abschalten der Batterie erlischt das Lämpchen im zweiten Stromkreis sofort. Sorgt man beim ersten Stromkreis mit dem Abschalten der Batterie dafür, daß die Enden der Spule direkt mit den Lämpchen verbunden werden, leuchtet dieses noch einige Zeit nach. Die Verzögerungsdauer hängt unter anderem vom Induktivitätswert der Spule ab.

Bei der Spule in unserem Experimentierradio ist die Verzögerung so kurz, daß wir das Nachleuchten mit bloßem Auge nicht wahrnehmen können.

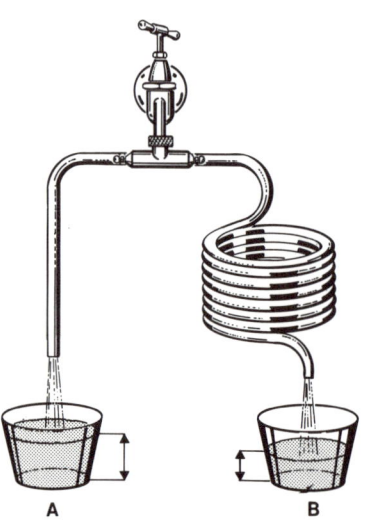

A   B

Für die hohen Frequenzen der Rundfunkwellen spielt die verzögernde Wirkung der Spule jedoch eine große Rolle. Sie tritt auch dann auf, wenn der durch sie hindurch fließende Strom nicht ein- und ausgeschaltet, sondern umgepolt wird. Je schneller diese Umpolung erfolgt, desto weniger hell wird das mit ihr in Serie geschaltete Birnchen aufleuchten. Bevor der Strom, bildlich gesprochen, am anderen Ende der Spule ankommt, muß er auch schon wieder seine Richtung ändern. Das Beispiel mit der Wasserleitung hinkt hier allerdings ein bißchen: Es ist nicht, wie beim spulenförmigen Schlauch, die Länge der Leitung, die eine Verzögerung des Stromes bewirkt. Wäre dies der Fall, so könnte man den Draht der Spule auch zwischen zwei Punkten aufspannen, statt ihn um eine Papprolle zu wickeln. Die Form der Spule und ihre Eigenschaft, ein Magnetfeld aufzubauen, tragen wesentlich zu ihrem besonderen Verhalten bei Wechselstrom (um nichts weiter handelt es sich ja bei einer ständigen Umpolung) bei. Begnügen wir uns mit der trivialen Feststellung, daß sich eine Spule bei Wechselstrom wie ein Widerstand verhält. Dabei gilt:

Je höher die Frequenz des Wechselstromes, desto höher der Widerstand der Spule.

Was hat dies mit unserem Radio zu tun? Nun, auch die vom Sender ausgestrahlten elektrischen Wellen bewirken, daß durch die Spule unseres primitiven Empfängers ein, wenn auch schwacher, Wechselstrom fließt, dessen Frequenz (Häufigkeit der Richtungsumkehr) mit der Trägerfrequenz des Senders übereinstimmt. Betrachten wir zunächst das isolierte Verhalten des zur Spule parallel geschalteten Kondensators und merken uns die Eigenschaft der Spule für das Kapitel „Parallelschwingkreis" (Info 5).

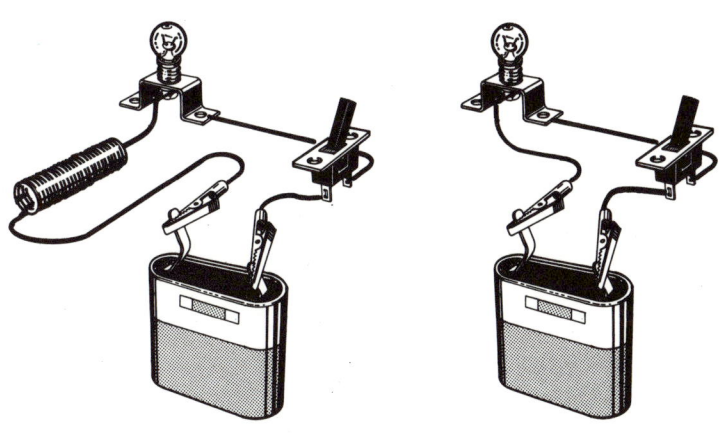

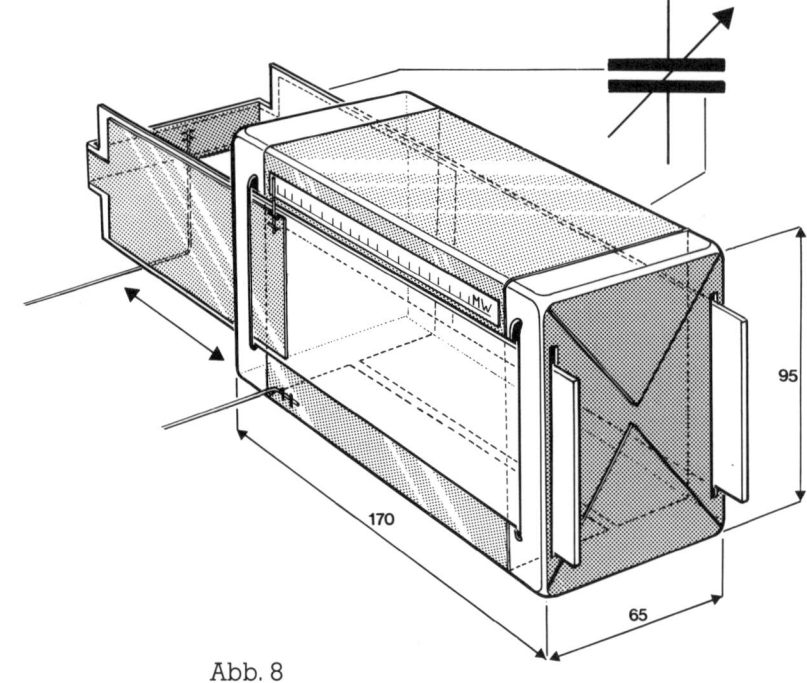

Abb. 8 So sieht der selbstgebastelte veränderbare Kondensator aus einer Milch- oder Frischgetränkpackung aus. Die Skala für die Sendermarkierung ist natürlich nur sinnvoll, wenn man in der Lage ist, mehrere Sender zu empfangen.

Abb. 8

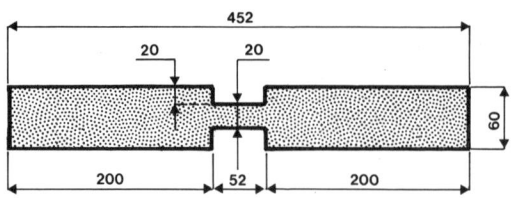

Abb. 9 Der bewegliche Teil für den Kondensator C1 wird aus einem Stück Plakatkarton gefertigt. Form und Maße entnehmen Sie der Zeichnung.

Abb. 9

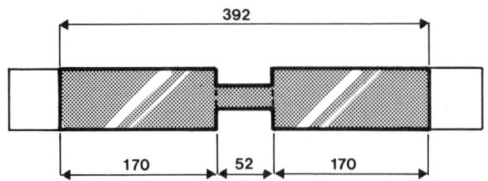

Abb. 10 Auf den vorbereiteten Plakatkarton wird Alufolie geklebt, allerdings mit einer geringeren Schenkellänge. In der Zeichnung entspricht dies dem gepunkteten Teil.

Abb. 10

Packung muß gut ausgespült und getrocknet werden, wobei darauf zu achten ist, daß die Öffnung wieder zugeklebt werden kann.

Zuerst schneiden wir aus einem Plakatkarton einen Streifen, wie wir ihn in Abbildung 9 sehen; dort sind auch die Maße in mm angegeben. Aus Küchenalufolie wird ein gleicher Streifen geschnitten, allerdings mit einer Schenkellänge von nur 170 mm (Abb. 10). Nun kleben wir die Alufolie auf den Plakatkarton. Den mit der Alufolie beklebten Plakatkarton knicken wir an dem Einschnitt zu beiden Seiten so um 90 Grad ab, daß die zwei Schenkel parallel zueinander verlaufen und die mit Alufolie beschichteten Seiten nach außen zeigen. Fertig ist der verstellbare Teil des Kondensators.

Nun beginnt die Bearbeitung der Packung, aus der 8 Schlitze, genauer gesagt 4 Schlitzenpaare, auszuschneiden sind (siehe Abb. 8). Dies geschieht am besten mit einem im Modellbau-Laden erhältlichen Klingenmesser.

Zwei Dinge sind dabei sehr wichtig. Einmal müssen die Schlitze auf gleicher Höhe sein, zum anderen ist darauf zu achten, daß sie nur unwesentlich breiter sind wie der Plakatkarton dick ist (also nur etwas mehr als 1 mm). Nur unter diesen Voraussetzungen ist eine einwandfreie Funktion des Kondensators gewährleistet. Sind die Schlitzenpaare in der Höhe unterschiedlich, klemmt der vorbereitete Schieber. Bei zu breiten Schlitzen ist die Führung des Schiebers zu instabil.

Nun werden die Längsseiten der Packung von außen mit Alufolie beklebt. Nach dem Bekleben sind die Schlitze in der Alufolie nachzuarbeiten.

Bevor wir nun den Kondensator montieren, also den Schieber in die Packung stecken, müssen die einzelnen Kondensatorteile noch Anschlußdrähte erhalten. Ein Draht wird an der Packung, der andere am Schieber befestigt. Von dem in der Stückliste erwähnten 2 bis 3 m langen Schaltdraht schneiden wir 2 unterschiedlich lange Stücke ab; etwa 50 cm das eine und 1 – 2 m das andere. Hierfür ist eine kräftige Haushaltsschere geeignet. Wer eine Kneifzange oder einen Seitenschneider besitzt, benutzt natürlich eines dieser Werkzeuge.

Im zweiten Kapitel beschäftigen wir uns eingehend mit den Werkzeugen. Sind die Drahtstücke vorhanden, müssen sie an beiden Enden abisoliert werden. Das heißt, man muß den Kunststoffmantel (die Isolierung) ungefähr in der Länge von 1 cm von jedem Ende entfernen. Dazu ist nur ein scharfes Messer erforderlich. Damit schneidet man die Isolierung rundum vorsichtig ein und zieht das eingeschnittene Stück ab. Vorsicht beim Schneiden: Es sollte tatsächlich nur die Isolierung und nicht der Draht angeritzt werden! Ist der verwendete Draht flexibel und nicht so steif wie zum Beispiel Klingeldraht, besteht er aus vielen kleinen Ein-

Abb. 11

Abb. 11 Das Abisolieren von flexiblem Schaltdraht ist recht unproblematisch. Da er aus vielen Einzeldrähtchen besteht, muß man die abisolierten Drahtenden allerdings zusammendrehen, damit „ein" Draht entsteht.

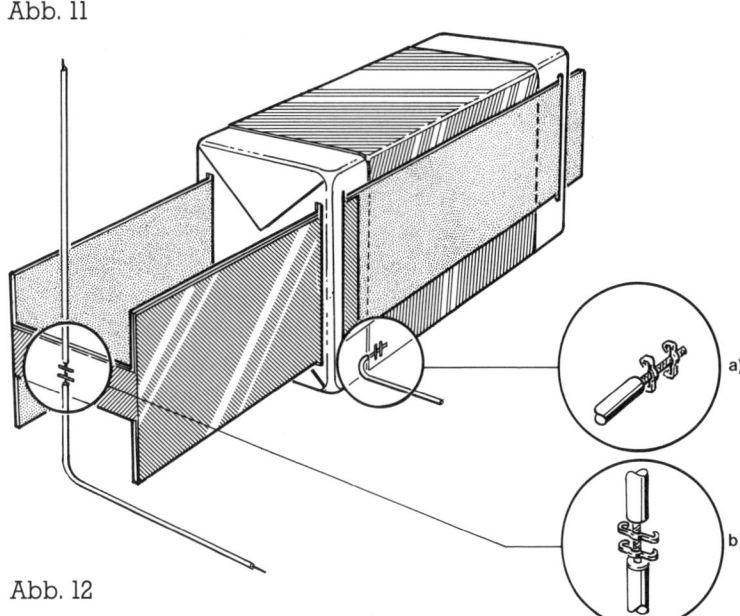

Abb. 12

Abb. 12 Die Anschlußdrähte des Kondensators C1: einer ist mit der Packung, der andere mit dem beweglichen Teil verbunden.

zeldrähtchen. Sie stehen nach der Abisolierung wie eine Quaste auseinander (Abb. 11). So kann man den Draht natürlich nicht verwenden, deshalb werden die einzelnen Drähtchen miteinander verdrillt. Das ist in Abbildung 11 mit dem zweiten Draht bereits geschehen. Dabei sind die einzelnen Drähtchen einfach alle in eine Richtung zusammengedreht.

Bei dem 1–2 m langen Drahtstück entfernen wir in der Mitte ein kurzes Stück der Isolierung (etwa 1 cm). Der Draht selbst darf dabei nicht zerschnitten werden.

INFO 4 Der Kondensator

*V*on den beiden Wasserbehältern ist nur A mit Wasser gefüllt, die Verbindungsleitung mit einem Schieber abgeschlossen, so daß kein Wasser nach B fließen kann. Beide Behälter stehen außerdem auf gleicher Höhe. Sobald nun der Schieber die Verbindungsleitung freigibt, fließt das Wasser relativ schnell von A nach B. In A sinkt das Wasser und damit der Druck, der es nach B treibt. Dadurch nimmt die Durchflußgeschwindigkeit ab. Hat der steigende Wasserpegel in B die gleiche Höhe wie der sinkende Pegel in A erreicht, fließt überhaupt kein Wasser mehr.

Ähnlich funktioniert im einfachsten Fall der Kondensator. Er besteht aus zwei sich gegenüberliegenden Platten, die sich jedoch nicht berühren. Wenn wir nun dafür sorgen, daß an beiden Platten ein unterschiedliches elektrisches Potential anliegt, das kann beispielsweise die Spannung einer 4,5-V-Flachbatterie sein, fließt im ersten Moment ein theoretisch unendlich hoher Strom vom höheren Potential durch den Kondensator zum niedrigeren Potential. Auf beiden Kondensatorplatten baut sich dabei eine elektrische Ladung auf. In gleichem Maße nimmt der Strom durch den Kondensator ab. Ist der Kondensator „voll", hat er also seine maximale Ladung gespeichert, fließt kein Strom mehr. Polt man nun die Spannung an den Kondensatorplatten um, fließt wieder ein Strom, doch in umgekehrter Richtung. Dadurch entlädt sich zunächst der Kondensator und wird, falls die Batterie angeschlossen bleibt, erneut geladen. Der Kondensator kann als ein Speicherelement für elektrische Energie betrachtet werden. Die Maßeinheit für die Kapazität eines Kondensators ist Farad, Kurzzeichen F. Achtung: Verbinden Sie auf keinen Fall einen Kondensator direkt mit einer Batterie; das könnte ihn zerstören. Das Beispiel ist rein theoretisch.

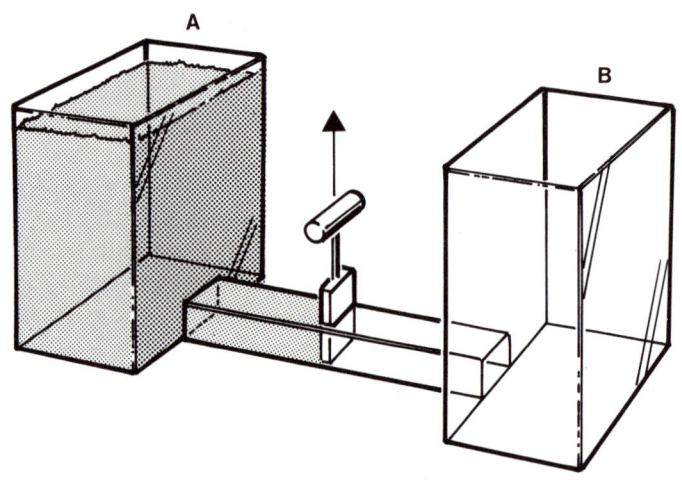

Bei Gleichspannungen fließt also nur im ersten Augenblick nach dem Anschließen einer Spannung ein Strom durch den Kondensator. Wenn die Ladung gespeichert ist, verhält sich der Kondensator wie ein unendlich hoher Widerstand. Erst nach Umpolen der angeschlossenen Spannung fließt wieder ein Strom, allerdings nur für kurze Zeit. Geschieht das Umpolen so schnell, daß der Strom seine Richtung ändert, bevor der Kondensator dem Stromfluß ein Ende setzt, bleibt die „Leitfähigkeit" des Kondensators erhalten. Bei wechselnden Spannungen pendelt also die Ladung zwischen den Kondensatorplatten hin und her. Dadurch scheint es, als ob der Strom durch den Kondensator hindurchfließt und er sich wie ein normaler Widerstand verhält. Der „Kondensatorwiderstandswert" (die richtige Bezeichnung ist „kapazitiver Blindwiderstand") hängt von der Frequenz der anliegenden Wechselspannung und dem Kapazitätswert des Kondensators ab.

Je höher die Frequenz und je größer die Kapazität, um so kleiner ist der Widerstand.

Nehmen Sie das bitte als gegeben hin; der mathematische Beweis für diese Behauptung würde an dieser Stelle zu weit führen.

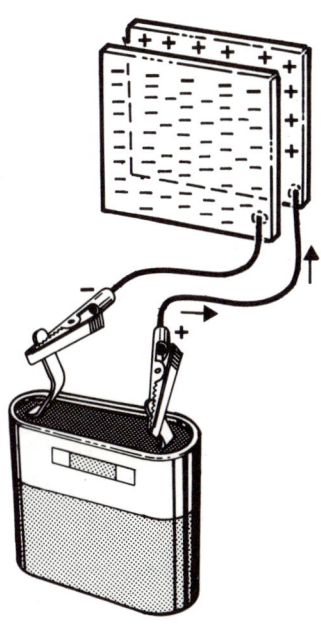

Die so vorbereiteten Drähtchen werden nun mit den beiden Kondensatorteilen verbunden, zunächst mit dem nicht beweglichen Teil, der Packung. Mehr als eine Heftmaschine ist hierfür nicht erforderlich. Damit wir mit der Heftmaschine zurechtkommen, ist ein Kopfteil der Packung zu öffnen. Nun klammern wir ein abisoliertes Ende des kurzen Drahtes von außen an die Packung an. Welche Stelle hierfür gewählt wird, spielt keine Rolle. Wichtig ist, daß der Kupferdraht einen guten Kontakt zu der aufgeklebten Alufolie an der Packung hat; zwei oder drei Heftklammern sind deshalb besser als eine. Wer einen geeigneten Platz sucht, findet bestimmt einen guten Tip in Abbildung 13. Das geöffnete Kopfteil wird anschließend wieder verschlossen und verklebt (beispielsweise mit Tesafilm). Für das Anbringen des Drahtes an die Packung gibt es sicherlich auch noch andere Lösungen. Wichtig ist in jedem Fall der gute Kontakt zwischen dem Draht und der Alufolie.

Den zweiten, langen Draht befestigen wir nach dem gleichen Prinzip mit seinem abisolierten Mittelteil am Quersteg des Schiebers (Abb. 12). Um die freien Drahtenden kümmern wir uns vorerst nicht; sie sind erst zu einem späteren Zeitpunkt von Bedeutung.

Soweit die Vorbereitungen zum Kondensator, den wir nun nach Abbildung 8 zusammenbauen können. Dazu

werden die parallelen Schenkel des Kondensators in die entsprechenden Schlitze eingeführt, die alubeschichtete Fläche des Schenkels nach außen. Fertig.

Was es nun mit dem Kondensator auf sich hat, ist klar: Die eine Kondensatorfläche bildet der mit Alu beschichtete Schieber, die zweite Fläche ist die mit Alufolie beklebte Außenseite der Packung. Der Plakatkarton des Schiebers sorgt dafür, daß die beiden Aluflächen keinen direkten Kontakt miteinander haben. Je nach seiner Stellung hat der Kondensator eine größere oder eine kleinere Alufläche, die sich gegenübersteht. Von der Größe der sich gegenüberliegenden Fläche schließlich hängt die Kapazität eines Kondensators ab. (Je größer die Fläche der beiden Platten ist, um so mehr Ladung kann der Kondensator im Gleichspannungskreis speichern; im Wechselspannungsbetrieb wird dadurch der „Kondensator-Widerstand" geringer. Vergleichen Sie hierzu auch Info 4.) So ist es möglich, den Parallelschwingkreis abzustimmen und bestimmte Frequenzen aus dem Gemisch der Rundfunkwellen herauszufiltern.

Als nächstes „montieren" wir den Kondensator C2 und die Diode D1. Neben den genannten Bauteilen ist noch ein Stückchen Plakatkarton von etwa 10 x 10 cm oder ein Bierdeckel erforderlich und zum Befestigen die bereits benutz-

Abb. 13 Die Anschlüsse von D1 und C2 müssen passend gebogen werden.

Abb. 14 Bei der Montage von D1 und C2 auf den vorbereiteten Plakatkarton sollen die Teile wie auf dem Bild zueinander stehen. Der Kathodenanschluß der Diode sitzt beim Kondensatoranschluß.

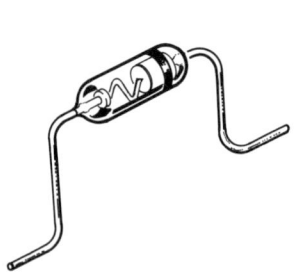
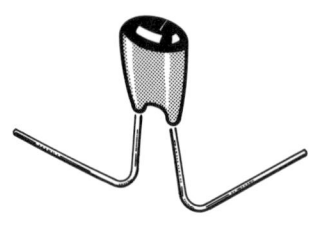

Abb. 13

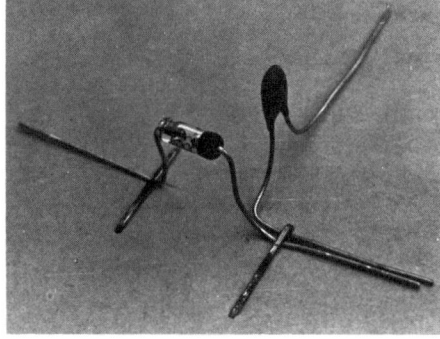

Abb. 14

te Heftmaschine. Die Sache ist ganz einfach: Abbildung 13 zeigt, wie bei C2 und D1 die Anschlußdrähte abzuwinkeln sind. Sie lassen sich mit der Hand biegen. Achten Sie darauf, daß ein Anschluß des Kondensators um 90 Grad abgewinkelt ist. Anschließend werden beide Teile mit Hilfe der Heftmaschine so auf dem Karton befestigt, wie es Abbildung 14 zeigt. Die Klammern sollten ziemlich nahe an den Biegungen sitzen, da noch zusätzlich einige Anschlußdrähte anzubringen sind. Bei der Diode muß der Kathodenanschluß, das ist die Seite, bei der ein Ring auf dem Gehäuse aufgedruckt ist, mit dem Kondensator verbunden sein. Wer auf dem Foto in Abbildung 14 genau hinsieht, kann den Ring noch erkennen.

Jetzt sind nur noch alle Baugruppen (Spule, Kondensator C1 und der Karton mit Kondensator C2 und der Diode D1) miteinander zu verkabeln (Abb. 15). Dazu benötigen wir zunächst noch zwei ungefähr 20 cm lange Drahtstücke. Beide sind an den Enden abzuisolieren und zu verdrillen. Bei beiden Drähten ist jeweils an einem Ende die Isolierung um ein Stück von mindestens 2 cm zu entfernen. Das ist notwendig, weil sie mit dem Klinkenstecker des Ohrhörers verbunden werden.

Alles andere läßt sich leicht aus der Zeichnung ablesen. Die Länge des Erdungskabels zwischen Kondensator C2 und dem Ventilanschluß des Heizkörpers hängt vom Standort des Experimentierradios ab. Als Antenne reicht ein Kabel von 5-10 m Länge.

Sobald alle Verbindungen hergestellt sind, müßte im Kristallohrhörer etwas zu hören sein. Um das Radio auszuschalten, genügt es, die Erdleitung am Heizkörperventil abzuklemmen.

Wer mehr als nur einen starken Sender empfängt, kann sich noch eine Skala anfertigen und sie beim Kondensator C1 so anbringen, wie es Abbildung 8 andeutet.

Wenn der Kristallohrhörer keinen Ton von sich gibt, dann sollte man die folgenden Punkte überprüfen; vorausgesetzt, es sind alle Bauteile in Ordnung.

Fehlersuche

1. Sind alle Verbindungen mit den Heftklammern sauber und sorgfältig ausgeführt worden?
2. Haben alle Bauteile und Verbindungskabel an den Heftstellen guten Kontakt untereinander?
3. Ist die Diode richtig gepolt? Der Kathodenanschluß, das ist der Anschluß, auf dessen Seite auf dem Gehäuse ein Ring angebracht ist, muß mit einem Anschluß des Kondensators C2 und einem Anschluß des Ohrhörers verbunden sein.
4. Ist das Erdungskabel am Heizkörperventil direkt mit blankem Metall verbunden? Mit Farbe überstrichene Stellen eignen sich nicht, da sie keinen guten Kontakt zur Erde haben.
5. Ist die Antenne lang genug, und ist sie in der richtigen Richtung ausgelegt?

Mehr Fehlerquellen gibt es bei der einfachen Schaltung nicht. Wer alles genau beachtet, dem ist der Erfolg sicher. Noch ein Tip: Wer sich den Zusammenbau des „Schiebekondensators" C1 nicht zutraut, der kann im Elektronikladen für ein paar Mark einen industriell gefertigten Drehkondensator (etwa 300–500 pF) kaufen. Dieser ist in vielen unterschiedlichen Bauformen erhältlich und hat die gleiche Funktion wie unser hier beschriebenes „Recycling"-Modell. Der Ausdruck pF bedeutet „Picofarad" – ein Maß für die Kapazität eines Kondensators.
Also dann:
Immer guten Empfang.

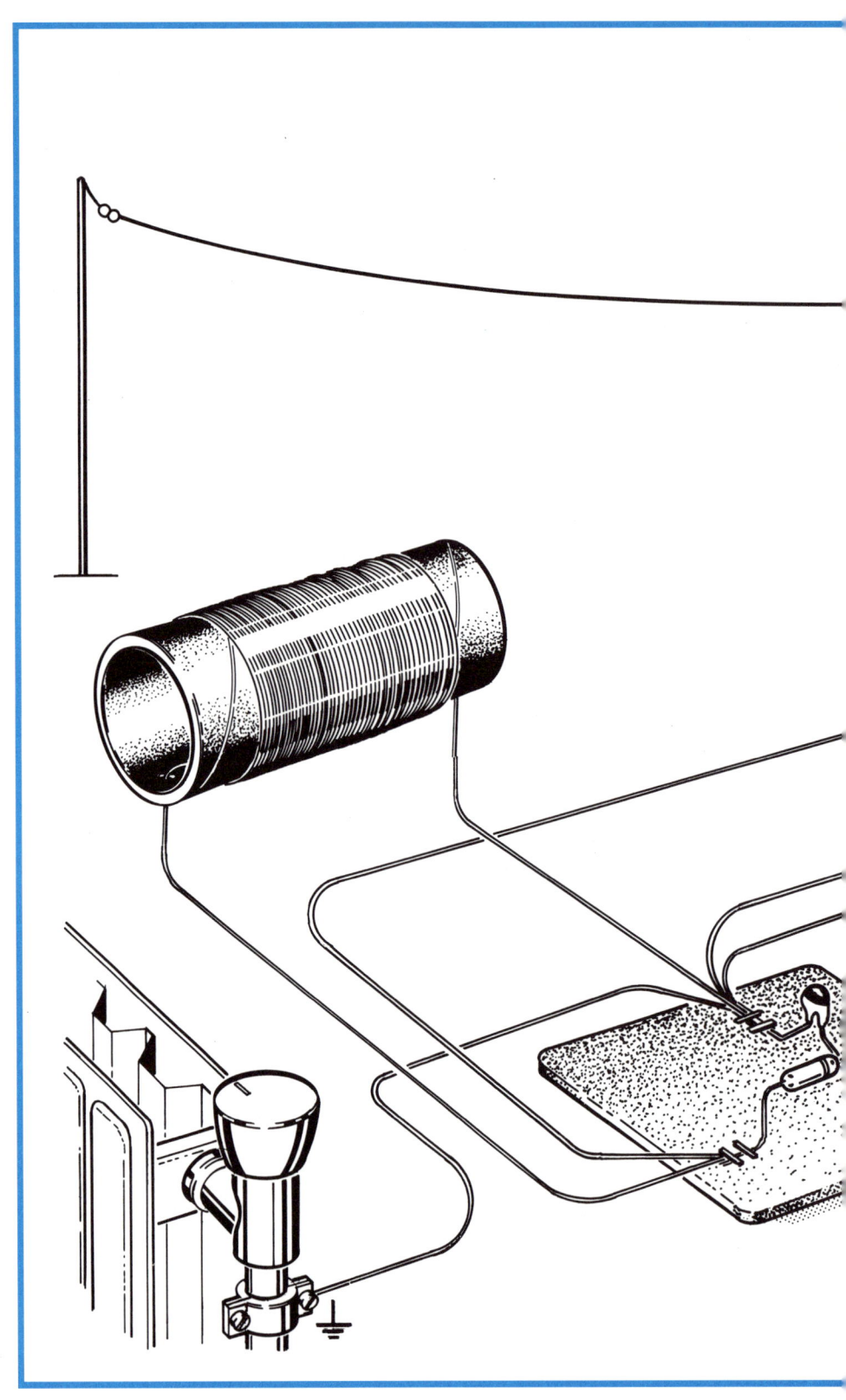

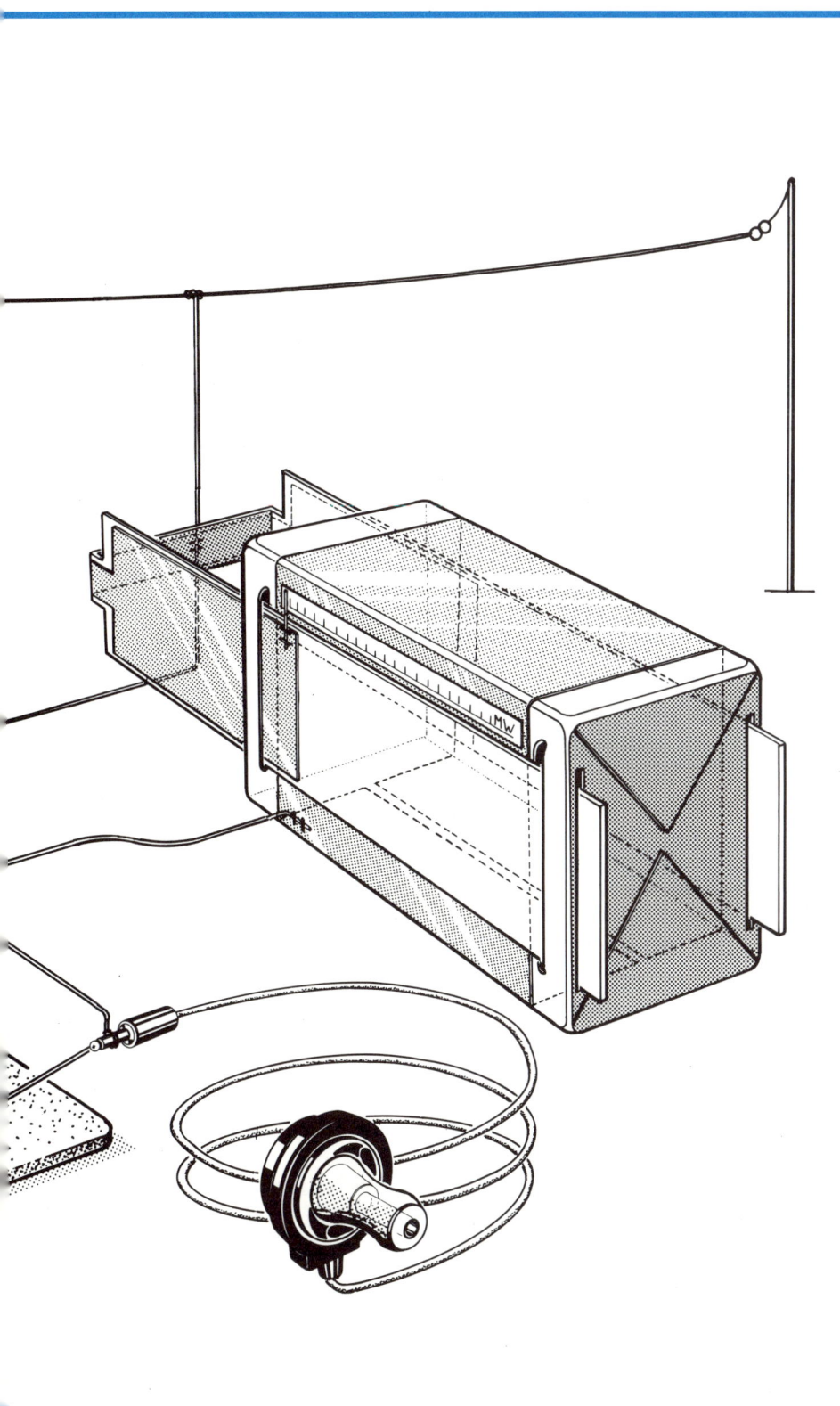

Abb. 15 Das komplette
Experimentierradio. Alle
Details sind gut zu erkennen. Wer sein Radio so
aufgebaut und verkabelt
hat, der empfängt mit
Sicherheit einen oder
vielleicht auch mehrere
Sender.

INFO 5   Der Parallelschwingkreis

*I*m Experimentierradio sind L1 und C1 so miteinander verschaltet, wie es in der Abbildung dargestellt ist. Dabei sind beide Bauteile parallel miteinander verbunden; es handelt sich um einen Parallelschwingkreis. Wir wissen aus den Infos 3 und 4, daß mit steigender Frequenz der Widerstand einer Spule zunimmt, beim Kondensator jedoch der Widerstand geringer wird. In dem Koordinatensystem ist dies deutlich zu erkennen. Denken Sie sich die Frequenz auf der X-Achse und die Widerstandswerte der Spule (R_L) und des Kondensators (R_C) auf der Y-Achse aufgetragen. Im Schnittpunkt beider Widerstandsgraden haben Spule und Kondensator den gleichen Widerstandswert. Das ist nur bei einem Frequenzwert der Fall: der sogenannten Resonanzfrequenz.

Nur bei dieser Frequenz ist der Widerstand des Gebildes aus Spule und Kondensator maximal.

Für niedrigere und höhere Frequenzen sinkt der Widerstand des Parallelschwingkreises ab.

Auf die Radiowellen, die nun über die Antenne an den Parallelschwingkreis gelangen, hat das Widerstandsverhalten des Schwingkreises ganz bestimmte Auswirkungen. Der Signalfrequenz, die der Resonanzfrequenz des Schwingkreises entspricht, setzt die Parallelschaltung aus Spule und Kondensator einen maximalen Widerstand entgegen. Das Signal gelangt deshalb über die Diode zum Ohrhörer. Für alle anderen Frequenzen ist der Widerstandswert der Parallelschaltung geringer, deshalb fließen diese Signale über den Schwingkreis nach Masse ab und nicht über die Diode zum Ohrhörer.

Der Parallelschwingkreis, eine andere Bezeichnung ist Parallelresonanzkreis, läßt sich auch mit dem Begriff „Bandpaßfunktion" umschreiben. Das bedeutet: Aus dem breiten Band aller Frequenzen „filtert" der Bandpaß das Signal einer ganz bestimmten Frequenz heraus. Signale mit anderen Frequenzen werden abgeschwächt, indem sie zum Beispiel nach Masse abgeleitet werden.

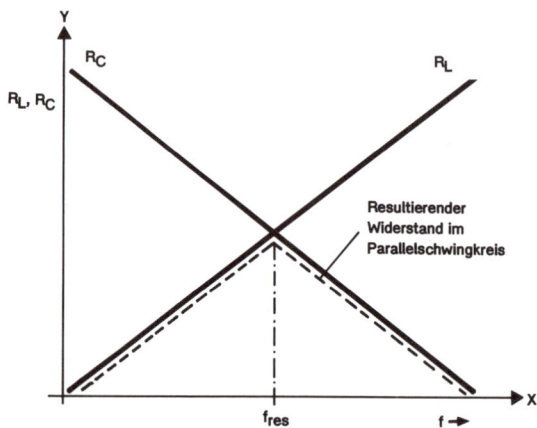

INFO 6   Der Kristallohrhörer

Aus der Ferne hört man bereits den dumpfen Klang der Baßtrommel, der den wartenden Zuschauern den herannahenden Festzug ankündigt. Endlich ist der Festzug da und mit ihm der Drummer, der mit Vehemenz die „dicke Trommel" schlägt. Was dabei passiert, ist im linken Teil der Abbildung schematisch dargestellt. Der Schläger A wird auf das rechte Trommelfell geschlagen. Die mechanisch erzeugte Schwingung überträgt sich im Trommelinnern und erzeugt auf der linken Seite den Schall A'. Ebenso verhält es sich mit dem Schläger B und den Schallwellen B'. Der Kristallohrhörer hat mit einer „dicken Trommel" äußerlich überhaupt nichts gemeinsam. Trotzdem ist der Vergleich zutreffend.

Im Inneren des Ohrhörers befindet sich ein Kristall, der dort die „dicke Trommel" spielt. Allerdings wird der Kristall nicht mit Schlägern, sondern mit elektrischen Schwingungen bearbeitet. Hierbei handelt es sich um das NF-Signal, das im Experimentierradio aus der Rundfunkwelle herausgefiltert wurde. Wie bereits bekannt, ist das NF-Signal nichts anderes als ein Strom, der ständig seine Richtung ändert, oder: eine elektrische Schwingung, die sich dauernd um eine Nullachse bewegt. Diese Schwingungen, es ist ja nicht nur eine, gelangen an die Anschlüsse des Ohrhörers und von dort zum Kristall.

Die elektrischen Signale verursachen im Kristall mechanische Verformungen.

Es entsteht praktisch eine dauernde Hin- und Herbewegung des Kristalls. Das sind wiederum mechanische Schwingungen, die den Schall erzeugen, den wir dann aus dem Ohrhörer wahrnehmen.

Der Kristallohrhörer ist also nichts anderes als ein Miniaturlautsprecher, den wir uns ins Ohr stecken.

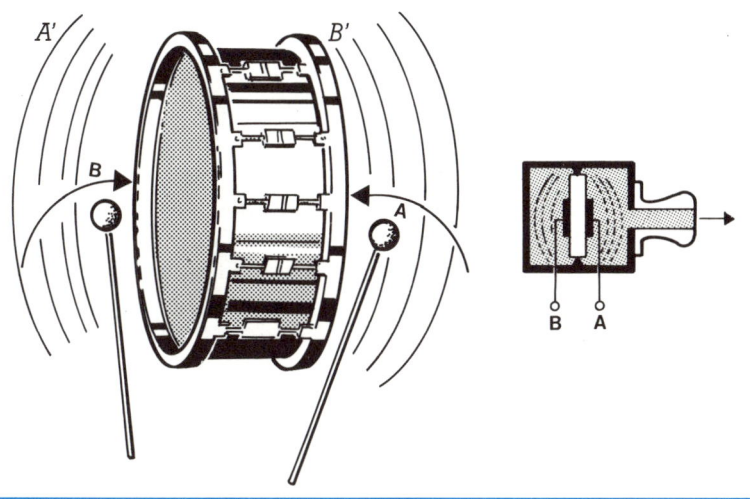

Werkzeuge

Was wir im ersten Kapitel fabriziert haben, entspricht natürlich nicht der üblichen Praxis. Die Elektronik wird nicht nur „zusammengefummelt", sondern zusammengelötet. In diesem Kapitel wollen wir uns damit beschäftigen, welche Werkzeuge man braucht, um sauber und effektiv arbeiten zu können.

Mechanische Werkzeuge

Fangen wir mit dem Werkzeug für mechanische Arbeiten an; das ist sicher weniger, als manch einer vermutet. In Abbildung 16 sehen Sie die Minimalausrüstung. Weniger sollte es nicht sein. Hinzu kommen Werkzeuge, die beim Gehäusebau notwendig sind, falls man die aufgebaute Schaltung nicht in einer Zigarrenkiste oder einem Schuhkarton unterbringen will (Hammer, Säge, Bohrer, Feile usw.). Wir wollen uns jedoch auf die Werkzeuge und Arbeiten beschränken, die zum Aufbau einer elektronischen Schaltung unerläßlich sind.

● **Die Pinzette.** Sie ist ein fast unentbehrliches Werkzeug, wenn es darum geht, Bauelemente miteinander zu verlöten. Gerade der Ungeübte bekommt bei seinen ersten Lötversuchen sehr warme Fingerspitzen, wenn er die Bauteile selbst festhält. Das gilt insbesondere beim Auseinanderlöten von Bauteilen.
Nicht nur beim Löten, auch beim Umgang mit ICs (vgl. Info 7) leistet eine

Pinzette große Dienste. Wie gut man die ICs mit einer Pinzette im Griff hat, ist auf Abbildung 17 zu erkennen.
● **Die Rundspitzzange** (es reicht auch eine kleine Flachzange) benötigt man zum Biegen von Draht. Bei vielen Bauelementen müssen die Anschlußdrähte erst auf Maß gebogen werden, ehe sie mit den für sie vorgesehenen Anschlüssen einer Platine übereinstimmen (vgl. Info 8). Es sind überwiegend Kondensatoren und Widerstände, auf die das zutrifft. Ihre Anschlußdrähte müssen gebogen werden, damit die Bauteile in der aufgebauten Schaltung exakt an dem entsprechenden Platz sitzen und somit nirgendwo stören. Abbildung 18 zeigt verschiedene Bauteile, deren Anschlüsse teilweise mit einer Zange und teilweise von Hand gebogen sind. Die mit der Zange gebogenen Anschlüsse sehen nicht nur korrekter aus, die Bauteile passen meist auch besser in die vorgebohrten Platinen. Muß man einmal einen Anschlußdraht per Hand biegen, sollte man ihn nicht direkt am Bauteil abknicken, denn dabei besteht die Gefahr, daß der Anschlußdraht bricht und das Bauteil unbrauchbar wird. Das passiert auch dann, wenn man einen Draht mehrmals biegt.
● **Der Seitenschneider** ist ebenso unentbehrlich wie Flachzange und Pinzette. Mit ihm kürzen wir die meist zu langen Anschlußdrähte der Bauelemente, sobald sie in die Platine eingelötet sind.

Die drei beschriebenen Werkzeuge sind das mindeste, was zum Aufbau einer elektronischen Schaltung erfor-

Abb. 16

Abb. 16 Für die wichtigsten mechanischen Arbeiten genügen drei Werkzeuge: eine Rundspitzzange (oder eine kleine Flachzange, Mitte), ein Seitenschneider (links) und eine Pinzette.

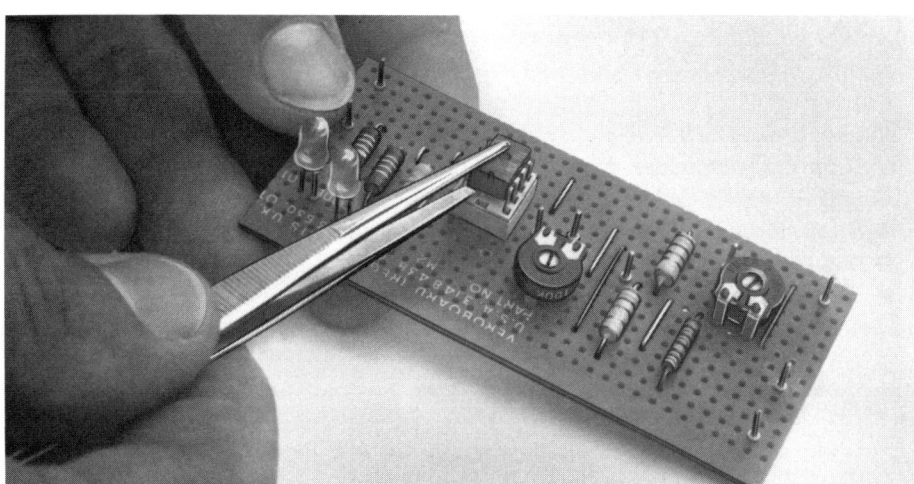

Abb. 17

Abb. 17 Bauelemente mit vielen Anschlußbeinchen (zum Beispiel ICs) können mit einer Pinzette einfacher aus ihrer Fassung geholt werden als mit den Fingern.

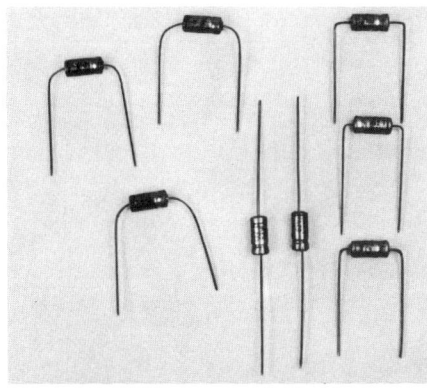

Abb. 18

derlich ist. Es lohnt sich, Werkzeuge der mittleren Preisklasse zu kaufen. Bessere Handhabung, leichteres Arbeiten und eine längere Lebensdauer gleichen die Mehrkosten gegenüber Billigangeboten aus.

Sicher vermissen Sie in der Aufzählung der Werkzeuge den Lötkolben samt Zubehör. Hiermit beschäftigen wir uns an anderer Stelle in diesem Kapitel. Denn zunächst wollen wir uns mit der sinnvollen Einrichtung eines Arbeitsplatzes beschäftigen.

Abb. 18 Mit einer Rundspitz- oder Flachzange lassen sich die Anschlußdrähte sehr exakt biegen.

INFO 7 IC = Integrated Circuit

*A*us der Elektronik sind sie mittlerweile nicht mehr wegzudenken, die schwarzen „Kästchen" mit der knappen Bezeichnung IC. Es ist die Abkürzung des englischen Begriffs „Integrated Circuit". In der deutschsprachigen Literatur finden wir hierfür auch hin und wieder die Bezeichnung IS; abgeleitet von „Integrierte Schaltung".

Welche Schaltung nun in ihnen integriert ist, sieht man den ICs von außen nicht an. Sie sind sich äußerlich alle ähnlich: meist schwarz oder dunkelgrau, rechteckig und mit vielen Anschlußbeinchen. Deren Anzahl hängt u. a. vom IC-Typ ab; es gibt sie mit 8, 14, 16, 20, 40 und mehr Anschlüssen.

Die ersten ICs kamen im Jahre 1962 auf den Markt. Auf der Fläche von nur einem Quadratmillimeter waren insgesamt 14 Bauelemente untergebracht. Sie bildeten die Torschaltung für eine Rechenmaschine. Die Kosten betrugen bei einer Abnahme von 10 000 Stück etwa 10 DM pro Stück.

Seither hat die Entwicklung rasante Fortschritte gemacht. Mittlerweile sind es zigtausend Bauelemente, die auf wenigen Quadratmillimetern Platz finden. Durch verbesserte Herstellungsverfahren und Massenproduktion kosten die ICs heute, je nach Inhalt, nur noch wenige Groschen bis mehrere zig DM (das trifft für die gängigsten Typen zu).

Einige Anwendungsbereiche sind:
● *Die Unterhaltungselektronik (Empfänger, Verstärker, Video)*
● *Gebrauchselektronik (Uhren, Haushalt, Taschenrechner)*
● *Computertechnik*

Mehr über ICs finden Sie in Kapitel 4.

INFO 8   Platinen

*F*ür den Aufbau elektronischer Schaltungen verwendet man üblicherweise Platinen. Das ist eine Trägerplatte, auf der die Bauelemente einer Schaltung festgelötet werden. Diese Platten können aus unterschiedlichem Material bestehen; so zum Beispiel Pertinax, Hartpapier und Epoxidharz. Wir unterscheiden hierbei zwischen vollständig kupferkaschierten, Lochraster-, Lochstreifen- und Experimentierplatinen; sie sind alle im Fachhandel erhältlich und haben meist die Maße von 100 x 160 mm (sogenanntes Europaformat).

a) Die vollständig kupferkaschierte Platine besitzt keine Löcher und ist lückenlos mit Kupfer bedeckt. Sie eignet sich zur Herstellung sogenannter „gedruckter Schaltungen" (vgl. Info 15).

b) Lochrasterplatine. Die Platine ist in einem Abstand von 2,5 mm, dem Rastermaß, mit Bohrungen versehen; jede ist von einem Kupferring umgeben. Man kann also die Bauelemente direkt aufstecken und die Anschlüsse an dem Kupferring festlöten. Die Bauteile werden untereinander mit Kupferlackdraht verbunden; natürlich so, wie es die Schaltung vorschreibt (Fädeltechnik).

c) Lochstreifenplatine. Auch diese Platine hat Bohrungen mit dem Rastermaß 2,5 mm. Sie ist jedoch nicht mit Kupferringen, sondern mit Leiterbahnstreifen versehen. Das hat einen großen Vorteil: die Anschlüsse der Bauelemente, die sowieso untereinander verbunden sein müssen, werden auf eine gemeinsame Leiterbahn gelötet. Es ist allerdings darauf zu achten, daß auf dieser Leiterbahn kein „falsches" Bauelement sitzt. Notfalls muß man dann die Leiterbahn unterbrechen.

d) Experimentierplatine. Auch das sind Lochrasterplatinen mit einem Rastermaß von 2,5 mm. Diese Platinen sind meist durch eine bestimmte Leiterbahnführung bereits für bestimmte Anwendungsfälle vorbereitet; so z. B. für den Aufbau mit ICs.

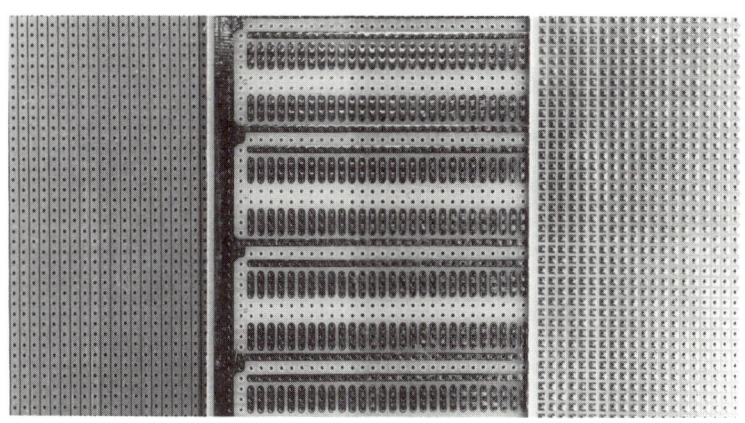

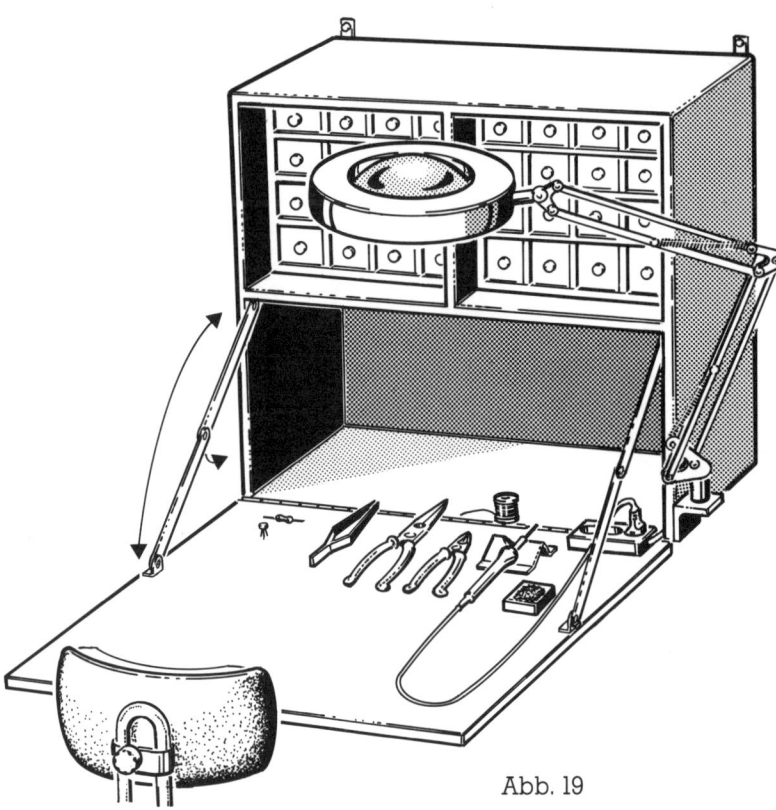

Abb. 19

Abb. 19 Gestaltungsvor-
schlag für einen Arbeits-
schrank mit Klapptür.

Der Arbeitsplatz

Zunächst geht es um die Frage des Arbeitsplatzes. Ideal ist eine möglichst
helle, kunststoffüberzogene Spanplatte in Schreibtischgröße:

● Auf einer hellen Platte, möglichst
weiß, sind die Bauelemente gut zu erkennen.

● Heißes Lötzinn brennt nicht sofort
ein Loch in die Platte.

● Kunststoff ist elektrisch neutral, das
heißt, er leitet keinen Strom, so daß
auch keine Kurzschlüsse entstehen
können. Der eventuelle Schaden wäre
beträchtlich, wenn die gerade aufgebaute Schaltung beim ersten Test auf
einem leitenden Untergrund liegen
würde, zum Beispiel einer Aluminium-
platte. Mit Sicherheit wären nach dem
Test einige Bauteile zerstört.

Kommt als Arbeitsplatz nur ein „gutes"
Möbelstück in Frage, beklebt man die
Rückseite einer Arbeitsplatte mit einem dünnen, rutschfesten Filztuch. Nun
legt man diese Arbeitsplatte mit der
filzbeklebten Seite auf den Tisch: so
kann nichts passieren.

Egal, wo nun die Arbeitsplatte ihren
Platz bekommt, es sollten genügend
Steckdosen (mindestens drei) in der
Nähe sein. Nehmen Sie die Abbildung 19 als Vorschlag dafür, wie man
sich den Platz der Platte am besten auf-
teilt:

● In die linke hintere Ecke legen wir
die zum Aufbau der Schaltung erforderlichen Bauelemente.

● An der hinteren Kante, dort, wo der
günstigste Platz ist, befestigen wir eine
Arbeitsleuchte.

● Pinzette, Zange und Seitenschneider
haben im hinteren Drittel der Arbeitsplatte ihren Platz.

● An der rechten Kante plazieren wir
in Griffnähe das Lötwerkzeug (Lötkolben mit Halter und den Spezial-
schwamm zum Säubern der Lötspitze).
Das ist natürlich nur ein Vorschlag, der
sich jedoch als ungemein praktisch er-
wiesen hat.

Wer den kompletten Vorschlag aus Abbildung 19 aufgreift, der baut sich nicht
nur eine Arbeitsplatte, sondern einen
Arbeitsschrank. Für die Schubladen
eignen sich am besten die bekannten
Materialboxen. Vier Stück sollten es
mindestens sein, mehr sind natürlich
besser. Im unteren Schrankteil ist noch
genügend Raum frei, um die Werkzeuge und eventuell auch ein Meßgerät
unterzubringen. Die Schranktür ist
gleichzeitig die Arbeitsplatte, so daß
es nach dem Schließen der Tür immer
sauber und aufgeräumt aussieht.

Ein kleiner Tip: Legt man einen Magne-
ten an das hintere Ende des Ti-
sches, ist man dagegen gefeit, ständig
heruntergefallene Schräubchen und
dergleichen suchen zu müssen. Der
Magnet zieht sie an, und man weiß immer, wo sie zu finden sind.

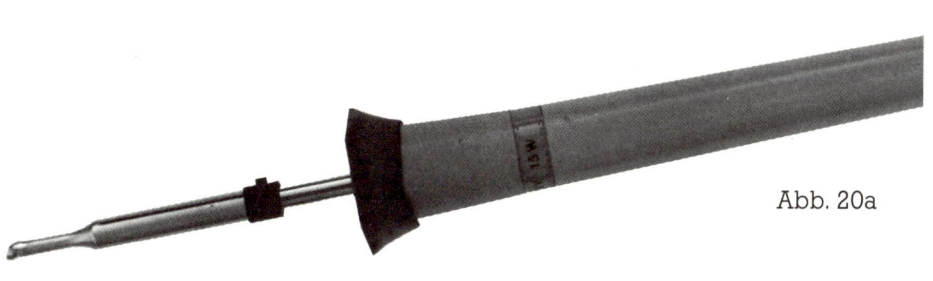

Abb. 20a

Abb. 20a Lötkolben mit einer Arbeitsleistung von 15 W. Er ist besonders gut zum Verlöten elektronischer Bauelemente geeignet.

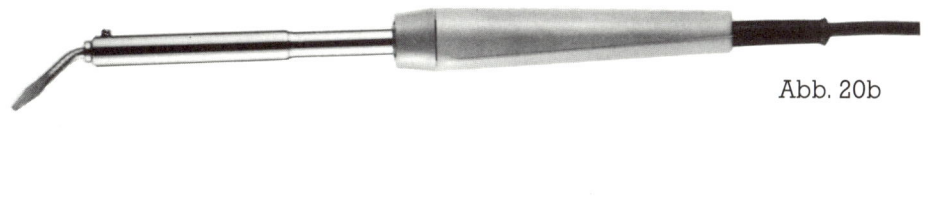

Abb. 20b

Abb. 20b Der 50-W-Lötkolben hat schon eine relativ große Lötspitze und eignet sich als Werkzeug beim Verlöten elektronischer Bauelemente weniger gut.

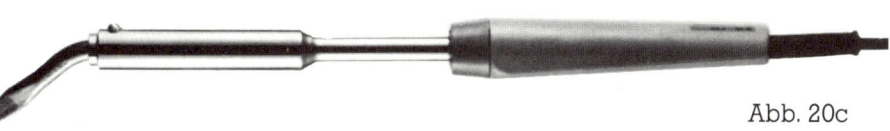

Abb. 20c

Abb. 20c Ein 150-W-Lötkolben entwickelt nicht nur hohe Löttemperaturen, sondern ist auch noch unhandlich im Umgang mit den relativ kleinen Bauteilen.

Der Lötkolben

Elektrische Lötkolben gibt es in unterschiedlichen Ausführungen. Wer schon einen besitzt, weiß in der Regel damit umzugehen und kann deshalb den folgenden Abschnitt überspringen. Für alle anderen jedoch ist er wichtig, unter anderem auch, um Fehler beim Kauf eines Lötkolbens zu vermeiden. Das Marktangebot ist so groß, daß viele Einsteiger nicht wissen, was sie eigentlich kaufen sollen. Doch gerade die Lötkolben- und Lötzinnqualität ist ausschlaggebend für eine gute und fehlerfreie Lötverbindung. Natürlich tun auch Routine und Übung das ihrige dazu, denn bei den ersten Lötversuchen hat fast jeder seine Schwierigkeiten. Die Bauteile in elektronischen Schaltungen sind in der Regel miteinander verlötet, nicht wie in Kapitel 1 nur mechanisch miteinander verbunden. Wer beim Schaltungsaufbau gut und sauber lötet, hat die hohe Gewißheit, daß die Schaltung anschließend auch funktioniert.

Lötkolben gibt es in vielen Variationen, ab etwa 8 W (W = Watt) bis zu Leistungen von 100 W und mehr. Je nach Wunsch und Bedarf kann man sie mit 220-V-Netz- oder Niederspannungsanschluß bekommen. Ferner gibt es noch Lötstationen (für alle, die es ganz komfortabel haben möchten) und Lötpistolen (die sogenannten Schnellöter), die aber für unser Elektronik-Hobby nicht so sehr geeignet sind.

Die Fotos der Abbildungen 20a – 20c zeigen Lötkolben mit unterschiedlichen Leistungen. Der Lötkolben in 20a hat eine Leistung von nur 15 W, bei dem Gerät in 20b sind es bereits 50 W, und der Lötkolben in 20c bringt es auf 150 W. Wer diese drei Fotos genau

INFO 9   Abisolieren mit dem Seitenschneider

Der Seitenschneider ist ein recht vielseitiges Werkzeug und nicht nur zum Abkneifen von Schaltdrähten und von zu lang geratenen Bauteilanschlüssen geeignet. Man kann ihn auch als Abisolierwerkzeug benutzen. Das hat zwei Vorteile: zum einen ist es ungefährlicher als das Entfernen der Isolierung mit einem Messer, zum anderen ist es kostengünstiger als die Anschaffung einer Abisolierzange. (Darüber später mehr.)

Etwas Fingerspitzengefühl und Übung gehören allerdings dazu, will man den Seitenschneider zum Entfernen der Isolierung benutzen. Drückt man nämlich zu fest zu, so ist nicht nur die Isolierung, sondern der gesamte Draht durchgeschnitten. Lesen Sie den folgenden Abschnitt durch und probieren Sie es; nach einigen Versuchen klappt's bestimmt.

Legen Sie das betreffende Drahtende zwischen beide Schneiden und drücken den Seitenschneider leicht zu. Mit der Rundspitz- oder Flachzange halten Sie den restlichen Draht möglichst nahe an den Schneiden gut fest. Nun wird der Seitenschneider zugedrückt. Aber nicht zu stark, sonst trennen Sie den Draht ganz durch. Also nur so weit zudrücken, daß die Isolierung durchtrennt beziehungsweise geschwächt wird. Halten Sie den Seitenschneider in dieser Position und ziehen ihn dann plötzlich und mit einem kräftigen Ruck in Richtung Drahtende. Wenn es richtig funktioniert hat, ist jetzt die Isolierung entfernt, der Draht aber noch dran. Lassen Sie sich nicht entmutigen, wenn es zuerst einige Fehlversuche gibt.

Seitenschneider zudrücken und Isolierung abziehen; mit etwas Übung verschmelzen diese beiden Arbeitsgänge zu einer Bewegung.

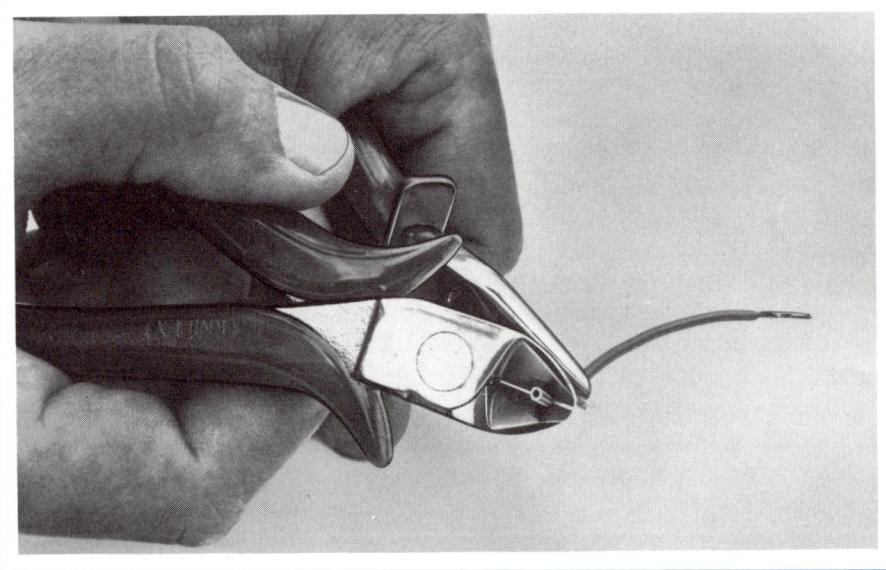

INFO 10   Elektrischer Strom

*D*en einfachsten Stromkreis kennt sicherlich jeder. Er besteht aus einer oder mehreren Batterien, einem Schalter und dem Verbraucher, zum Beispiel ein Lämpchen. Diesen Stromkreis finden wir in jeder Taschenlampe; er ist in der obigen Abbildung vereinfacht dargestellt. Bei geöffnetem Schalter ist der Stromkreis unterbrochen. Erst wenn der Schalter den Stromkreis schließt, kann der Strom fließen, und das Lämpchen leuchtet auf. Die Batterie arbeitet dann als Stromquelle.

Jede Batterie hat einen Plus- und einen Minuspol. Ist der Schalter nun geschlossen, fließt über ihn der Strom I vom Pluspol zum Lämpchen und von dort zum Minuspol zurück.

Der Strom fließt also von Plus nach Minus; das ist die technische Stromrichtung.

Es gibt noch die physikalische Stromrichtung; darüber später mehr.

Strom ist nichts anderes als bewegliche negative Ladung (Elektronen). Seine Bezeichnung hat er von dem französischen Physiker André Marie Ampère (1775–1836). Ampère wird mit A abgekürzt, und das Formelzeichen für Strom ist I. Die „technische Zeichnung" des Elektronikers ist das Schaltbild (oben Bildmitte). Damit kann man jede Schaltung symbolisiert darstellen (im Beispiel die Schaltung der Taschenlampe). Dort ist auch die technische Stromrichtung eingetragen (Pfeil von + nach −).

André M. Ampère,
1775–1836

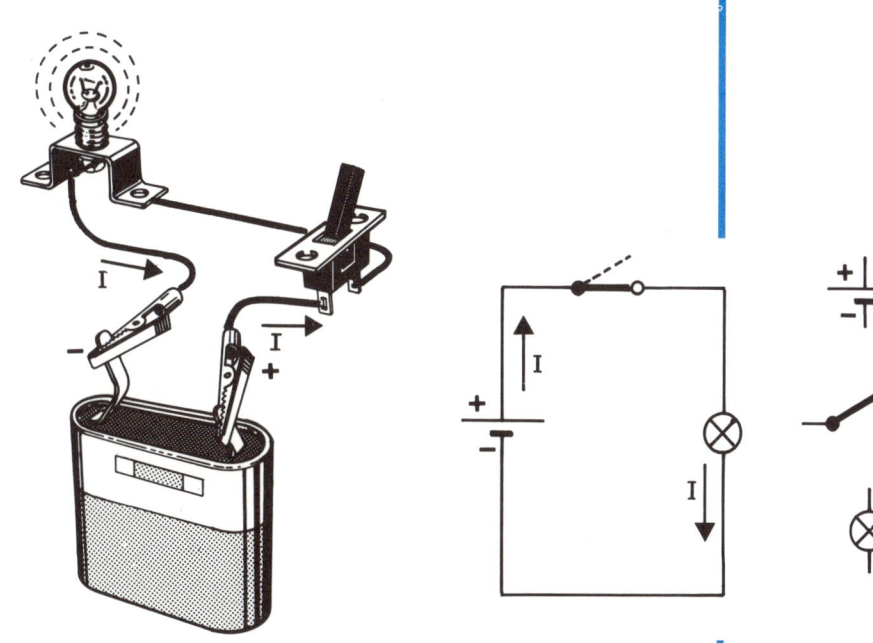

betrachtet, stellt fest, daß die Lötkolben unterschiedlich groß sind. Mit steigender Leistung nehmen auch die äußeren Abmessungen der Lötkolben und das Eigengewicht zu.

Für unser Elektronik-Hobby benötigen wir einen Lötkolben, dessen Leistung zwischen 15 und 30 W liegt. Geräte mit einer Leistung unter 15 W entwickeln eventuell eine zu geringe Löttemperatur; sie muß zwischen 300 und 450 Grad Celsius liegen. Beträgt die Leistung mehr als 30 W, sind die Kolben für das Zusammenlöten elektronischer Bauteile nicht nur zu klobig, sie haben meist auch noch zu hohe Temperaturen in der Lötspitze. Es besteht so die Gefahr, daß Bauelemente beim Löten überhitzt und dadurch zerstört werden.

Weiterhin stellt sich die Frage, ob sich der Lötkolben für den direkten Anschluß an das 220-V-Netz eignet. Das heißt: Stecker in die Netzsteckdose und fertig. Es sind nämlich auch Lötkolben erhältlich, für die dies nicht zutrifft. Bei diesen Geräten muß ein zusätzlicher Umformer die relativ hohe Netzspannung von 220 V auf beispielsweise 24 V heruntersetzen. Das ist zwar vorteilhaft für die Vermeidung von Gefahren durch elektrische Schläge, aber auch etwas umständlicher und teurer (der Umformer kostet auch sein Geld). Den Umformer nennt man Transformator, kurz Trafo.

Ein besonderes Augenmerk gilt der Lötspitze. Es gibt unterschiedliche Formen und Beschaffenheiten, die hier nur rein informativ und ganz kurz angesprochen werden. Die einfachste Art der Lötspitze besteht aus Kupfer. Sie hat jedoch so viele Nachteile, daß sie heute kaum noch Verwendung findet. Im Dauerbetrieb oxydieren diese Lötspitzen durch zu hohe Temperaturen. Auf der Oberfläche entsteht ein Korrosionsrückstand, sogenanntes Zunder. Dadurch wird das Lötzinn nicht mehr richtig verflüssigt, so daß an der Lötstelle keine einwandfreie Verbindung mehr entsteht.

Da sind die (fast) zunderfreien Lötspitzen schon wesentlich besser – sie sind mit einer Kupfer/Aluminium-Legierung überzogen. Doch selbst diese Spitzen sind im Dauerbetrieb nicht ganz zunderfrei und deshalb heute nicht mehr so gefragt, denn es gibt noch bessere. Das sind die *Dauerlötspitzen*. Sie bestehen aus einem Kupferkern, der mit einer Eisenschicht überzogen ist. Eine zusätzliche Chrom- oder Aluminiumschicht verhindert selbst im Dauerbetrieb bei Temperaturen über 300 Grad Celsius die Oxidation. Diese Spitzen dürfen beim Reinigen unter keinen Umständen mit einer Feile oder einem anderen scharfkantigen Gegenstand behandelt werden. Sie würden dadurch ihre guten Eigenschaften verlieren. Zum Säubern reibt man die Spitze im erhitzten Zustand einfach an einem Wollappen oder an einem feuchten (Spezial-) Schwamm ab.

Lötspitzen gibt es in verschiedenen Formen, wovon wir einige in Abbildung 21 sehen können. Bei elektronischen Schaltungsaufbauten liegen in der Regel die Lötstellen eng zusammen, deshalb sollte auch die Lötspitze nicht zu klobig sein. Die Spitzen a, b und c aus Abbildung 21 sind von der Größe her die richtigen. Nur wenn die Lötaugen auf der Platine ganz eng zusammenliegen, sollte Spitze d verwendet werden. Sie läuft vorne konisch zu, damit man auch Lötaugen auf engstem Raum gut erreicht. Dadurch dauert es allerdings etwas länger, bis die Lötstelle auf die entsprechende Löttemperatur aufgeheizt ist.

Lötkolben mit den erwähnten Dauerlötspitzen sind im Fachhandel für ungefähr 20–30 Mark erhältlich und leisten für lange Zeit gute Dienste. Die meisten Hersteller legen ihrem Produkt eine Bedienungsanleitung bei, die auf jeden Fall zu beachten ist.

Abb. 21 Lötspitzen in verschiedenen Formen.

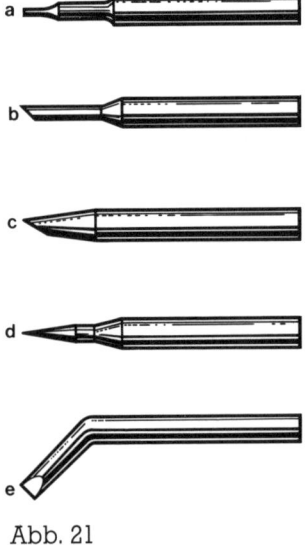

Abb. 21

Zusammenfassend die wichtigsten Punkte:

● Die Arbeitsleistung von 15 W sollte nicht unterschritten und die von 30 W nicht überschritten werden.
● Günstig ist ein 220-V-Netzanschluß.
● Der Kolben sollte mit einer Dauerlötspitze ausgestattet sein.
● Die Lötspitze selbst sollte nicht zu klobig sein.

Wer für sein Hobby etwas mehr Geld zur Verfügung hat, kann sich den Luxus leisten und eine Lötstation kaufen. Diese Lötgeräte haben zwei große Vorteile: Die Löttemperatur ist in einem weiten Bereich einstellbar (ungefähr zwischen 50 und 450 Grad Celsius), und außerdem gleichen sie eventuell auftretende Wärmeverluste in der Lötspitze sofort aus. In Abbildung 22a ist ein Gerät zu sehen, das für den Hobbybereich sehr gut geeignet ist. Die Lötspitzentemperatur kann dabei stufenlos eingestellt werden. Im Foto ist übrigens auch sehr deutlich der Schwamm zum Säubern der Lötspitze zu erkennen. Die Lötstation in 22b ist wesentlich komfortabler. Sie zeigt nicht nur die voreingestellte Temperatur an, sondern auch die tatsächlich in der Lötspitze vorhandene. Dieses Gerät ist allerdings nicht billig.

Das Thema „Schnell-Löter" ist im Zusammenhang mit unserem Hobby eigentlich gar kein Thema. Sie eignen sich sehr gut für Einzellötungen, doch weniger für den Dauerbetrieb über mehrere Stunden. Außerdem sind die sogenannten Schnell-Löter relativ schwer und unhandlich.

Die Entscheidung muß also zwischen Lötkolben und Lötstation fallen. Wie sie letztendlich ausfällt, ist unter anderem eine Kostenfrage.

Abb. 22a Bei dieser Lötstation stellt man die gewünschte Temperatur am Drehknopf ein und liest sie dort an einer Skala ab.

Abb. 22b Bei dieser Station wird die Löttemperatur digital angezeigt.

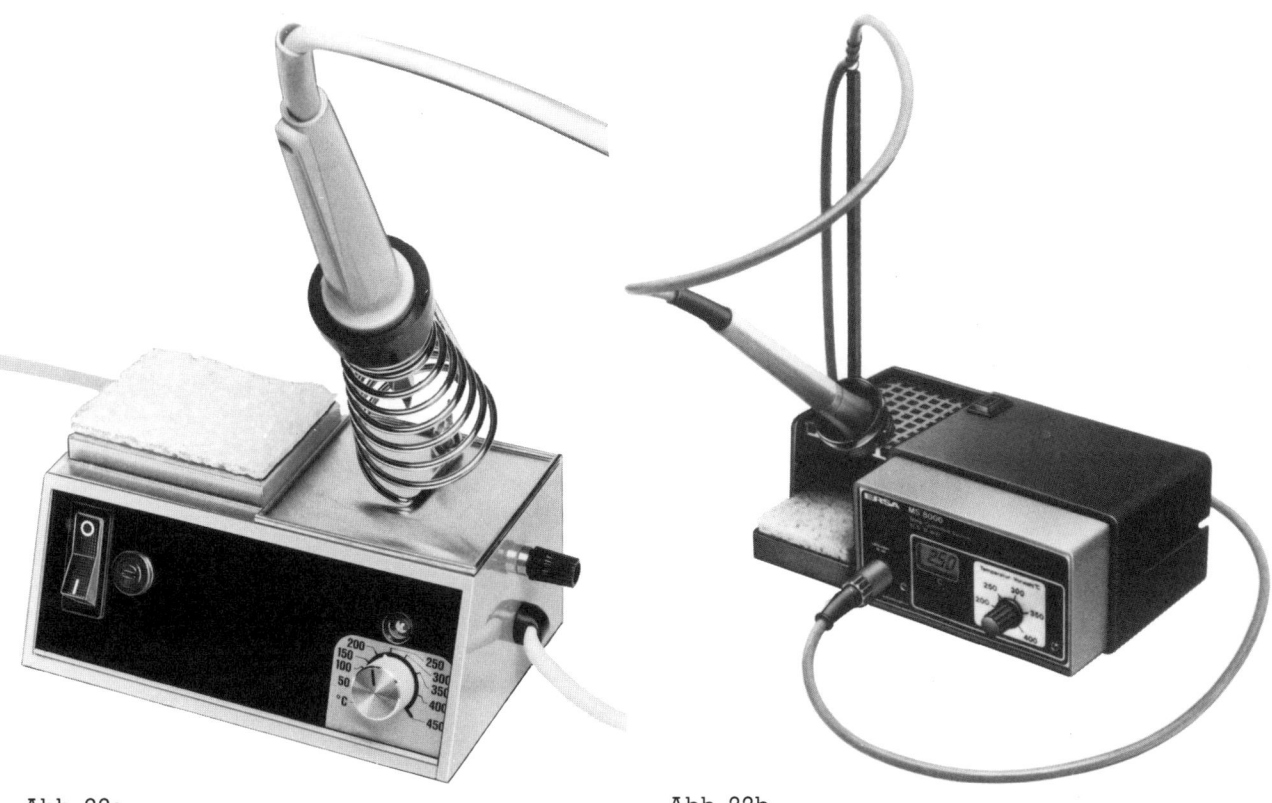

Abb. 22a   Abb. 22b

INFO 11   Elektrische Spannung

*N*eben dem Strom stellt die Spannung eine der wichtigsten Größen zur Beschreibung der Vorgänge in elektrischen oder elektronischen Schaltkreisen dar. Was haben wir uns unter diesem Begriff vorzustellen – worin besteht der Unterschied zum Strom? Denken wir an ein Wasserkraftwerk, bei dem das Wasser aus einem hochgelegenen Stausee bergab in die Turbinen der elektrischen Generatoren fließt (Zeichnung). Dabei spielt der Höhenunterschied zwischen Stausee und Turbine eine wesentliche Rolle:

Je tiefer das Wasser „fällt", bis es die Schaufelräder der Turbinen erreicht, desto mehr Kraft vermag es auf diese auszuüben.

Die Fähigkeit des gestauten Wassers, eine bestimmte Energie zu erzeugen, hängt nicht davon ab, ob das Wasser gerade fließt oder nicht. Auch wenn der Wasserfluß unterbrochen ist, können wir jederzeit errechnen, welche Energie bei welcher Höhendifferenz im Falle einer Öffnung des Sperrventils frei würde. Der Höhenunterschied gibt eine Auskunft über etwas, was unter bestimmten Bedingungen eintreten wird. Ähnlich verhält es sich mit der Spannung. Der Ausdruck „eine Batterie von 4,5 Volt" macht eine Aussage über die Höhe des Stromes, der fließen wird, wenn man beide Pole der Batterie mit einem Leiter (Widerstand) verbindet.

Man kann sich die elektrische Spannung, so wie beim Wasserkraftwerk, als Gefälle vorstellen, bei dem nicht Wasser, sondern elektrische Ladung vom „höheren" zum „tieferen" Niveau fließt. Die Spannung treibt die Elektronen wie eine mechanische Kraft durch die Leitung.

Auswirkungen einer Spannung werden erst sichtbar, wenn ein Strom fließt. Dies ist auch bei einem Spannungsmeßgerät der Fall: Hier wird die Spannung durch einen Umweg über einen Strom angezeigt. Auch der Strom läßt sich

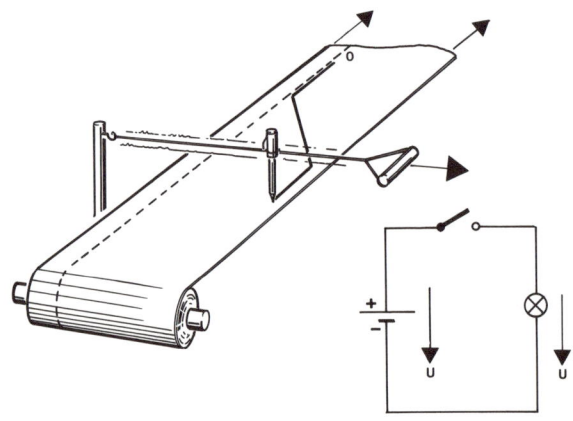

durch unser Wassermodell leicht veranschaulichen: Er entspricht der Wassermenge, die durch die abwärts führenden Rohre fließt. Der Rohrquerschnitt ist mit dem elektrischen Widerstand vergleichbar.

Größere Höhendifferenz (höhere Spannung) und größerer Leitungsquerschnitt (niedrigerer Widerstand) bewirken einen stärkeren Wasserfluß (Strom).

Damit sind wir bereits beim Ohmschen Gesetz angelangt, dem wir uns im nächsten Kapitel eingehender widmen werden. Bisher war ausschließlich von Gleichspannung die Rede. Hier herrscht stets ein konstantes „Gefälle" zwischen den Klemmen einer Batterie.

Bei der bereits erwähnten Wechselspannung (als Beispiel die 220-V-Steckdose mit einer Frequenz von 50 Hz) spielt sich folgender Vorgang genau 50mal pro Sekunde ab: Die Spannung steigt von Null auf ihren Maximalwert an (erstes Viertel der Periode). Danach sinkt sie wieder (zweites Viertel) auf Null ab, um schließlich mit entgegengesetztem Vorzeichen (Umpolung) das negative Maximum zu erreichen (drittes Viertel). Im Anschluß daran strebt sie wieder dem Wert Null zu, so daß genau nach einer Periode (1/50 sec) das Spiel von vorne beginnt.

Die Spannung (und auch der durch den Leiter fließende Strom) beschreibt dabei eine Sinuskurve. Solch eine Kurve läßt sich erzeugen, wenn man zum Beispiel die Bewegungen eines Pendels mit Hilfe eines Schreibstiftes und einem gleichmäßig vorbeiziehenden Papierband (Bild) registriert. Gleichspannung entspricht der daneben abgebildeten, geraden Linie, deren Entfernung von der Achse ein Maß für ihre Höhe (und ihre Polarität) darstellt.

Die Spannung hat ihren Namen von dem italienischen Physiker A. Volta (1745–1827) und heißt Volt (V); das Formelzeichen ist U.

Alessandro Volta,
1745–1827.

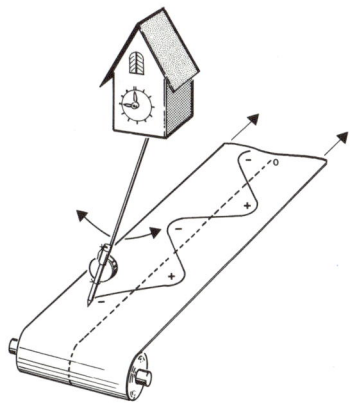

Lötzinn

Lötzinn besteht zum größeren Teil aus Zinn und einer geringeren Menge Blei. Das ideale Verhältnis ist 60 : 40; das heißt 60 % Zinn und 40 % Blei. Die offizielle Bezeichnung ist L-Sn60Pb:

L   = Lot
Sn60 = Sn ist die Abkürzung von Stannum = Zinn; die Zahl gibt den Zinnanteil in Prozent an.
Pb   = Abkürzung der Bezeichnung Plumbum = Blei; hinter Pb fehlt die Zahl, also bleiben von 100 % noch 40 % übrig, das ist der Bleianteil.

Wer seiner Lötkolbenspitze etwas besonders Gutes tun will, der verwendet ein Lot, das nur 38 % Blei enthält, dafür aber noch 2 % Kupfer (Cu = Cuprum). Flüssiges Zinn greift das Kupfer der Lötspitze an. Der Kupferzusatz im Lot kann die Aggressivität des Zinns zwar nicht 100 %ig ausgleichen, jedoch erheblich mindern, so daß die Lötkolben-

spitze nicht mehr so stark angegriffen wird. Die Bezeichnung für dieses Lot lautet L-Sn60PbCu2.

Der Schmelzpunkt liegt bei allen genannten Lotarten zwischen 180 und 200 Grad Celsius.

Der ideale Lötdraht hat einen Durchmesser von etwa 1 mm. Dickerer Lötdraht ist bei kurz zusammenliegenden Lötstellen häufig die Ursache für unzulässige Lötbrücken zwischen zwei Punkten, so daß die aufgebaute Schaltung nicht funktionieren kann.

Wer den Lötzinndraht genau betrachtet (am besten unter der Lupe), erkennt eine Besonderheit: Jeder Lötdraht ist innen mit einem anderen Material gefüllt (Abb. 23). Bei der inneren Masse, der „Seele", handelt es sich um ein Flußmittel, sogenanntes Kolophonium. Seine Aufgabe ist es, die Oberflächen der zu verbindenden Teile während des Lötvorganges gegen Oxidation zu schützen, so daß beim Löten das Zinn auch richtig fließen kann. Zu-

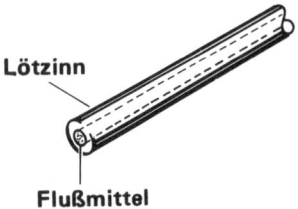

Lötzinn

Flußmittel

Abb. 23 Querschnitt durch ein Stück Lötzinn. Das Flußmittel im Innern ist deutlich zu sehen.

Abb. 24 Der Fachhandel bietet Lötzinn in verschiedenen Mengen an. Relativ preiswert sind kleine Kartonkärtchen. Allerdings ist auch das aufgewickelte Lötzinnstück nicht sonderlich lang, etwa 1 m. Etwas mehr Lötdraht ist im Foto mit abgebildet. Es ist als „Bastlerlot" in Supermärkten erhältlich, doch für unsere Zwecke weniger geeignet. Es ist zu dick, und der Zinnanteil ist gering. Insgesamt preiswerter ist eine größere Menge, etwa 10 m, die auf einer Kunststoffrolle aufgewickelt ist.

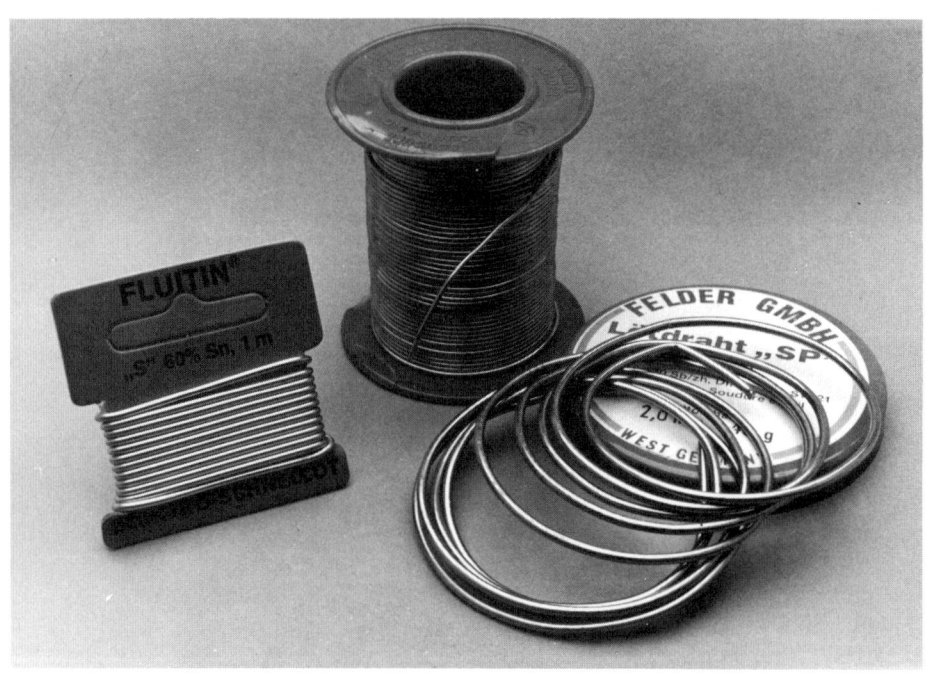

Abb. 24

sätzliches Flußmittel ist deshalb nicht erforderlich. Im Gegenteil, es könnte Ursache für eine schlechte Lötverbindung sein.

Im Handel gibt es Lötzinn in verschiedenen Mengen: kleine Portionen von etwa 1 m Länge, aufgerollt auf Kartonkärtchen, und größere von etwa 10 m (Abb. 24). Ob man sich nun beim Kauf für eine kleine oder große Menge entscheidet, ist nur eine Kostenfrage; für den praktischen Gebrauch sind beide unhandlich. Was also machen?

Eine Möglichkeit ist, vom Kärtchen oder der Rolle ein Stück abzuwickeln und es zu einem handlichen Knäuel zu formen. Doch stellt sich schon bald der Nachteil dieser Methode heraus: Das Lötzinn verheddert und verknotet sich. Ein ausgedienter Kugelschreiber schafft Abhilfe; wir funktionieren ihn einfach zum *Lötzinnspender* um. Das einzige, was wir dazu brauchen, ist eine intakte Kugelschreiberhülse; Druckmechanismus, Mine und Feder werden entfernt. Eine Kugelschreibermine ist allerdings noch wichtig, um sie wird ein Stück Lötzinn in eng aneinanderliegenden Windungen gewickelt (Abb. 25). Die Mine wird anschließend wieder aus der Lötzinnrolle herausgezogen. In die leere Kugelschreiberhülse kommt nun die Lötzinnrolle. Dabei führen wir den Anfang durch die ansonsten der Mine vorbehaltenen Öffnung nach außen. Wird das Stück beim Löten kürzer, reicht ein kurzer Ruck am Reststück, und es ist wieder genügend Lötzinn draußen.

Praktisch ist die Lötzinn-Zufuhrmechanik (Abb. 26). Die Mechanik setzt man einfach auf den Lötkolben auf und bedient sie mit einem Finger. Der Vorschub des Lötdrahtes läßt sich auf den Millimeter genau bestimmen, vor- und rückwärts. Diese Mechanik kann Lötdrähte bis zu 1 mm Durchmesser aufnehmen. Die Vorratsrolle hat für 50 g Lötzinn Platz, genug für etwa 2000 Lötstellen.

Abb. 25 Ein ausrangierter Kugelschreiber wird zum Lötzinnspender umfunktioniert. Die Hülse dient als Hülle für die Lötzinnrolle.

Abb. 26 Komfortabel ist der industrielle Lötzinnspender. Da das Gerät auf den Lötkolben aufgesetzt wird, haben wir die zweite Hand, die sonst das Lötzinn hält, frei. Wer ohne Lötzinnspender arbeitet, merkt bald, daß manchmal eine dritte Hand recht hilfreich wäre.

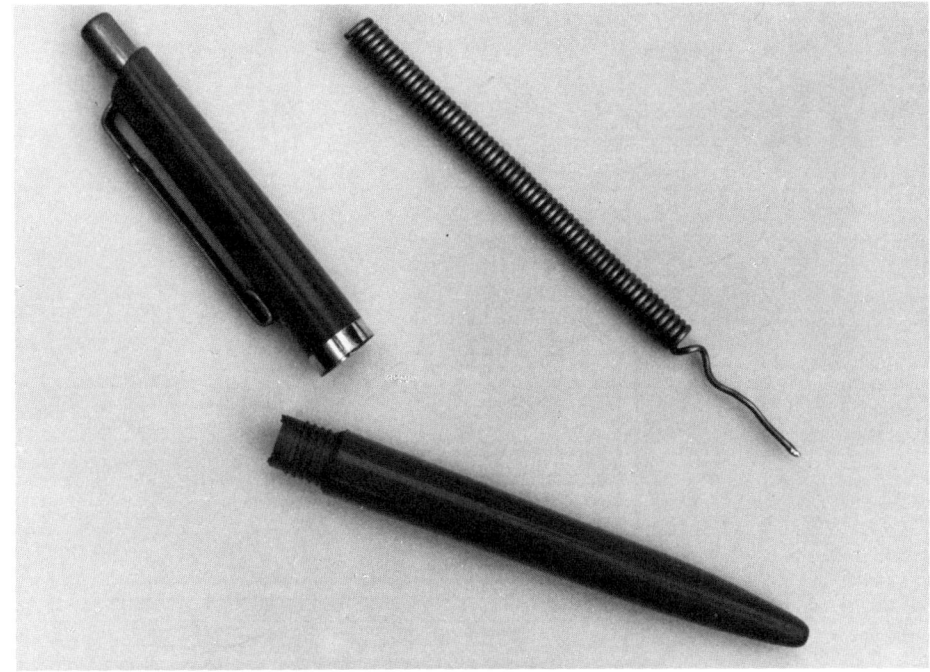

Abb. 25

Abb. 26

INFO 12   Elektrische Leistung

„*M*ein Verstärker macht mindestens einhundert Watt." So oder ähnlich wird häufig argumentiert, wenn es darum geht, die Leistungsfähigkeit von Musikverstärkern zu umschreiben. Ein anderes Beispiel. Auf dem Typenschild eines elektrischen Heizofens ist unter anderem auch die Leistungsaufnahme angegeben, etwa 2000 W. Schließlich: Zum Verlöten elektronischer Schaltungen eignet sich ein Lötkolben von 15 W.

Was ist nun Leistung und was sind Watt? Betrachten wir noch einmal in der obigen Skizze das Wasserkraftwerk. Aus einem hochgelegenen Stausee stürzt durch die Rohrverbindung Wasser nach unten zum Kraftwerk. Die Turbinenleistung ist nun um so höher, je größer das Gefälle und somit der Wasserdruck ist (Spannung). Außerdem wird die Leistung noch mitbestimmt von der Wassermenge, die in einer Sekunde durch die Turbine fließt (Strom). Ähnlich ist es mit der elektrischen Leistung.

In dem einfachen Stromkreis ist die Leistung abhängig von der Spannung am Verbraucher (der Lampe) und der Strommenge durch den Verbraucher. Die Leistung ist dann das Produkt aus den beiden Werten. Das Formelzeichen für die Leistung ist P, die Einheit ist W (Watt). Die Formel lautet:

$$P = U \cdot I \qquad (W = V \cdot A)$$

Die Leistung hat ihren Namen nach dem englischen Erfinder James Watt (1736–1819).

James Watt,
1736–1819

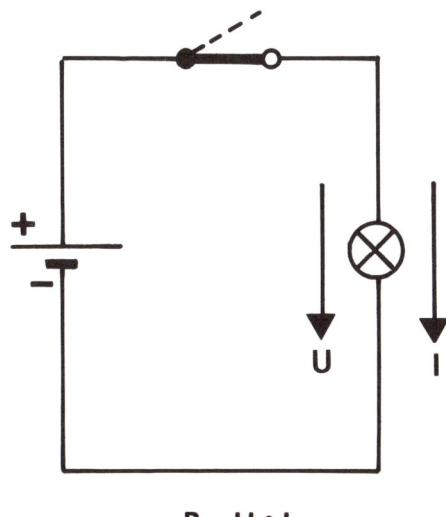

$$P = U \cdot I$$

Abb. 27 Diese einfachen und preiswerten Lötkolbenständer gibt es im Fachhandel. Da sie keinen eigenen Fuß haben, müssen sie mit der Arbeitsplatte verschraubt werden.

Arbeitshilfen

Wohin nun mit dem heißen Lötkolben, wenn man ihn beim Schaltungsaufbau zur Seite legen muß, um beide Hände für andere Arbeiten frei zu haben? Die einfachste Lösung ist, ihn einfach direkt auf die Arbeitsplatte zu legen. Es besteht dann allerdings die Gefahr, daß die heiße Lötkolbenspitze die Arbeitsplatte beschädigt oder daß wir uns selbst daran verbrennen. Besser ist, sich im Fachhandel einen Lötkolbenständer zu besorgen, den man dann auf die Arbeitsplatte schraubt; das kostet etwa 10 DM (Abb. 27). Es gibt noch eine dritte Möglichkeit; hier fallen kaum Materialkosten an, wenn wir nur etwas Zeit investieren. Wir benutzen für diesen Halter eine leere Konservenbüchse. Wie so etwas aussehen kann, sehen Sie in Abbildung 28. Vorschlag a:
Von einer Konservenbüchse werden beide Deckel entfernt. Dann wird sie flachgeklopft. Schließlich knicken wir die Büchse um ihre Längsachse und schneiden mit einer Blechschere oder Eisensäge den Einschnitt für den Lötkolben aus. Damit der Halter auch

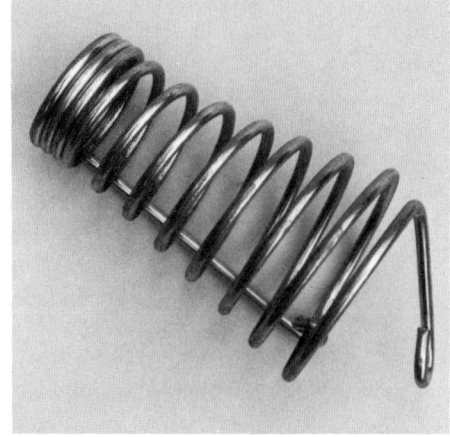

Abb. 27

standfest ist, falten wir ihn zu einem „Zelt" auseinander. Wer den Halter noch fest mit der Arbeitsplatte verschrauben möchte, winkelt an jeder Seite eine Stellfläche ab, so wie es Abbildung 28a zeigt. Abschließend werden die Kanten mit einer Feile bearbeitet, um Verletzungen zu vermeiden.
Vorschlag b:
Diese Lösung ist weniger zeitintensiv, aber genausogut. Wir suchen uns eine Konservenbüchse, die ungefähr 5 cm höher als der Lötkolben von seiner Spitze bis zum Handgriff ist. Um die

Abb. 28a) Der Lötkolbenhalter läßt sich leicht selbst herstellen, indem man eine alte Konservendose umfunktioniert.
b) Dieser Lötkolbenständer ist ebenfalls aus einer alten Konservendose hergestellt. Der Lochdurchmesser wird vom verwendeten Lötkolben bestimmt.
c) Falls man den Deckel wieder zulöten muß, ist das eine gute Übung für all diejenigen, die noch wenig Erfahrungen im Löten besitzen.
d) Der Sand in der fertigen Dose gibt dem Lötkolbenständer die nötige Standfestigkeit.

Abb. 28a

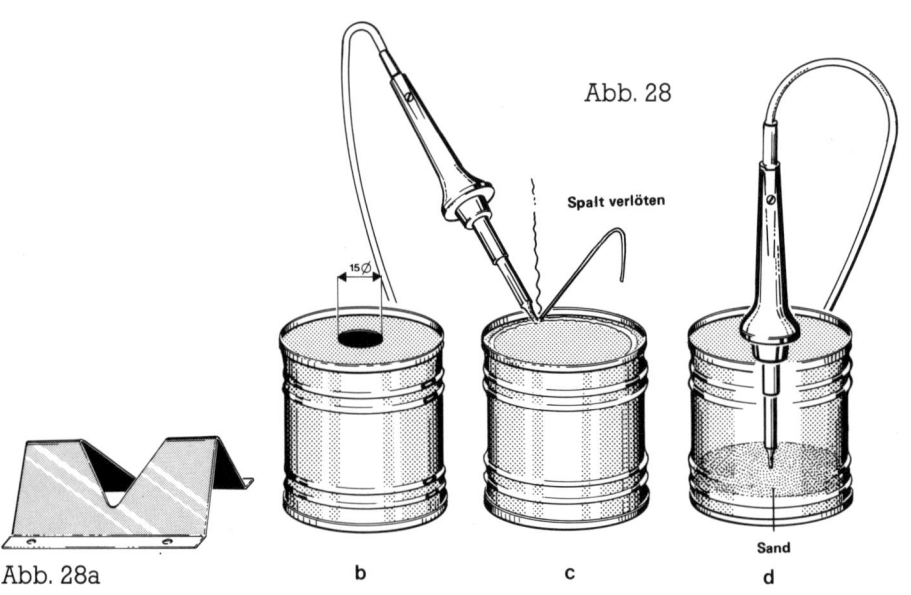

Abb. 28

15 Ø

Spalt verlöten

Sand

b

c

d

Büchse zu entleeren, wird in der Mitte eines Deckels eine Öffnung von etwa 15 mm Durchmesser eingebracht. Die Öffnung sollte in jedem Fall nur so groß sein, daß der Lötkolbenhandgriff nicht hindurchfällt. Lieber die Öffnung etwas kleiner machen und später nacharbeiten als zu groß, denn der Lötkolbenhandgriff muß nachher auf dem Deckel aufliegen.

Wem das mit dem kleinen Loch im Deckel zu umständlich ist, der kann die Büchse auch ganz normal öffnen, um sie zu entleeren. Ist das geschehen, wird sie gespült und ausgetrocknet. Anschließend bringt man den Deckel wieder in die ursprüngliche Lage. Den Spalt zwischen Deckel und Rand müssen wir wieder schließen, deshalb beim Öffnen darauf achten, daß er nicht zu breit wird. Den Spalt löten wir dann zu. Das ist für den Anfang eine gute Lötübung, nicht so einfach, aber doch praktisch (Abb. 28c). Dabei ist es wichtig, daß wir mit dem Lötkolben gleichzeitig einen Punkt am Deckel und am Büchsenrand erhitzen. Das Lötzinn führt man erst zu, wenn beide Punkte richtig heiß sind. Auf diese Art schließt man punktuell den ganzen Deckelspalt. Sollte der Spalt doch zu breit geraten sein, kann das Lötzinn ihn alleine nicht schließen. Aus einer zweiten Büchse schneidet man dann einen schmalen Blechstreifen, legt ihn über den Spalt und lötet ihn an Deckel und Rand fest. Die verlötete Büchsenseite ist nun das untere Ende des Halters (wegen der besseren Optik). Der unversehrte Deckel wird nun mit der 15-mm-Öffnung versehen.

Wer es ganz einfach haben will, nimmt eine Dose der entsprechenden Größe mit Ziehverschluß, so wie sie bei den Getränkedosen üblich sind: Dose öffnen, austrinken, spülen, fertig. (Ob diese Dosen allerdings als Lötkolbenständer funktionieren, wurde nicht probiert. Vielleicht klappt's.)

Wie in Abbildung 28d skizziert, hängt man den Lötkolben jetzt einfach in die Büchse, wobei die heiße Kolbenspitze die Büchse weder am Boden noch an der Wandung berühren soll. Wenn der Lötkolben im Doseninnern frei in der Luft hängt, kann er weder uns noch die Arbeitsplatte verbrennen. Damit der Halter einen festeren Stand hat, füllen wir den unteren Teil mit Sand; allerdings nur so weit, daß die Lötkolbenspitze den Sand noch nicht berührt.

Lötpraxis

Nun zum Löten selbst:

1. Neue Lötkolbenspitzen müssen zuerst verzinnt werden, sofern der Hersteller sie nicht bereits in dieser Form ausliefert. Ist das nicht der Fall, muß man die Spitze erhitzen und mit einem sauberen und trockenen Lappen abwischen. Anschließend halten Sie etwas Lötzinn an die heiße Spitze, so daß es flüssig wird und verläuft. Ist das geschehen, wischen Sie es mit dem Lappen wieder ab. Wiederholen Sie den Vorgang so lange, bis die Spitze mit einer dünnen Schicht Lötzinn überzogen ist (Abb. 29).

2. Lötstelle erst vorwärmen. Die zu verlötenden Teile werden an ihrer Lötstel-

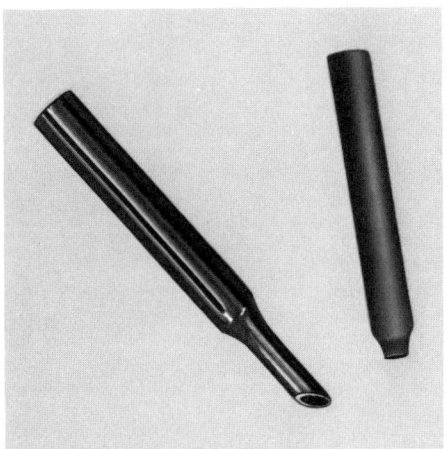

Abb. 29 Die alte Lötkolbenspitze ist von der noch fabrikneuen leicht zu unterscheiden: verbrannt und abgenutzt, ist die alte nicht mehr zu gebrauchen.

Abb. 29

*E*lektronische Geräte werden in der Regel nicht direkt mit der 220-V-Netz-spannung versorgt. Diese Spannung ist für viele Geräte ungeeignet. Anderserseits kann man auch nicht jedes Gerät ausschließlich mit Batterien betreiben, denn das wäre zu kostenintensiv. Es muß also eine Möglichkeit geben, die hohe Netzspannung auf einen niedrigeren Wert herunterzusetzen.

Diese Möglichkeit bietet der Transformator, kurz Trafo genannt. Sein Aufbau ist relativ einfach. Auf einem Eisenkern sind zwei getrennte Spulen gewickelt. An die eine Spule, in der Skizze der Anschluß A, wird die 220-V-Spannung angelegt. Am Anschluß B steht dann die wesentlich geringere Spannung zur Verfügung. Diese Spannungswerte sind recht unterschiedlich und hängen im Einzelfall von den Trafobedingungen ab. So bestimmt unter anderem das Verhältnis der Windungszahlen beider Spulen zueinander die reduzierte Spannung an Anschluß B.

Die Spannung U1 verhält sich zu U2 wie die Windungszahl w1 zu w2.

$$U1 : U2 = w1 : w2$$

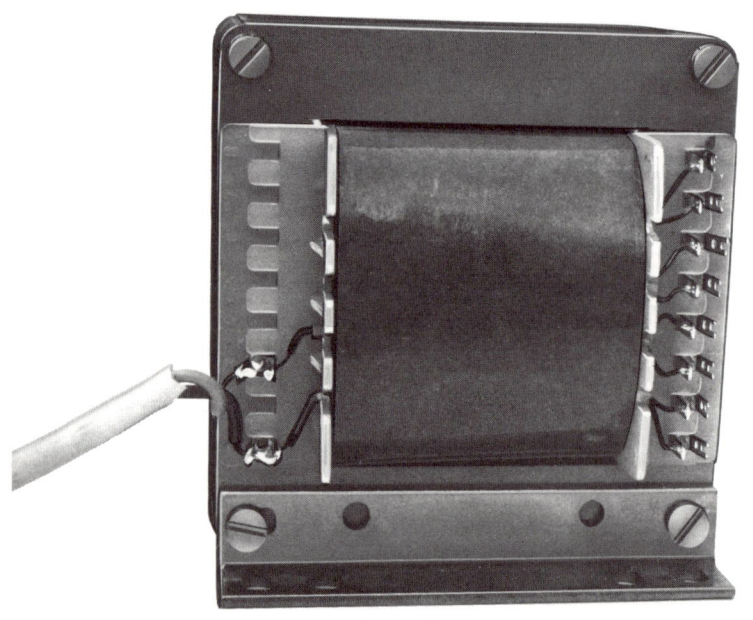

Diese Formel erklärt, warum die Spule mit dem Anschluß A bedeutend mehr Wicklungen hat als die zweite Spule.

Beide Spulen haben einen besonderen Namen. Die Spule der Eingangsseite für die 220-V-Spannung heißt „Primärwicklung", die Spule auf der Ausgangsseite heißt „Sekundärwicklung"; anstatt „-wicklung" findet man auch häufig das Wort „-spule".

Die Funktion des Trafos beruht auf dem Induktionsgesetz und dem Magnetismus; das soll uns jedoch im Moment nicht weiter belasten. Der bekannteste Trafo ist wohl der Klingeltrafo, der auf der Sekundärseite zumeist eine Spannung von 8 V abgibt. Der im Foto abgebildete Trafo hat mehrere Sekundärspannungen; das sieht man an der Klemmenzahl.

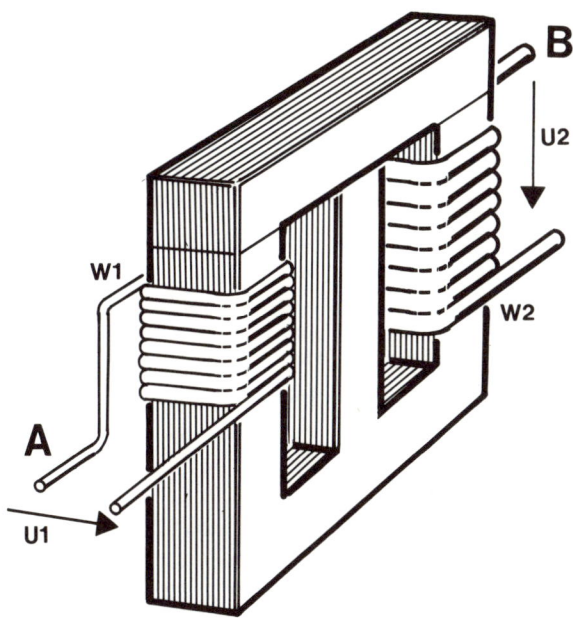

Abb. 30 Lötet man verschiedene Bauteile direkt zusammen, wie die zwei Widerstände im Foto, ist es ratsam, die Lötstellen vorher zu verzinnen.

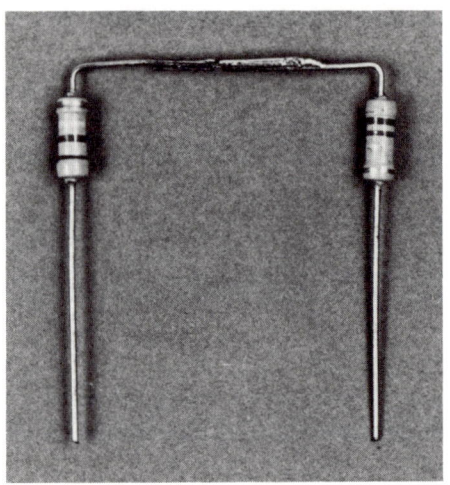

Abb. 31 In der Skizze ist ein Widerstand in eine Platine eingelötet. Die zwei Lötstellen geben ein nachahmenswertes Beispiel.

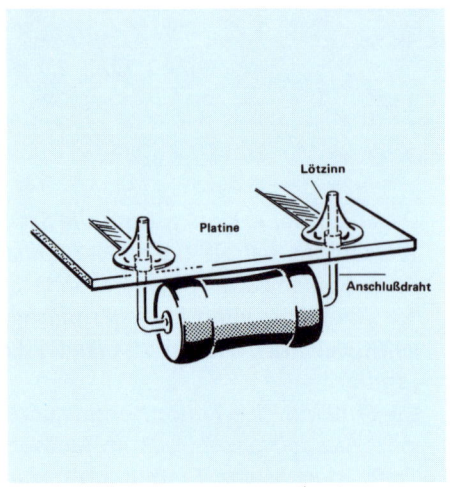

Abb. 30   Abb. 31

le vorgewärmt; erst dann fügen wir das Lötzinn hinzu. Das Vorwärmen darf nicht zu lange dauern; in der Regel genügen 1 bis 2 Sekunden. Das gilt insbesondere für die bereits bekannten Halbleiter. Dauert hierbei der Lötvorgang zu lange, kann es passieren, daß sie den „Hitzetod sterben". Nicht ganz so wärmeempfindlich reagieren die in Abbildung 30 zusammengelöteten Widerstände. Grundsätzlich gilt folgendes: Man bringt die zu verlötenden Anschlußdrähte zusammen, wärmt sie kurz vor und fügt dann das Lötzinn hinzu. Ist genügend Zinn geflossen, nicht zuviel und nicht zuwenig, nimmt man den Lötdraht wieder von der Lötstelle weg. Der Lötkolben selbst bleibt jedoch noch etwa 1 bis 2 Sekunden dort, damit sich das Zinn richtig verteilen kann. Erst danach wird auch der Lötkolben entfernt. Die Bauteile dürfen sich dann nicht mehr bewegen, da ansonsten die Lötverbindung nicht einwandfrei ist. Dieser Fehler passiert häufig durch Unachtsamkeit und ist später äußerst schwer zu finden.

3. Eine gute Lötstelle schimmert silbrig und hat eine relativ glatte Oberfläche. Außerdem darf nicht zuviel und nicht zuwenig Lötzinn geflossen sein. In der Abbildung 31 ist ein Widerstand

skizziert, der in eine Platine eingelötet ist. Die eingezeichnete Hohlkehle beim abgekühlten Lötzinn ist ein Kriterium dafür, daß es in der richtigen Menge vorhanden ist.

4. Schlechte Lötstellen sind meist grau-matt, haben eine rauhe Oberfläche, und der Zinnverlauf ist alles andere als hohlkehlenartig. Zwei solcher Fälle sind in der Abbildung 32 skizziert. Links ist zuviel Lötzinn, rechts zuwenig vorhanden.

Zu Beginn der Lötpraxis treten häufig zwei weitere Fehler auf. Einmal wird die Lötstelle überhitzt, so daß das Lötzinn verbrennt, und zum anderen erwärmt man die Lötstelle nicht genug. Das Zinn kann dann nicht richtig verlaufen und „verklebt" die zu verlötenden Teile nur miteinander. Es genügt ein kurzer Ruck, und die Lötstelle bricht auseinander.

5. Will man Bauteile direkt, also ohne Umweg über eine Platine, miteinander verlöten, so ist der eigentliche Lötvorgang wesentlich schneller abgeschlossen, wenn die Anschlüsse der zu verlötenden Teile vorher verzinnt sind. Besonders wichtig ist das bei flexiblem Schaltdraht, der aus vielen einzelnen Drähtchen besteht (vergleichen Sie Abb. 11 in Kapitel 1). Die Drahtisolierung

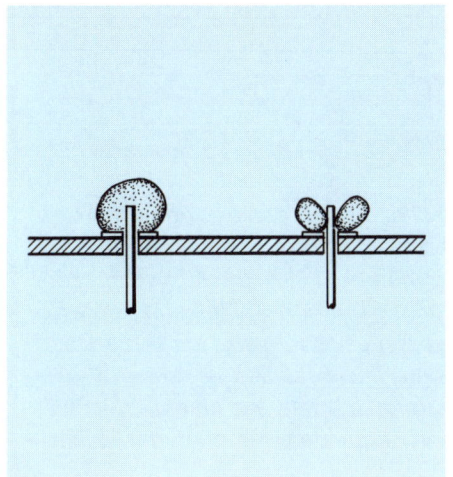

Abb. 32

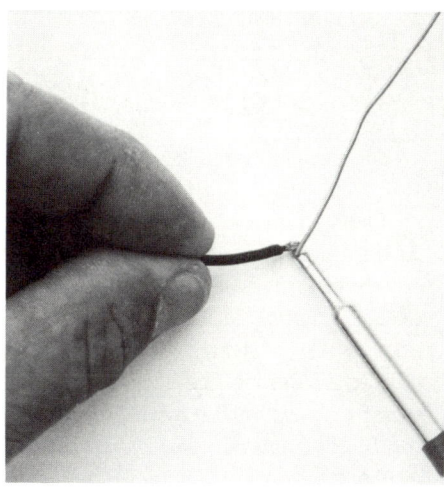

Abb. 34

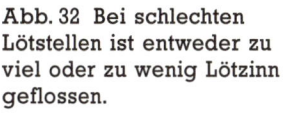

Abb. 32 Bei schlechten Lötstellen ist entweder zu viel oder zu wenig Lötzinn geflossen.

Abb. 34 Das Verzinnen von Anschlußdrähten ist keine Hexerei: Vorwärmen, Lötzinn zufügen und verlaufen lassen.

haben wir dort mit einem Messer entfernt. Mit etwas Fingerspitzengefühl und Erfahrung ist dazu auch der Seitenschneider geeignet: Draht zwischen die Schneiden legen, leicht zudrücken, ein kräftiger Ruck mit der Zange in Richtung Drahtende, und die Isolierung ist ab. Für diese Arbeit gibt es aber auch eine spezielle Abisolierzange, mit der das Ganze recht problemlos geht (Abb. 33). Nach dem Abisolieren werden die freiliegenden Drähtchen verzinnt; vorher sind sie jedoch noch miteinander zu verdrillen (Abb. 11, Kapitel 1). Das Verzinnen selbst ist recht einfach: Draht vorwärmen, Lötzinn zuführen, verlaufen und abkühlen lassen (Abb. 34).

Abb. 33 Das Abisolieren wird mit der entsprechenden Zange zum Kinderspiel.

Abb. 33

**Georg Simon Ohm,
1787–1854**

INFO 14   Der Widerstand

*F*ließt in einem Kupferdraht ein elektrischer Strom, dann bewegen sich dort freie negative Ladungen, die Elektronen. Sie können jedoch nur dorthin, wo ein freier Platz ist. Am Ort, von dem sie kommen, wird Platz frei für nachrückende Elektronen. Leider kann der Strom nicht ungehindert fließen, sondern wird durch „feste" Atome im Leiter gebremst; es stellt sich ihm also ein Widerstand entgegen. Bei den gleichnamigen elektronischen Bauteilen ist dieser Widerstand erwünscht. Sie bestehen nicht aus Kupfer, sondern aus einem schlechteren Leiter (zum Beispiel Konstantan), dessen Atome den Durchfluß der Elektronen erschweren.

Mit dem Widerstand wird der Strom auf den für die Schaltung zulässigen Wert reduziert.

Stellen Sie sich einen breiten Hauseingang vor. Durch ihn können relativ viele Leute gleichzeitig gehen. Wird der Eingang jedoch mit einem Drehkreuz versehen, sind es schon erheblich weniger Leute, die sich in einer bestimmten Zeit durch den Eingang zwängen können. Nichts anderes ist bei einem Widerstand der Fall. In einer bestimmten Zeit läßt er nur eine gewisse Menge Elektronen durch sich hindurchfließen.

Widerstände gibt es in unterschiedlichen Bauformen, Größen und Werten, so daß für jede Gelegenheit das passende Exemplar zur Verfügung steht.

Der Widerstand hat das Formelzeichen R und als Einheit „Ohm", benannt nach Georg Simon Ohm (1787–1854).

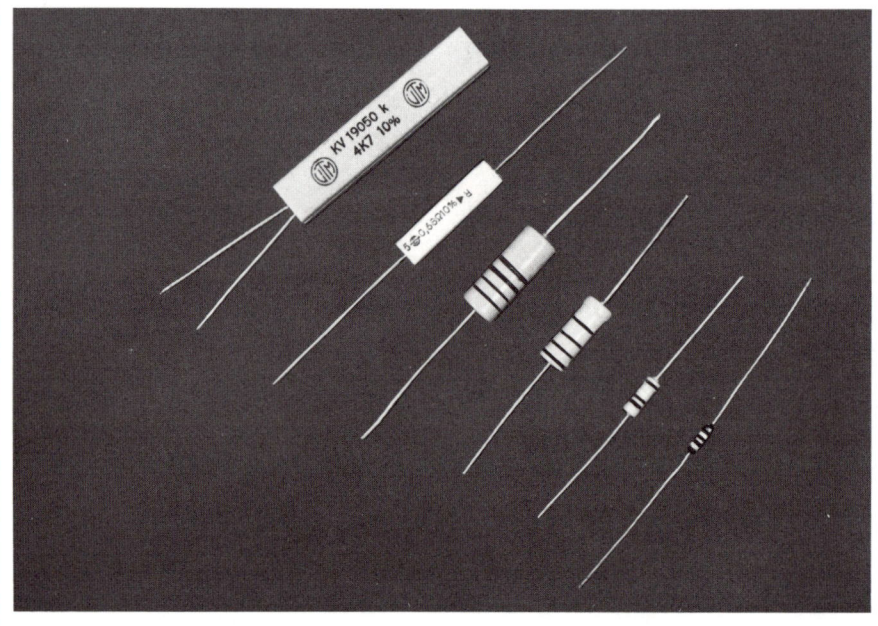

6. Genausowichtig wie das Löten ist das Entlöten, wenn Sie zum Beispiel defekte Bauteile austauschen müssen oder beim Schaltungsaufbau ein falsches Bauteil erwischt und eingelötet haben. (Sie meinen, daß es das nicht gibt? Warten Sie's ab.) Nun, das Auslöten von Bauteilen mit nur zwei Anschlüssen ist kein großes Problem. Das Lötzinn wird erhitzt, und man zieht die Bauteile auseinander. Hat das Bauteil seinen Platz auf einer Platine, muß man die Anschlüsse aus der Platine herausziehen. Schwieriger wird es bei drei und noch mehr Anschlußbeinchen. Nun ist es nicht mehr so einfach, den betreffenden Anschluß aus der Platine herauszuziehen. Also müssen wir dafür sorgen, daß zunächst alle Anschlüsse frei von Lötzinn werden. Eine Möglichkeit ist die Verwendung von Entlötlitze (Abb. 35). Das ist ein Kupfergeflecht, das mit der heißen Lötkolbenspitze auf die freizumachende Lötstelle gedrückt wird. Die Litze saugt das flüssige Zinn auf und ist deshalb nur einmal zu verwenden. Bei jedem Entlötvorgang saugt sich die Litze bis zu etwa einem Zentimeter voll Zinn; das Stück muß dann mit dem Seitenschneider abgeschnitten werden.

Entlötlitzen gibt es in verschiedenen Breiten (1 mm, 2,5 mm und 3,5 mm) und einer Länge von 1,5 m. Die Kosten für eine Entlötpumpe sind natürlich höher als die einer Rolle Entlötlitze; langfristig gesehen erweist sich dieses Werkzeug jedoch als erheblich billiger. Die Entlötpumpe (Abb. 36) besteht aus einem Zylinder, in dem ein Kolben die vorhandene Luft komprimiert. Auf Knopfdruck schnellt im Zylinder der Kolben hoch, und der dabei entstehende Luftzug saugt von der Entlötstelle das flüssige Zinn ab. Es befindet sich dann im Zylinder, den man in gewissen Zeitabständen entleeren muß. Wer sich ein solches Gerät zulegen möchte, muß darauf achten, daß die Spitze aus Tef-

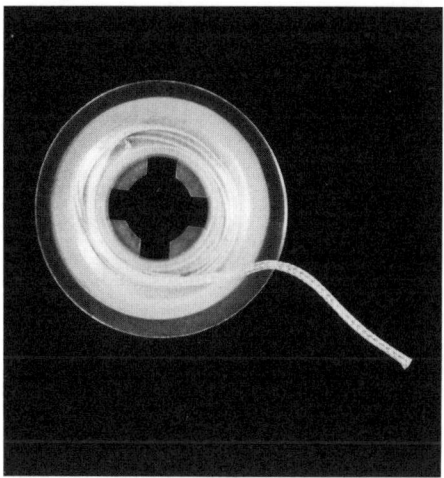

Abb. 35

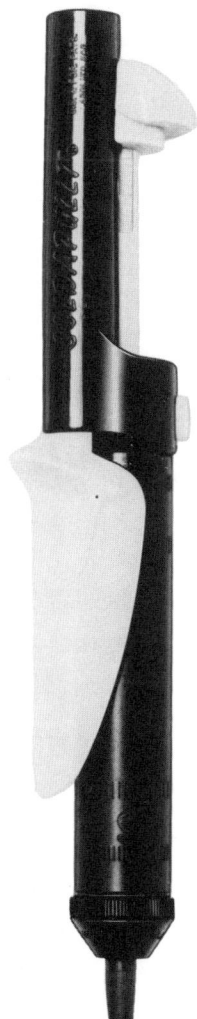

Abb. 36

Abb. 35 Entlötlitze ist in der Regel in einer kleinen Kunststoffhülse untergebracht.

Abb. 36 Mit einer Entlötpumpe geht das Auslöten von Bauelementen schnell und bequem.

lon ist und es außerdem Ersatzspitzen gibt.

Für alle, die noch nie gelötet haben, empfiehlt es sich, einige Lötübungen zu machen. Was und mit welchem Material, bleibt jedem selbst überlassen. Ein Tip: vielleicht einige lustige Figuren aus Silberdraht …

Geht es etwas lauter?

In diesem Kapitel werden wir eine Schaltung kennenlernen, die das NF-Signal des Empfängers verstärkt.

Mit dem Experimentierradio aus Kapitel 1 (die Schaltung sehen wir noch einmal in Abbildung 37) haben wir eine Schaltung aufgebaut, die nur wenige Bauteile benötigt, preiswert ist und funktioniert. Sicher, der Ortssender muß ein genügend starkes Signal liefern, damit es der Empfänger über seine „primitive" Antenne aufnimmt und demoduliert. Die Lautstärke im Kristallohrhörer ist etwas dünn, aber man kann die Signale des empfangenen Senders verstehen. Warum das Signal nur so schwach durchkommt, ist klar:

1. Der Empfänger hat keine separate Versorgungsspannung, sondern bezieht sie aus dem empfangenen Signal: Die Signalamplitude selbst hat nur eine Spannung von etwa einem halben Volt.

2. Die Signalspannung verringert sich an der Diode D1 um einen gewissen Betrag, so daß am Ohrhörer LS die Signalspannung nur noch einen maximalen Wert von 0,2 V hat.

Diese geringe Signalspannung ist nun nicht in der Lage, den Ohrhörer so zu aktivieren, daß die Lautstärke entsprechend hoch ist.

Um also etwas mehr von unserem Experimentierradio zu hören, müßte man die Signalspannung am Anschluß des Ohrhörers um einen bestimmten Betrag verstärken. Das ist mit Hilfe der modernen Elektronik möglich und relativ leicht zu realisieren.

Sie werden überrascht sein, mit welch einfachen Mitteln man sich einen Verstärker bauen kann.

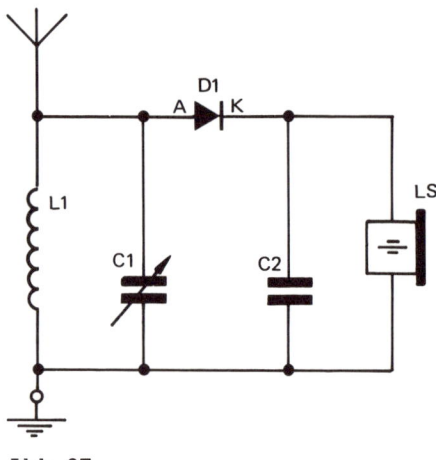

Abb. 37

T + 2R = P

Die Titelzeile „T + 2R = P" ist die Kurzform von *Ein Transistor und zwei Widerstände machen mehr Power*. Das ist tatsächlich alles, was an Bauelementen notwendig ist, um das NF-Signal des Experimentierradios zu verstärken.

Sehen wir uns das Schaltbild des Verstärkers in Abbildung 38 an.

Zwei Bauteile und deren Funktion kennen wir bereits: es sind der Kondensator C3 sowie der Ohrhörer LS. Neu sind die Bauteile mit der Bezeichnung R1/R2 und das mit T1 bezeichnete Symbol mit den Kennzeichnungen B, E und K (vgl. Abb. 39). Zuletzt sind da noch die beiden Balken mit dem Plus- und dem Minuszeichen. Wie nun die Bauteile zu dem Verstärker zusammengeschaltet sind, geht aus diesem Schaltbild hervor. An den dicken schwarzen Punkten

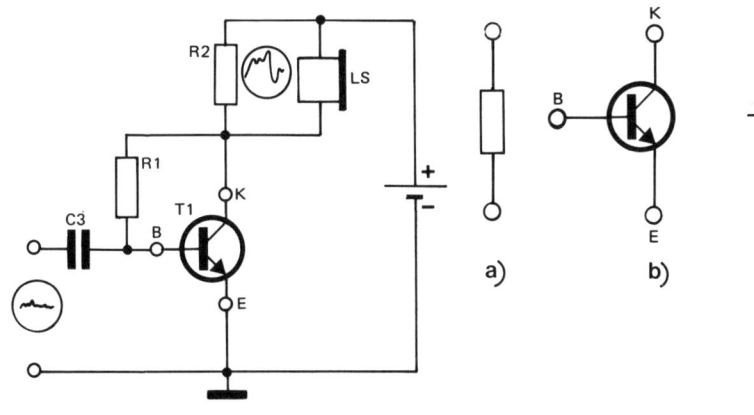

Abb. 38

Abb. 39

B = Basis
K = Kollektor
E = Emitter

Abb. 37 Zur Erinnerung noch einmal die Schaltung des Experimentierradios. An der Diode geht ein geringer Teil der NF-Signalspannung verloren.

Abb. 38 Prinzipschaltbild eines einfachen NF-Verstärkers. Mit ihm ist es möglich, geringe Spannungsamplituden um einen bestimmten Faktor zu verstärken. Mit der einfachen Schaltung sind natürlich keine Wunder zu erwarten, aber das Signal am Ausgang ist gegenüber dem Eingangssignal wesentlich höher.

Abb. 39 Unbekannte Schaltsymbole der im NF-Verstärker verwendeten Bauelemente:
a) Widerstand
b) Transistor
c) Batterie
d) Masse

sind die einzelnen Bauteile elektrisch leitend miteinander verbunden. Die nicht ausgefüllten Punkte symbolisieren lediglich den Anschluß und die Bezeichnung des jeweiligen Bauteiles. Bevor wir uns weiter mit der Schaltung befassen, werfen Sie einen Blick auf die Abbildung 39. Dort sind die Symbole der neu verwendeten Bauteile einzeln dargestellt. Beim Transistorsymbol ist zusätzlich noch der erste Buchstabe der Anschlußbezeichnung angegeben, das gilt auch für das Schaltbild in Abbildung 38.

Diese Darstellungsart ist nicht unbedingt üblich. Sie erleichtert jedoch zu Beginn das Kennenlernen und den Umgang mit den Symbolen. Auch beim Symbol der Batterie (c) sind die Anschlüsse durch die Zeichen + und – besonders gekennzeichnet; beim Widerstand (a) ist das nicht notwendig.

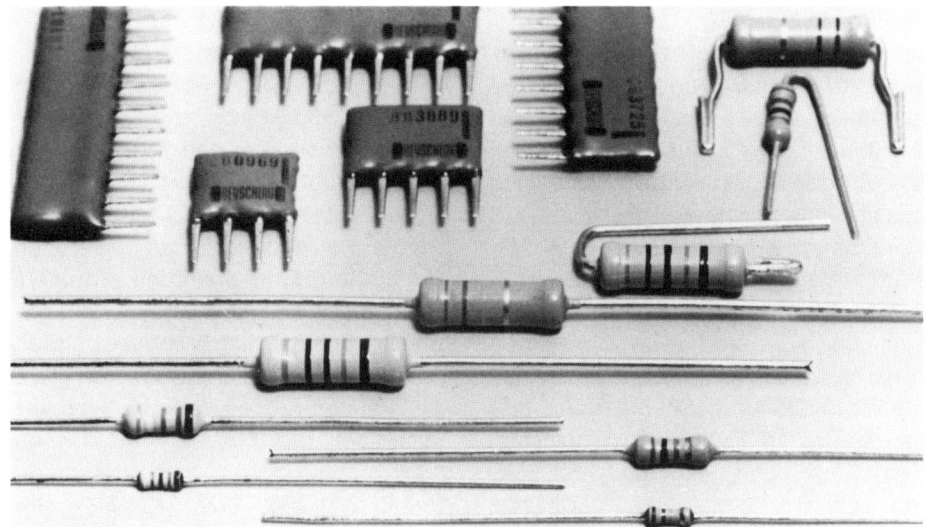

Abb. 40

Abb. 40 Widerstände gibt es in recht unterschiedlichen Größen und Formen. In der Bildmitte sind die normalen Größen und Formen zu erkennen. Im oberen Teil des Fotos gibt es Widerstandsnetzwerke. Dabei sind mehrere Widerstände nach einem bestimmten Schaltplan zu einer Einheit zusammengefaßt und vergossen.

Der Widerstand und sein Wert

Widerstände haben die verschiedensten Formen. Im oberen Teil der Abbildung 40 sind einige seltenere Exemplare zu sehen. Es sind sogenannte Widerstandsnetzwerke; dabei sind in einem Gehäuse mehrere Widerstände zusammengefaßt.

Der untere Teil zeigt die übliche Form: zylindrisch mit den Anschlußdrähten an der rechten und linken Seite. Deutlich zu erkennen ist die unterschiedliche Größe der Widerstände. Das hat, ähnlich wie beim Lötkolben, etwas mit der Leistung zu tun. Wird ein Widerstand von Strom durchflossen, so erwärmt er sich und verbraucht dadurch elektrische Leistung. Bei hohen Strömen kann es vorkommen, daß die Erhitzung des Widerstandes zu seiner Zerstörung führt. Je größer nun das Volumen des Widerstandes ist, um so mehr Hitze (Verlustleistung) kann er vertragen.

Widerstand, Spannung und Strom eines Stromkreises stehen in einem bestimmten Verhältnis zueinander. Es ist im *Ohmschen Gesetz* definiert (siehe Info 17). Dieses Gesetz gehört zu den Grundlagen der gesamten Elektrotechnik und der Elektronik.

Unter dem Stichwort „Wasserkraftwerk" (Spannung) wurden die Zusammenhänge dieses Gesetzes im letzten Kapitel bereits angedeutet.

Die Aufgaben der Widerstände sind uns bereits bekannt. Sie stellen in einer Schaltung dem Stromfluß einen „Widerstand" entgegen und sorgen so dafür, daß der Strom einen bestimmten Wert nicht überschreitet, der von den verwendeten Bauteilen und den Bedingungen der Schaltung abhängt. Dafür gibt es eine ganze Palette von Widerständen mit den unterschiedlichsten Werten. Die Wertabstufungen allerdings sind international festgelegt. Es sind die sogenannten Reihen E6, E12, E24,

E48 und E96. Die Zahlen geben die einer Dekade zugeordneten Zwischenwerte in Ohm an. Gängig ist die Reihe E12 mit den zwölf Werten 1; 1,2; 1,5; 1,8; 2,2; 2,7; 3,3; 3,9; 4,7; 5,6; 6,8 und 8,2.

Jetzt kennen wir die Werteskala, und gleich stellt sich die Frage: „Gibt es denn nur Widerstände von einem Ohm bis 8,2 Ohm?" Nein, das wäre in der Tat etwas wenig. Es gibt Widerstände von 1 bis 10 000 000 Ohm. Natürlich gibt es auch noch welche darunter und darüber, doch sind diese Werte nicht so gängig; deshalb lassen wir sie hier außer acht. Womit wir uns an dieser Stelle jedoch noch etwas befassen, ist die Schreibweise der Widerstandswerte. 330 000 Ohm, 8 200 Ohm oder 15 Ohm sind unübliche Schreibweisen, die in einem Text gerade noch vertretbar, doch in einem Schaltbild unmöglich sind. Es ist üblich, die Nullen wegzulassen und sie durch einen Buchstaben zu kennzeichnen: k ist das tausendfache des angegebenen Zahlenwertes und M das millionenfache. Einige Beispiele:

2,7 Ohm	2,7	Ω
27 Ohm	27	Ω
270 Ohm	270	Ω
2 700 Ohm	2,7	kΩ
27 000 Ohm	27	kΩ
270 000 Ohm	270	kΩ
2 700 000 Ohm	2,7	MΩ

Man spricht dabei von Kiloohm oder von Megaohm (oder kurz „Megohm"). Diese Staffelung gilt nicht nur bei Widerständen, sondern sinngemäß auch bei Spulen, Kondensatoren, Strömen, Spannungen usw.

In Schaltbildern und beschreibenden Texten weicht die Schreibweise gelegentlich von dieser Norm ab. Man verzichtet auf das Komma; statt dessen setzt man dort den wertbezeichnenden Buchstaben: 2Ω7; 2k7; 2M7 usw. ein. Widerstandswerte muß man sicher erkennen, um Fehler zu vermeiden.

Wie erkennt man aber nun den Wert eines Widerstandes? Das ist relativ einfach. Entweder ist der Wert als Zahl aufgedruckt, was allerdings selten der Fall ist, oder auf dem Widerstandskörper sind Farbringe vorhanden. Die Farben und deren Reihenfolge bilden einen international festgelegten Code, aus dem der tatsächliche Widerstandswert hervorgeht (siehe Info 20).

Kleine Ursache – große Wirkung: der Transistor

Genau das trifft den Nagel auf den Kopf: ein kleiner Basisstrom hat einen großen Kollektorstrom zur Folge. Gemeint ist das mit dem Buchstaben T bezeichnete Bauelement aus Abbildung 38. T steht für Transistor, ein Halbleiterbauelement (Abb. 41). Auch wenn andere Transistortypen anders aussehen, haben alle eines gemeinsam: die Anschlüsse Basis (B), Kollektor (K) und Emitter (E). Abbildung 42 zeigt das

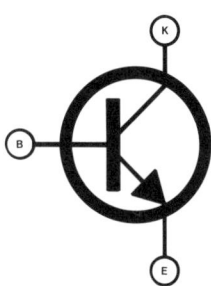

Abb. 42

Transistorsymbol in Großaufnahme; so kann man sich die Anschlußzuordnung gut merken. Der Anschluß, der von links auf den Querbalken trifft, ist die Basis. Der Emitteranschluß ist durch einen Pfeil gekennzeichnet, der sich rechts vom Querbalken befindet. Bleibt schließlich nur noch ein Anschluß, es ist der Kollektor, in vielen Schaltbildern auch mit C (englisch: Collector) bezeichnet. Das ist bei einem normalen Transistor alles. Der Pfeil hat eine be-

Abb. 41

sondere Bedeutung. Man kann aus der Pfeilrichtung den Transistortyp ablesen. Doch davon mehr in einem späteren Kapitel.

Die Batterie

Die gängigen Spannungswerte einer Batterie liegen zwischen 1,5 und 9 V. Es gibt sie als 1,5-V-Monozellen, als 4,5-V-Flach- und 9-V-Blockbatterien.

Ein paar Tips für den Umgang mit Batterien:

● Sparen Sie beim Kauf nicht an der falschen Stelle. Eine Alkali-Mangan-Zelle ist in der Anschaffung zwar recht teuer, aber preiswerter im Gebrauch gegenüber einer billigeren Zink-Kohle-Batterie.

● Vermeiden Sie Kurzschlüsse zwischen dem Plus- und dem Minusanschluß.

● Legen Sie sich keinen zu großen Vorrat an Batterien zu, denn sie verlieren ihre Kapazität, auch wenn sie nur gelagert werden.

● Verwenden Sie nie verschiedene Batterietypen in einem Gerät.

● Tauschen Sie immer den kompletten Satz aus, nie einzelne Stücke.

● Kontrollieren Sie die im Gerät eingelegten Batterien in regelmäßigen Zeitabständen.

● Werfen Sie verbrauchte Batterien nicht einfach in den Hausmüll, sondern benutzen Sie dafür vorgesehene Sammelstellen.

Abb. 41 Transistoren gibt es in recht unterschiedlichen Gehäuseformen und Größen. Das Foto zeigt Typen für kleine, mittlere und große Leistungen. Welcher Typ für welche Leistungsklasse geeignet ist, kann man bereits grob anhand des Gehäusevolumens bestimmen.

Abb. 42 Der Transistor ist ein Halbleiterbauelement mit den Anschlüssen Basis, Kollektor und Emitter. Anmerkung: Es gibt auch noch andere Transistortypen, doch sind diese alle mit einem Zusatznamen versehen. Ist von „dem Transistor" die Rede, handelt es sich immer um den Typ mit Basis, Kollektor und Emitter.

INFO 15 Gedruckte Schaltungen

*N*eben den bereits bekannten Platinen gibt es noch eine spezielle Art: die gedruckten Schaltungen. Bei diesen Platinen – im Foto ist es gut zu erkennen – verlaufen die Leiterbahnen nicht ausschließlich parallel. Außerdem ist die Platine nicht mehr mit Bohrungen im 2,5-mm-Raster überzogen.

Wenn auch auf den ersten Blick der Leiterbahnverlauf kein bestimmtes Schema erkennen läßt, so ist die Leiterbahnaufteilung doch sehr wohl durchdacht. **Die Platine ist nicht mehr, wie die bereits bekannten Exemplare, universell verwendbar, sondern nur für eine ganz bestimmte Schaltung.**

Das Schaltbild dieser speziellen Schaltung ist in das Platinenlayout umgesetzt worden. Dabei hat jedes Bauteil seinen bestimmten Platz, auf den man es beim Bestücken setzt, um es anschließend dort festzulöten. Im Foto ist die Lötseite abgebildet; die Bauteile sitzen also auf der anderen Seite.

Das Herstellen einer gedruckten Schaltung ist aufwendig, doch es lohnt sich besonders bei umfangreicheren Schaltungen. Der Schaltungsaufbau ist nicht nur sauberer und übersichtlicher als auf Lochrasterplatinen, sondern auch noch sicherer (falls das Layout stimmt und der Bestücker keine falschen Bauelemente einlötet).

Die Industrie, die von einer Platine Hunderte oder gar Tausende von Kopien herstellt, läßt das Platinenlayout bereits vielfach von Computern entwerfen. Obwohl uns diese Möglichkeit fehlt, beschreibt das übernächste Kapitel die Herstellung von Platinenlayouts. Doch nicht nur das. Auch der Schaltungsaufbau mit „normalen" Lochrasterplatinen kommt nicht zu kurz. Urteilen Sie dann selbst, welche Aufbaumethode für Sie persönlich besser ist.

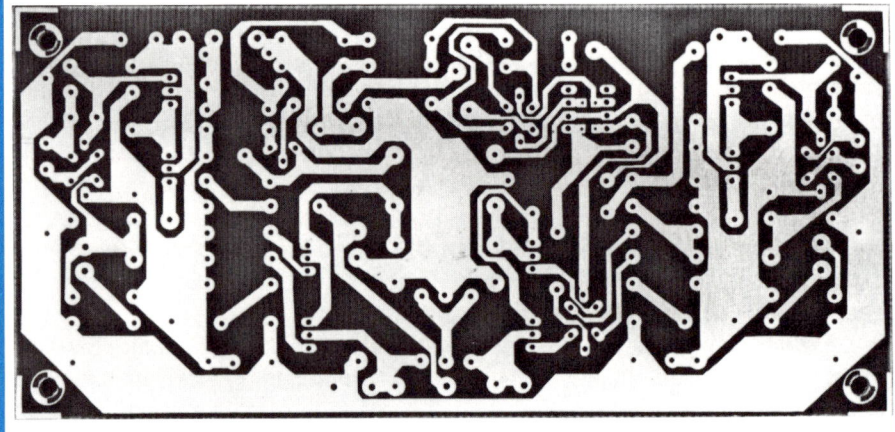

*W*ie Sie sich sicher erinnern, funktioniert eine Diode ähnlich wie ein Ventil (vgl. Info 1). Will man über ein Fahrradventil Luft in einen Reifen pumpen, muß von außen bereits ein gewisser Luftdruck vorhanden sein, damit überhaupt das Ventil öffnet. Genauso ist es bei der Diode. An ihr muß, bevor Strom durchfließen kann, sich zuerst eine Spannung bis auf einen bestimmten Wert aufbauen. Das ist die sogenannte Schwell- oder Schwellenspannung. Ihr Wert hängt vom Grundmaterial der Diode ab. Ist die Diode auf Siliziumbasis aufgebaut, das sind überwiegend alle normalen Dioden, hat die Schwellenspannung einen Wert von 0,6 V bis etwa 0,7 V. Bei Germaniumdioden, sie werden heute seltener verwendet, beträgt die Schwellenspannung nur noch 0,3 V bis 0,4 V. Bei beiden Diodentypen ist die Anode immer der positive Anschluß.

In dem Koordinatenkreuz sind zwei Kurven eingezeichnet, die das Diodenverhalten verdeutlichen. Auf der X-Achse ist die Spannung und auf der Y-Achse der Strom aufgetragen. Die linke Kurve gilt für Germanium-, die rechte für Siliziumdioden. Beide Kurven lassen erkennen, daß der Strom durch die Dioden erst dann zu fließen beginnt, wenn der Schwellenspannungswert erreicht ist. Bis dahin bleibt die Diode geschlossen, und der Strom ist gleich Null.

Je stärker der Strom durch die Diode wird, um so höher ist der Spannungsabfall an der Diode.

Die gezeichneten Kurven sind in Elektronikerkreisen als „Durchlaßkurven" bekannt.

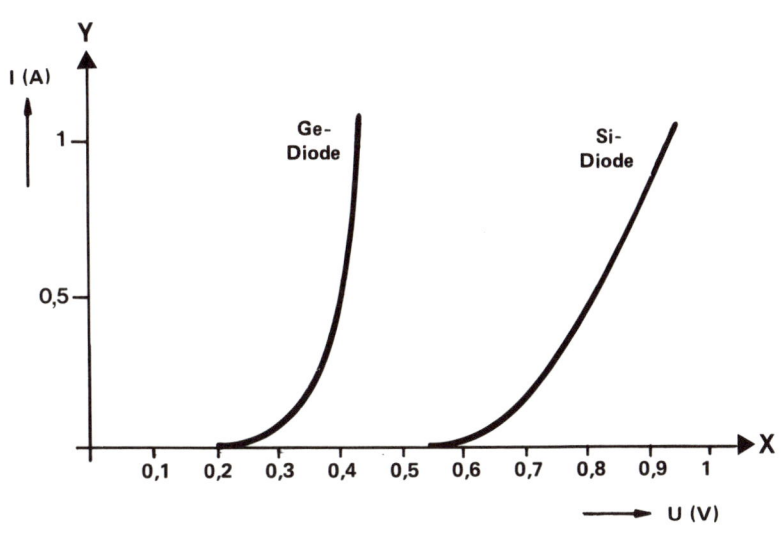

INFO 17   Das Ohmsche Gesetz

Georg Simon Ohm, ein deutscher Naturkundler, den wir bereits kennenge-lernt haben, beschrieb 1826 den Zusammenhang zwischen Strom, Spannung und Widerstand. Dieser Zusammenhang ist die Grundformel in der Elektrotechnik und der Elektronik überhaupt und als **DAS OHMSCHE GESETZ** *bekannt.*

Darauf baut sich fast alles auf, was in diesem Buch zur Sprache kommt. Das Ohmsche Gesetz besagt:

Es ist 1 Volt Spannung erforderlich, um durch einen Widerstand von 1 Ohm ei-nen Strom von 1 Ampere fließen zu lassen.

Oder: **Der Strom durch einen Leiter ist der Spannung direkt proportional. Der Widerstand ist dabei der Proportionalitätsfaktor.**

$$U = R \cdot I$$

Das hört sich alles schrecklich kompliziert an, ist in Wirklichkeit jedoch ganz einfach. Probieren Sie es aus. Setzen Sie in die obigen Formeln den Zahlenwert 1 ein, dann ist das Ergebnis immer 1. Andererseits ist nun auch klar, daß bei ei-ner Spannung von 4 Volt und einem Widerstand von 1 Ohm ein Strom von 4 Ampere fließt. Oder, daß bei 4,5 Volt und 10 Ohm nur noch 0,45 A (450 Milliam-pere) fließen. Versuchen Sie es mit eigenen, frei erfundenen Zahlenwerten. Wer dieses Gesetz beherrscht, richtig damit umgehen und es auch anwenden kann, hat eine fundamentale Grundlage für die weiteren elektronischen Er-kenntnisse geschaffen. Um Schaltungen zu entwerfen, zu bauen oder zu repa-rieren, braucht man sich nur drei Sätze zu merken:

Spannung geteilt durch den Widerstand gleich Strom.
Spannung geteilt durch den Strom gleich Widerstand.
Widerstand mal Strom gleich Spannung.

$$\frac{U}{R} = I$$

$$\frac{U}{I} = R$$

$$R \cdot I = U$$

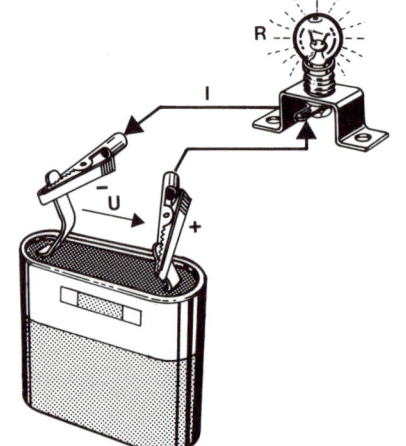

INFO 18   Alles auf einen Blick

*M*it den vier Grundgrößen Spannung, Strom, Widerstand und Leistung, die wir bisher kennen, lassen sich die elementaren Dinge in der Elektronik berechnen und dokumentieren. Der hier abgebildete Formelkreis ist dabei eine große Hilfe. Ein Blick genügt, um zu wissen, welche Formel anzuwenden ist, wenn man eine bestimmte Größe errechnen will. Die Lösungswege für eine Größe sind in jeweils einem Kreisviertel zusammengefaßt. Man braucht dann nur noch die bekannten Werte in die entsprechende Formel einzusetzen, um den fehlenden Wert auszurechnen. Einfacher geht es nicht mehr.

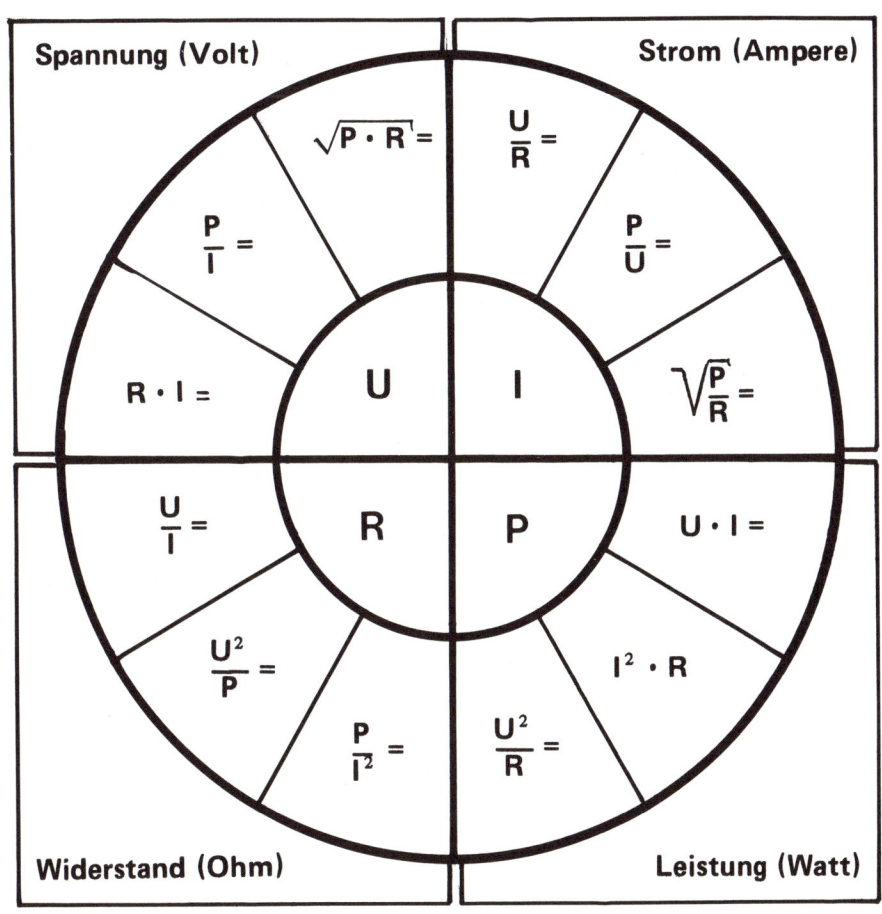

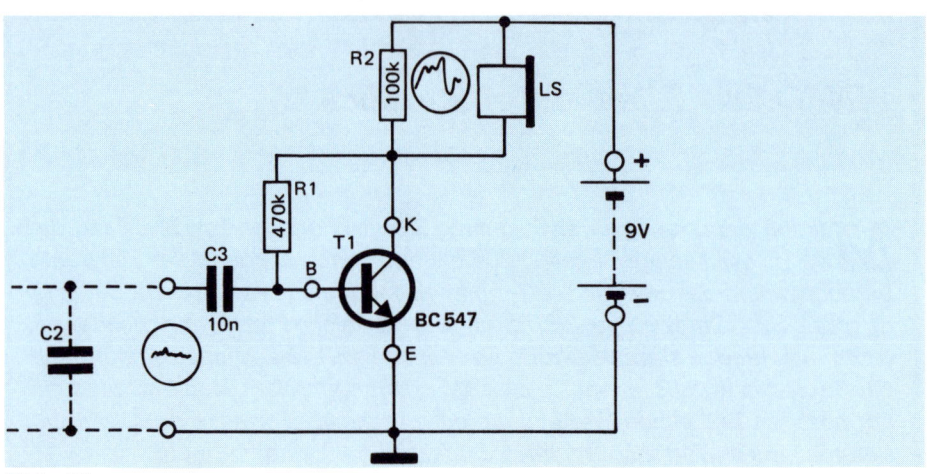

Abb. 43

Abb. 43 Schaltbild eines NF-Verstärkers. Mit ihm wird das empfangene Radiosignal wesentlich deutlicher und lauter.

Der David, der ein Goliath ist

Ja, es ist schon verblüffend, was die Verstärkerschaltung, die in Abbildung 43 komplett zu sehen ist, leistet, obwohl nur vier Bauteile notwendig sind.

Bei der Funktionsbetrachtung gehen wir davon aus, daß beide Schaltungen (Experimentierradio und Verstärker) aufgebaut und miteinander verbunden sind. Außerdem versorgt eine 9-V-Blockbatterie den NF-Verstärker mit der notwendigen Spannung. Der Ohrhörer LS bezieht das Signal nun nicht mehr direkt vom Experimentierradio, da er entsprechend der Schaltung (Abb. 43) am Kollektoranschluß des Transistors T1 und der 9-V-Spannung angeschlossen ist, also parallel zum Widerstand R2. Wo beim Experimentierradio der Ohrhörer seinen Platz hatte, wird nun der Verstärker angeschlossen. In Abbildung 43 ist es angedeutet; der gestrichelt gezeichnete Kondensator C2 gehört zum Experimentierradio. Wir nehmen weiter an, daß unser Radio einen Sender empfängt, das Signal demoduliert und es als NF-Signal am Kon-

densator C2 wieder bereit hält. Die Signalamplitude ist dort noch relativ gering, doch das soll sich durch den Verstärker ja ändern.

In dem Verstärker aus Abbildung 43 ist der Transistor T1 das signalverstärkende Element. Der Transistor muß, damit er richtig arbeiten kann, auf einen Arbeitspunkt eingestellt sein. Diese Aufgabe übernehmen neben der Batterie die beiden Widerstände R1 und R2. Gleichspannungsmäßig ist der Transistor so eingestellt, daß die Diode zwischen Basis und Emitter „geöffnet" ist. Gelangt jetzt das NF-Signal mit der geringen Amplitude über den Kondensator C3 an die Basis (Steuereingang), wird es innerhalb des Transistors an die Kollektor-Emitter-Strecke weitergegeben. Der Kollektor-Emitter-Strom schwankt nun ebenfalls im Rhythmus des NF-Signals, allerdings durch den Transistor und dessen äußere Beschaltung um einen bestimmten Faktor verstärkt. Die Signalamplitude am Kollektor ist so um einiges höher als an der Basis.

Damit haben wir unser Ziel erreicht, nämlich das empfangene Radiosignal etwas verständlicher zu machen. Übrigens: Der Kondensator C3 sorgt dafür, daß vom Verstärker keine Gleichspannung zum Experimentierradio gelangt.

Versuchen Sie nicht, die Transistor- und Verstärkerfunktion an dieser Stelle bis ins letzte Detail zu verstehen. Das ist unmöglich. Akzeptieren Sie lediglich, daß der Transistor ein strom- und spannungsverstärkendes Bauteil mit einem bestimmten Verstärkungsfaktor ist. Der Verstärkungsfaktor einer Transistorstufe hängt sehr stark von der Beschaltung ab.

Das reicht an Theorie für dieses Kapitel, deshalb wenden wir uns jetzt noch einigen praktischen Experimenten zu, bevor wir den Verstärker aufbauen.

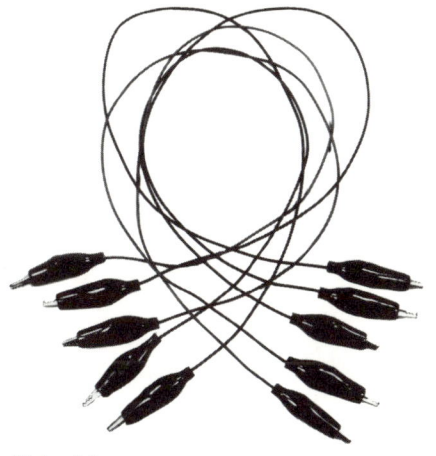

Abb. 44

Abb. 44 Die Verbindungsstrippen haben an jedem Ende eine Krokodilklemme, die für guten Kontakt sorgt.

Workshop

STÜCKLISTE

1 Flachbatterie 4,5 V
   Es muß eine neue Batterie sein.
2 Widerstände 10 Ohm
   Die Widerstände müssen für 1/4 W (250 mW) ausgelegt sein. Der Farbcode ist braun – schwarz – schwarz (ohne Toleranzangabe).
1 Widerstand 330 Ohm
   (orange – orange – braun)
1 Widerstand 270 Ohm
   (rot – violett – braun)
   Mit dem Lesen des Widerstandsfarbcodes beginnt man immer mit dem Farbring, der sich gegenüber dem Toleranzring befindet.
1 Lämpchen 4,5 V/0,2 A (Taschenlampe)
   oder 3,5 V/0,2 A
1 Fassung für das Lämpchen
1 Transistor BC140
1 Diode 1N4001
   (oder ähnlich, zum Beispiel BY 127)

Sehr vorteilhaft für den schnellen Schaltungsaufbau sind noch einige Verbindungsstrippen (ca. 10 Stück) aus Abbildung 44, wie sie in jedem Elektro-

nikladen zu bekommen sind. Sie haben allerdings einen kleinen Nachteil: Die Kabel brechen an den Krokodilklemmen schon mal ab, so daß man sie dort neu anlöten muß.

Experiment 1

Dazu gibt es eigentlich nicht viel zu sagen. Die Schaltung besteht nur aus der 4,5-V-Flachbatterie und der Lampe mit Fassung. Die Schaltung in Abbildung 45 ist einfach und übersichtlich. Bauen Sie die Schaltung auf; Abbildung 46 hilft Ihnen dabei. Mit den Verbindungsstrippen ist das schnell erledigt.

Abb. 45 Einfacher geht es nicht: Batterie, Lämpchen und zwei Verbindungsstrippen sind alles, um diesen Gleichstromkreis aufzubauen.

Abb. 46 So etwa muß die aufgebaute Schaltung für das Experiment 1 aussehen. Das Lämpchen brennt sofort, wenn beide Verbindungen hergestellt sind.

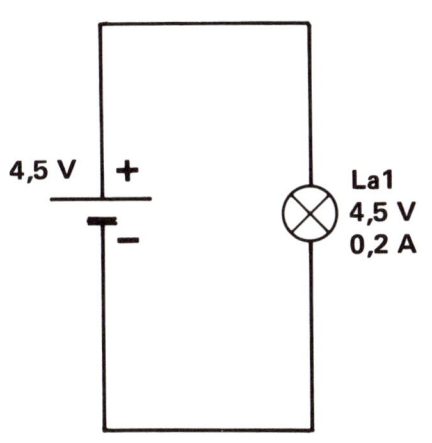

Abb. 45

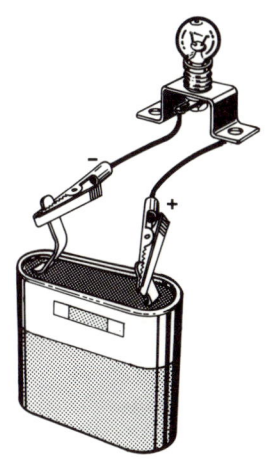

Abb. 46

Sobald die zweite Verbindungsstrippe den Stromkreis schließt, leuchtet das Lämpchen auf. Damit ist alles erledigt. Ist das nicht der Fall, gibt es vier Fehlerquellen:

● die Batterie ist schlecht oder verbraucht;
● die Verbindungsstrippen sind nicht in Ordnung;
● das Lämpchen ist defekt;
● das Lämpchen sitzt nicht richtig in seiner Fassung.

FAZIT
Der Strom kann in einem Stromkreis nur dann fließen, wenn er in sich geschlossen ist.

Experiment 2

Hierfür benötigen wir zusätzlich die beiden Widerstände von 10 Ohm. Zusammen mit der Lampe muß die Batterie nun drei Verbraucher versorgen, die alle hintereinander geschaltet sind (Abb. 47); ein anderer Ausdruck hierfür ist *Reihenschaltung* oder *Serienschaltung*. Beim Schaltungsaufbau hilft uns die Aufbauskizze aus Abbildung 48. Dabei ist es allerdings für die Funktion unerheblich, ob die Widerstände zwi-

schen Batteriepluspol und Lampe oder zwischen Batterieminuspol und Lampe geschaltet sind.
Sobald wir hier den Stromkreis schließen, bleibt die Lampe dunkel, da sie zu wenig Strom erhält. Die beiden zusätzlichen Widerstände reduzieren den Strom so stark, daß es zum Aufleuchten der Lampe nicht mehr reicht. Die Batteriespannung teilt sich nämlich auf die drei Verbraucher auf.

FAZIT
In einer Reihenschaltung ist die Summe der Teilspannungen gleich der Gesamtspannung. Die Einzelwiderstände addieren sich zu einem Gesamtwert. Der Strom durch die Reihenschaltung ist der Quotient aus der Gesamtspannung und dem Gesamtwiderstand.

$$I_{gesamt} = \frac{U_{gesamt}}{R_{gesamt}}$$

Experiment 3

Wir nehmen einen 10-Ohm-Widerstand heraus, so daß die Schaltung aus Abbildung 49 entsteht. Die Aufbauskizze hierzu zeigt Abbildung 50.
Sobald wir den Stromkreis schließen, kann Strom fließen. Er reicht aus, um

Abb. 47 Die Widerstände R1, R2 und das Lämpchen L1 sind in Reihe geschaltet. Die Widerstände drosseln den Strom so stark, daß es zum Leuchten des Lämpchens nicht mehr reicht.

Abb. 48 Aufbauskizze für die Schaltung aus Abbildung 47. Wir benötigen hierfür zwei Widerstände, Lämpchen mit Batterie und vier Verbindungsstrippen.

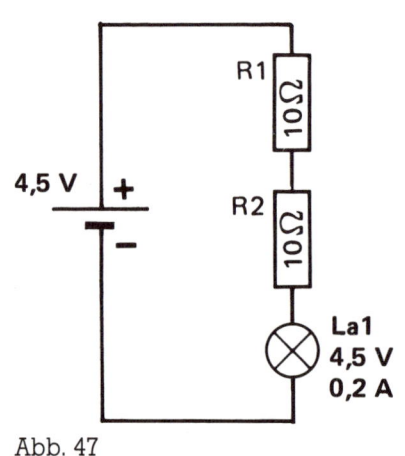

Abb. 47

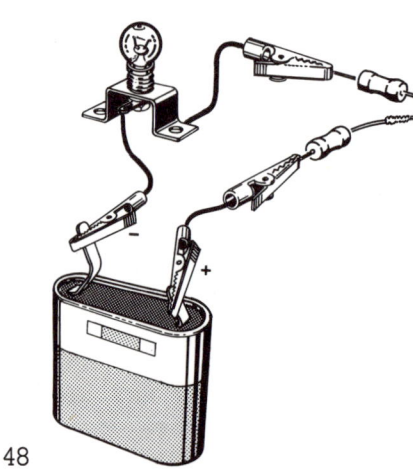

Abb. 48

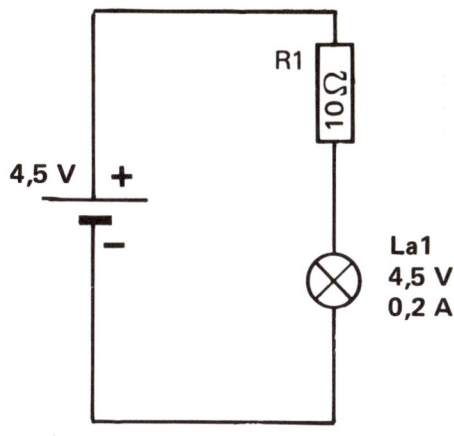

R1
10 Ω

4,5 V +

−

La1
4,5 V
0,2 A

Abb. 49

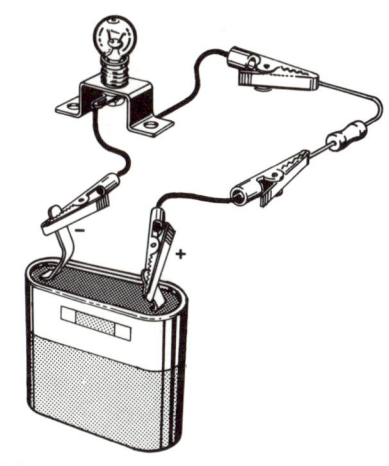

Abb. 49 In diesem ein-
fachen Gleichstromkreis
fließt trotz Widerstand noch
genügend Strom, damit das
Lämpchen aufleuchtet.

Abb. 50 Die Aufbau-
skizze zur Schaltung aus
Experiment 3.

Abb. 50

die Lampe aufleuchten zu lassen; allerdings nicht mit maximaler Helligkeit,
sondern etwas schwächer.

FAZIT
Der Gesamtwiderstand ist gegenüber
dem Experiment 2 durch den fehlenden Widerstand niedriger geworden,
so daß der Strom durch R1 und L1 zuge-
nommen hat.

Experiment 4

Wir betrachten die Schaltung in Abbildung 51 und versuchen mit Hilfe des
Ohmschen Gesetzes

$$\frac{U}{R} = I$$

die drei ersten Experimente rechnerisch zu beweisen.

1. Gesamtwiderstand der Reihenschaltung aus R1 bis R3:
   $R_{gesamt} = R1 + R2 + R3$
   $= 5\ \Omega + 5\ \Omega + 5\ \Omega = 15\ \Omega$

2. Strom durch die Reihenschaltung:
   $I = U_{gesamt} : R_{gesamt}$
   $= 4{,}5\ V\ :\ 15\ \Omega = 0{,}3\ A$

3. Berechnung der Teilspannungen an
   R1, R2 und R3:
   $U_{R1} = R1\ x\ I$
   $= 5\ \Omega\ x\ 0{,}3\ A = 1{,}5\ V$
   $U_{R2} = R2\ x\ I$
   $= 5\ \Omega\ x\ 0{,}3\ A = 1{,}5\ V$
   $U_{R3} = R3\ x\ I$
   $= 5\ \Omega\ x\ 0{,}3\ A = 1{,}5\ V$

4. Kontrolle der Berechnungen durch
   die Addition der Teilspannungen,
   welche wiederum die Gesamtspannung ergeben müssen:
   $U_{gesamt} = U_{R1} + U_{R2} + U_{R3}$
   $= 1{,}5\ V + 1{,}5\ V + 1{,}5\ V$
   $= 4{,}5\ V$

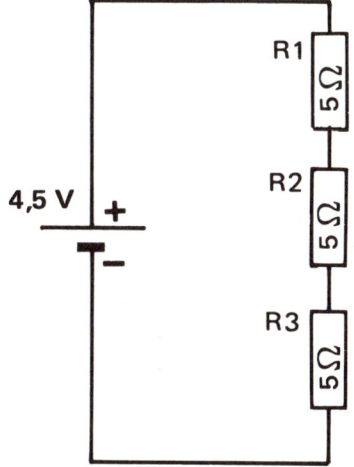

R1
5 Ω

R2
5 Ω

4,5 V +

−

R3
5 Ω

Abb. 51

Abb. 51 Das Schaltbild
einer Reihenschaltung mit
drei Widerständen.

INFO 19 Von Mikro, Milli, Kilo und anderen Dingen

*G*roße und kleine Zahlenwerte sind in der Technik, also auch in der Elektronik, keine Seltenheit. Widerstände von 1 000 000 Ohm oder Kondensatoren von 0,000 000 1 F gibt es in elektronischen Schaltungen mehr als genug. Doch stellen Sie sich einmal die Schaltbilder vor, in denen eine Menge Bauteile vorhanden und deren Werte dann auch noch in der genannten Schreibweise angegeben sind. Ein unübersichtliches Zahlengewirr wäre die Folge. Ebenso wäre die Fehlerquote bei Berechnungen relativ hoch, denn es ließen sich dabei Ablese- und Kommafehler kaum vermeiden. Es gibt darum eine stark verkürzte Schreibweise, die derartige Fehler (fast) generell unterbindet. In der nachfolgenden Auflistung sind die gängigsten Abkürzungen aufgeführt.

10 000 000 =	10 Mega =	10 M
1 000 000 =	1 Mega =	1 M
100 000 =	100 Kilo =	100 K
10 000 =	10 Kilo =	10 K
1 000 =	1 Kilo =	1 K
100 =	100 =	100
10 =	10 =	10
1 =	1 =	1
0,1 =	100 Milli =	100 m
0,01 =	10 Milli =	10 m
0,001 =	1 Milli =	1 m
0,000 1 =	100 Mikro =	100 µ
0,000 01 =	10 Mikro =	10 µ
0,000 001 =	1 Mikro =	1 µ
0,000 000 1 =	100 Nano =	100 n
0,000 000 01 =	10 Nano =	10 n
0,000 000 001 =	1 Nano =	1 n
0,000 000 000 1 =	100 Piko =	100 p
0,000 000 000 01 =	10 Piko =	10 p
0,000 000 000 001 =	1 Piko =	1 p

Die Zahl in der ersten Spalte ist dezimal geschrieben; in der zweiten Spalte ist die Bezeichnung ausgeschrieben; die dritte Spalte enthält nur noch die Abkürzung.

INFO 20 Ein Blick ins Innere: Der Aufbau von Widerständen

*I*n der Elektronik sind Kohleschichtwiderstände die am meisten verwendeten Typen. Sie bestehen aus einem zylindrischen Träger, der in der Regel ein Keramikkörper ist. Darauf ist die Kohleschicht aufgetragen. Die Dicke der Schicht bestimmt den Widerstandsgrundwert. Die Anschlußdrähte stehen mit der Kohleschicht in Verbindung. Die Kohleschicht ist zum Schutz gegen Beschädigungen und Umwelteinflüsse von einer Schutzhülle umgeben, die lackiert und zusätzlich noch mit den Farbcoderingen versehen ist. In der untenstehenden Skizze ist der Aufbau grob dargestellt.

Um entsprechend der Normreihe die erforderlichen Werte zu erhalten, ist die Kohleschicht über ihre Länge spiralförmig durchgetrennt. Es entsteht so für den durchfließenden Strom eine spiralförmige Widerstandsbahn, deren exakter Wert davon abhängt, wie eng die Spirale ist. Bei einer engen Spirale ist der Weg für den Strom länger und schmäler als bei einer breiteren Spirale. Die eigentliche Widerstandsbahn liegt somit in mehr oder weniger engen Wendeln um das Trägermaterial.

Der gerade geschilderte Aufbau gilt prinzipiell auch bei Metallfilmwiderständen. Nur besteht hier das Widerstandsmaterial nicht aus Kohle, sondern aus Metall oder entsprechenden Legierungen. So ist die Fertigung von Widerständen mit sehr geringen Toleranzen möglich. Deshalb können Widerstände bis auf eine Stelle genau hinter dem Komma gefertigt werden. Man erkennt die Metallfilmwiderstände an einem zusätzlichen Farbcodering.

Alles hat seinen Preis, deshalb sind die Metallfilmwiderstände gegenüber den normalen Kohleschichtwiderständen auch teuerer. Sie sollten also nicht wahllos eingesetzt werden; es lohnt sich nur dort, wo es unabdingbar ist. In mehr als 99 % unserer Anwendungen genügen die Kohleschichtwiderstände.

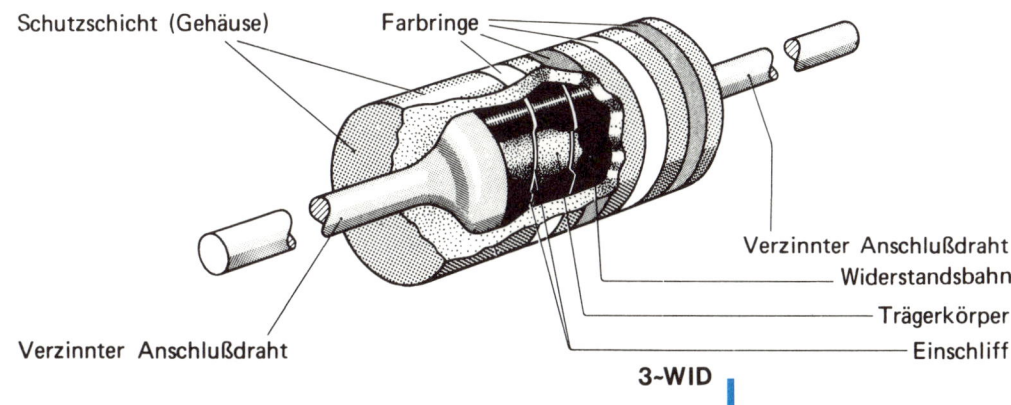

Schutzschicht (Gehäuse) Farbringe

Verzinnter Anschlußdraht
Widerstandsbahn
Trägerkörper
Einschliff

Verzinnter Anschlußdraht

3-WID

Abb. 52 Die Schaltung zeigt uns einen neuen Aspekt: Widerstand R1 und R2 sind nicht mehr in Reihe, sondern parallel geschaltet. In Reihe dazu befindet sich allerdings das Lämpchen Lal.

Abb. 53 Damit beim Schaltungsaufbau die parallel geschalteten Widerstände auch richtigen Kontakt zueinander haben, verdrillt man die entsprechenden Anschlüsse am besten miteinander.

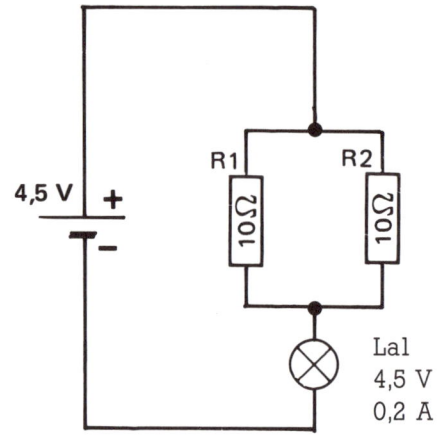

Abb. 52

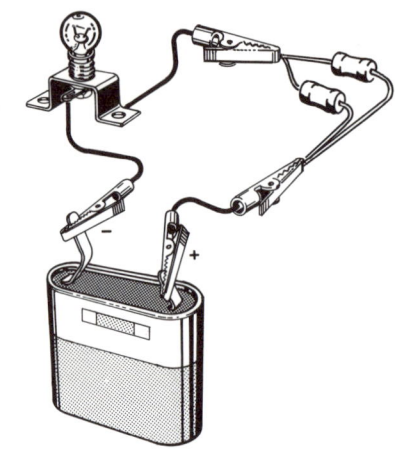

Abb. 53

Experiment 5

Nach der theoretischen Einlage wieder etwas Praktisches. Der Schaltung aus Experiment 3 fügen wir einen zweiten Widerstand hinzu, jedoch nicht in Reihe zu dem bereits vorhandenen. Das haben wir bereits in Experiment 2 gemacht. In diesem Fall ist der zweite Widerstand zum ersten parallel geschaltet (Abb. 52). Die Skizze aus Abbildung 53 macht den Aufbau deutlich. Sie müssen lediglich darauf achten, daß von beiden Widerständen je ein Anschluß mit dem anderen Kontakt hat. Das verblüffende ist, daß die Lampe nun heller leuchtet als in Experiment 3, obwohl in der neuen Schaltung ein Widerstand mehr vorhanden ist. Es muß also an der Schaltungsart der Widerstände liegen. Wenn die Lampe heller brennt, fließt mehr Strom. Das kann jedoch nur dann der Fall sein, wenn der Gesamtwiderstand niedriger ist.

FAZIT

Der Gesamtwiderstand parallel geschalteter Widerstände ist geringer als der Wert des niedrigsten Einzelwiderstandes. Nach dem Ohmschen Gesetz

$$I = \frac{U}{R}$$

ist nun klar, warum der Stromwert ansteigen muß.

Bleibt noch die Frage, wie sich der Gesamtwiderstand bei zwei parallelen Widerstandsschaltungen berechnet. Die Formel ist recht einfach:

$$R_{gesamt} = \frac{R1 \times R2}{R1 + R2}$$

$$also \quad \frac{10 \times 10}{20} = 5$$

Der Gesamtwiderstand von R1 und R2 aus Abbildung 52 ist demnach also nur 5 Ohm. Das ist genau die Hälfte des Wertes aus Schaltung 49. Logisch, daß die Lampe dann heller brennt.

Errechnen Sie probehalber den Gesamtwiderstand mit anderen Werten, zum Beispiel: R1 = 2k7, R2 = 5k6 und R1 = 3k3, R2 = 330 k.

Im ersten Fall ist der Gesamtwiderstand 1k8, also erheblich kleiner als R1. Im zweiten Fall ist der Gesamtwiderstand nur noch unwesentlich kleiner als R1, nämlich ganze 3267 Ohm. Das bedeutet: Je weiter die Werte der Widerstände auseinanderliegen, je mehr gleicht sich der Gesamtwiderstand dem niedrigsten Wert des Einzelwiderstandes an.

INFO 21   Widerstandsfarbcode

*A*uf dem Widerstandsgehäuse ist der Wert als Farbcode aufgedruckt. Es sind in der Regel vier Farbringe, von denen jeder einzelne seine Bedeutung hat.:

Ring 1 = 1. Ziffer
Ring 2 = 2. Ziffer
Ring 3 = Multiplikator
Ring 4 = Toleranzbereich in %

Die folgende Tabelle zeigt den Zusammenhang zwischen Farbe und Wert:

Farbe	1. Ring	2. Ring	3. Ring	4. Ring
schwarz	–	0	x1	–
braun	1	1	x10	+/– 1%
rot	2	2	x100	+/– 2%
orange	3	3	x1000	–
gelb	4	4	x10000	–
grün	5	5	x100000	+/– 0,5%
blau	6	6	x1000000	–
violett	7	7	x10000000	
grau	8	8	x100000000	
weiß	9	9	x1000000000	
gold	–	–	x0,1	+/– 5%
silber	–	–	x0,01	+/– 10%

Fehlt Ring 4, hat der Widerstand eine Toleranz von +/– 20%. Versuchen Sie, die bisher benutzten Widerstände anhand ihres Farbcodes zu bestimmen. Übung macht hier den Meister.

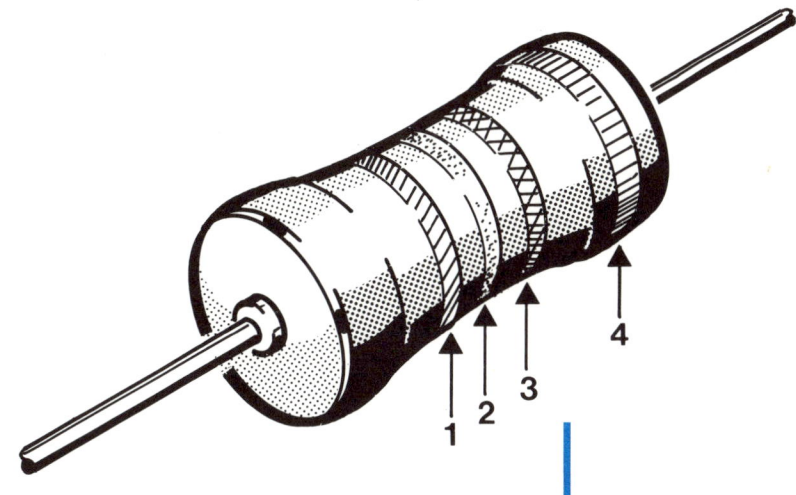

INFO 22   Transistor-Funktionsmodell

*D*er Transistor ist im Prinzip eine Stromschleuse, die entweder geschlossen ist, so daß kein Strom fließt, oder geöffnet ist und mehr oder weniger Strom hindurchläßt.
Die im Bild dargestellte Schnittzeichnung einer Luftschleuse hat ein ähnliches Verhalten und hilft, die abstrakte elektrische Wirkungsweise eines Transistors besser zu verstehen.

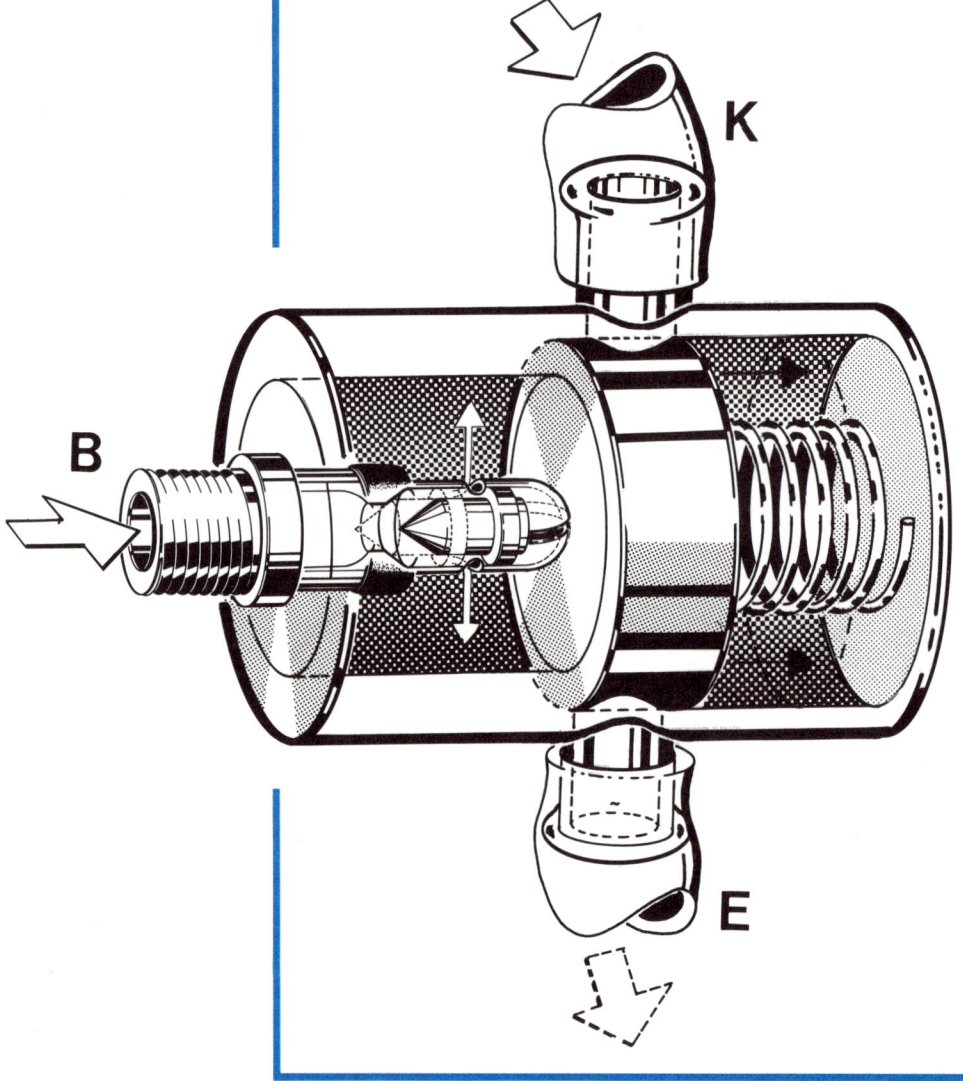

Die Luftschleuse besteht aus einem Behälter mit drei Anschlüssen: einem Luft-eingang, einem Luftausgang und einem Steuerventil. Die Anschlüsse K und E übernehmen je nach den äußeren Gegebenheiten entweder die Ein- oder Ausgangsfunktion. Das Steuerventil B läßt nur die Luft von außen in die Luft-schleuse hinein, aber nicht von innen heraus. In der Ruhestellung, wenn also vom Ventil aus keine Luft in die Schleuse gelangt, schließt der innere Schieber mit Hilfe einer Druckfeder die Anschlüsse K und E luftdicht ab, so daß sich kein Luftstrom bewegt.

Sobald nun dem Steuerventil ein Luftstrom zugeführt wird, trifft dieser auf den Sperrschieber im Gehäuse. Ist der auf den Sperrschieber auftreffende Luft-druck stärker als die Federkraft, beginnt sich der Schieber nach rechts zu be-wegen und gibt so die K-E-Strecke frei. Je stärker der Steuerluftstrom ist, um so mehr bewegt sich der Schieber nach rechts, so daß der Hauptluftstrom über die K-E-Strecke ebenfalls zunimmt. Läßt der Steuerluftstrom nach, drückt die Feder den Sperrschieber wieder nach links, so daß der Hauptluftstrom durch die K-E-Strecke abnimmt. Geht der Steuerluftstrom wieder ganz nach Null zu-rück, sperrt der Schieber die K-E-Strecke, und die Luftschleuse ist geschlossen. Ein Teil des durch das Steuerventil in die Schleuse eintretenden Luftstroms bleibt ohne Wirkung, weil er aus dem Steuerventil entweicht. Bleibt die Kraft des eintreffenden Luftstromes unterhalb der Federkraft, ändert der Sperr-schieber seine Position nicht.

Genauso funktioniert ein Transistor, nur mit Strom und Spannung.

Der im Transistorsymbol enthaltene Pfeil kennzeichnet eine Diode, die sich zwischen Basis- und Emitteranschluß befindet. Damit der Transistor überhaupt als strom- und spannungsverstärkendes Element arbeiten kann, muß durch die äußere Beschaltung die Diode bereits in Durchlaßrichtung „geöffnet" sein. Zwi-schen Basis und Emitter muß man also die Schwellenspannung einer Diode messen können. Gelangt nun ein Steuersignal an den Basisanschluß, wird es vom Transistor verstärkt und steht am Kollektor- oder Emitteranschluß für die weitere Verarbeitung zur Verfügung.

Abb. 54 Hier sind R1 und La1 parallel geschaltet; in Reihe dazu Widerstand R2. Daß das Lämpchen trotzdem nicht brennt, liegt an R2; der Widerstandswert ist zu groß.

Abb. 55 Diese Schaltung kennen wir bereits: es ist der Verstärker zum Experimentierradio. Hier ist allerdings kein Ohrhörer, sondern das Lämpchen angeschlossen. Der verwendete Transistor ist einmal perspektivisch und zum anderen in der Ansicht von

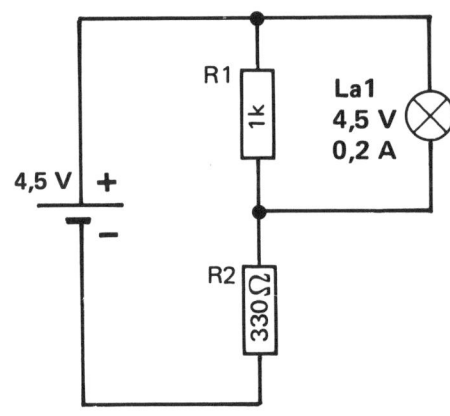

Abb. 54

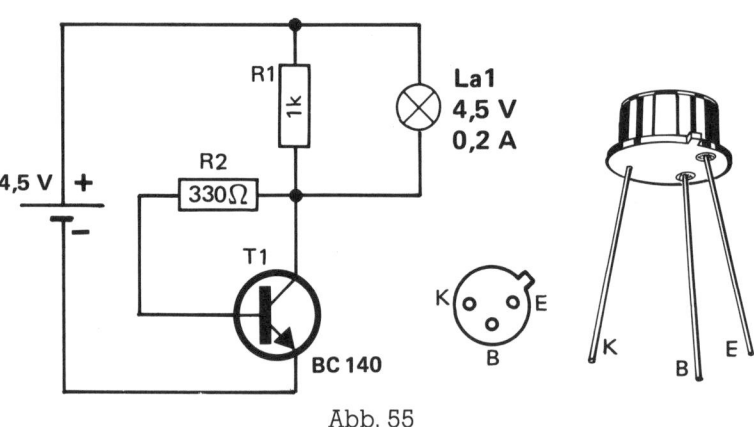

Abb. 55

unten gezeichnet. So ist die Belegung der einzelnen Anschlüsse sehr gut zu erkennen.

Abb. 56 Die Aufbauskizze bezieht sich auf die Schaltung aus Abbildung 55. Der Aufbau ist sorgfältig vorzunehmen. Es dürfen keine falschen Schaltungspunkte miteinander Kontakt haben. ACHTUNG: Hinweise zum hier skizzierten Schaltungsaufbau finden Sie in Kapitel 4, Abschnitt „Brettschaltung".

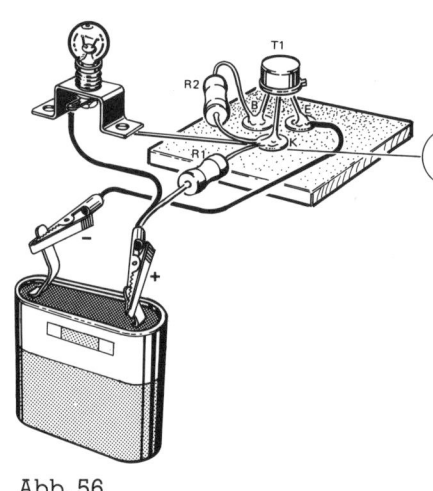

Abb. 56

Experiment 6

Schauen Sie sich die Schaltung in Abbildung 54 an und überlegen Sie, ob das Lämpchen aufleuchtet oder nicht. Klar, die Lampe kann nicht brennen, weil der Widerstand R2 viel zu hoch ist. Wer die Schaltung aufbauen und die Aussage kontrollieren möchte, der kann das gerne machen; es ist allerdings keine Aufbauskizze vorhanden. Doch mit den bisherigen Kenntnissen schaffen Sie den Aufbau auch ohne sie. Was also tun, damit das Lämpchen doch noch leuchtet? Die einfachste Möglichkeit ist, den Widerstand R2 einfach aus der Schaltung zu entfernen. Wir sehen dann, daß der Widerstand R1 die Lampenfunktion nicht beeinträchtigt.

Die einfachste Möglichkeit wollen wir jedoch diesmal nicht wählen, sondern einen zusätzlichen Transistor einbauen und uns so die strom- und spannungsverstärkende Funktion dieses Bauteils optisch vor Augen führen.

Die Schaltung der Abbildung 55 kennen wir schon, es ist die Transistorverstärkerstufe aus Abbildung 43, nur mit etwas anderen Werten und einem Lämpchen statt des Ohrhörers.

Die Schaltung bauen wir laut Skizze aus Abbildung 56 auf. Zuerst werden Transistor, R1, R2 und das Lämpchen miteinander verbunden. Achten Sie darauf, daß die Verbindungen alle stimmen und keine Kurzschlüsse entstehen. Zuletzt wird die Batterie mit der Schaltung verbunden. Ist dies geschehen, muß die Lampe brennen. Ansonsten stimmen die Verbindungen nicht, oder der Transistor ist defekt (vielleicht auch nur falsch angeschlossen). Nehmen Sie nun für R2 den Widerstand von 390 Ohm. Ergebnis: Die Lampe leuchtet nicht mehr.

Abschließend nehmen Sie für R2 den 270-Ohm-Widerstand. Nun leuchtet das Lämpchen wieder, sogar etwas heller.

FAZIT

Der Transistor verstärkt den Strom und sorgt außerdem für genügend Lampenspannung; die Lampe kann also trotz der Widerstände leuchten. Das gilt jedoch nur dann, wenn T1 genügend Basisstrom erhält, der Wert von R1 also nicht zu hoch ist.

Im anderen Fall (R2 = 390 Ohm) fließt zwar auch Basisstrom, jedoch zuwenig. So ist denn auch der verstärkte Kollektorstrom noch zu gering, um die Lampe zu aktivieren.

Der Transistor muß also für den entsprechenden Anwendungsfall richtig eingestellt sein, damit er die Aufgabe erfüllt, für die er gedacht ist.

In unserem Experiment entnehmen wir den Basisstrom unserer Batterie. Dies ist jedoch in der Praxis nicht von Nutzen, denn es sollen ja von „außen" kommende, schwache Stromsignale verstärkt werden. In diesem Falle stellt man R2 so ein, daß die Lampe gerade nicht mehr leuchtet. Jeder zusätzliche, noch so schwache Strom an der Basis bringt die Lampe nun zum Leuchten.

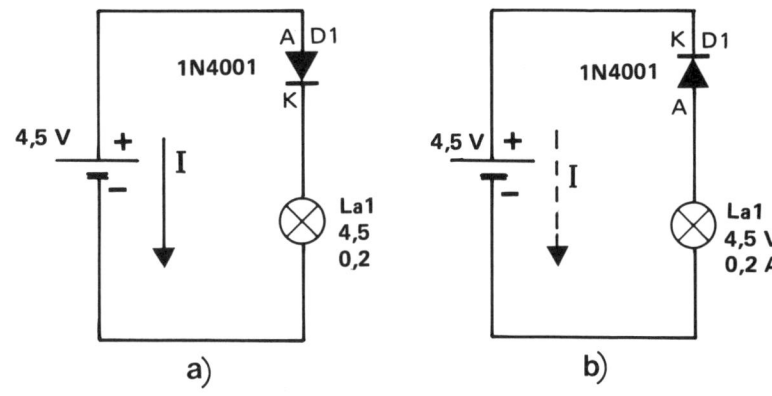

a)   b)

Abb. 57

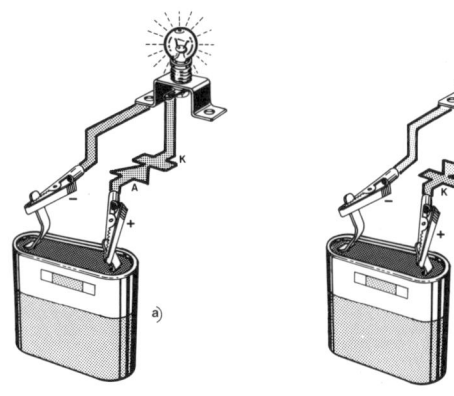

Abb. 58

Experiment 7

Es gibt ein Bauteil, mit dem wir noch nicht experimentiert haben: die Diode. Das wird nun mit den Schaltungen der Abbildung 57 nachgeholt. Dabei schalten wir Lampe und Diode in Reihe. Eine Aufbauskizze ist bei den einfachen Schaltungen nicht mehr erforderlich. Beim Aufbau selbst ist es unerheblich, ob die Diode vom Pluspol der Batterie aus gesehen vor oder hinter der Lampe sitzt, da es wiederum eine Reihenschaltung ist.

Zwischen den beiden Schaltungen gibt es einen Unterschied. Der Batteriepluspol ist einmal mit der Anode und einmal mit der Kathode der Diode verbunden.

Sobald die Schaltungen aufgebaut sind, ist der Unterschied zwischen beiden Schaltungsarten klar. Mit der Schaltung a brennt die Lampe, bei b bleibt sie dunkel. Des Rätsels Lösung ist natürlich die Diode.

FAZIT

Die Diode läßt den Strom von der Anode zur Kathode fließen (Stromrichtung ist von Plus nach Minus), sperrt ihn aber in umgekehrter Richtung, also wenn der Strom von der Kathode zur Anode fließen will.

In den Abbildungen 58a und b ist das gerade Gesagte noch einmal gegenständlich dargestellt.

Abb. 57 Experiment 7 macht die Funktion einer Diode recht deutlich: In Schaltung a brennt das Lämpchen, während es in b dunkel bleibt.

Abb. 58 Die gegenständliche Darstellung der Experimentierschaltungen aus Abbildung 57 macht deutlich, daß in a die Diode in Durchlaßrichtung und bei b in Sperrichtung geschaltet ist.

INFO 23   Die Stromrichtung

Jede Batterie hat zwei Anschlüsse: einen negativen und einen positiven Pol. Da plus mehr als minus ist, war für die Techniker die Flußrichtung des Stromes klar: Der Strom fließt vom Plus- zum Minuspol. Dies war lange Zeit unangefochten und von allen akzeptiert, bis eines Tages die Physiker das Gegenteil behaupteten: Der Strom fließt von minus nach plus. Um nun nicht alle zu verwirren, einigte man sich auf zwei Stromrichtungen: die technische, mit der Richtung von plus nach minus und, die physikalische, mit der umgekehrten Richtung, nämlich von minus nach plus.

Die technische Stromrichtung bleibt in der Elektronik weiterhin maßgebend. Der Strom fließt also von plus nach minus.

Weshalb die Physiker recht haben, ist leicht anhand der Elektrolyse einzusehen. In einem Bad aus Wasser und Säure sind zwei Platten eingetaucht. Die eine Platte besteht aus Zink, die andere aus Mangandioxid mit einem Kohlekern. Die Grundlage bei der Elektrolyse ist, daß die Stoffe, die an ihr beteiligt sind, nicht mehr zusammenbleiben; sie lösen sich in ihre einzelnen Atome auf. So wird aus dem Wassermolekül ein Sauerstoffatom mit negativer Ladung und zwei Wasserstoffatome, deren Ladung positiv ist. In der Elektrolyse zieht das Zink die negativen Ladungen an sich, die positiven wandern zum Mangandioxid. Die negativen Ladungen sind Elektronen, die ja für den Stromfluß zuständig sind. Das „Minus" kennzeichnet also die Ansammlung negativer Ladungen, während das „Plus" die Ansammlung positiver Ladungen deutlich macht. Am Minuspol sind also offensichtlich mehr Elektronen versammelt als am Pluspol, so daß sie tatsächlich von minus nach plus fließen. Hoffentlich wissen das die Elektronen auch.

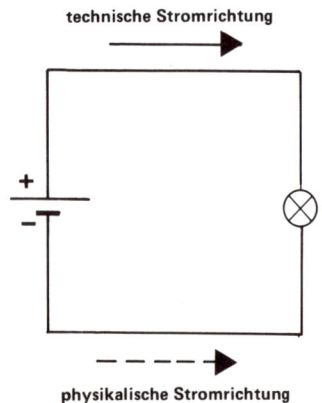

technische Stromrichtung

physikalische Stromrichtung

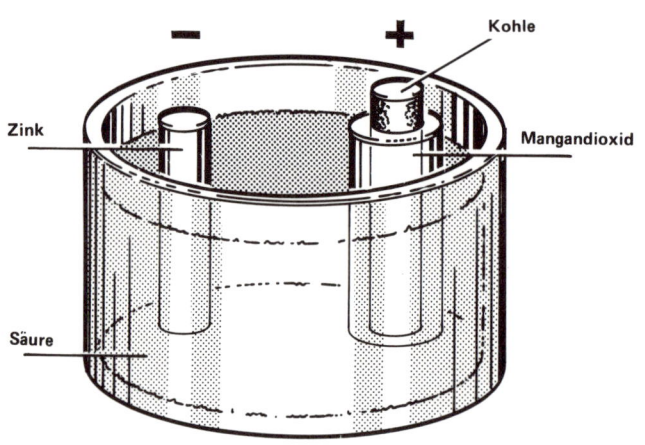

Zink

Kohle

Mangandioxid

Säure

INFO 24 Transistortypen

*T*ransistoren existieren in den unterschiedlichsten Formen. Einige der gängigsten sind hier abgebildet. Dabei handelt es sich um Typen für kleine und größere Verlustleistungen. Transistoren in kleinen Gehäusen sind auch nur für geringe Leistungen geeignet (etwa bis 300 mW). Für größere Leistungen (so bis 100 W und mehr) sind auch die Transistorgehäuse entsprechend größer und meist aus Metall. So kann man die entstehende Verlustwärme besser abführen. Jede Gehäuseform hat eine bestimmte Bezeichnung, doch braucht man diese nicht unbedingt zu kennen. Wichtiger ist da schon die eigentliche Typenbezeichnung.

Jeder Transistortyp ist im allgemeinen mit zwei Buchstaben und drei Ziffern gekennzeichnet. Allerdings läßt die dreistellige Ziffer keine Schlüsse auf die Daten des Transistors zu. Man kennt sie oder muß sie im Datenblatt des Herstellers nachsehen. Die beiden Buchstaben geben Aufschluß über das Halbleitermaterial des Transistors und den Verwendungszweck.

1. Buchstabe: A = Germanium; B = Silizium
2. Buchstabe: C = Verwendung im NF-Bereich (100 MHz) und geringe Verlustleistung (etwa 300 mW)

   D = NF-Bereich (3 MHz); Verlustleistung etwa 1–70 W

Transistoren, die häufig verwendet werden, sind:

BC 107, BC 177, BC 549, BC 559, BD 140, BD 160, 2N3055 (für hohe Leistungen). Wir unterscheiden außerdem NPN- und PNP-Transistoren. Bei NPN-Transistoren zeigt der Pfeil im Schaltsymbol von der Basis weg, bei PNP-Typen zeigt er zur Basis hin. Was es damit auf sich hat, erfahren wir später. Die Bezeichnungen NPN und PNP sind vom Aufbau des Transistor-Halbleitermaterials abgeleitet.

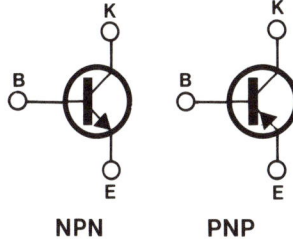

NPN   **PNP**

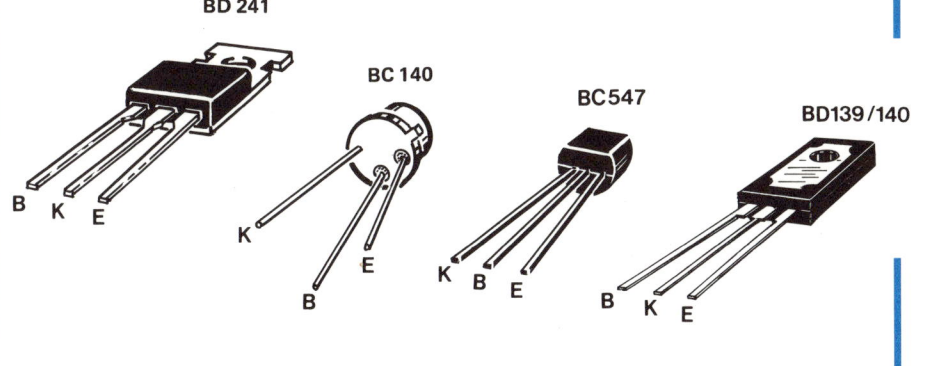

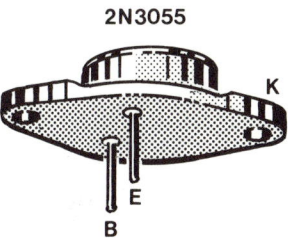

Vom fliegenden Aufbau zur gedruckten Schaltung

Jetzt ist es an der Zeit, daß wir den Verstärker aufbauen (Abb. 59). Dazu bieten sich verschiedene Möglichkeiten an:

- der fliegende Aufbau;
- der Brettschaltungsaufbau;
- der Aufbau auf Lochrasterplatine;
- der Aufbau mit einer gedruckten Schaltung.

Jede der vier Möglichkeiten hat ihre Vor- und Nachteile. Schauen Sie sich deshalb zunächst alle Vorschläge an und entscheiden dann, nach welcher Art Sie den Verstärker aufbauen wollen. Im Löten Unerfahrene sollten überlegen, ob sie nicht alle vier Möglichkeiten in Betracht ziehen. Hohe Kosten fallen nicht an, da ja nur wenige Bauteile benötigt werden. Es ist lediglich eine Frage der Zeit. Eines ist gewiß: Sie sammeln dabei Erfahrung, die sich bei späteren Lötarbeiten auszahlt.
Bevor wir mit dem ersten Aufbau beginnen, sollten die in der nachfolgenden Stückliste aufgeführten Bauteile griffbereit liegen.

STÜCKLISTE

R1 = 100 k
  (braun – schwarz – gelb)
R2 = 470 k
  (gelb – violett – gelb)
  (Die gängigen Typen haben in der Regel nur 5 % Toleranz; der vierte Ring hat also die Farbe Gold. Für die Verlustleistung sind 250 mW mehr als ausreichend.)

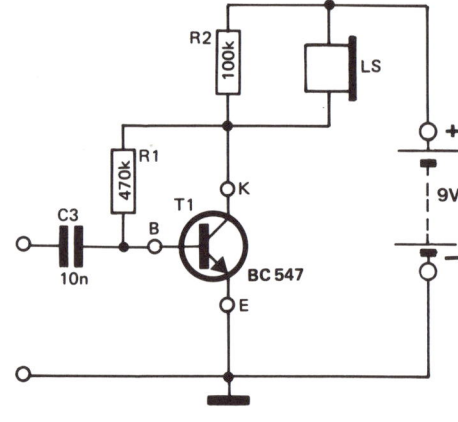

Abb. 59

C3 = 10 nF (Nanofarad)
  (Der Wert ist in der Regel auf dem Kondensator als „10n" aufgedruckt.)
T1 = BC 549B
  (Das ist ein Transistor in schwarzem Kunststoffgehäuse mit aufgedrucktem Wert.)
LS = Ohrhörer
  (Den haben wir noch, falls das Experimentierradio aufgebaut wurde.)

Zusätzlich benötigen wir noch einen Batterieclip für die 9-V-Blockbatterie und die Blockbatterie selbst.

Fliegender Aufbau

Fliegender Aufbau besagt, daß alle Bauelemente der Schaltung ohne zusätzliche Hilfsmittel direkt miteinander verlötet sind. Wie eine nach dieser Methode aufgebaute Schaltung aussieht,

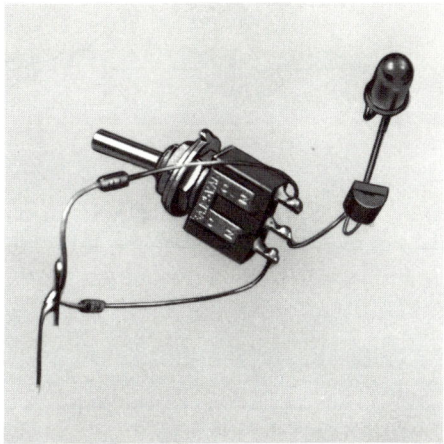

Abb. 60

ist nicht schwer zu erraten. Wer es genau wissen will, der braucht sich nur das Foto in Abbildung 60 anzusehen, um festzustellen, daß dieses Verfahren alles andere als exakt und gut ist. Bei den wenigen Bauelementen ist der Drahtverhau noch einigermaßen überschaubar. Doch wenn es mehr werden, ist es mit der Übersichtlichkeit schnell vorbei. Nicht nur wegen der Übersichtlichkeit ist diese Methode die schlechteste zum Aufbau einer Schaltung. Die Gefahren, die diese Art des „Zusammenschusterns" in sich birgt, sind leicht einzusehen.
● Es sind beim Zusammenlöten schnell einige Anschlüsse vertauscht.
● Die Gefahr, daß in einem Lötpunkt nicht alle Bauelemente guten Kontakt zueinander haben, ist hoch.
● Durch den recht labilen Zustand der gesamten Schaltung ist schnell ein Kurzschluß entstanden. Wie schnell hat

man zum Beispiel zwei Anschlußdrähte, die dicht nebeneinanderliegen und sich nicht berühren dürfen, verbogen.

Also Vorsicht! Diese Aufbauart ist zwar preiswert, aber wegen der eben genannten Nachteile nicht zu empfehlen; allenfalls, um eine Schaltung kurz zu testen.

Die Brettschaltung

Der Brettschaltungsaufbau ist gegenüber dem fliegenden Aufbau schon etwas ganz anderes. Die fertig aufgebaute Schaltung ist nicht länger eine labile Angelegenheit: Hier hat jedes Bauteil seinen festen Platz, und ungewollte Kurzschlüsse sind fast ausgeschlossen. Neben den in der Stückliste genannten Bauelementen benötigen wir noch weiteres Material:

1 kleines Holzbrett (Tischler- oder Spanplatte) mit den Abmessungen von etwa 100 x 100 x 10 mm
1 leeres Blatt Papier; eventuell Millimeterpapier, das erleichtert die Arbeit.
1 Schachtel Heftzwecke, auch als Reißbrettstifte bekannt. Sie dürfen keinen Kunststoffüberzug haben; anderenfalls muß er entfernt werden.
1 Filzstift

Zunächst übertragen wir die aufzubauende Schaltung aus Abbildung 59 mit dem Filzstift auf das leere Blatt Papier. Die Schaltungsfunktion darf dabei unter keinen Umständen verlorengehen. Das heißt, daß die Bauteile, die im Schaltbild untereinander Kontakt hatten, ihn auch in der Bauzeichnung haben müssen, auch wenn Sie die Bauzeichnung anders anlegen als auf dem Schaltbild von Abbildung 59 darge-

Abb. 59 Diese Schaltung kennen wir bereits aus Kapitel 3. Es ist der einfache NF-Verstärker zum Experimentierradio, der in diesem Kapitel nach verschiedenen Methoden aufgebaut wird.

Abb. 60 Kleine Schaltungen mit nur wenigen Bauteilen lassen sich „auf die Schnelle" einfach zusammenlöten. Wenn es auch nicht danach aussieht, so muß man doch bei dieser Aufbaumethode konzentriert zur Sache gehen. Unaufmerksamkeit ist gerade bei diesem Aufbau häufig die Ursache für die Fehlfunktion einer Schaltung.

Abb. 61 Dies ist der Schaltungsaufbau zum Schaltbild aus Abbildung 59. Nur der Transistor T1 ist seitenverkehrt gezeichnet, weil man sonst den Basisanschluß verbiegen müßte. Dieser befindet sich jetzt auf der rechten Seite, wodurch die Funktion der Schaltung jedoch nicht verändert wird.

Abb. 62 Wählen Sie das Brettchen etwas größer, als die Schaltung es erfordert. So läßt sich die Skizze an den vier Ecken gut mit Heftzwecken befestigen.

stellt. Die Kontaktstellen sind im Schaltplan mit den dicken schwarzen Punkten gekennzeichnet. Wir müssen also dafür sorgen, daß bei der Bauzeichnung die Basis von T1 mit je einem Anschluß von R1 und C3 einen gemeinsamen Lötpunkt hat. Der Kollektor von T1 ist sogar noch mit drei anderen Bauteilen leitend verbunden, während der Emitter nur noch einen Kontaktpunkt hat: den Minuspol der Batterie. (Das ist zugleich der Massepunkt der Verstärkerschaltung.)

Wie eine solche Bauzeichnung aussehen kann, zeigt die Abbildung 61. Wo nun später gelötet wird, ist leicht zu erkennen: es sind die dickgezeichneten Kreise.

Wer kein eigenes Layout entwickeln möchte, der überträgt die Bauzeichnung aus Abbildung 61 auf sein Blatt Papier. Allerdings ist darauf zu achten, daß die einzelnen Lötpunkte so zueinander stehen, daß sie von den Anschlußdrähtchen der Bauelemente auch erreicht werden. In Abbildung 61 sind die drei Lötpunkte für den Transistor zu weit auseinander. Diese Punkte muß man auf jeden Fall enger zusammensetzen. Die Bauteile selbst braucht

Abb. 61

man nicht unbedingt einzuzeichnen, es erleichtert allerdings, besonders bei umfangreicheren Schaltungen, den Aufbau. Und damit wollen wir jetzt beginnen.

Aufbau

Nehmen Sie das Blatt mit den Lötpunkten, schneiden es auf Brettgröße zurecht und befestigen es an den Ecken mit vier Heftzwecken (Abb. 62). Im nächsten Schritt werden alle Lötpunkte mit Heftzwecken versehen (ohne Kunststoffkappe, Abb. 63). Wenn es messingfarbene Heftzwecke sind, gibt es bei den nun folgenden Lötarbeiten keinerlei Probleme. Bei den silberfarbenen Typen geht das Löten nicht ganz so einfach; sie nehmen das Lötzinn nicht so gut an. Doch mit etwas Geduld funktioniert es auch mit ihnen.

Bevor nun die Bauteile angelötet werden, müssen wir die Telleroberfläche der Heftzwecke verzinnen. Dazu nehmen wir den heißen Lötkolben, halten ihn einige Sekunden auf den Teller und führen dann das Lötzinn zu. Ist die Telleroberfläche heiß genug, dauert es nicht lange, bis das Lötzinn verläuft, so daß die gesamte Oberfläche mit einer Zinnschicht überzogen ist (Abb. 64).

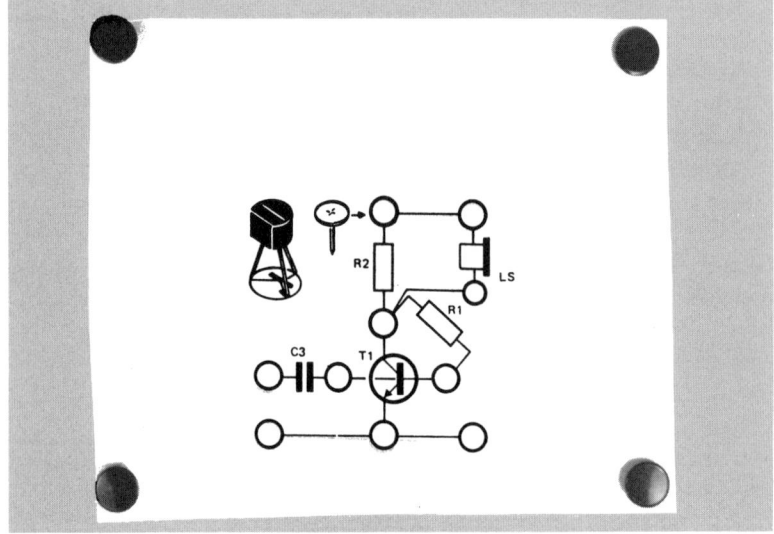

Abb. 62

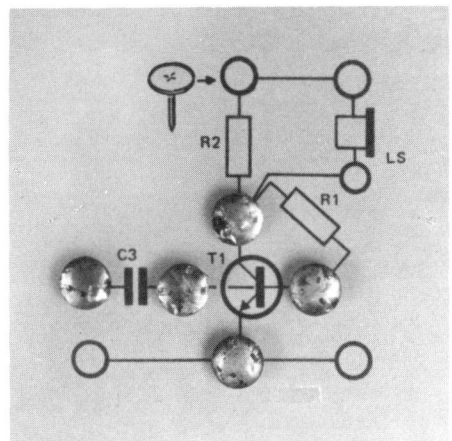

Abb. 63

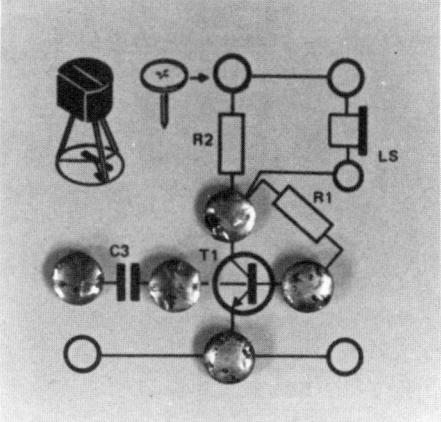

Abb. 64

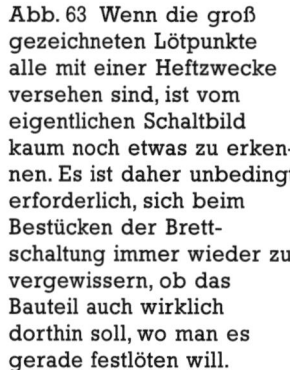

Abb. 63 Wenn die groß gezeichneten Lötpunkte alle mit einer Heftzwecke versehen sind, ist vom eigentlichen Schaltbild kaum noch etwas zu erkennen. Es ist daher unbedingt erforderlich, sich beim Bestücken der Brettschaltung immer wieder zu vergewissern, ob das Bauteil auch wirklich dorthin soll, wo man es gerade festlöten will.

Sind alle Lötpunkte so vorbehandelt, können wir die Bauelemente ohne zusätzliches Lötzinn auf dem Brett befestigen: Lötzinn auf den Heftzwecken erhitzen, Anschlußdraht des Bauelementes in das flüssige Zinn drücken, Lötkolben entfernen, Lötzinn erkalten lassen, fertig.
Jetzt fehlen nur noch fünf Drahtbrücken, der Ohrhörer und ein Batterieclip für die 9-V-Blockbatterie. Abbildung 65 zeigt, wo die Drahtbrücken hingehören.

Wer an seinem Ohrhörer den Klinkenstecker nicht abschneiden möchte, muß eine entsprechende Buchse verwenden.
Lötpunkte, an denen mehrere Anschlußdrähtchen zusammentreffen, bedürfen besonderer Beachtung. Es kann sonst leicht passieren, daß nicht alle Anschlußdrähtchen einwandfrei verlötet sind.
Für den Funktionstest der Schaltung siehe Seite 89.

Abb. 64 Damit das Bestücken mit den Bauteilen ohne Schwierigkeiten verläuft, sollten die Heftzweckteller zuerst verzinnt werden. Durch das Verzinnen ist beim Festlöten der Bauteile kein zusätzliches Lötzinn mehr notwendig. Das Löten geht auf diese Weise wesentlich schneller.

Abb. 65 So müßte die fertige Brettschaltung aussehen. Sie entspricht genau der Lötskizze aus Abbildung 61.
Beginnen Sie beim Löten mit den fünf Drahtbrücken. Es folgen die zwei Widerstände R1 und R2 sowie der Kondensator C3. Achten Sie darauf, daß R1 und R2 am richtigen Platz sitzen und die Werte nicht vertauscht sind. Nun ist der Transistor an der Reihe. Lassen Sie beim Löten die Transistoranschlüsse nicht zu heiß werden, das könnte für den Transistor das Aus bedeuten. Halten Sie deshalb den Lötkolben nicht mehr als einige Sekunden an jeden Anschluß. Jetzt sind noch die Anschlußkabel zum Radio, der Batterieclip und der Ohrhörer anzulöten, dann ist alles fertig.
ACHTUNG: Achten Sie darauf, daß alle Anschlüsse gut verlötet sind!

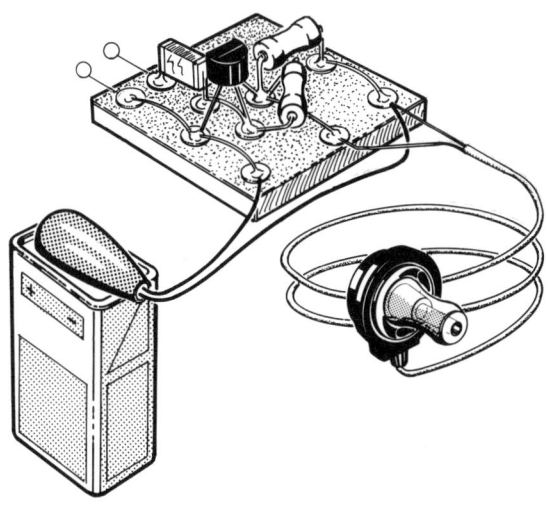

Abb. 65

Abb. 66 Für den Verstärkeraufbau genügt ein Stück Lochstreifenplatine mit sechs Leiterbahnen. Vielleicht bekommen Sie im Laden ein Reststück, ansonsten muß man es aus einer großen Platine aussägen; hierzu eignet sich eine Eisensäge.

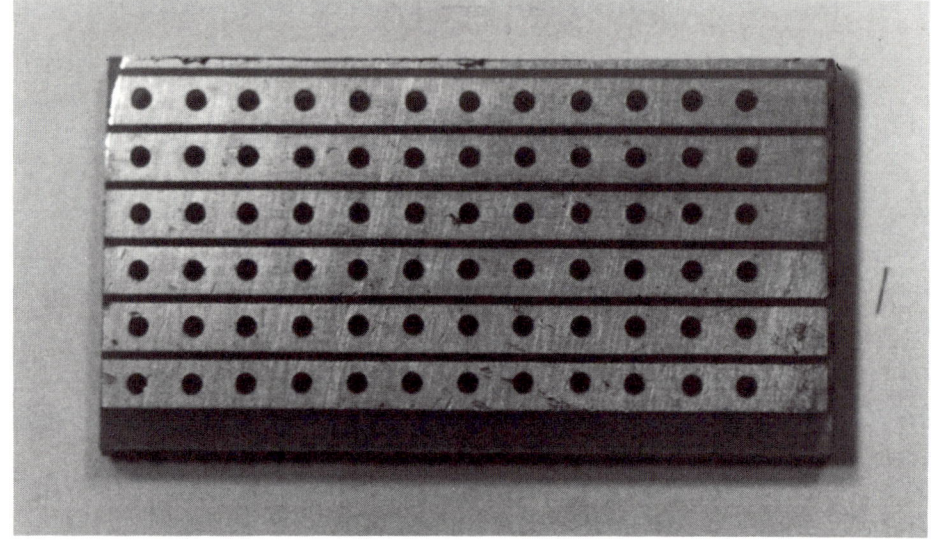

Abb. 66

Der Lochrasteraufbau

Die nun folgende Aufbaumethode ist in der Elektronik nicht selten. Dabei verwendet man bereits vorgefertigte, sogenannte Lochrasterplatinen (in Kapitel 3 haben wir sie bereits kennengelernt).

Für den Aufbau der kleinen Verstärkerschaltung aus Abbildung 59 wählen wir eine Lochstreifenplatine von etwa 30 x 20 mm, das ist für die wenigen Bauteile mehr als ausreichend. In Abbildung 66 sehen wir die noch unbenutzte Lötseite (im Gegensatz zur Bestückungsseite) dieser Platine mit den parallel zueinander verlaufenden Lötstreifen und den Bohrungen.

Soll nun mit diesen Platinen eine Schaltung aufgebaut werden, ist es wichtig, sich vorher über die Ein- und Aufteilung der einzelnen Bauteile Gedanken zu machen. Blindes Drauflöslöten führt meist nicht zum Erfolg. Bei diesen Platinen sollte man nach Möglichkeit die einzelnen Bauteile so plazieren, daß Unterbrechungen der Leiterbahnen und zusätzliche Verbindungsbrücken

überflüssig sind. Das ist allerdings leichter gesagt als getan. Bei kleineren Schaltungen – wie beim aufzubauenden Verstärker – ist das kaum ein Problem. Bei komplexeren Aufbauten lassen sich Unterbrechungen der Lötbahnen und zusätzliche Brücken nicht immer umgehen.

Die Bauteillage, den sogenannten Bestückungsplan für den Verstärker aus Abbildung 59, erkennen wir in der Abbildung 67. Dort sehen wir die Platine von der Bestückungsseite her. Zum besseren Verständnis sind auch die Leiterbahnen bezeichnet. Dieser Bestückungsplan zeigt, wo welches Bauteil seinen Platz hat. Halten Sie sich beim Bestücken der Platine exakt an den Plan der Abbildung 67, dann kann nichts schiefgehen.

Das Bestücken

der Platine und Verlöten der Bauteile ist recht problemlos, wenn man systematisch vorgeht. Halten Sie sich deshalb stets an die nachfolgende Auflistung, sie hat sich gut bewährt.

1. Brücken einlöten, falls vorhanden.
2. Fassungen einlöten, beispielsweise für ICs.

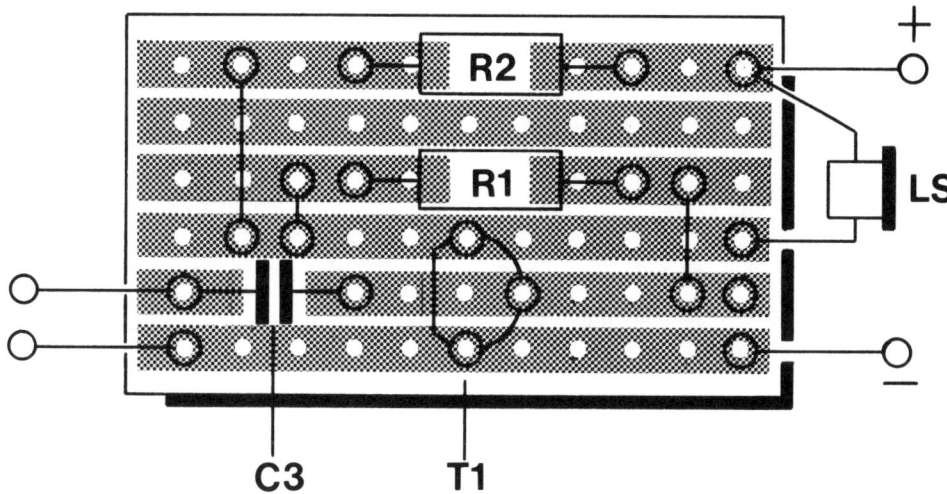

R2

R1

LS

+

−

C3   T1

Abb. 67 Nach diesem Plan werden die Bauteile aufgelötet. Achten Sie auf die drei Leiterbahnunterbrechungen.

Abb. 67

3. Es folgen Widerstände, Kondensatoren und Spulen; also alle passiven Bauelemente. Passiv deshalb, weil die Funktion und die Eigenschaften dieser Bauelemente unabhängig von den Strom- und Spannungsverhältnissen sind.

4. Die aktiven Bauelemente (Dioden, Transistoren und andere Halbleiter) sind als nächstes an der Reihe. Alle Halbleiterbauelemente sind deshalb die „aktiven", weil sie ihre Funktion und ihre Eigenschaft mit den Strom- und Spannungsverhältnissen ändern.

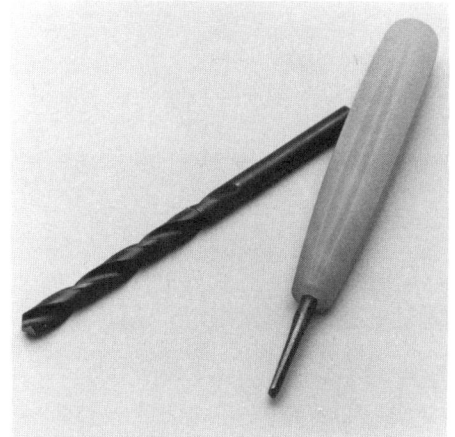

Abb. 67a

5. Schließlich Anschlußkabel, Schalter und andere, ähnliche Bedienungselemente.

6. ICs in die Fassungen setzen.

7. Aufgebaute Schaltung überprüfen. Sind alle Bauteile richtig eingelötet? Haben sie richtigen Kontakt untereinander? Kann es keine Kurzschlüsse geben?

Nun zum Aufbau der Verstärkerschaltung auf der Lochstreifenplatine. Beginnen Sie mit den drei Leiterbahnunterbrechungen bei R1, R2 und C3. Achten Sie darauf, daß die einzelnen Leiterbahnstücke keinerlei Kontakt mehr haben. Zum Unterbrechen von Leiterbahnen eignen sich normale 4–6-mm-Bohrer oder eigens dafür erhältliche Leiterbahnunterbrecher (Abb. 67a). Geeignet sind auch die im Hobbyladen erhältlichen Linolschnitzmesser mit V-förmigem Querschnitt. Zum Trennen setzt man das Werkzeug auf der Leiterbahnseite in einer Bohrung an und dreht es mit leichtem Druck einige Male im Uhrzeigersinn, bis das Kupfer an der entsprechenden Stelle verschwunden ist. Benachbarte Leiterbahnen dürfen dabei jedoch nicht beschädigt werden.

Abb. 67a Das Trennen von durchgehenden Leiterbahnen ist mit einem normalen Bohrer möglich. Etwas einfacher geht die Sache mit einem speziellen Leiterbahnunterbrecher.

Abb. 68 Das Bestücken beginnt mit dem Einlöten der Drahtbrücken (insgesamt drei) und den zwei Widerständen. Achten Sie auf die richtige Plazierung von R1 und R2.

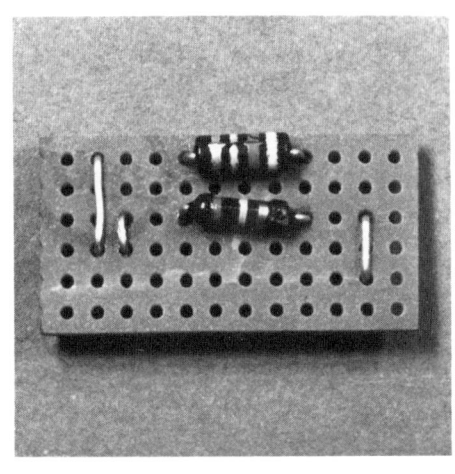

Abb. 71 Die Anschlußkabel zum Radio, zum Batterieclip und zur Klinkensteckerbuchse des Ohrhörers lötet man am besten direkt auf die entsprechende Leiterbahn.

Abb. 68

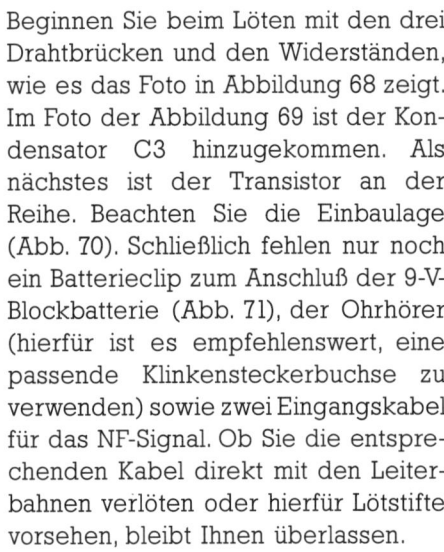

Abb. 71

Abb. 69 Der Kondensator nimmt nicht viel Platz in Anspruch.

Abb. 69

Beginnen Sie beim Löten mit den drei Drahtbrücken und den Widerständen, wie es das Foto in Abbildung 68 zeigt. Im Foto der Abbildung 69 ist der Kondensator C3 hinzugekommen. Als nächstes ist der Transistor an der Reihe. Beachten Sie die Einbaulage (Abb. 70). Schließlich fehlen nur noch ein Batterieclip zum Anschluß der 9-V-Blockbatterie (Abb. 71), der Ohrhörer (hierfür ist es empfehlenswert, eine passende Klinkensteckerbuchse zu verwenden) sowie zwei Eingangskabel für das NF-Signal. Ob Sie die entsprechenden Kabel direkt mit den Leiterbahnen verlöten oder hierfür Lötstifte vorsehen, bleibt Ihnen überlassen.

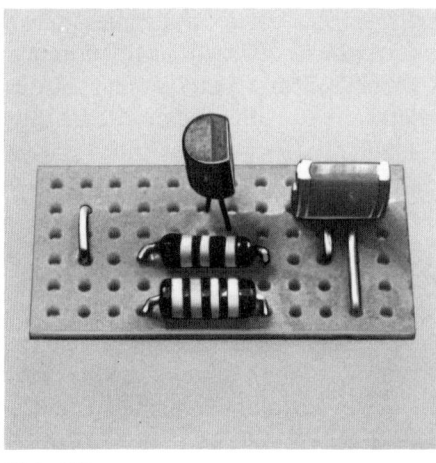

Abb. 70 Beim Einlöten des Transistors T1 ist lediglich darauf zu achten, daß die abgeflachte Seite zum Kondensator zeigt.

Abb. 70

Die gedruckte Schaltung

Kommen wir zur vierten Aufbaumöglichkeit, der gedruckten Schaltung. Das ist die „vornehmste" Art, eine Schaltung aufzubauen; allerdings auch die zeitintensivste, falls die gedruckte Schaltung, die erforderliche Platine also, noch anzufertigen ist. Doch gerade das wollen wir ja in diesem Kapitel machen.

1. Schritt: Umsetzen des Schaltbildes in den ersten Layoutentwurf

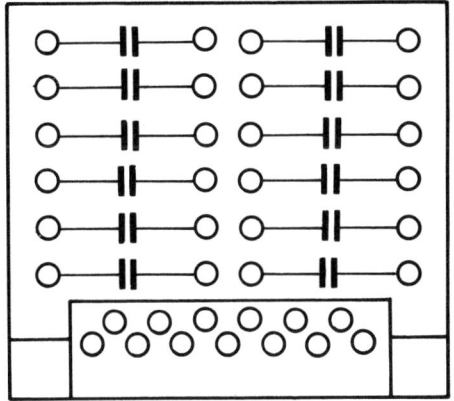

Abb. 72

Dazu benötigen wir kariertes Papier mit einem 5-mm-Raster. Der erste Entwurf wird im Maßstab von 2 : 1 gezeichnet. Dadurch bleibt er relativ übersichtlich. Das gilt insbesondere dann, wenn die umzusetzende Schaltung ziemlich umfangreich ist. Bei diesem Verfahren benötigt ein Widerstand 6 Kästchen, ein Kondensator 3, 7 oder mehr Kästchen (es hängt vom verwendeten Typ ab) und der Transistor 2 zu 1 Kästchen als Dreieck. Betrachten Sie hierzu einmal die Platinen in den Abbildungen 81 und 82, dann wird Ihnen deutlich, was mit dem Dreieck gemeint ist. Nach dieser kleinen Vorausschau beginnen wir, die einzelnen Bauteile in

der angegebenen Größe auf das Papier zu zeichnen. Dabei ordnen wir die Bauteile so, daß die Widerstände und die Kondensatoren parallel nebeneinander liegen. Wer eine andere Ordnung bevorzugt, bitte. Wie so etwas aussehen kann, entnehmen wir der Abbildung 72. Es handelt sich hierbei um einen fiktiven Entwurf, der nur Kondensatoren und die Anschlußmöglichkeit einer Steckerleiste vorsieht. Die Anordnung der Bauteile ist willkürlich.

2. Schritt: Einzeichnen der Leiterbahnen zwischen den einzelnen Bauteilen

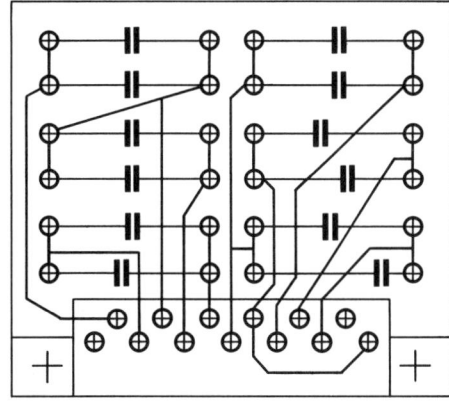

Abb. 73

Genau wie das Schaltbild es zeigt, werden jetzt die einzelnen Bauteile durch Bleistiftstriche miteinander verbunden. Nichts leichter als das, mag mancher denken. Das ist nur dann so, solange es nur ein paar Bauteile sind. Doch mit zunehmender Anzahl wird die Geschichte recht kompliziert: Unabhängige Verbindungen dürfen sich nicht kreuzen. Verbindungen mit unterschiedlichen Potentialen dürfen nicht aufeinanderstoßen. (Unterschiedliche Potentiale sind beispielsweise die positive Versorgungsspannung und die Masse; es können auch unterschiedliche positive Spannungen sein oder eine positive und eine negative Span-

Abb. 72 Reichlich Platz ist schon notwendig, wenn man einen Entwurf für eine gedruckte Schaltung konzipieren will. Der hier abgebildete Maßstab ist 1 : 1, also genau die Größe der tatsächlich existierenden Platine. Die Anordnung der Bauteile ist willkürlich. Mit etwas Übung eignet man sich mit der Zeit die notwendige Erfahrung an.

Abb. 73 Die willkürlich angeordneten Bauteile werden dem Schaltbild entsprechend verbunden. Dabei führen die Verbindungen (das sind die eigentlichen Leiterbahnen) häufig auf Umwegen und nicht immer direkt zum Ziel. Das gilt besonders dann, wenn man Lötbrücken vermeiden will.

nung.) Diese Forderung macht manchmal einen Umweg notwendig, der schließlich doch zum Ziel führt (Abb. 73). Es ist manchmal nicht zu umgehen, die Lage der im 1. Schritt bestimmten Bauteile zu verändern.

3. Schritt: Umsetzen des Layoutentwurfs in den Maßstab 1:1

Wer die Möglichkeit der fotografischen Verkleinerung hat, sollte sie hier nutzen. Doch dies trifft wohl leider nur auf wenige „Hobbylayouter" zu. Es muß also nach einer anderen Möglichkeit gesucht werden, den Maßstab zu verkleinern. Dabei bedienen wir uns der guten alten Handarbeit und nehmen ein Blatt Millimeterpapier, auf dem der Entwurf im Maßstab 1:1 übertragen wird.

4. Schritt: Reinzeichnung des Layoutentwurfs

Über die Entwurfszeichnung im Maßstab 1:1 legen wir nun Transparentpapier und übertragen mit Tusche oder einem schwarzen Filzstift den Leiterbahnverlauf. Die beim Entwurf mitskizzierten Bauteile werden nicht berücksichtigt, so daß eine Zeichnung entsteht, die nur die Leiterbahnen erfaßt. Man spricht von der Leiterbahnseite oder vom Layout (Abb. 74).

WICHTIG
Die gezeichneten Leiterbahnen müssen tiefschwarz und lichtundurchlässig sein. Nur unter dieser Voraussetzung ist die Platinenherstellung auch von Erfolg gekrönt.

5. Schritt: Übertragen des Layouts auf das Platinenmaterial

Hierfür gibt es verschiedene Möglichkeiten; zwei davon lernen wir hier kennen.

1. Die erste Möglichkeit ist zwar einfach und relativ leicht zu realisieren, dafür allerdings nicht so exakt. Nehmen Sie ein Stück kupferbeschichtetes Platinenmaterial, etwa so groß, wie die aufgebaute Schaltung werden soll. Übertragen Sie mit Hilfe von Durchschlagpapier und einer Kopie der Layoutzeichnung die Leiterbahnen auf die Kupferseite der Platine. Nun ist der Leiterbahnverlauf bereits auf der Kupferseite zu erkennen, wenn auch noch relativ schwach. Das bleibt allerdings nicht so, denn die Leiterbahnlinien müssen mit einem schwarzen Spezial-Filzstift nachgezeichnet werden. Geeignet hierfür ist zum Beispiel der „edding 3000". Es eignet sich jedoch auch jeder andere Stift, der speziell zum Bemalen von Glas, Metall oder Keramik angeboten wird.

Abb.74 Die tatsächliche Platinengröße (abgebildeter Maßstab 1:1) des Entwurfs aus Abbildung 73. Die Bestückung (rechts) sieht einen 13-poligen Konnektor (männlich) vor. Wenn wie hier Leiterbahn- und Bestückungsseite abgebildet sind, müssen sie immer so zueinander stehen, daß sie um 180 Grad (spiegelbildlich) gedreht sind.

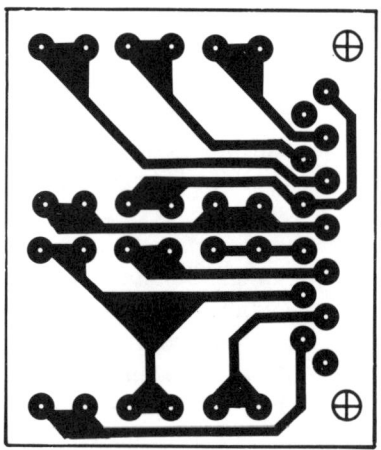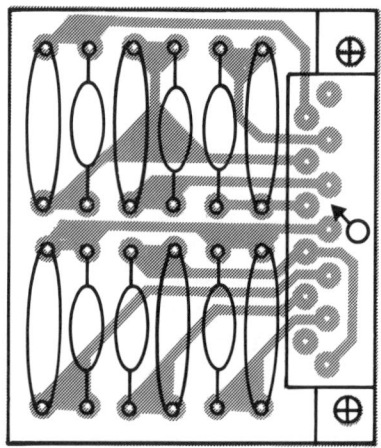

Abb. 74

Wie exakt und sauber die gedruckte Schaltung nach der Fertigstellung aussieht, hängt sehr stark davon ab, wie Sie die Leiterbahnen zeichnen. Das gilt insbesondere für deren Ränder. Sämtliche Bahnen müssen einschließlich der Ränder ganz eingeschwärzt sein. Nur das Kupfermaterial, das vom Filzstift total abgedeckt ist, bleibt nämlich beim späteren Ätzvorgang erhalten.

Haftet die schwarze Tusche auf der Kupferseite nicht gut, muß man die Oberfläche zuerst von Verschmutzungen reinigen. Dazu genügt es, die Kupferseite mit Brennspiritus oder Aceton abzuwaschen.

Eine nach diesem Verfahren vorbereitete Platine ist in Abbildung 75 skizziert. Es zeigen sich uns drei unterschiedliche Schichten:

B = Platinengrundmaterial
C = Kupferschicht
D = Tusche der aufgezeichneten Leiterbahnen

(Die Schichten E und F sind für uns momentan nicht von Bedeutung.)

Nun könnte eigentlich das überflüssige Kupfer entfernt werden, so daß nur noch die Leiterbahnen übrigbleiben. Doch warten wir damit noch etwas und sehen uns erst die zweite Möglichkeit an. Sie ist zeit- und arbeitsaufwendiger, dafür aber auch wesentlich genauer.

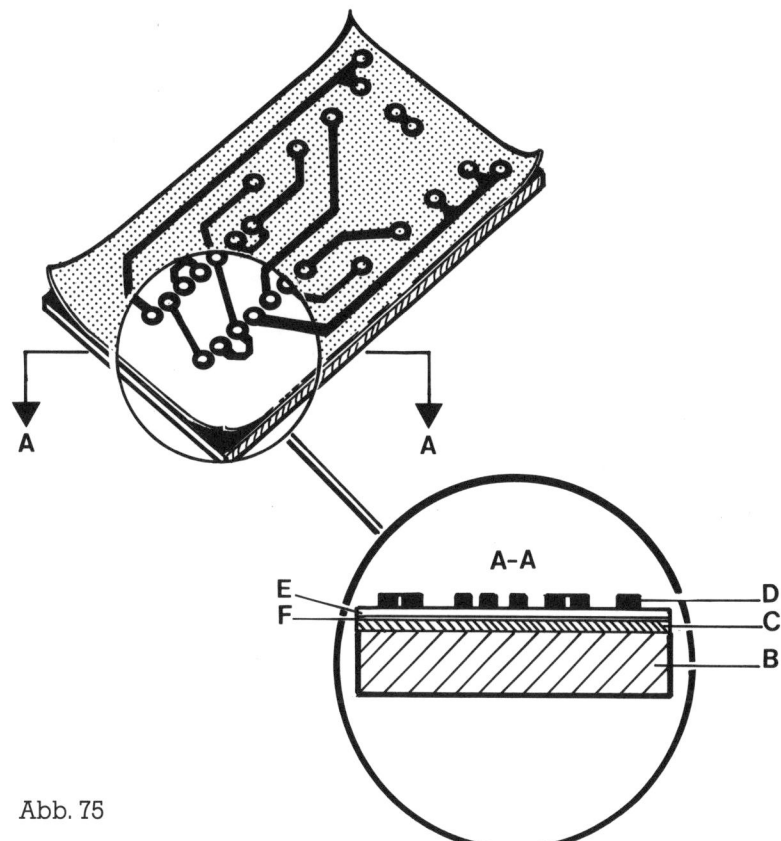

Abb. 75

Abb. 76

2. Was wir für dieses Verfahren benötigen, ist eine Positivvorlage von der Leiterbahnseite (die existiert ja bereits, es ist die Layout-Transparentzeichnung). Ferner ist natürlich kupferbeschichtetes Platinenmaterial erforderlich und schließlich, das ist neu, Fotokopierlack; zum Beispiel POSITIV 20 (Abb. 76). Es handelt sich dabei um einen Fotolack, der UV-lichtempfindlich ist. Mit dessen Hilfe ist es nun möglich, die Transparentvorlage direkt auf die Platinen-Kupferseite zu kopieren.

Die Sache ist ganz einfach. Das Wichtigste: Die Kupferschicht muß absolut fett- und ölfrei sein. Dazu nimmt man normales Scheuermittel und macht damit die Fläche sauber. Mit klarem Wasser wird das Putzmittel abgespült und die Kupferfläche getrocknet. Erst wenn sie vollkommen trocken ist, wird der Fotokopierlack aufgetragen. (Vorher

Abb. 75 Der Lupeneffekt läßt den Aufbau einer Platine an der Schnittkante A – A deutlich erkennen. Das Grundmaterial B kann Hartpapier, Polyester oder Epoxydharz sein; das sind die gängigsten Platinenmaterialien.

Abb. 76 Zum Herstellen gedruckter Schaltungen gibt es verschiedene Methoden. Mit Fotolack ist es möglich, das auf Transparentpapier gezeichnete Layout problemlos und beliebig oft auf eine Platine zu übertragen. Den Fotolack gibt es im Fachhandel in Spraydosen mit verschiedenen Mengen. Mit nur 75 ml Fotolack kann bis zu 2 qm kupferkaschiertes Platinenmaterial beschichtet werden.

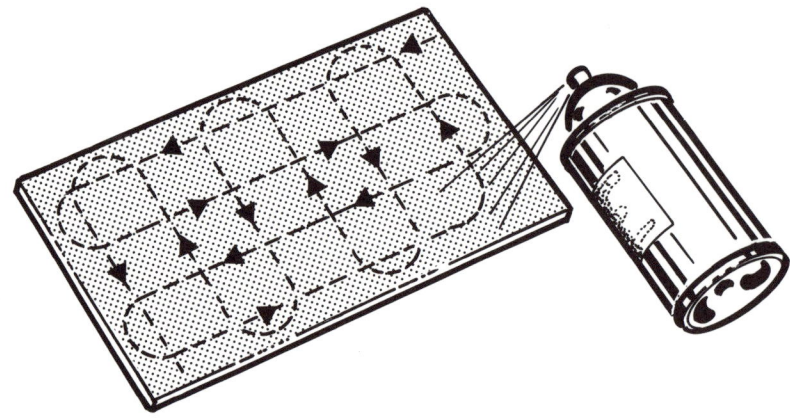

Abb. 77

Abb.77 Der Fotolack muß die kupferkaschierte Platine gleichmäßig abdecken. Dazu führt man die Spraydose so, wie es die Zeichnung andeutet. Tragen Sie den Fotolack nicht zu dick auf, das wirkt sich beim Belichten und Ätzen negativ aus.

zur Sicherheit eventuelle Reste getrockneter Wassertropfen mit Aceton abspülen.) Verfahren Sie dabei so, wie es Abbildung 77 andeutet: Durch die Schlangenlinien verteilt sich der Lack überall gleichmäßig. Führen Sie die Spraydose nicht zu schnell, aber auch nicht zu langsam. Außerdem ist es für die weitere Verarbeitung günstig, wenn die Beschichtung in einem abgedunkelten Raum geschieht. Beim Trocknen muß die Platine dunkel liegen, damit die Fotolackschicht nicht bereits zerstört wird. Will man den Trockenvorgang beschleunigen, ist das kein Problem. Dazu wird im Backofen bei niedriger Temperatur der Fotolack auf der Platine eine kurze Zeit vorgetrocknet und anschließend bei 70 bis 80 Grad noch weitere 20 Minuten ausgehärtet.

Sehen wir uns jetzt erneut in Abbildung 75 die Schnittzeichnung an. Am Platinengrundmaterial B und der Kupferschicht C hat sich nichts geändert. Auf dem aufgesprühten Fotolack F liegt das Transparentpapier E mit den gezeichneten Leiterbahnen D.

Nun folgt die *Belichtung.*

Neben der fotobeschichteten Platine, der Positivvorlage und einer Glasplatte benötigen wir noch eine Lichtquelle mit möglichst hohem UV-Anteil. Geeignet ist die Sonne (falls sie überhaupt scheint), eine Höhensonne, eine Quecksilberdampflampe oder auch eine normale 200-W-Haushaltslampe. Zum Belichten wird auf die Kupferseite die Positivvorlage gelegt und darauf die Glasplatte, so daß die Vorlage überall plan aufliegt. Das ist wichtig, damit es bei den Rändern keine Ausfransungen gibt.

Lichtquelle	Zeit/min	Abstand/cm
Quecksilberdampflampe 500 W	2,5	50
Heimhöhensonne 300 W	3 – 4	30
Osram-Vitalux 300 W	4 – 8	40
Glühbirne 200 W	15	10
Sonnenlicht	5 – 10	$1,5 \cdot 10^{13}$

INFO 25 Tips und Tricks beim Löten von Lochstreifenplatinen

*D*er Schaltungsaufbau mit Lochstreifenplatinen ist relativ einfach und problemlos, wenn einige Spielregeln beachtet werden, wovon die wichtigsten in der nachfolgenden Auflistung zusammengefaßt sind.

1. Die Platinengröße sollte nicht zu klein gewählt werden. Senkrecht eingelötete Widerstände auf engstem Raum machen die Schaltung unübersichtlich; außerdem entsteht beim Löten schnell und unbemerkt eine unzulässige Verbindung.

2. Längliche Bauteile (Widerstände, Kondensatoren, Dioden) möglichst nicht parallel zu den Leiterbahnen montieren, sondern um 90 Grad verdreht; allerdings ist das nicht immer möglich (und sinnvoll).

3. Auf einer Leiterbahn benachbarte, elektrisch aber nicht verbundene Bauteile müssen mindestens ein Loch Abstand voneinander haben.

4. Leiterbahnunterbrechungen bedürfen höchster Sorgfalt, denn einmal muß die Leiterbahn auch tatsächlich durchtrennt sein, und zum anderen dürfen die zwei benachbarten Bahnen nicht verletzt werden. Außerdem dürfen keine Leiterbahnspäne Kurzschlüsse zu benachbarten Leiterbahnen herstellen.

5. Beim Löten keine Lötzinnbrücken zwischen zwei benachbarten Leiterbahnen herstellen.

6. Beim Einlöten der Bauteile darauf achten, daß deren Beschriftung noch zu lesen ist.

7. Unumgängliche Drahtbrücken nur auf der Bestückungsseite, nicht auf der Lötseite verlegen.

8. Vor dem Anlegen der Versorgungsspannung den Sitz aller Bauteile überprüfen (Polarität, Festigkeit, richtige Verbindung).

Zum Thema Löten vergleichen Sie Kapitel 2, S. 45 ff.

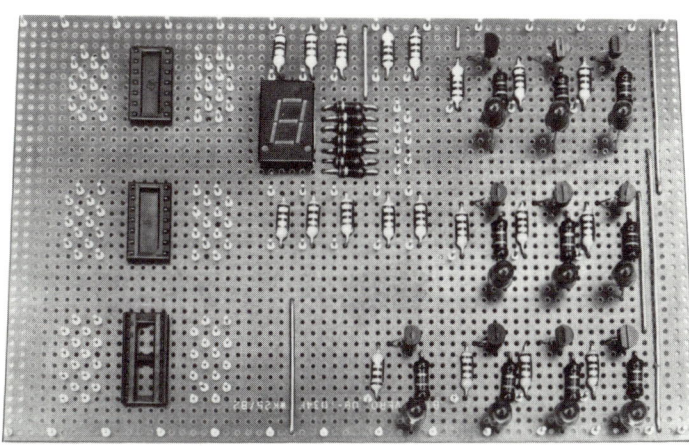

Anschließend wird das Ganze der Lichtquelle ausgesetzt. Für den Abstand zwischen Platine und Lichtquelle sowie für die Belichtungszeit gibt es keine genauen Angaben. Hierbei kommt es auf die eigenen Erfahrungswerte an; die Angaben in der nachfolgenden Auflistung sind deshalb nur Anhaltspunkte. Die angegebenen Zeiten gelten für eine Abdeckung mit einer ca. 5 mm dicken Kristallglasplatte. Die dünnere Glasscheibe eines Wechselrahmens leistet jedoch ebenfalls gute Dienste.

Betrachten Sie diese Angaben wirklich nur als Anhaltspunkte.

Wenn also Vorlage, Platine und Lichtquelle vorhanden sind, bereiten Sie alles zum Belichten vor: auf das Platinenmaterial die Vorlage legen, mit der Glasplatte abdecken und schließlich die Lichtquelle im richtigen Abstand darüber positionieren (Abb. 78).

Nach dem Belichten ist das Entwickeln an der Reihe. Dazu benötigen wir Ätznatron (in Drogerien und Apotheken zu bekommen) und lösen davon 7 – 10 g in einem Liter warmem Wasser. Die belichtete Platine wird in das Entwicklerbad gelegt und leicht hin und her bewegt. Nach ungefähr 2 Minuten muß das Leiterbahnbild voll entwickelt sein, ansonsten stimmt etwas nicht: Entweder ist das Entwicklerbad zu alt oder

die Belichtungszeit war zu gering. Es kann auch sein, daß die Platine überbelichtet wurde, dann erscheint das Leiterbahnbild nur kurz. Nach dem Entwicklungsvorgang halten wir die Platine unter fließend kaltes Wasser und spülen so die Entwicklerlösung ab (auch die Hände gut abspülen).

6. Schritt: Ätzen der Platine

Damit verschwindet das nun überflüssige Kupfer. Nur die Leiterbahnen bleiben zurück. Hierfür gibt es verschiedene Möglichkeiten, von denen an dieser Stelle jedoch nur eine beschrieben ist: das Ätzen mit Eisen-III-Clorid (Fe-III-Cl). Das Eisen-III-Chlorid gibt es in fester Form im Elektronik-Fachhandel oder auch in Apotheken (Abb. 79).

A C H T U N G
Gehen Sie vorsichtig mit Fe-III-Cl um und beschmutzen Sie nichts damit, es hinterläßt gelbliche Flecken, die sich vor allem aus Kleidungsstücken nur sehr schwer entfernen lassen.

Fe-III-Cl wird mit Wasser in einer Glas- oder Kunststoffschale bis zur Sättigung aufgelöst. (Eine Verpackungseinheit reicht meistens für einen Liter Wasser.) Die Sättigung ist dann erreicht, wenn sich Fe-III-Cl am Boden absetzt und nicht mehr auflöst. Die Lösung selbst

Abb. 78 Beim Belichten muß die Vorlage auf der beschichteten Platine überall gut aufliegen. Es darf kein seitliches Licht unter die Leiterbahnen fallen, da ansonsten die Ränder mitbelichtet würden. Deshalb legt man die kupferkaschierte Platine auf eine flache und ebene Unterlage, darauf die Positivvorlage und deckt das Ganze mit einer Glasscheibe ab.

Abb. 79 Eisen-III-Chlorid ist nicht nur in fester, sondern auch in gelöster Form gelb. Es ist in jeder Apotheke und in den meisten Elektronikläden erhältlich, 100 g kosten etwa 5 DM.

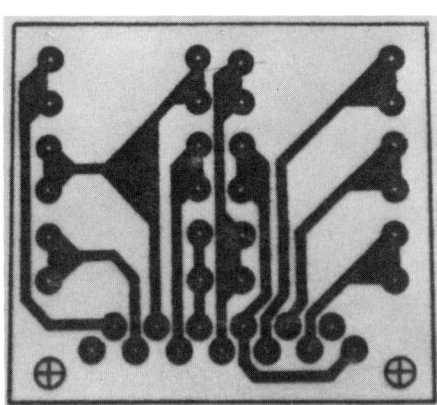

Abb. 78

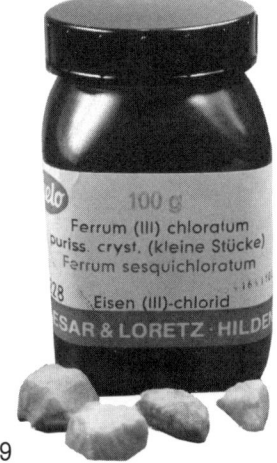

Abb. 79

Abb. 80

Abb. 80 Die Qualität einer nach dem Positivlackverfahren hergestellten Platine hängt in hohem Maße von der aufgewendeten Sorgfalt ab. Das beginnt bei der Positivvorlage und setzt sich über das Besprühen und Belichten bis hin zum Ätzen fort.

hat eine goldgelbe Farbe. In das Ätzbad legen wir nun die Platine und warten, bis das nicht abgedeckte Kupfer verschwunden ist. Das dauert ungefähr 30 bis 60 Minuten. Es geht allerdings schneller, wenn das Ätzbad erwärmt und die Platine im Bad dauernd bewegt wird.

Nach dem Ätzen spülen wir die Platine gut unter fließendem Wasser ab und säubern sie abschließend mit Aceton, Spiritus oder Verdünnung, so daß alle Rückstände von Tusche oder Fotolack verschwinden.

Eine nach diesem Verfahren hergestellte Platine ist auf Abbildung 80 zu sehen.

Noch ein Wort zum Umweltschutz! Verbrauchte Entwickler- und Ätzbäder gehören nicht in den Abfluß! Die Lösungen darf man überhaupt nur dann wegschütten, wenn sie sehr stark verdünnt sind. Von amtlicher Seite ist pro Liter Wasser eine Höchstmenge von 2 mg Kupfer gestattet. Wer also nicht weiß, wohin mit den Abfällen, der fragt am besten erst einmal bei seiner Stadt- oder Gemeindeverwaltung nach.

7. Schritt: Bohren

Überall dort, wo Bauteile, Anschlußkabel oder ähnliche Dinge einzulöten sind, muß gebohrt werden. Dabei reichen in der Regel Bohrungen von 1 mm bzw. 1,2 mm Durchmesser. Eine normale Handbohrmaschine ist für diesen Zweck nur bedingt geeignet. Besser geht's mit einem kleinen Platinenbohrer, der sich wie ein Lötkolben in der Hand halten läßt und im Elektronik-Fachhandel in verschiedenen Ausführungen erhältlich ist.

Damit ist der Herstellungsprozeß der eigenen gedruckten Schaltung beendet. „Vor den Erfolg setzten die Götter den Schweiß" ist ein Ausspruch, der auch hier zutrifft. Doch ist es manchmal besser, mehr Arbeit und Zeit zu investieren, um ein optimales Ergebnis zu erzielen. Das gilt insbesondere, wenn die aufzubauende Schaltung recht umfangreich ist. Trotzdem muß man jede

Abb. 81 Für die paar Bauteile des NF-Verstärkers aus Abbildung 59 lohnt es sich kaum, eine gedruckte Schaltung herzustellen. Der Verstärker ist viel schneller und preiswerter auf einer Lochstreifenplatine aufgebaut. Wer jedoch beim Herstellen gedruckter Schaltungen Erfahrung sammeln möchte, der sollte ruhig mit dieser kleinen Platine beginnen. Es ist dann nicht ganz so kostspielig, wenn man einige mißlungene Exemplare in den Abfalleimer werfen muß.

Abb. 82 Was nützt die Platine, wenn man nicht weiß, wohin mit den Bauteilen. Deshalb ist ein Bestückungsplan wichtig. Es geht natürlich auch ohne, aber viel mühevoller.

Abb. 83 Die aufgebaute Schaltung hat mit dem ursprünglichen Schaltbild aus Abb. 59 überhaupt keine Ähnlichkeit mehr. Das konnte man bereits aus dem Bestückungsplan in Abb. 82 schließen. Das ist auch nicht erforderlich. Wichtig ist nur, daß beim Umsetzen vom Schaltbild zur gedruckten Schaltung die Verstärkerfunktion erhalten bleibt. Beim Einsetzen der Bauteile können die Widerstände und der Kondensator direkt auf der Platine aufliegen. Beim Transistor sollte zwischen dem Gehäuseboden und der Platine etwa 5 mm Luft sein, also nicht mit aller Gewalt nach unten drücken.

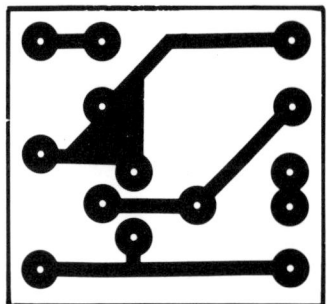

Abb. 81

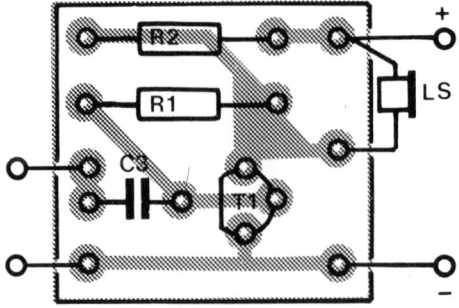

Abb. 82

Technik an kleinen und einfachen Dingen üben. Es ist deshalb ratsam, das Platinenlayout der Abbildung 81 einmal auf eine kupferkaschierte Platine zu übertragen, um etwas Erfahrung mit dem Platinenätzen zu gewinnen. Welche Methode Sie dabei wählen, ist zweitrangig. Neben den besprochenen Methoden gibt es weitere Verfahren zum Übertragen des Layouts auf die Kupferschicht der Platine. Wir wollen es an dieser Stelle jedoch bei den besprochenen Techniken bewenden lassen.

Bei dem Platinenlayout handelt es sich um die Leiterbahnführung zur Verstärkerschaltung aus Abbildung 59.

Das war doch ein ganz schönes Stück Arbeit, aber jetzt liegt die erste selbstgeätzte Platine vor uns, und gebohrt ist sie auch schon. Die Platine wird nun so bestückt, wie es in Abbildung 82 zu sehen ist. Hier noch einmal die Werte der einzelnen Bauteile:

R1 = 470 k
R2 = 100 k
C3 = 10 nF
T1 = BC547 (es spielt keine Rolle, ob A-, B- oder C-Ausführung)

Das genügt zunächst. Fangen wir mit den Widerständen an. Biegen Sie die Anschlußdrähte entsprechend den Lochabständen auf das richtige Maß. Anschließend werden die Anschlußdrähte durch die entsprechenden Bohrungen der Platine gesteckt. Biegen

Sie nun auf der Lötseite die Anschlußdrähte etwas auseinander, so daß die Widerstände nicht herausfallen, wenn man die Platine zum Festlöten der Bauteile auf die Bestückungsseite legt. Sobald Sie die Bauteile verlötet haben, schneiden Sie die zu langen Anschlußdrähte mit einem Seitenschneider ab. Nun ist der Kondensator C3 an der Reihe. Ihn müssen Sie beim Löten schon festhalten, denn die relativ kurzen Anschlüsse lassen sich kaum umbiegen. Es folgt der Transistor T1. Achten Sie auf seine Einbaulage, die abgeflachte Seite zeigt in Richtung C3. Nur in dieser Stellung paßt der Transistor ohne „Gewaltanwendung" in die vorgesehenen Bohrungen der Platine.

Es fehlen noch zwei Anschlußkabel für das NF-Signal, ein Batterieclip für die 9-V-Blockbatterie und zwei Kabel für die Klinkensteckerbuchse des Ohrhörers (Abb. 83).

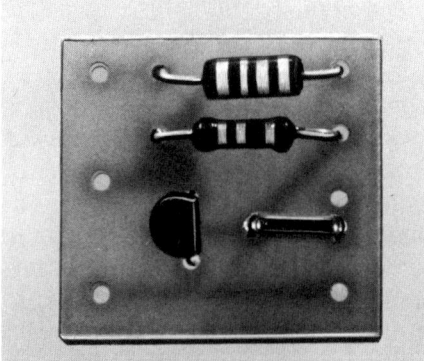

Abb. 83

Funktionstest und Inbetriebnahme

Verbinden Sie eine 9-V-Blockbatterie und natürlich auch den Ohrhörer mit der Verstärkerschaltung. Wenn Sie nun das nach C3 führende Anschlußkabel (den Schaltungseingang) mit der Hand berühren, sind im Ohrhörer leise Zirpgeräusche zu hören. Diese werden wesentlich stärker, wenn Sie mit der Schaltung in die Nähe einer Neonlampe (Leuchtstoffröhre) gehen, die eingeschaltet ist. Fassen Sie nun noch mit der anderen Hand an das Gehäuse der Lampe, ist das Zirpgeräusch noch besser zu hören. In diesem Fall ist die Schaltung ordnungsgemäß aufgebaut und funktioniert. Der Verbindung mit dem Experimentierradio steht nichts mehr im Wege. Wenn Sie den Anschlußpunkt nicht mehr genau kennen, hilft ein kurzer Blick auf das Schaltbild der Abbildung 43.

Fiel der Test negativ aus, naja, dann beginnt die

FEHLERSUCHE.

● Die Schaltung wurde, egal nach welcher Aufbaumethode, falsch zusammengelötet. Schaltungsaufbau überprüfen!

● Sind die Bauteile alle richtig miteinander verlötet? Sind alle Lötstellen korrekt? Gibt es irgendwo unzulässige Lötverbindungen?

● Haben Bauteilanschlüsse, die im Schaltplan nicht miteinander verbunden sind, falschen Kontakt?

● Die Widerstände R1 und R2 sind vertauscht.

● Es wurden Widerstände mit falschen Werten verwendet. Farbcode überprüfen!

R1 = schwarz – braun – gelb
R2 = gelb – violett – gelb

● Der Kondensator C3 ist defekt. Neuen Kondensator einsetzen!

● Der Transistor T1 ist defekt. Neuen Transistor einsetzen!

● Die Batterie ist leer. Neue Batterie verwenden!

Aber keine Sorge. Wenn beim Aufbau alle Hinweise beachtet wurden, funktioniert die Schaltung auf Anhieb.

Das Geheimnis der schwarzen Kästen

Die *schwarzen Kästen* (eigentlich müßte man „Kästchen" sagen) sind Bauelemente der modernen Elektronik. Sie sind seit Anfang der siebziger Jahre auf dem Markt erhältlich und haben seitdem einen Siegeszug ohnegleichen angetreten. Die Elektronik ist heute ohne diese Bauelemente kaum mehr denkbar. Gemeint sind die „Integreated Circuits", kurz ICs genannt (Abb. 84). Die deutschsprachige Bezeichnung für das Bauelement lautet „Integrierter Schaltkreis", abgekürzt IS. Üblich ist jedoch die Bezeichnung IC, die wir auch in diesem Buch weiterhin benutzen. An den Längsseiten der Kästen sind eine Reihe von Anschlüssen herausgeführt. Jedes dieser Beinchen, sie heißen Pins, sind im Inneren mit dem Kern des ICs verbunden, dem Chip (siehe Info 26).

ICs sind in der Anwendung sehr vielseitig. Es gibt sie als universell verwendbare Typen, aber auch für den speziellen Einsatzbereich. Denken Sie beispielsweise an die neuen Medien (Videotext, Btx), an Mikrocomputer, an CD-Plattenspieler oder ähnliche Dinge: überall dort sind moderne ICs eingesetzt. Es gibt sogar UKW-(FM)-Empfänger, die mit einem IC aufgebaut sind.

Wichtig ist es, den grundsätzlichen Unterschied zweier IC-Gruppen und deren Anwendungsbereiche zu kennen. Es sind die Digital- und Analog-ICs, die folgerichtig in der Digital- und Analogtechnik eingesetzt werden. Ein Beispiel für Digitaltechnik ist die Armbanduhr, denn die Zeitanzeige ändert sich immer sprunghaft; zum Beispiel die Minutenanzeige, die nach 60 Sekunden schlagartig die nächste Zahl anzeigt. Im Gegensatz dazu wandert bei der alten mechanischen Uhr der Minutenzeiger langsam von einem Minutenstrich zum andern. Ein anderes Beispiel: Bei einem normalen Quecksilberthermometer steigt oder fällt das Quecksilber in der Anzeigensäule nicht sprunghaft. Beim Digitalthermometer „springt" die Temperaturanzeige, abhängig von der Empfindlichkeit des Gerätes, in hundertstel oder zehntel Grad oder in Schritten von einem Grad hin und her. Recht deutlich ist der Unterschied zwi-

Abb. 84

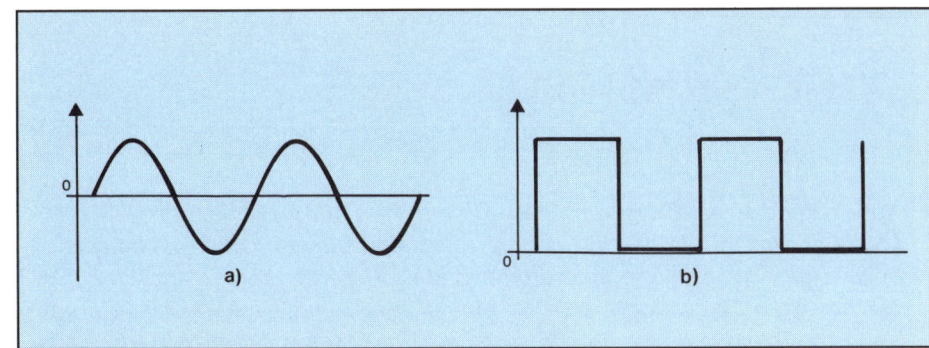

Abb. 85

Abb. 84 (linke Seite, unten) ICs gibt es in vielen Größen, sie ist in erster Linie von der Funktion abhängig. Dementsprechend ist auch die Anzahl der Pins verschieden.

Abb. 85 Die Sinuskurve (Abb. a) nimmt zu jedem Zeitpunkt einen anderen Wert ein. Sie ändert sich also laufend und ist deshalb ein Analogsignal. Die Rechteckkurve (Abb. b) verläuft anders. Sie ändert ihren Wert immer sprunghaft und zeigt so ein digitales Verhalten.

Abb. 86 Das Symbol in Abbildung a stellt einen Analogverstärker dar. Die

schen analog und digital in Abbildung 85 zu sehen.

Eine Analogschaltung, die des NF-Verstärkers, haben wir in Kapitel 4 bereits kennengelernt. Wir erinnern uns, daß die Ausgangsspannung die gleiche Form wie die Eingangsspannung hatte, nur um einen bestimmten Faktor verstärkt. Mit anderen Worten: Die Ausgangsspannung entspricht (ist analog in ihrer Form) der Eingangsspannung. Dieses Verhalten ist in Abbildung 86a noch einmal dargestellt. Abbildung 86b zeigt die digitale Signalverarbeitung. Die Blockschaltung macht aus dem analogen Eingangssignal ein digitales Ausgangssignal. Abhängig von dem Eingangssignal erscheint am Ausgang ein mehr oder weniger breiter Impuls. Das heißt: Die Ausgangsspannung springt von null Volt schlagartig auf den Maximalwert und wieder zurück. Der Schaltungsausgang kennt also nur zwei Zustände; entweder keine Spannung oder maximale Spannung. Man sagt dazu auch „ja" oder „nein", „wahr" oder „unwahr", „0" oder „1". Die Digitaltechnik kennt keine Zwischenwerte. Sollten solche Werte einmal auftreten, liegt ein Schaltungsfehler vor. Schauen wir uns ein IC doch mal etwas näher an (Abb. 87). Es ist die Gehäusezeichnung eines 16-poligen ICs mit je acht Anschlüssen (Pins) auf jeder Seite. Die Anzahl der Pins ist bei den verschiedenen ICs unterschiedlich. Es

gibt ICs mit 4, 8, 14, 16, 24, 40 oder noch mehr Pins. Die Pinzahl und damit auch die IC-Größe hängt von der Funktion ab. So ist ein normales Digital-IC wesentlich kleiner als der Zentralrechner eines Mikrocomputers.

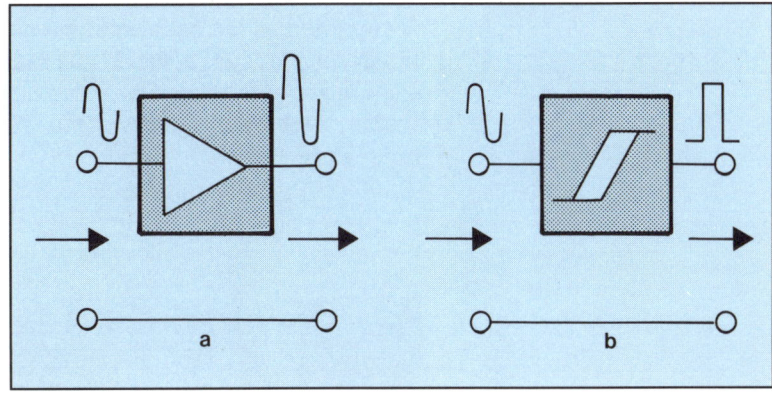

Abb. 86

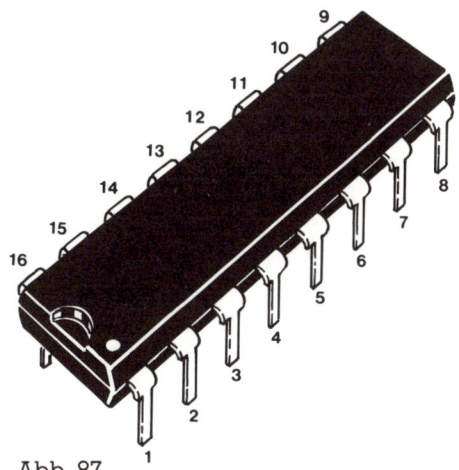

Abb. 87

Sinusausgangsspannung hat eine höhere Amplitude als die Sinuseingangsspannung. Das Signal bleibt in seinem Informationsgehalt (so wie ein vergrößertes Foto) erhalten. Das analoge, sinusförmige Eingangssignal der Abbildung b steht am Ausgang als Rechteckimpuls an. Die Schaltung macht aus dem Analog- ein Digitalsignal. Eine solche Schaltung heißt Schmitt-Trigger.

Abb. 87 Die Zählung der Anschlüsse bei einem IC.

INFO 26   Der Chip

*K*ernstück eines ICs ist der Chip. Auf ihm sind alle Bauteile untergebracht, die in das Innere des ICs gehören. Das sind bei einfachen ICs beispielsweise einige Transistoren und einige Widerstände. Bei hochintegrierten ICs der neuesten Technologie sind es einige zigtausend Bauelemente, die auf kleinstem Raum zu einer funktionierenden Schaltung zusammengefaßt sind; denken Sie zum Beispiel an die in den letzten Jahren bekannt gewordenen Mikroprozessoren. Hier sind nicht nur Widerstände und Transistoren, sondern auch Kondensatoren und Dioden auf nur wenigen Quadratmillimetern untergebracht. Das im Foto gezeigte Chip hat eine Fläche von nur 23 Quadratmillimetern. Insgesamt hat das IC 40 Anschlußpins, an jeder Seite 20. Wenn man das Foto genau betrachtet, kann man die hauchdünnen Anschlußdrähte erkennen, die vom Chip zu den Anschlußflächen der einzelnen Pins führen.

Der Herstellungsprozeß einzelner Chips ist unterschiedlich schwierig und in erster Linie von der Integrationsdichte abhängig. Das heißt, ein Chip mit nur wenig integrierten Bauelementen ist einfacher herzustellen als ein Chip, der Hunderte oder gar Tausende von Bauelementen integriert. Eines jedoch haben alle Chips gemeinsam: Der Fertigungsprozeß muß äußerst exakt und peinlich sauber verlaufen; die geringste Verunreinigung macht das IC sofort unbrauchbar.

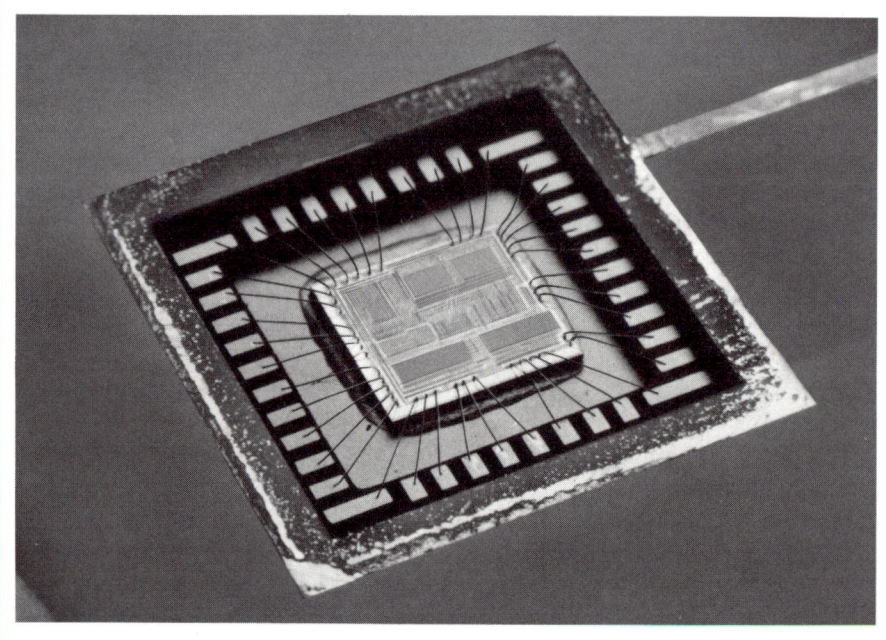

INFO 27 Vorteile der integrierten Schaltungen

*E*s gibt viele Punkte, die für das Verwenden von integrierten Schaltungen sprechen. Hier die vier wichtigsten:

1. **Zuverlässigkeit** Moderne Schaltungen würden wesentlich umfangreicher, wenn sie mit einzelnen Bauteilen aufgebaut wären. Das bedeutete mehr Bauteile, mehr Lötstellen und folglich auch höhere Störanfälligkeit. Die ICs verringern also mögliche Fehlerquellen und erhöhen so die Zuverlässigkeit komplexerer Schaltungen.

2. **Wirtschaftlichkeit** Ein integriertes NAND-Gatter besteht aus etwa vier Transistoren, drei Dioden und vier Widerständen. Ein komplettes IC mit vier solcher Gatter kostet im Schnitt nur 80 Pfennig. Will man ein solches Gatter mit einzelnen Bauelementen aufbauen, sind die Kosten hierfür genau so hoch wie für ein komplettes IC.

3. **Platzsparender Aufbau** Die modernen Taschenrechner sind heute alle mit ICs aufgebaut. Deshalb sind sie so handlich und haben in fast jeder Jackentasche Platz. Wären sie mit diskreten Bauelementen aufgebaut, nähmen sie weitaus mehr Platz ein, und man müßte sie mindestens in einer Aktentasche mit sich herumschleppen.

4. **Servicefreundlichkeit** Ein eventuell auftretender Fehler läßt sich bei einer mit ICs aufgebauten Schaltung viel leichter lokalisieren als bei einer diskret aufgebauten Schaltung. Das senkt wiederum die Instandhaltungs- und Reparaturkosten. Die IC-Schaltungen sind gegenüber Umwelteinflüssen (Hitze, Schmutz usw.) unempfindlicher.

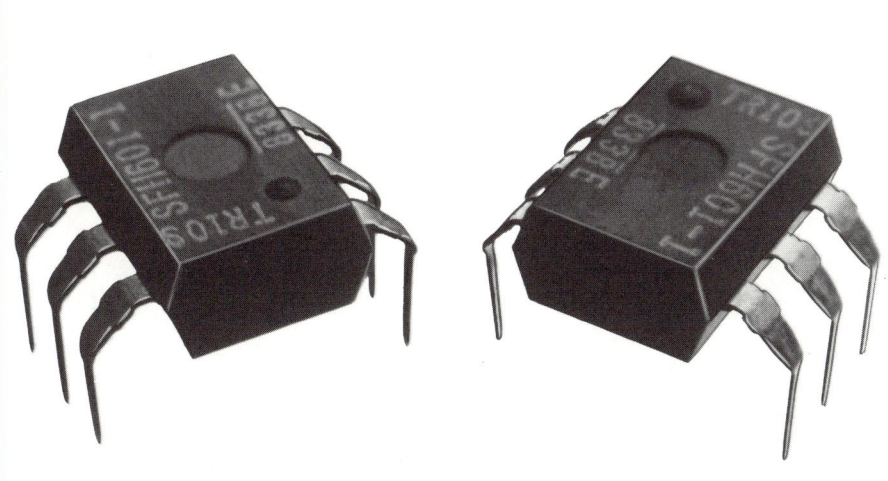

Abb. 88 Ein IC, das vier NAND-Gatter mit je zwei Eingängen enthält, hat die Bezeichnung 4011. Mit NAND-Gattern läßt sich (fast) alles machen.

Abb. 88a Das Foto zeigt einen Rechnerchip, auf dem „jede Menge" Transistoren, Widerstände und andere Bauteile untergebracht sind. Auf einem Quadratmillimeter sind bis zu 10 000 Transistoren zusammengefaßt. Das Foto ist eine Mikroskopaufnahme. Die einzelnen Bahnen sind in Wirklichkeit nur 5/1 000 mm breit, die gesamte Kantenlänge des Chips beträgt etwa 5 mm. Wozu das alles? Dieses IC ist Kernstück der Motronic von Bosch. Die Motronic steuert bei KFZ-Motoren die Einspritzung und die Zündung nach genau vorgegebenen Programmen. Die Programme beziehen über Sensoren Motorinformationen über Drehzahl, Temperatur und Last. Aus diesen errechnen die digitalen Schaltungen die Einspritzzeit und den Zündwinkel. Die Vorteile einer solchen Steuerung, die nur durch die moderne Elektronik möglich sind, liegen auf der Hand. Das System spart Kraftstoff und trägt somit zur Entlastung der Umwelt bei.

Man sieht aber ICs gleicher Pinzahl rein äußerlich nicht an, welche Funktion sie erfüllen; ob sie digitale oder analoge Aufgaben übernehmen. Es sei denn, man kennt die aufgedruckte Bezeichnung und kann daraus die Funktion ableiten.

Zurück zu Abbildung 87. Jedes IC hat an einer Stirnseite eine Einkerbung. Außerdem ist noch ein zweites Merkmal, meist ein Punkt, vorhanden. Der dem Punkt am nächsten gelegene Pin hat die Nummer Eins. Der gegenüberliegende Pin hat die letzte Nummer in der durchlaufenden Numerierung; das ist in Abbildung 87 die Nummer 16. Die Zählrichtung beginnt also beim Punkt vorne rechts und endet beim Pin vorne links. Wo der Punkt nicht so deutlich zu erkennen ist, läßt sich auf jeden Fall die Einkerbung deutlich lokalisieren. Drehen Sie das IC so, daß die Einkerbung auf Sie hinweist. Der erste Pin vorne rechts hat dann die Nummer 1.

Jeder Pin hat eine bestimmte Aufgabe,

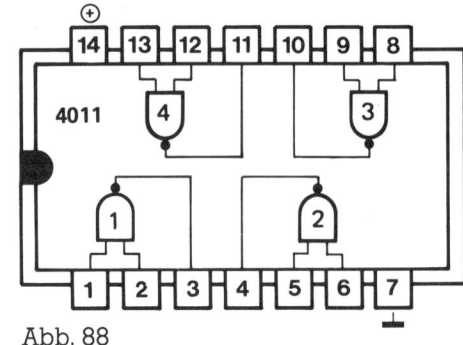

Abb. 88

die der Hersteller bei der Entwicklung des ICs bereits festgelegt hat. So sind zum Beispiel zwei, manchmal auch drei oder vier Pins für die Versorgungsspannungsanschlüsse vorgesehen. Bei den einfacheren ICs benötigt man dafür nur zwei Pins: einen für die Plus- und einen für die Minuszuleitung der Versorgungsspannung.

Wer mit den ICs arbeiten will, muß wissen, welche Bedeutung den einzelnen Pins zukommt. Wir werden deshalb jedes neue IC kurz vorstellen.

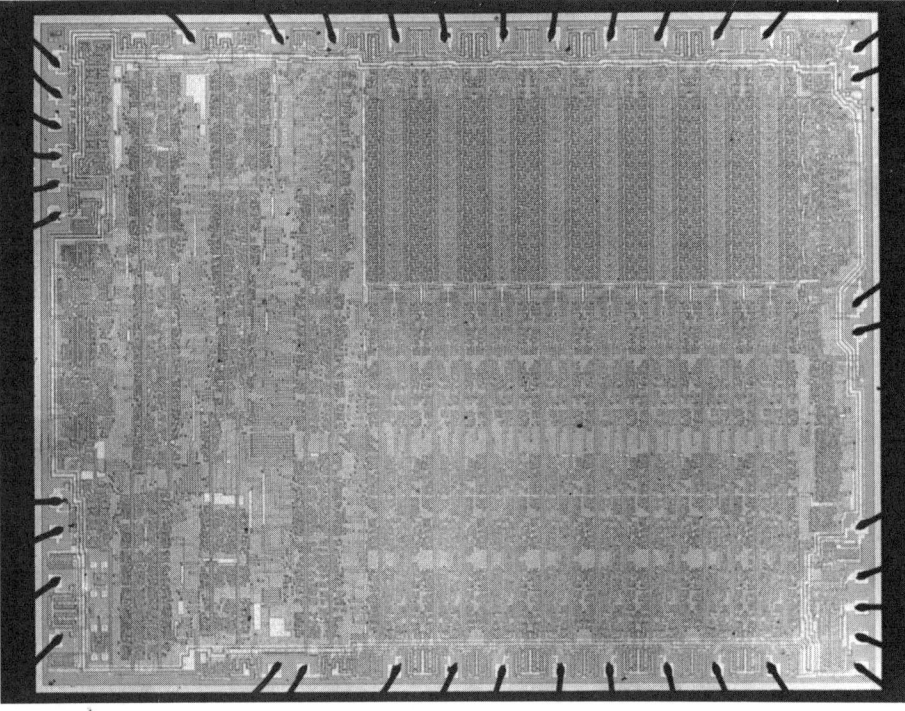

Abb. 88a

Digitale ICs

Wir wollen uns in diesem Kapitel zunächst nur mit digitalen ICs beschäftigen. Digitale ICs sind Bausteine, die Ein- und Ausgänge besitzen. Das in Abbildung 88 gezeigte IC besteht aus vier separaten Schaltkreisen mit je zwei Eingängen und einem Ausgang. Es ist unbedingt erforderlich, daß man genau beachtet, wie ein IC angeschlossen wird und welche Funktionen es erfüllt. Denken Sie ferner immer daran, daß die Digitaltechnik nur Ja/Nein-Entscheidungen zuläßt.

„Ja" bedeutet: Spannung vorhanden.

„Nein" bedeutet: Keine Spannung.

Wir nennen diese Zustände ab jetzt „logisch 1" oder einfach „1" bei vorhandener Spannung und bei fehlender Spannung „logisch 0" oder „0".

Mit diesen unmißverständlichen Ja/Nein-Entscheidungen lassen sich eine Menge Aufgaben lösen; recht komplizierte, aber auch einfache. Hier einige Beispiele:

● Licht-Aus-Warner fürs Auto
● Dämmerungsschalter
● Diebstahlsicherung
● Einbruchalarm
● Zähler für das Dezimalsystem und andere Zahlensysteme
● Tongenerator
● Blinklicht

Das sind nur wenige Beispiele aus einer Reihe unendlich vieler, von denen wir noch einige kennenlernen: als erste Schaltung das Blinklicht.

Licht an, Licht aus ...

Für ein Blinklicht gibt es eine Menge Anwendungsmöglichkeiten: im Modellbau, als optischer Alarmgeber, als Orientierung in dunklen Räumen und so weiter.

Das CMOS-IC 4011 (in Abbildung 89 ist es IC1) bildet das Kernstück des einfachen Blinklichtes. Die IC-Darstellung kennen Sie bereits aus Abbildung 88. Es ist zwar nicht die in Schaltbildern übliche Art der Darstellung, trotzdem verwenden wir sie hier, weil sie am deutlichsten klar macht, mit welchem Anschluß was verbunden ist. Das IC enthält vier voneinander unabhängige NAND-Gatter; NAND ist die Zusammenfassung der englischen Worte NOT AND, zu deutsch: NICHT UND.

Die Funktion ist relativ einfach. Sobald der Schalter S1 den Stromkreis schließt, beginnt die Leuchtdiode D1 im 1-Sekunden-Rhythmus (also mit der Frequenz von 1 Hz) zu blinken. Eine blinkende Diode, was ist denn das?

Abb. 89a Das ist die gängigste und übliche Form der Leuchtdiode, abgekürzt LED.

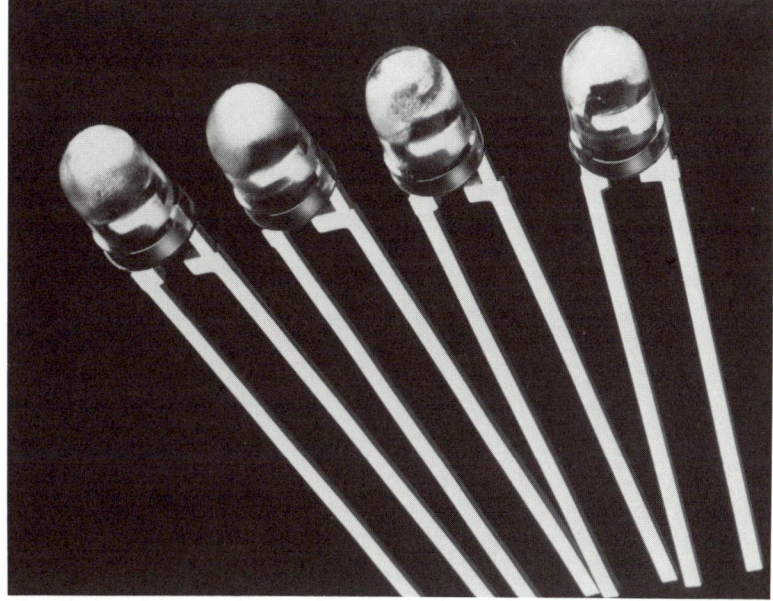

Abb. 89a

INFO 28   Unterschied zwischen TTL- und CMOS-ICs

TTL ist die Abkürzung von Transistor-Transistor-Logik. Die Typenbezeichnung dieser ICs beginnt immer mit den Ziffern „74". Es folgen zwei oder drei weitere Ziffern, ggf. auch Buchstaben. Die Betriebsspannung dieser ICs beträgt 5 V und darf um maximal 0,25 V nach oben oder unten abweichen. Die Logik der TTL-ICs ist positiv: „1" bedeutet hohe Spannung (etwa 4,5 V) und „0" ist niedrige Spannung (etwa 0,4 V). Die Spannungspegel an den Eingängen müssen für „0" niedriger als 0,8 V sein und für „1" höher als 2,4 V. Spannungen im Zwischenbereich sind unzulässig, da sie keinen definierten Pegel darstellen. Unbenutzte Gattereingänge müssen abhängig von der Schaltungsfunktion über einen 1-k-Widerstand mit 5 V oder mit Masse verbunden werden. Offene Eingänge entsprechen einer logischen 1. Die maximale Arbeitsfrequenz der Gatter beträgt etwa 50 MHz (Megahertz), die anderer Logikschaltungen immerhin noch 20 MHz.

CMOS ist die Abkürzung von Complementary-Metal-Oxide-Silicon. Die Typenbezeichnung dieser IC-Serie hat als erste Ziffer eine „4", es folgen noch drei oder vier andere. Diese ICs arbeiten mit einer Versorgungsspannung von 3 V bis 15 V. Die Logik der CMOS-ICs ist ebenfalls positiv: hohe Spannung (15 V) = „1", niedrige Spannung (3 V) = „0". Zum Umschalten zwischen „1" und „0" muß der Logikpegel an den Eingängen 45 % der Versorgungsspannung (U_b) betragen. Ein wesentlicher Vorteil dieser IC-Serie ist der hohe Eingangswiderstand von etwa 1 Gigaohm. Die Stromaufnahme und damit die Verlustleistung ist sehr gering. Nachteil: Die Arbeitsfrequenz ist ebenfalls sehr gering (10 MHz bzw. 5 MHz).

Die Grafiken zeigen die Logikverhältnisse an den Ein- und Ausgängen für TTL- und CMOS-ICs.

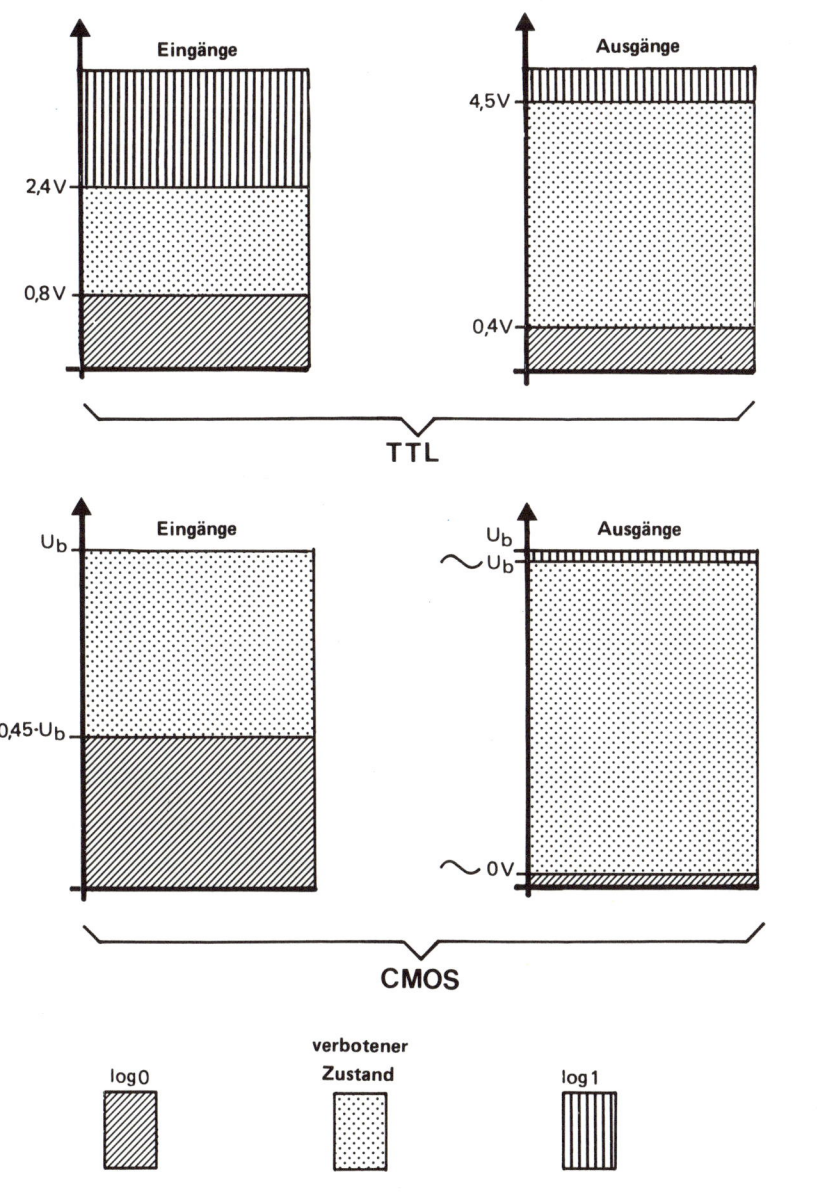

INFO 29 Der Umgang mit CMOS-ICs

*T*TL-ICs sind weitaus weniger empfindlich als CMOS-Typen. Deshalb müssen einige Regeln beim Umgang mit CMOS-ICs beachtet werden.

1. CMOS-ICs sind empfindlich gegen statische Aufladung. Die Anschlußpins sollten deshalb nicht mit den Fingern berührt werden.

2. Aus dem gleichen Grund bewahrt man die ICs nicht einfach in Plastikschubladen auf (wie sie in den Materialboxen vorhanden sind), sondern steckt die ICs in leitenden Kunststoff. Der ist allerdings nicht so leicht zu besorgen. Es genügt auch ein Stück Styropor, das mit Alufolie umwickelt ist.

3. Wird nur ein Eingang benutzt (beispielsweise bei einem Gatter), dürfen die anderen nicht einfach offen bleiben. Sie müssen dann entsprechend der Funktion mit der Betriebsspannung oder Masse verbunden werden; sonst kann die Schaltung ein unerklärliches Fehlverhalten zeigen.

4. Falls ICs direkt in die Platine eingelötet werden, wovon dringend abzuraten ist, dürfen nur Lötkolben mit ordnungsgemäßer Erdung verwendet werden.

INFO 30   AND und NAND

*A*ND, zu deutsch UND, ist eine Funktion der Digitaltechnik. In der Skizze ist links das Schaltungssymbol eines AND-Gatters mit zwei Eingängen und einem Ausgang zu sehen. Das Logiksignal am Ausgang X hängt ab von den Logiksignalen an den Eingängen A und B. Ausgang X ist nur dann logisch 1, wenn auch beide Eingänge logisch 1 sind. Wenn lediglich ein Eingang „1" ist, liegt der Ausgang X auf logisch 0. Das Verhalten kann man auch tabellarisch in einer sogenannten Wahrheitstabelle ausdrücken.

A	B	X
0	0	0
1	0	0
0	1	0
1	1	1

Die Tabelle zeigt deutlich den Zusammenhang zwischen den Logikpegeln an den Eingängen und am Ausgang. Nur wenn A UND B logisch 1 sind, ist auch der Ausgang X logisch 1. Als Formel lautet die AND-Funktion:
$$A \cdot B = X.$$

Das NAND-Gatter hat ein ähnliches Symbol wie das AND-Gatter. Sie unterscheiden sich nur dadurch, daß beim NAND-Gatter der Ausgang mit einem kleinen Kreis versehen ist. Dieser kleine Kreis symbolisiert die Umkehrung der Funktion. Das bedeutet: Der Ausgang X ist nur dann logisch 0, wenn die Eingänge A und B logisch 1 sind.

$\overline{A}$	$\overline{B}$	$\overline{X}$
0	0	1
1	0	1
0	1	1
1	1	0

Die Wahrheitstabelle der NAND-Funktion (und aller anderen Funktionen) ist an den Eingängen mit der AND-Tabelle identisch. Der Ausgang X hat jedoch genau die umgekehrten Logikpegel. In der Formel ist dies durch einen Querstrich über der Ausgangsbenennung X angedeutet:
$$\overline{A} \cdot \overline{B} = \overline{X}.$$

Im praktischen Schaltungsaufbau wird das NAND-Gatter am häufigsten verwendet, denn durch geschicktes Kombinieren lassen sich damit auch andere Gatterfunktionen realisieren.

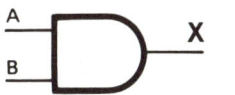   

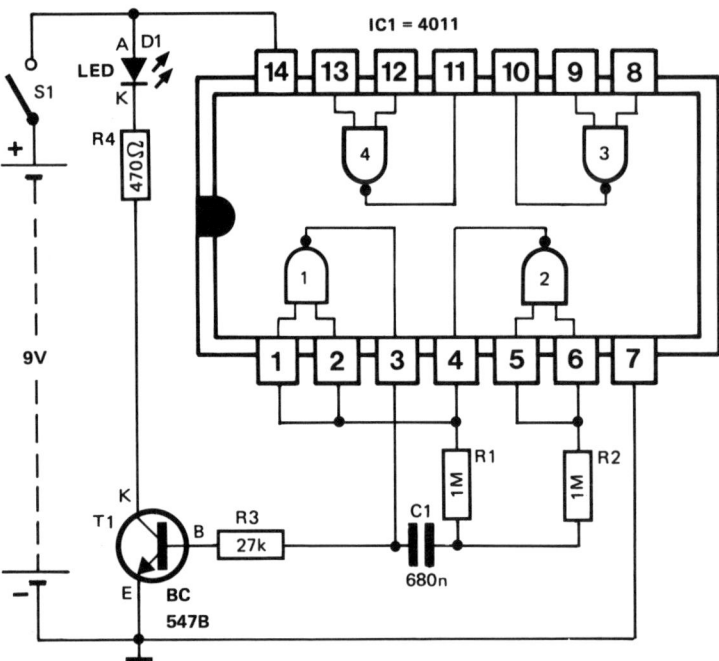

Abb. 89 Mit dem IC 4011 ist hier eine einfache Blinkschaltung etwas unüblich dargestellt.

Es ist vereinfacht ausgedrückt ein „Lämpchen", das mit Halbleitermaterial aufgebaut ist, die Funktion einer Diode hat und aufleuchtet, wenn Strom hindurchfließt. Eine derartige Diode nennt man Leuchtdiode, abgekürzt LED, eine Abkürzung der englischsprachigen Bezeichnung *Light-Emitting-Diode*, was exakt übersetzt einfach „lichtaussendende Diode" heißt.

Zurück zur Schaltung (Abb. 89). Aus dem Schaltbild ist leicht zu erkennen, daß Gatter 3 und Gatter 4 für das Blinklicht keine Funktion haben; sie sind nicht beschaltet. Es sind die Gatter eins und zwei, die für das Blinken der LED sorgen. Sie sind so miteinander und den Bauteilen R1, R2 und C1 verbunden, daß an Pin 3 von IC1 wechselweise Spannung und dann wieder keine Spannung ansteht. Pin 3 ist etwa eine halbe Sekunde logisch 1, dann wieder eine halbe Sekunde logisch 0. Dieses Wechselspiel wiederholt sich so lange, bis Schalter S1 wieder öffnet und den Stromkreis unterbricht. Eine Schaltung, die ihren Ausgangszustand in ei-

nem sich ständig wiederkehrenden Rhythmus ändert, heißt in Insiderkreisen **AMV** oder auch „astabiler Multivibrator".

Die ICs sind bis auf wenige Ausnahmen nicht dafür ausgelegt, daß sie genug Strom zur direkten Ansteuerung von LEDs liefern. Doch dazu zählt das NAND-IC 4011 nicht. Deshalb ist an Pin 3 auch nicht die LED D1, sondern über den Widerstand R3 der Transistor T1 angeschlossen. Er arbeitet als elektronischer Schalter, der schließt, wenn an Pin 3 logisch 1 ansteht und so Strom über R3 zur Basis B des Transistors fließt. In diesem Fall leitet der Transistor, und es fließt ein Strom von Plus über die LED D1, R4 und T1 nach Minus. Soweit zum Blinklicht. Vier zusätzliche Bauteile (LED, Transistor und zwei Widerstände) machen aus dem einfachen Blinklicht ein Wechsel-Blinklicht. Es blinken nun zwei Leuchtdioden abwechselnd. Diese Schaltung finden Sie in Abbildung 90. Vergleichen Sie die beiden Schaltbilder, dann stellen Sie fest, daß die Zeichnungsart zwar verschieden ist, nicht aber die Verschaltung der Bauteile untereinander. Dadurch sind natürlich auch beide Schaltbilder in der Funktion gleich – bis auf die vier zusätzlichen Bauteile in Abbildung 90. Es sind die zwei Widerstände R5 und R6, der Transistor T2 und die Leuchtdiode D2, die aus dem einfachen Blinklicht ein Wechsel-Blinklicht machen.

Abbildung 90 zeigt das Schaltbild in der üblichen Darstellungsart. Es sind nur die beiden Gatter (N1 und N2) gezeichnet, die auch tatsächlich verwendet werden. Das spart nicht nur Platz, es macht das Schaltbild auch übersichtlicher. Die Gatter sind mit den Nummern der Anschlußpins versehen, so daß es beim Aufbau keine Verwechslungen geben kann. Am Rand des Schaltbildes ist dann noch aufgeführt, um welchen IC-Typ es sich handelt und bei mehreren ICs die fortlaufende Nummer. Im Schaltbild der Abbildung 90 ist „N1, N2 = IC1 = ½ 4011" angegeben. Das „halbe 4011" bezieht sich nur auf die verwendete Anzahl der maximal zur Verfügung stehenden Gatter. Der Versorgungsspannungsanschluß für das IC ist im Schaltbild angedeutet durch die Angabe der entsprechenden Anschlüsse 14 und 7. In deren Nähe ist ein Kondensator angebracht (C2), der eventuelle Störungen durch die Versorgungsspannung vom IC fernhalten soll. Ferner sind noch etliche Verbindungspunkte (B – M) angegeben, die wir im Bestückungsplan der Platine wiederfinden. Die Platine ist so universell verwendbar.

Bestücken Sie die vier Anschlußpunkte F, G, H, I mit je einem Lötstift; fertigen Sie zusätzlich zwei Kabelbrücken, eine ist im Schaltbild angedeutet. Es genügt ein Kabelstück mit einer Länge von etwa 5 cm, an das bei beiden Enden ein Kabelschuh gelötet wird, passend zu den verwendeten Lötstiften. Dadurch bleiben die zwei LED/Transistorstufen frei verfügbar, so daß wir sie unabhängig vom AMV verwenden können.

Noch ein Wort zur Bezeichnung der Transistoren T1 und T2. Im Schaltbild und auch in der Stückliste lautet die Typenbezeichnung „BC 547B". Wir wissen, daß es NPN-Transistoren sind. Das ist zunächst das Wichtigste. Wer den Typ BC 547B im nächsten Elektronik-Fachgeschäft kaufen kann, soll dies auch tun. Wo Beschaffungsschwierigkeiten bestehen, was in der Regel nicht der Fall ist, läßt sich auch ein anderer Transistortyp einsetzen. Ersatztypen gibt es eine ganze Menge, zum Beispiel BC 107, BC 108, BC 109, BC 237, BC 548 und BC 549. Es ist Ihnen sicherlich aufgefallen, daß bei den Ersatztypen keine Buchstaben angegeben sind. Sie sind für die Schaltungsfunktion des Wechsel-Blinklichtes nicht ganz so wichtig. Die Buchstaben (A, B oder C)

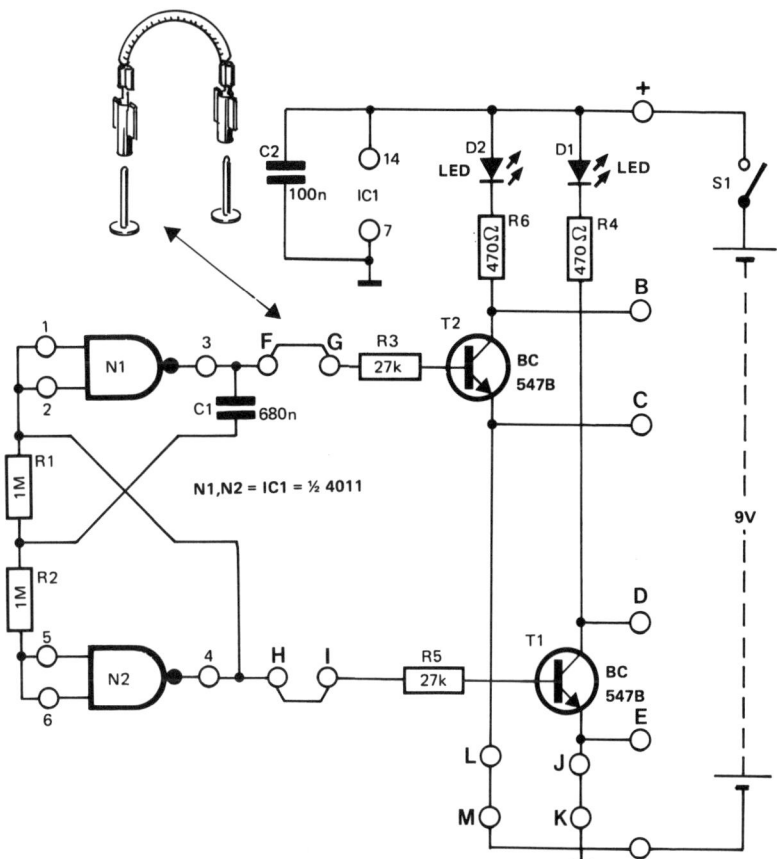

geben den Verstärkungsfaktor des Transistors an. Er ist für jeden Typ aus dem Datenblatt des Herstellers ersichtlich. Für unsere Schaltung spielt dieser Faktor noch keine so große Rolle. Ob Sie also einen A-, B- oder C-Typ einsetzen, ist jetzt unerheblich.

Bauen Sie nun die Schaltung auf. Nach welcher Methode, das ist ganz allein Ihre Entscheidung. Da sich die Schaltung als universelle optische Anzeigeeinheit anbietet und deshalb eventuell mehr als nur einmal aufgebaut wird, ist das Herstellen einiger gedruckten Schaltungen sicherlich sinnvoll. Das Layout dafür brauchen Sie nicht selbst zu entwerfen; in Abbildung 91 ist es zusammen mit dem Bestückungsplan für die Schaltung aus Abbildung 90 abgedruckt. Diese Schaltung wird als erste aufgebaut.

Abb. 90 Den Kern der Blinkschaltung bilden die Gatter N1 und N2. Daran ist je eine Transistorstufe mit einer LED angeschlossen. Die im Schaltbild angegebenen Anschlußpunkte machen die Schaltung beim Aufbau sehr universell. Man kann den AMV (N1/N2) und die Transistor/LED-Stufen auch jeweils alleine verwenden.

INFO 31　Die Leuchtdiode

*L*uminiszenzdiode, Leuchtdiode, Light-Emitting-Diode: das sind alles Bezeichnungen für ein Bauelement, das unter dem Kürzel LED bekannt ist. Die Funktion geht schon aus den ausführlichen Bezeichnungen hervor: Neben der normalen Diodenfunktion leuchtet das Bauelement auch noch auf, wenn es in Durchlaßrichtung angesteuert wird. Das ist im Schaltsymbol durch die beiden Pfeile angedeutet. Das „offene" Symbol ist DIN-gerecht (das gilt auch bei normalen Dioden); allerdings wird noch häufig das „geschlossene" Symbol benutzt.

LEDs gibt es in den Leuchtfarben rot, gelb und grün, neuerdings auch in blau. Diese Farbe ist allerdings noch nicht sehr verbreitet. Bei den Ausführungsformen und der Kennzeichnung der Anschlüsse sind sich die Hersteller leider nicht einig. Neben den gezeigten Formen gibt es auch noch andere. Auf eines hat man sich allerdings geeinigt, das ist die Kennzeichnung der Anschlüsse. Jeder Hersteller kennzeichnet in irgendeiner Form den Kathodenanschluß; das ist in der Skizze auch gut zu erkennen.

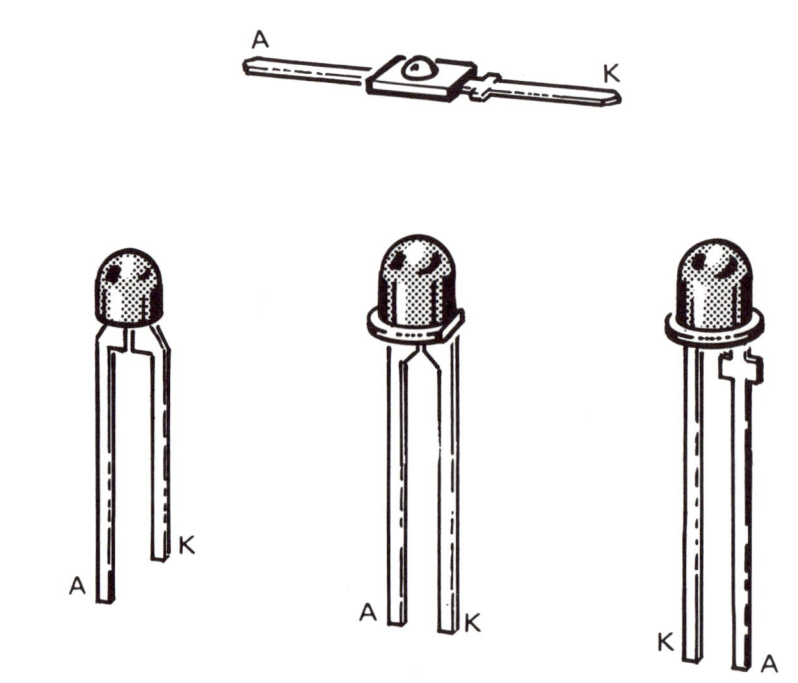

LEDs haben eine höhere Durchlaßspannung als normale Gleichrichterdioden. Es sind 1,6 V bei roten, 2 V bei gelben und etwa 2,2 V bei grünen LEDs. Allen Typen gemeinsam ist jedoch der Durchlaßstrom, der in der Regel 50 mA nicht überschreiten sollte (20 mA genügen bereits für eine ausreichende Leucht-kraft).

Wer LEDs besitzt und nicht genau weiß, wo der Anoden- und der Kathodenan-schluß ist, kann dies leicht selbst feststellen. Dazu ist nur ein 180-Ohm-Wider-stand und eine 4,5-V-Flachbatterie erforderlich. Wenn in der Minischaltung die LED leuchtet, ist die Anode über den Widerstand mit dem Pluspol der Batterie verbunden.

Wichtig: Batterie niemals direkt mit der LED verbinden: Ein kurzes Aufblitzen; und hinüber ist das Bauelement!

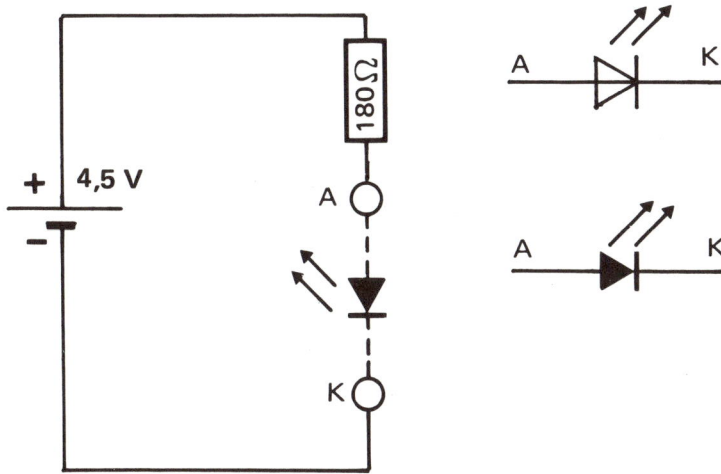

Abb. 91 Die Leiterbahn-
seite und die Bestückungsseite sind für die Schaltung
aus Abbildung 90. Die
Platine ist genau so universell wie die Schaltung. Die
Anschluß- und Lötpunkte
sind so bezeichnet wie
dort. Achten Sie beim
Aufbau auf den richtigen
Sitz von IC1 und auf die
Lötbrücken.

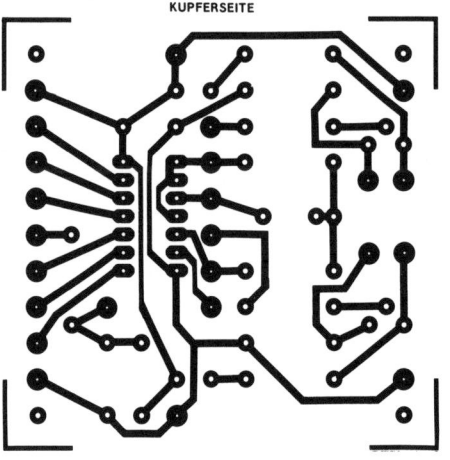

KUPFERSEITE

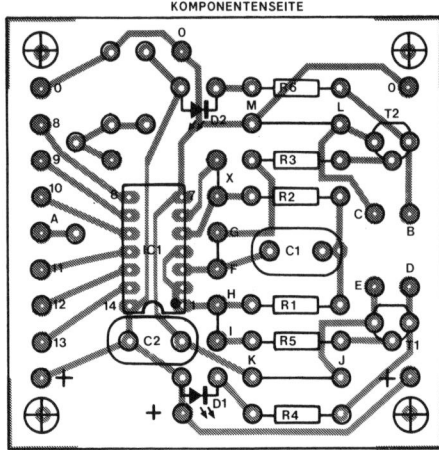

KOMPONENTENSEITE

Abb. 91

Abb. 91a ICs kann man
direkt in die Platine einlöten, man sollte sie jedoch
besser in Fassungen
setzen. Das Foto zeigt
einige Fassungen für
unterschiedliche
IC-Größen.

STÜCKLISTE

R1, R2 = 1 M (braun – schwarz – grün)
R3, R5 = 27 k (rot – violett – orange)
R4, R6 = 470 Ohm (gelb – violett – braun)
C1 = 680 nF
C2 = 100 nF
D1, D2 = LED (Leuchtdiode, grün oder rot)

T1, T2 = BC 547B
IC1 = 4011 (vier NAND-Gatter)
1 IC-Fassung (14-polig)
S1 = Schalter (1 x EIN, kann auch entfallen)
1 Batterieclip für 9-V-Blockbatterie
evtl. 4 Lötstifte und zwei Kabelbrücken

Wir beginnen mit dem Einlöten der in
Frage kommenden Brücken J–K und
L–M. Es ist außerdem noch eine Brücke
X zu sehen; sie verbindet die IC-Pins
5/6 miteinander. Bestücken Sie die
Punkte A, F, G, H, I, 0, 8, 9, 10 und + mit
Lötstiften. Es folgt die IC-Fassung. Einige Exemplare sehen wir in Abbildung
91a. Es sind Fassungen verschiedener
Größe, die jedoch alle eine Gemein-
samkeit haben: eine Markierung an einer der beiden kurzen Seiten. Wenn
Sie genau hinschauen, erkennen Sie einen ausgesparten Halbkreis. Dieses
Merkmal soll beim Einlöten der Fassung zu der Pin-1-Markierung des ICs
zeigen; in unserem Fall also in Richtung
Kondensator C2. Nun sind die Widerstände R1 ... R6 an der Reihe. Achten
Sie darauf, daß die richtigen Werte an
der richtigen Stelle sitzen. Das gilt natürlich auch für die beiden Kondensatoren C1 und C2.

Abb. 91a

Jetzt fehlen noch die Transistoren T1 und T2 sowie die LEDs D1 und D2. Verwechseln Sie bei den letzteren nicht Anode und Kathode. Mit den Transistoren ist nichts falsch zu machen; sie passen nur bei einer Stellung in die Platine.

Jetzt müssen Sie das IC vorsichtig in die Fassung stecken; mit der Pin-1-Markierung in Richtung C2. Knicken Sie beim Einstecken kein Anschlußbeinchen um. Es ist möglich, daß Sie die beiden Pinreihen zunächst etwas zusammenbiegen müssen. Legen Sie dazu das IC mit der Längsseite auf eine Holzplatte und bewegen Sie das IC dann so, daß sich alle Beinchen der aufliegenden Reihe zum IC hin biegen. Die andere Pinreihe wird genauso behandelt. Jetzt fehlen noch die Kabelbrücken bei F–G und H–I.

Sind diese aufgesteckt, sollten Sie die Schaltung noch einmal genau kontrollieren:

● Sitzen die Bauteile alle an ihrem richtigen Platz?

● Gibt es an der Lötseite keine unerlaubten Lötverbindungen?

Wenn alles in Ordnung ist, schließen Sie die Batterie mit Hilfe des Batterieclip an: Die beiden LEDs blinken jetzt im 1-Sekunden-Rhythmus. Vergleichen Sie die Schaltung mit der Abbildung 92.

Sollte das nun wider Erwarten nicht so sein, müssen wir uns auf Fehlersuche begeben. Dabei gilt grundsätzlich folgende Regel:

Vor jeder Schaltungsmanipulation die Batterie abklemmen. Änderung vornehmen und Batterie dann wieder anklemmen!

Wer gerne experimentiert, der kann es nach Herzenslust auch tun: Setzen Sie für R1, R2 und C1 einmal andere Werte ein. (Keine Widerstandswerte kleiner als 27 Kiloohm, für C1 minimal 10 nF.)

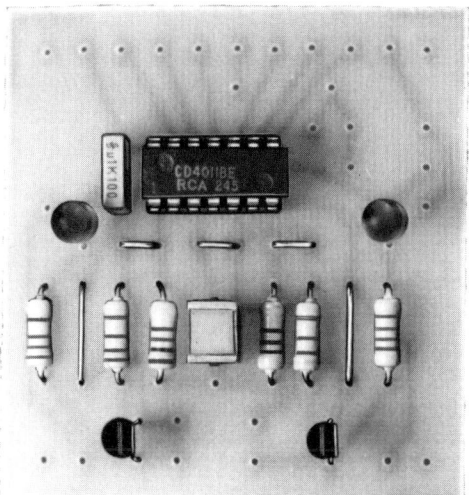

Abb. 92

Abb. 92 In der aufgebauten Testschaltung ist der AMV-Ausgang mit dem Eingang der Transistor/-LED-Stufen verbunden. Außerdem sind die zwei LEDs direkt in die Platine eingelötet. Man kann sie natürlich auch in einem Gehäusedeckel unterbringen und sie über Kabel mit der Platine verbinden. Für die LED-Montage gibt es Fassungen. Achten Sie beim Aufbau auf alle Brücken. Wahlweise kann man eine oder zwei LED-Stufen aufbauen.

Fehlersuche

1. Kabelbrücken entfernen und Punkt G bzw. I mit Plus verbinden. Es müssen nun die LEDs D2 bzw. D1 aufleuchten. Ist das nicht der Fall, sind die LEDs vielleicht verpolt eingelötet; denken Sie an Anode und Kathode. An der Kathodenseite ist das Gehäuse leicht abgeflacht! Es können noch die Brücken J–K und L–M fehlen. Im Prinzip müßte nun alles in Ordnung sein.

2. Kabelbrücken wieder einsetzen. Den Aufbau um IC1 kontrollieren. Wenn die LEDs jetzt noch nicht blinken, wissen wir, daß der Fehler im IC-Schaltungsteil, dem AMV, liegen muß. Kontrollieren Sie deshalb, ob die Bauteile R1, R2, C1 sowie die Gatter N1/N2 auch alle miteinander verbunden sind. Verfolgen Sie die Leiterbahnen bis zu den Bauteilanschlüssen und prüfen Sie, ob die Anschlüsse auch verlötet sind. Ist die Brücke X vorhanden? Wenn das alles in Ordnung ist und auch das IC keine „Macke" hat, muß die Schaltung blinken; ansonsten gibt es keine andere Möglichkeit, als das IC probehalber auszutauschen. Dann allerdings sollte die Schaltung funktionieren.

INFO 32   Der astabile Multivibrator

*D*er AMV, häufig auch Kippschaltung genannt, ist in der Elektronik eine relativ oft verwendete Schaltung: sie wird als Takt- oder Impulsgeber (auch als Tongenerator) eingesetzt. Aufgebaut ist der AMV entweder mit Gattern aus der Digitaltechnik oder auch mit Transistoren. Egal wie der AMV aufgebaut ist, er verhält sich wie eine Wippe, auf der zwei Kinder dauernd hin und her schaukeln.

Betrachten wir den AMV als Kasten mit einem Eingang und zwei Ausgängen, an denen die Lämpchen La1 und La2 angeschlossen sind. In dem Kasten „AMV" denken wir uns einen Umschalter. Der Mittelkontakt M des Umschalters ist mit dem Pluspol einer Batterie verbunden, an den Kontakten A und B ist je eines der Lämpchen angeschlossen. Da die beiden Lämpchen auch noch mit dem Minuspol der Batterie verbunden sind, leuchtet in der gezeichneten Schalterstellung La1, während La2 nicht brennen kann. Wenn jedoch nach dem Umschalten die Kontakte M und B verbunden sind, leuchtet natürlich La2, und La1 ist dunkel. Wir nehmen ferner an, daß in dem AMV-Kasten der „berühmte kleine Mann" zu Hause ist und er den Schalter regelmäßig betätigt. In diesem Falle leuchten La1 und La2 abwechselnd auf. Das ist die Funktion eines astabilen Multivibrators.

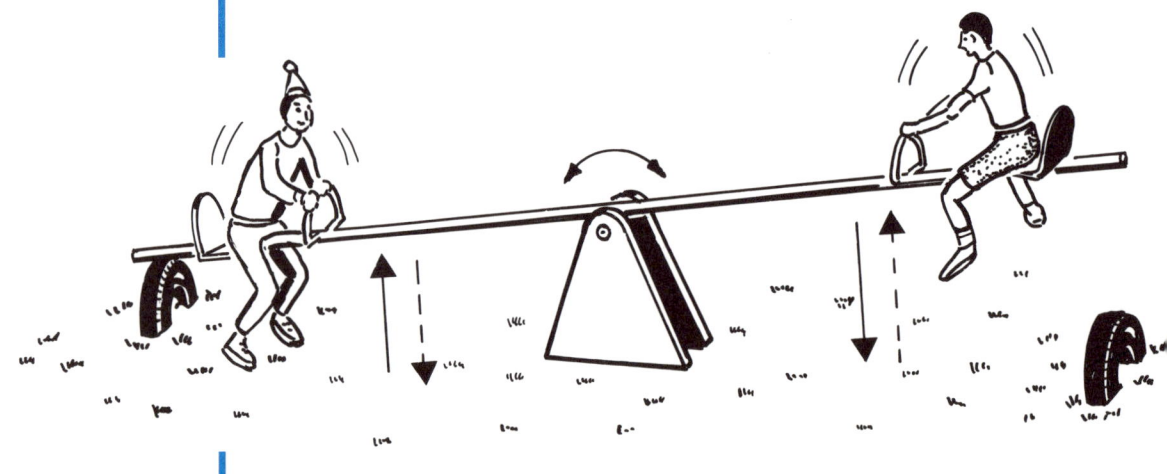

Den mechanischen Umschalter ersetzt die Elektronik; dies ist mit digitalen Gattern genauso möglich wie mit Transistoren. Den Umschaltzeitpunkt bestimmt dabei im wesentlichen die Lade- bzw. Entladezeit des eingesetzten Kondensators. Sie wird bestimmt vom Kondensatorwert C und dem Wert des entsprechenden Vorwiderstandes (R) nach der Faustformel

$$t = 0.7 \times R \times C$$

Der elektronische Ablauf innerhalb des AMVs ist komplizierter, doch für das Verständnis momentan nicht von Bedeutung.

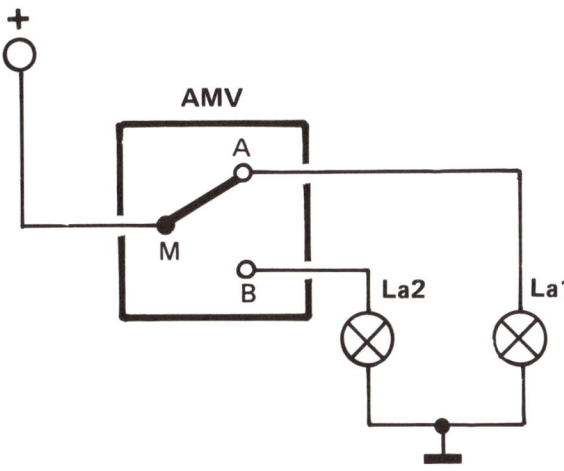

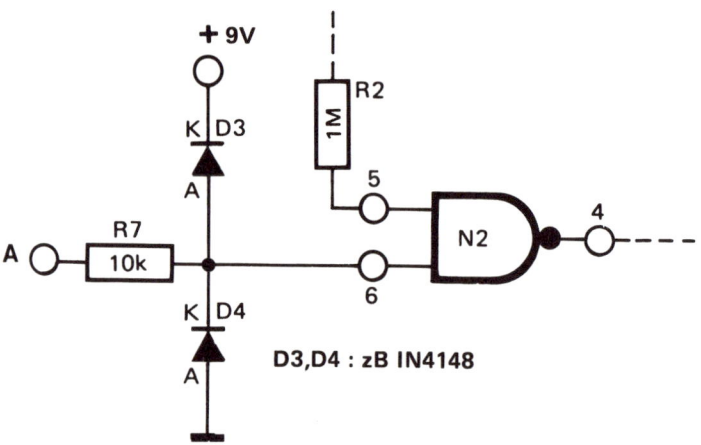

Abb. 93

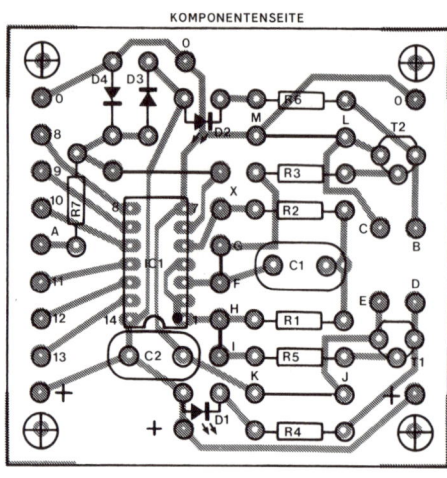

KOMPONENTENSEITE

Abb. 93a

Abb. 93 Ein paar kleine Änderungen funktionieren das eigenständige Blinklicht zu einem ein- und ausschaltbaren Blinklicht um. Dazu entfällt die Brücke X, und der Einschaltimpuls wird an Punkt A angelegt. Die Bauteile D3, D4 und R7 schützen das Gatter N2 vor falschen und unzulässig hohen Spannungen.

Abb. 93a Die Platine aus Abbildung 91 nimmt auch die Schutzschaltung aus Abbildung 93 auf. Hier ist nur der dafür erforderliche Platinenteil abgebildet. Achten Sie auf die richtige Einbaulage der Dioden D3 und D4.

Schutzschaltung

Jetzt haben wir zwar eine universelle optische Anzeigeeinheit, können aber noch nichts anzeigen, da die beiden LEDs sofort zu blinken anfangen, wenn wir die Versorgungsspannung einschalten. Das wird mit entsprechenden Alarmgebern anders. Doch zunächst müssen wir die optische Anzeigeeinheit mit einer Schutzschaltung geringfügig verändern. Die Änderung bezieht sich nur auf den Eingang, deshalb sehen wir in Abbildung 93 auch nur den dafür relevanten Schaltungsteil: das NAND-Gatter N2. Die Anschlüsse Pin 5 und 6 sind nun nicht mehr miteinander verbunden. Vielmehr ist an Pin 6 von N2 der Widerstand R7 und die beiden Dioden D3 und D4 angeschlossen. Pin 6 ist der Eingang für die optische Anzeige, hier wird der Alarmgeber angeschlossen. Um nun das Gatter N2 vor zu hohen Spannungen und Strömen zu schützen, sind die zusätzlichen drei Bauteile vorgesehen: Widerstand R1 begrenzt einen zu hohen Eingangsstrom, während die Dioden D3 und D4 falsche Spannungen von Pin 6 fernhalten. Sollte die

Eingangsspannung zum Beispiel höher als die Versorgungsspannung sein, beginnt D3 zu leiten. Die Spannung an Pin 6 kann so nie höher als die Versorgungsspannung plus der Schwellenspannung von D3 sein. Ähnlich ist es mit D4; sie hält negative Spannungen von Pin 6 fern. Eine Zerstörung von IC1 ist mit diesen Schutzmaßnahmen (fast) unmöglich.

Führen Sie nun die Änderung durch und entfernen Sie zunächst die Brücke X zwischen Pin 5 und 6 des Gatters N2. Löten Sie die Dioden D3 und D4 ein, wobei die richtige Polung der Kathoden und Anoden sehr wichtig ist. Bleibt nur noch der Widerstand R7, bei dem die Einbaulage keine Rolle spielt. Hauptsache, er sitzt an der richtigen Stelle und seine Anschlüsse auf der Lötseite sind lang genug, um sie gut zu verlöten. Wo die Bauteile auf der Platine ihren Platz haben, sehen Sie in Abbildung 93a.

Der Anschlußpunkt A ist nun der Eingang für die Anzeigeeinheit. Ein kleiner Test zeigt, ob auch alles richtig funktioniert. Ist Punkt A mit der Versorgungsspannung verbunden, blinken die beiden LEDs im gewohnten Rhythmus. In dieser Situation ist der Eingang logisch 1 (oder ganz einfach „1"). Verbinden Sie nun Eingang A mit der Schaltungsmasse, also mit 0 V! Es leuchtet jetzt dauernd D2, während D1 dunkel bleibt. Das ist die Eingangssituation logisch 0 (oder „0"). Der AMV hat gestoppt und schwingt nicht mehr. Lassen Sie schließlich den Eingang A einfach „in der Luft hängen"! Nun weiß die Anzeigenschaltung nicht was los ist, und beide LEDs flackern oder glimmen leicht.

Dieser Test dürfte wohl positiv ausgehen, da die Anzeigenschaltung schon einwandfrei funktioniert hat.

Alarmgeber

Beispiel 1: Türwächter

Beginnen wir mit dem Einfachsten: einem Türwächter. Dafür ist nur ein Widerstand und ein Schalter erforderlich. Die Verbindung zur Anzeigeeinheit geht aus Abbildung 94 hervor. Der 10-Kiloohm-Widerstand (Farbcode ist braun, schwarz und orange) wird zwischen Versorgungsspannung und den Eingang A geschaltet. Der Taster liegt zwischen Eingang und Masse.

Wer die Schaltung als Türwächter oder was auch sonst immer einsetzen will, muß dafür sorgen, daß das zu überwachende Objekt den Taster geschlossen hält, wenn alles in Ordnung ist. In diesem Fall ist Eingang A auf logisch 0, so daß die Anzeige stabil ist. Die LED D2 leuchtet nun dauernd, D1 ist dunkel. Wird nun das Objekt vom Taster fortbewegt, muß er sich zwangsläufig öffnen, und an Eingang A gelangt nun „1". Dadurch beginnt der astabile Multivibrator zu schwingen. Die angeschlossenen LEDs beginnen zu blinken.

Für den Taster S ist eine Druckausführrung geeignet, bei der im Ruhefall der Kontakt geöffnet ist. Soll die Schaltung als Türwächter dienen, muß bei geschlossener Tür auch der Kontakt geschlossen sein. Der Einbau ins Türfutter und die Verkabelung bis zur Anzeigeeinheit setzt schon etwas Geschick voraus, denn die Überwachung der Tür soll ja nicht auffallen.

STÜCKLISTE TÜRWÄCHTER

R = 10 k
      (braun – schwarz – orange)
S = Taster
      (Drucktaster, Schließer)
Verkabelungsmaterial

Eine Platine für diesen Sensor ist zu aufwendig, da der Schalter ohnehin am zu sichernden Objekt angebracht werden muß, und für den Widerstand findet sich überall noch ein Plätzchen. Die Verdrahtung zur Blinklichtplatine ist in Abbildung 94 zu sehen.

Beispiel 2: Wasserstandsmelder

Es ist manchmal nützlich oder auch erforderlich zu wissen, ob in einem Behälter der Wasserstand einen bestimmten Pegel über- oder unterschreitet. Da Wasser zu den leitenden Flüssigkeiten gehört, brauchen wir nur den Schalter

Abb. 94 Der Alarmgeber besteht aus nur zwei Bauelementen, einem Widerstand und einem Taster. Bei dem Taster handelt es sich um einen Schalter, bei dem in der Ruhestellung der Kontakt geöffnet ist. Will man den Kontakt schließen, muß der Taster gedrückt werden und gedrückt bleiben. Die Verbindung zur Platine ist recht einfach, denn es sind nur drei Leitungen notwendig: zwei für die Versorgungsspannung und eine zu Punkt A.

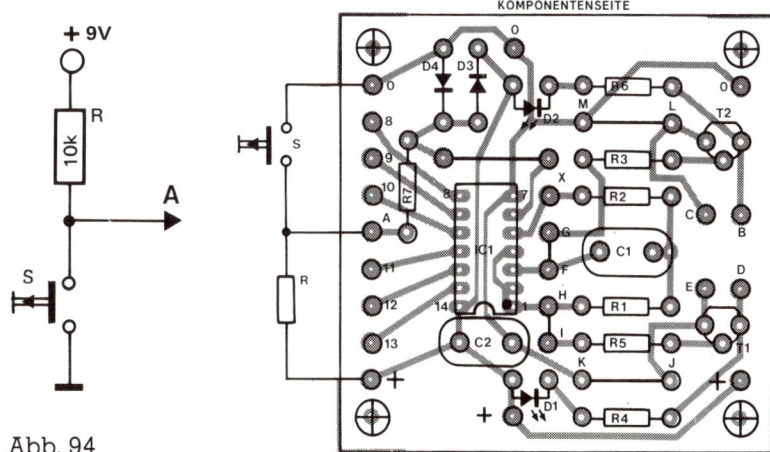

Abb. 94

INFO 33   Der Transistor als Schalter

*H*äufig sind die zur Verfügung stehenden Ströme zu gering, um nachfolgende Stufen an- und auszusteuern. Hier hilft man sich häufig, indem man über einen Transistor den starken Strom durch den Verbraucher mit Hilfe des schwachen Steuerstromes ein- und ausschaltet. Wie bei der gezeichneten LED-Treiberstufe. Ist der Basisstrom durch R1 = 0, kann der Transistor nicht schalten. Die Kollektor/Emitter-Strecke bleibt hochohmig, und es kann kein Strom vom Plus über D1, R2 und den Transistor T nach Masse fließen. Der elektronische Schalter ist also geöffnet, wenn T sperrt. Fließt hingegen ein geringer Basisstrom, wird die K/E-Strecke niederohmig, und es kann Strom von Plus über die genannten Bauteile nach Masse fließen. Dieser Strom ist höher als der Basisstrom und genügt, um die LED D1 aufleuchten zu lassen. Der elektronische Schalter ist so geschlossen; der Transistor leitet.

In erster Linie ist der Stromverstärkungsfaktor, den jeder Transistor hat, für eine Berechnung des maximalen Schaltstromes von Nutzen. Der Wert des Stromverstärkungsfaktors B hängt vom Transistortyp ab und ist von Typ zu Typ unterschiedlich. Basis- und Kollektorstrom sind über den Verstärkungsfaktor B miteinander verknüpft:

Das Produkt aus Basisstrom und B ist gleich dem Kollektorstrom.

$$I_B \; x \; B = I_C$$

Beispiel: Basisstrom = 1 mA, Verstärkungsfaktor B = 100. Der Kollektorstrom hat dann einen maximal möglichen Wert von 100 mA. Würde man jetzt die LED ohne Vorwiderstand R2 in die Kollektor/Emitter-Leitung schalten, hätte sie kein langes Leben, denn 100 mA sind zuviel. R2 begrenzt den K/E-Strom auf den maximal zulässigen Wert. Es ist also ein Unterschied zwischen dem maximal möglichen und dem maximal zulässigen Strom. B ist durch den Hersteller festgelegt; den Wert kann man in Datenbüchern nachlesen.

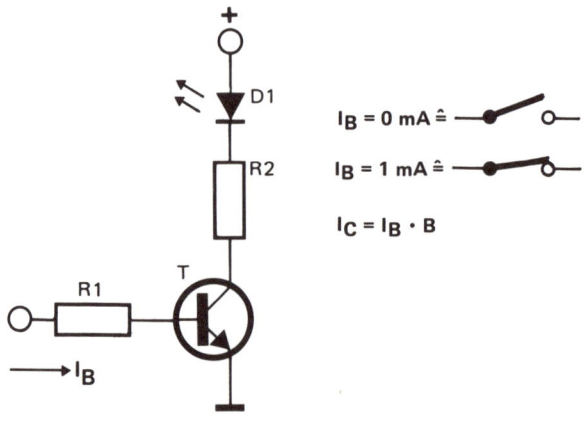

INFO 34   Der Inverter

*I*n der Digitaltechnik stellt der Inverter (Umkehrer) eine häufige Anwendung für Gatter dar. Es ist nicht selten, daß für die weitere Verarbeitung ein logisch-0-Signal benötigt wird, aber nur ein logisch-1-Signal zur Verfügung steht. Die „1" muß also in eine „0" umgewandelt werden. Natürlich ist auch der umgekehrte Fall denkbar; auch das ist möglich. Für den Inverter spielt es keine Rolle, ob die „1" in eine „0" oder die „0" in eine „1" umzuwandeln ist.

Es gibt in der CMOS-Technik ein IC, das speziell für diese Aufgabe zur Verfügung steht. Es hat die Bezeichnung 4069 und enthält sechs Inverterstufen. Das international gebräuchliche Schaltsymbol ist ein Dreieck mit Kreis. Jeder Inverter hat nur einen Ein- und einen Ausgang.

Inverter lassen sich jedoch auch mit anderen ICs aufbauen, so zum Beispiel mit dem bereits bekannten NAND-Gatter. Dazu werden lediglich die Eingänge (zwei oder auch mehr) zu einem einzigen Eingang zusammengefaßt. Diese Inverterart ist in Digitalschaltungen weit verbreitet, da es häufig sinnvoll ist, ein freies NAND-Gatter als Inverter zu benutzen, anstatt ein zusätzliches Inverter-IC einzusetzen.

Der Eingangswert A ist am Ausgang X invertiert. Das wird durch einen Querstrich über dem Buchstaben angedeutet ($\overline{A}$), sprich „X gleich A nicht". Noch deutlicher macht es die Wahrheitstabelle:

Eingang A	Ausgang X = ($\overline{A}$)
1	0
0	1

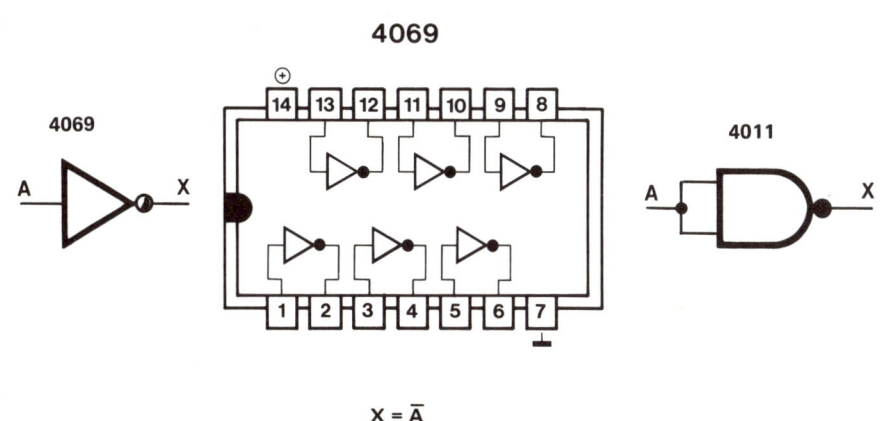

$$X = \overline{A}$$

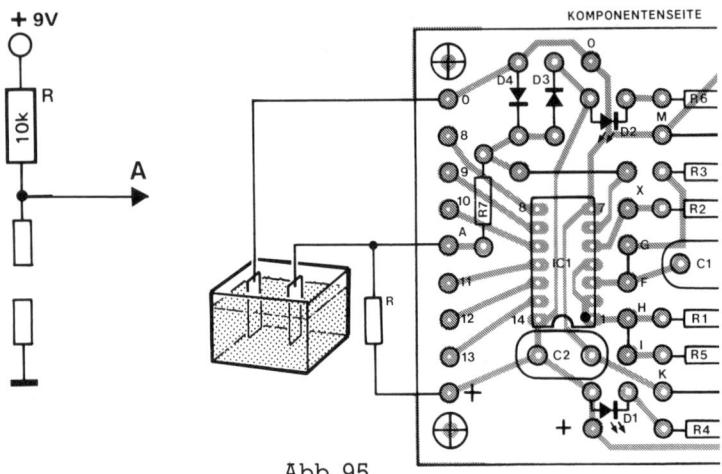

Abb. 95

Abb. 95 Der eigentliche Sensor besteht aus zwei leitenden Metallplatten, die zusammen mit dem Widerstand einen Flüssigkeitspegel überwachen können. Die Verbindung zur Platine ist sicherlich klar. In der Abbildung 96 ist der Platinenanschluß etwas anders!

des Türwächters gegen zwei Platten aus leitendem Material auszutauschen (Abb. 95). Ansonsten bleibt alles wie es ist.

Die Plattengröße hängt von dem Volumen des zu überwachenden Wasserbehälters und dem Abstand der beiden Platten ab. Je größer das Volumen ist und je weiter die Platten auseinanderstehen, um so mehr Plattenfläche ist erforderlich. Mit diesen Angaben muß man etwas experimentieren. Grundsätzlich gilt: Lieber die Fläche zu groß als zu klein wählen. Als Material ist geeignet, was leitet: Platinenmaterial, Alublech oder ähnliche leitende Materialien.

Der gerade beschriebene Wassermelder überwacht den Pegel. Sinkt das Wasser unter ein bestimmtes Niveau ab, so daß die Platten fast in der Luft hängen, beginnt das Blinklicht zu arbeiten.

Es gibt jedoch auch die Situation, daß ein steigender Wasserstand gemeldet werden muß. In diesem Fall muß der Wassermelder also genau umgekehrt funktionieren und das Blinklicht dann einschalten, wenn der Wasserstand einen bestimmten Wert überschreitet. Es ist also das Eingangssignal für das Wechsel-Blinklicht zu ändern.

Erinnern wir uns, welchen logischen Zustand Punkt A haben muß, damit das Blinklicht eingeschaltet ist: „1". Im ersten Fall trifft das zu, wenn die Sensorplatten nicht im Wasser sind. Sind die Platten im Wasser, ist der Eingang A logisch 0, das Blinklicht arbeitet nicht. Wir müssen also das Signal, das die Sensorplatten melden, zuerst umkehren (invertieren), bevor es zum Eingang A gelangt. Gelingt uns dies, dann signalisiert das Blinklicht: „Achtung, das Wasser ist gestiegen und hat die zulässige Höchstmarke erreicht."

In Abbildung 96 ist die Lösung gezeichnet: es ist das Gatter N3. Die beiden Eingänge (Pin 8 und 9) sind zu einem zusammengeschaltet und über

Abb. 96 Schaltung für die Umkehrung des Signals von den Sensorplatten. Der Wasserstandsmelder meldet nun steigenden Wasserstand.

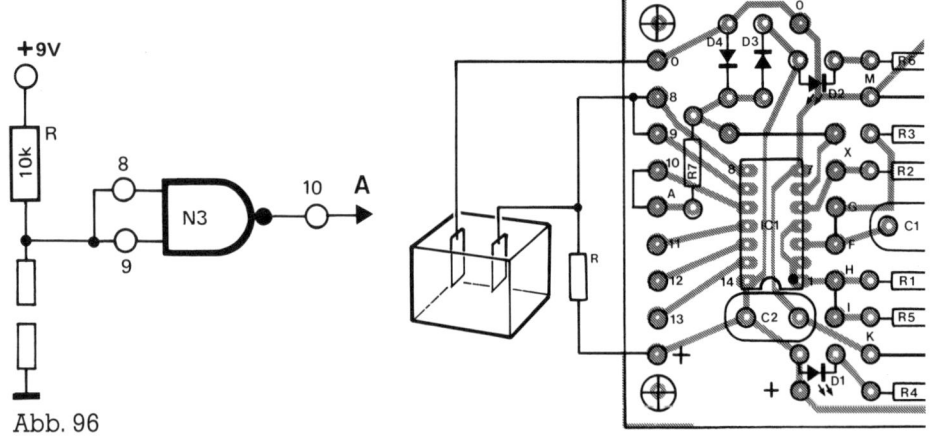

Abb. 96

einen 10-Kiloohm-Widerstand mit der Versorgungsspannung verbunden. Der Widerstand ist also nicht mehr direkt mit A verbunden. In dieser Form der Beschaltung arbeitet das Gatter als Inverter, also als Umkehrer, weil beide Eingänge das gleiche Signal erhalten. Solange die Sensoren noch im Trockenen sind, ist der Gattereingang von N3 über den Widerstand logisch 1. Der Ausgang an Pin 10 ist dann infolge der Inverterfunktion „0". Tauchen die Sensoren ins Wasser ein, geht der Eingang (Pin 8 und 9) auf logisch 0, so daß der Gatterausgang „1" wird; das Blinklicht ist eingeschaltet.

STÜCKLISTE
WASSERSTANDSMELDER
R = 10 k
     (braun – schwarz – orange)
2   Sensorplatten
     (kupferbeschichtetes Platinenmaterial, Alublech, o. ä.)
Verkabelungsmaterial
Auch für den Wasserstandsmelder ist keine eigene Platine notwendig. Die Verbindung zum Blinklicht entnehmen Sie der Abbildung 96.

Beispiel 3: Lichtmelder

Der Alarmgeber in Abbildung 97 reagiert auf Licht. Das ermöglicht der lichtempfindliche Widerstand R3, ein LDR (*Light dependent Resistor*). Zusammen mit den Widerständen R1 und R4 (100 Kiloohm, braun – schwarz – gelb ist der Farbcode) und dem Trimmpoti (vgl. Info 35) R2 (10 Kiloohm) sorgt er dafür, daß abhängig vom Umgebungslicht der Gattereingang von N3 entweder „0" oder „1" ist. Dementsprechend schaltet sich das Blinklicht ein oder aus. Mit dem Gatter N3 ist das Blinklicht in Aktion, wenn genügend Licht auf den LDR fällt, da mit größerer Lichtstärke der Widerstandswert des

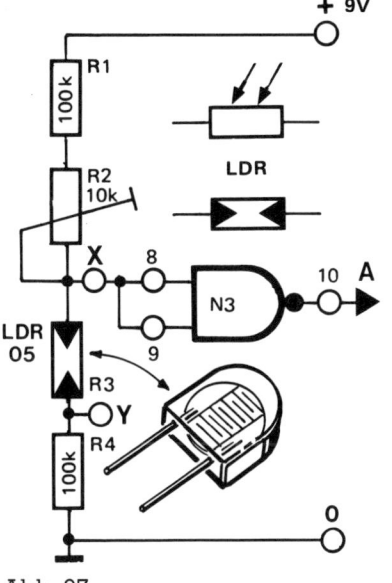

Abb. 97

Abb. 97 Der lichtempfindliche Widerstand (LDR) „sieht", ob es hell oder dunkel wird und reagiert entsprechend.

LDR sinkt. Ohne Gatter ist es genau umgekehrt; die LEDs blinken dann, wenn der LDR zuwenig Licht aufnimmt. Mit dem Trimmpoti kann man sogar noch die Lichtmenge bestimmen, die notwendig ist, um das Blinklicht in oder außer Betrieb zu setzen.

STÜCKLISTE LICHTMELDER
R1, R4 = 100 k
     (braun – schwarz – gelb)
R2   = Trimmpoti 10 k
     (Wert ist in Ziffern aufgedruckt)
R3   = LDR 05
Verkabelungsmaterial
Das Platinenlayout und die Bestückung für den Lichtmelder sehen wir in Abbildung 98a. Die Widerstände finden auf der Platine Platz. Der Widerstand R3 ist gestrichelt gezeichnet, es ist der LDR. Man kann ihn direkt in die Platine einlöten, doch es ist sinnvoller, ihn an einer geeigneten Stelle zu montieren und die Verbindung zur Platine mit Kabel herzustellen. Die Verbindung zur Anzeigeplatine ist ganz einfach, es sind nur drei Kabel erforderlich: zwei für die Versorgungsspannungslei-

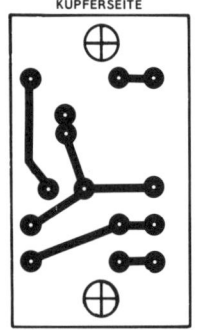

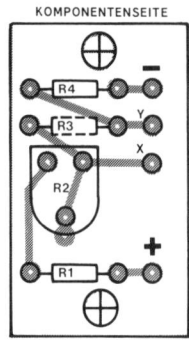

Abb. 98a

KOMPONENTENSEITE

Abb. 98b

Abb. 98a Leiterbahnverlauf und Bestückung (a) für den Alarmgeber aus der Abbildung 97. R3 ist gestrichelt eingezeichnet; es handelt sich um den LDR.
Die Verbindung zwischen den beiden Platinen ist einfach (Abb. 98b). Es sind drei Anschlüsse: Plus, Minus und von X nach A.

Abb. 99 *Komparator.* Bei dieser Schaltung ist alles um IC1 herum aufgebaut. Das IC, ein Operationsverstärker, reagiert bereits auf geringe Spannungsänderungen an seinen beiden Eingängen. Die Spannungsänderung selbst wird, abhängig von der Umgebungstemperaturänderung, durch R5 erzeugt. Es ist ein empfindlicher Temperatursensor. Der Temperatursensor KTY 10 hat die äußere Form eines Kleinleistungstransistors (zum Beispiel BC 547). Es fehlt lediglich der mittlere Anschluß. Der Operationsverstärker ist ein IC mit acht Anschlüssen. Die Abbildung zeigt das DIL-Gehäuse (Dual-In-Line). Er ist auch im runden TO-Gehäuse erhältlich.

tungen und eines zwischen X und A (Abb. 98b). Anschluß Y bleibt offen. Auf der Anzeigeplatine ist noch das Gatter N3 mit einbezogen (Anschlußpunkte 8, 9 und 10).

Beispiel 4: Temperaturwächter

Jetzt wird die Sache etwas komplexer, aber den Temperatursensor bekommen wir auch noch in den Griff.
Der eigentliche Temperatursensor ist (in der Schaltung auf Abb. 99) der Widerstand R5 mit der Bezeichnung KTY 10. Eigentlich ist es kein Widerstand, sondern ein Halbleiterbauelement, dessen Werte temperaturabhängig sind. Mit steigender Umgebungstemperatur nimmt der Widerstandswert des Bauelementes zu, so daß der durch den Sensor fließende Strom geringer wird. Folglich nimmt auch der Spannungsabfall am Sensor ab (das ist nach dem Ohmschen Gesetz unabänderlich). Der Sensor hat einen positiven Temperaturkoeffizienten (PTC = positive temperature coefficient). Das heißt: Bei niedrigen Umgebungstemperaturen hat er seinen geringsten Widerstand und leitet am besten. Deshalb nennt man einen PTC auch Kaltleiter.

Der gesamte Temperaturwächter besteht aber aus mehr Bauteilen als nur R5. Das ist deshalb erforderlich, weil die Strom- und Spannungsänderungen von R5 bei schwankender Umgebungstemperatur zu gering sind, um das Blinklicht direkt ein- und auszuschalten. Die temperaturbedingten Schwankungen müssen also verstärkt werden.
Das funktioniert folgendermaßen: Der Operationsverstärker (kurz Opamp) IC1 vergleicht die Spannungen an seinen Anschlüssen 2 und 3. Ist die Span-

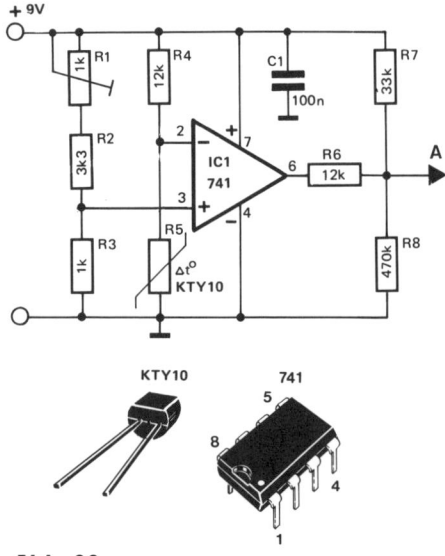

Abb. 99

Spezialwiderstände: LDR und Trimmpotentiometer

*D*ie Abkürzung DR steht für „light dependent resistor" und bedeutet licht-empfindlicher Widerstand; ein anderer Ausdruck hierfür ist Fotowider-stand. Der LDR ändert seinen Widerstandswert mit der ihm umgebenden Helligkeit. Die LDR-Gehäuse sind transparent, so daß das Umgebungslicht die lichtempfindliche Widerstandsschicht erreichen kann. Der Widerstandswert ändert sich mit der Lichtstärke, die auf den LDR fällt. Bei absoluter Dunkelheit hat der LDR einen Widerstand von einigen Megaohm. Nimmt die Lichtstärke zu, sinkt der Widerstandswert; bei hoher Lichtstärke sind es nur noch einige zig Ohm.

Das Trimmpotentiometer, kurz Trimmpoti genannt, ist wie der LDR ein verän-derlicher Widerstand. Allerdings hängt der Widerstandswert hier nicht von ir-gendwelchen Umwelteinflüssen ab, sondern von der Einstellung des soge-nannten Schleifers. Dieser Schleifkontakt ist beweglich und kann auf einer Bahn aus Widerstandsmaterial hin und her bewegt werden. Die Widerstands-bahn hat bei Trimmpotis die Form eines Dreiviertelkreises, und über diesen Bereich kann auch der Schleifkontakt laufen; das sind 270 Grad. Die beiden äu-ßeren Anschlüsse gehören zur Widerstandsbahn. Mit dem mittleren Anschluß, dem Schleifer, kann man den Widerstandswert verändern, und zwar von 0 Ω bis zum maximalen Widerstandswert. Dabei greift man den Wert zwischen ei-nem äußeren und dem mittleren Anschluß ab. Da der Schleifer den Gesamtwi-derstand in zwei Teilwerte zerlegt, kann man von einem Trimmpoti auch zwei Widerstandswerte abgreifen: jeweils von den äußeren Anschlüssen zum Schleifer hin. Der Gesamtwiderstand bleibt immer konstant.

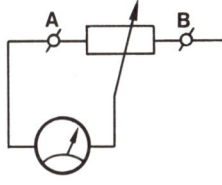

Widerstandsmessung am Schleifer eines Trimmpotis. Steht der Schleifer am Anschlag A, so ist das Meßinstrument kurzge-schlossen und zeigt 0 Ω an. Wenn der Schleifer am Anschlag B angelangt ist, kann man am Meßinstru-ment den gesamten Potiwert ablesen.

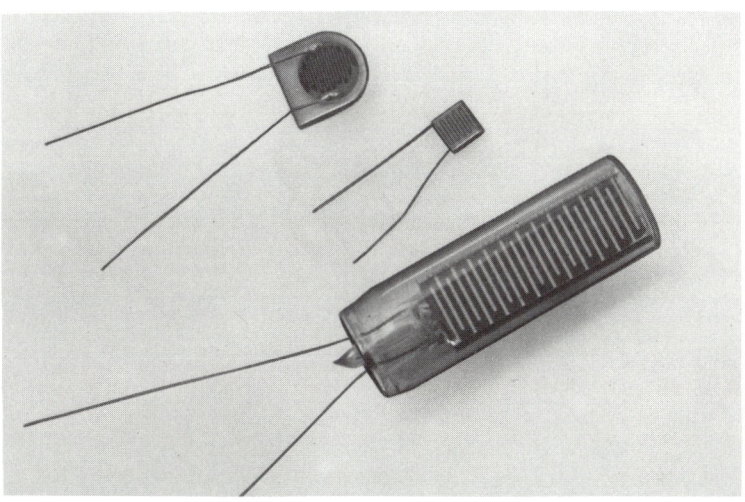

*E*in Heißleiter leitet immer besser, je wärmer er wird, oder andersherum: Mit zunehmender Temperatur nimmt der Widerstandswert ab. Sie haben also einen „negativen" Temperaturfaktor, auf englisch „negative temperature coefficient", abgekürzt NTC. Die Änderung des Widerstandswertes verläuft linear (vgl. NTC-Diagramm). NTCs eignen sich deswegen sehr gut als Temperaturmeßfühler.

Kaltleiter verhalten sie genau umgekehrt: Sie leiten am besten, wenn sie gut abgekühlt sind. Oder: Der Widerstandswert dieser Bauteile steigt mit zunehmender Temperatur. Sie haben also einen „positiven" Temperaturfaktor, auf englisch „positive temperature coefficient", abgekürzt PTC. Die Änderung des Widerstandswertes verläuft nicht so linear wie beim NTC. Bis 30° C nimmt der Widerstand zunächst ab, um dann steil anzusteigen (vgl. PTC-Diagramm). Deshalb ist er nicht als Meßfühler geeignet. Die Glühlampe ist ein PCT. Im ausgeschalteten Zustand ist der Widerstand einer 40-W-Birne etwa 90 Ohm. Schaltet man sie ein, und der Glühfaden erhitzt sich, steigt dessen Widerstandswert auf ungefähr 1200 Ohm an.

Der Temperatursensor KTY 10 ist ein Halbleiter, aufgebaut auf Siliziumbasis. Er verhält sich jedoch wie ein Widerstand. Genauer gesagt: Der Sensor reagiert auf Temperaturänderungen wie ein Kaltleiter. Allerdings ist das Temperatur/ Widerstandsverhalten wesentlich besser. Die Kennlinie des KTY 10 ist fast linear (vgl. KTY-Diagramm). Er eignet sich daher gut als Temperaturmeßfühler, ähnlich wie der NTC. Näherungsweise gilt: Bei einer Temperaturänderung um 25 Grad Celsius ändert sich der Widerstand um 500 Ohm. Bei 50 Grad unter Null hat der Sensor seinen angegebenen Widerstand von 1 Kiloohm.

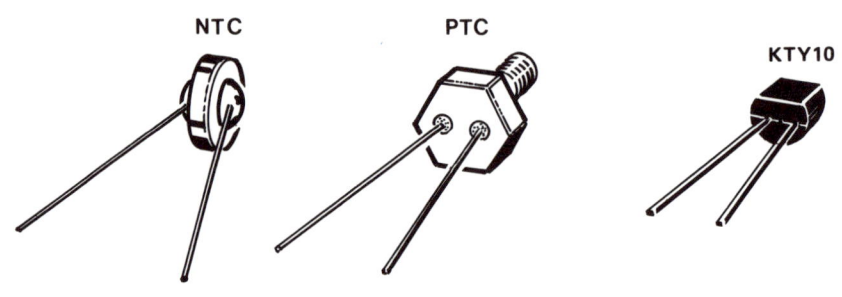

NTC   PTC   KTY10

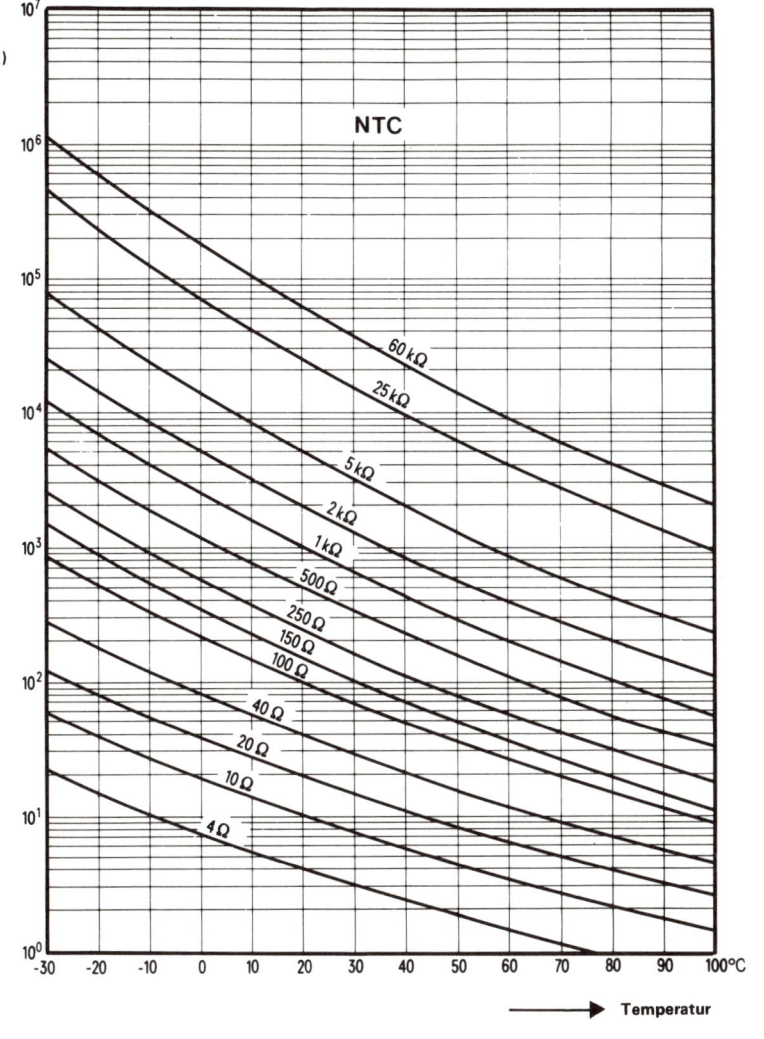

NTC

Temperatur

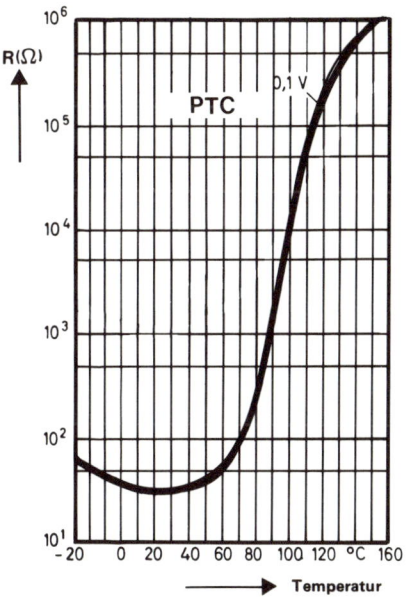

R(Ω)

PTC

0,1 V

Temperatur

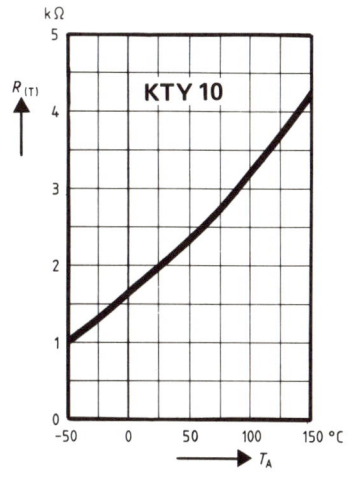

kΩ

$R_{(T)}$

KTY 10

T_A

Abb. 100 Hier ist für die Schaltung aus Abbildung 99 die Leiterbahnseite (Kupferseite) und der Bestückungsplan (Komponentenseite) zu sehen. Komponenten ist eine andere Bezeichnung für Bauteile.

Auf einer Schmalseite der Platine sind die Anschlüsse O, A und + zusammengeführt, so daß sich die Verbindung zur Anzeigeplatine wiederum auf nur drei Leitungen beschränkt.

Bei der Bestückung ist nur auf die richtige Einbaulage von IC1 zu achten. Die Pin-1-Markierung muß dem Widerstand R7 gegenüberstehen.

nung an Pin 2 nur um wenige Millivolt höher gegenüber derjenigen an Pin 3, liegt Anschluß 6 von IC1 auf logisch 0. Sind die Spannungsverhältnisse umgekehrt, also die an Pin 3 höher als die an Pin 2, dann ist Pin 6 logisch 1 (also hohe Spannung). Doch ist dieser Wert noch zu niedrig, um am Eingang A das Blinklicht zu aktivieren. Damit es trotzdem funktioniert, sind noch die Widerstände R6 bis R8 vorgesehen. Sie sorgen bei „1" an Pin 6 (IC1) für den notwendigen Einschaltpegel, so daß das Blinklicht aktiviert wird.

Wie bereits erwähnt, vergleicht der Operationsverstärker IC1 an seinen Eingängen (Pin 2 und Pin 3) zwei Spannungen miteinander. Die Schaltungsart in Abbildung 99 heißt deshalb auch Vergleicher oder *Komparator*.

Die zu überwachende Temperatur können Sie in einem bestimmten Bereich mit Hilfe des Trimmpotis R1 selbst festlegen. Für die Einstellung ist allerdings ein Thermometer als Vergleichswert erforderlich. Die Einstellung selbst ist sehr feinfühlig. Eine nur geringe Änderung von R1 macht bereits einen Temperaturunterschied von einigen Graden aus.

Wer den gesamten Temperaturmeßbereich verschieben will (auch das ist machbar), muß die Widerstandswerte R1 bis R4, gegebenenfalls auch R6 bis R8 ändern. Das erfordert allerdings viel Geduld und Experimentierfreude. Mit dem verwendeten Sensor KTY 10 lassen sich auch die Temperaturen von Flüssigkeiten messen. Das ist beispielsweise nützlich, wenn man den Abgleich des Temperaturwächters schneller beenden will. In diesem Anwendungsfall ist es unerläßlich, die beiden Anschlußdrähte des Sensors mit Isolierband zu umwickeln, so daß sie nicht direkt mit der Flüssigkeit in Berührung kommen.

Das Gatter N3 als Inverter zwischen Knotenpunkt R6/R7/R8 und Anschluß-

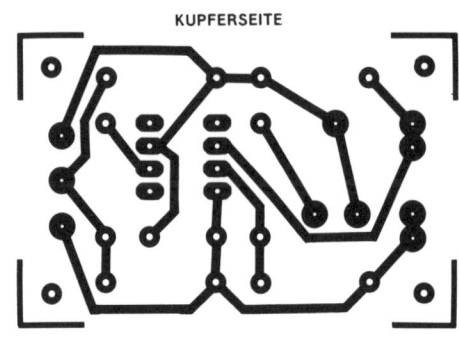

KUPFERSEITE

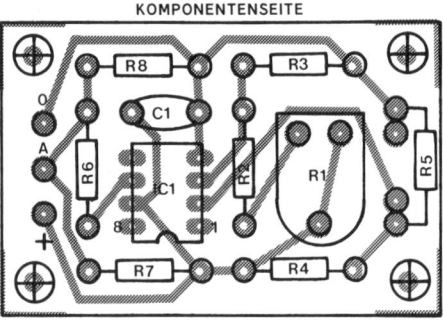

KOMPONENTENSEITE

Abb. 100

punkt A nimmt dieselbe Aufgabe bezüglich des Über- oder Unterschreitens von Eingangswerten wahr wie beim Füllstandsmesser (vgl. Abb. 101). Übrigens: Der Temperaturwächter kann mit den gewählten Bauteilwerten Temperaturen im Bereich zwischen etwa 15 und 30 °C überwachen.

STÜCKLISTE
TEMPERATURWÄCHTER
R1   = 1 k-Trimmpoti
R2   = 3k3   (orange–orange–orange)
R3   = 1 k (braun–schwarz–rot)
R4, R6 = 12 k (braun–rot–orange)
R5   = KTY 10 (Temperatursensor von Siemens)
R7   = 33 k (orange–orange–orange)
R8   = 470 k (gelb–violett–gelb)
IC1   = 741 (Operationsverstärker)
1 IC-Fassung (8-polig)
Verkabelungsmaterial
Platine und Bestückungsplan sind in Abbildung 100 dargestellt. Beginnen

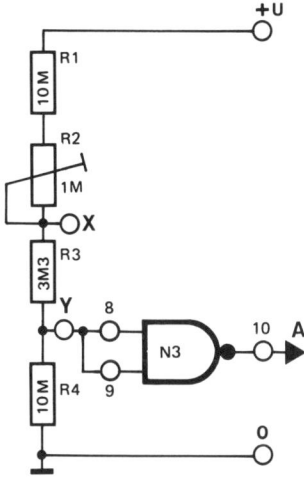

Abb. 101

Sie mit den Widerständen, gefolgt von den Kondensatoren. Zuletzt wird der Operationsverstärker IC1 in die Fassung gesteckt; die Pin-1-Markierung zeigt in Richtung R7. Die Versorgungsspannung erhält der Temperaturwächter von der Anzeigeplatine; es werden also die Null- und die Pluspunkte miteinander verbunden. Abschließend ist noch die Verbindung zwischen den beiden A-Punkten herzustellen, und der Abgleich kann beginnen.

Beispiel 5: Spannungswächter

Zum Abschluß der Alarmgeberbeispiele wieder etwas Einfacheres: der Spannungswächter aus Abbildung 101, der eine Spannung U überwachen soll. Das darf jedoch nicht die eigene Betriebsspannung des Blinklichtes sein!

Der Spannungswächter hat die Aufgabe, das Blinklicht einzuschalten, wenn die zu überwachende Spannung unter einen bestimmten Wert absinkt.

In der Abbildung 101 ist der zu überwachende Spannungswert 12 V. Solange die Spannung von 12 V vorhanden ist, liegt der Gattereingang von N3 (Pin 8 und 9) auf logisch 1. Genau wie bei den

anderen Alarmgebern ist das Gatter auch hier als Inverter geschaltet, so daß der Ausgang (Pin 10) logisch 0 ist. Das bedeutet für das Blinklicht: Sendepause. Nur LED D2 leuchtet.

Sinkt die Spannung U um etwa 1 V auf 11 V ab, sinkt im gleichen Verhältnis der Logikpegel am Gattereingang N3. Dafür sorgt der Spannungsteiler mit seinen Widerständen R1 bis R4. Der Spannungsverlust von nur 1 V genügt, um den Logikpegel am Gattereingang von „1" auf „0" umzuschalten. Jetzt liegt der Gatterausgang von N3 auf logisch 1, so daß das Blinklicht eingeschaltet wird und den Spannungsverlust von U optisch anzeigt.

Mit dem Trimmpoti R2 kann man den Umschaltwert am Eingang von N3 noch geringfügig verstellen. Es ist dadurch möglich, den Alarm bei einem Absinken der Spannung U von exakt 1 V auszulösen.

STÜCKLISTE SPANNUNGSWÄCHTER
R1, R4 = 10 M (braun–schwarz–blau)
R2   = 1-M-Trimmpoti
R3   = 3M3 (orange–orange–grün)
Verkabelungsmaterial

Die Platine in Abbildung 102a kennen wir bereits vom Lichtmelder (Abb. 98a). Der Bestückungsplan unterscheidet sich nur darin, daß der LDR durch einen Festwiderstand ersetzt wurde (R3). Aus der Abbildung 102b ist die Verbindung zur Anzeigeplatine zu ersehen; hier ist jetzt Y mit A verbunden.

Akustischer Alarm

Wem der optische Alarm mit den beiden LEDs zu „leise" ist, der kann es mit Hilfe der Schaltung aus Abbildung 103 auch etwas lauter haben. Alle Bauelemente, mit denen die Schaltung aufgebaut ist, sind uns bereits bekannt. Durch die Art, wie sie hier zusammengeschaltet sind, arbeitet die Schaltung

Abb. 101 Eine ähnliche Schaltung gab es bereits in Abbildung 97. Hier ist lediglich statt des LDRs bei R3 ein Festwiderstand eingesetzt. Die Schaltung arbeitet als Spannungsteiler und überwacht eine Spannung U.

INFO 37 Der Operationsverstärker

*D*er Operationsverstärker, kurz Opamp genannt, ist ein Bauelement der Analogtechnik. Der Opamp ist in der Lage Signale zu verarbeiten, die sich im Gegensatz zu Digitalsignalen kontinuierlich um unregelmäßige Beträge ändern.

Der Opamp, der englische Name lautet „operational amplifier", hat neben den Stromversorgungsanschlüssen noch drei weitere wichtige Pins: zwei Eingänge und einen Ausgang. Der mit dem Pluszeichen versehene Eingang ist der nichtinvertierende, der mit dem Minuszeichen ist der invertierende Eingang. Der Opamp kann mit nur einer Versorgungsspannung (in der Regel ist sie positiv) betrieben werden (asymmetrisch) oder mit einer positiven und einer negativen Versorgungsspannung (symmetrisch). Im ersten Fall wird der Ausgang des Opamps nie einen Wert unter null Volt haben, im zweiten Fall kann die Ausgangsspannung positiv oder negativ sein. In den beiden Schaltungen wird der Opamp symmetrisch gespeist; dies gilt auch bei den weiteren Überlegungen zum Opampverhalten.

Die Spannungsverhältnisse an den beiden Eingängen bestimmen das Verhalten des Ausgangs.

Erhalten beide Eingänge gleichzeitig ein Signal, bestimmt die Signaldifferenz zwischen den beiden Eingängen das Signalniveau am Ausgang. Ist die Spannungsdifferenz gleich 0, geht auch der Ausgang auf 0. Daran ändert sich nichts, solange an den Eingängen keine Signaldifferenz entsteht. Wird im Schaltungsbeispiel a, das ist ein invertierender Verstärker, der Minuseingang gegenüber dem Pluseingang positiver, dann nimmt die Ausgangsspannung negative

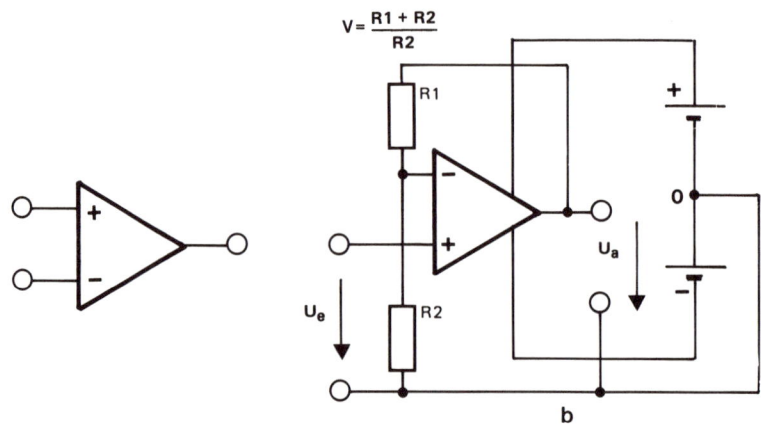

$$V = \frac{R1 + R2}{R2}$$

Werte an. Bei umgekehrten Spannungsverhältnissen am Eingang ist die Ausgangsspannung positiv. Im Schaltungsbeispiel b ist ein nichtinvertierender Verstärker dargestellt. In diesem Fall wird die Ausgangsspannung positiver, wenn auch die Eingangsspannung ansteigt. Nimmt die Spannung am Eingang ab, folgt die Ausgangsspannung diesem Trend.

Die Ausgangsspannung ist gegenüber der Eingangsspannung um einen bestimmten Betrag verstärkt.

Bei (a) wird der Verstärkungsfaktor durch das Widerstandsverhältnis von R2 zu R1 bestimmt. Ist beispielsweise R2 1 Megaohm und R1 100 Kiloohm, hat der invertierende Verstärker eine 10fache Verstärkung. Das heißt: Die Ausgangsspannung ist gegenüber der Eingangsspannung um den Faktor 10 höher. Beim nichtinvertierenden Verstärker in (b) ist es durch die unterschiedliche Eingangsbeschaltung etwas anders; das ist aus der Formel für den Verstärkungsfaktor ersichtlich. Hat R1 den Wert von 1 Megaohm und R2 von 100 Kiloohm, beträgt die Verstärkung zwischen dem Eingangs- und dem Ausgangssignal das 11fache. Man kann die Formel auch vereinfachen, indem man den Verstärkungsfaktor errechnet aus dem Verhältnis von R1 zu R2 plus 1. Probieren Sie es mit verschiedenen Werten nach den zwei Möglichkeiten aus, es stimmt immer. Der Opamp verfügt über gewisse Grundeigenschaften (zum Beispiel über einen hohen Verstärkungsfaktor), die durch die äußere Beschaltung beeinflußt werden. Im Idealfall soll der Eingangswiderstand unendlich hoch, der Ausgangswiderstand unendlich klein sein. Das sind jedoch nur angestrebte Ziele, die sich nicht verwirklichen lassen.

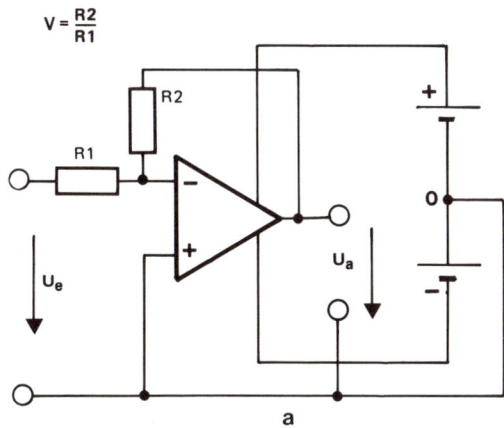

$$V = \frac{R2}{R1}$$

INFO 38   Der Spannungsteiler

*E*s ist nicht selten, daß eine Spannung vor deren Weiterverarbeitung um einen bestimmten Betrag reduziert werden muß. Eine Möglichkeit für die Lösung dieses Problems ist die Verwendung eines Spannungsteilers. Die einfachste Art sind zwei in Serie geschaltete Widerstände. Die Spannung läßt einen Strom durch beide Widerstände fließen, der dann an jedem einzelnen Widerstand einen Spannungsabfall hervorruft, die Einzelspannungen U1 und U2. Da die Spannungen in Reihe liegen, ist die Summe der Einzelspannungen gleich der Gesamtspannung Ug.

Die Reihenschaltung aus R1 und R2 teilt also die Gesamtspannung Ug in die beiden Einzelspannungen U1 und U2.

Das Verhältnis der beiden Einzelspannungen entspricht exakt dem Verhältnis der beiden Widerstände. Im obigen Beispiel stehen die Widerstände in einem Verhältnis von 1:1. Da die Teilspannungen im gleichen Verhältnis stehen, sind U1 und U2 etwa je 4,5 V. Wer die Werte exakt ermitteln will, kann das mit den obigen Formeln leicht tun. Wichtig ist folgender Satz:

Die Gesamtspannung verhält sich zum Gesamtwiderstand wie die Einzelspannungen zu den Einzelwiderständen.

Mit diesem Satz und den angegebenen Formeln kann man nun leicht die Einzelspannungen ermitteln. Jeder Spannungsteiler hat allerdings einen kleinen Schönheitsfehler. Die Energie der heruntergeteilten Spannung wird nutzlos verheizt. Im Beispiel sollen nur die 4,5 V an R2 weiter benutzt werden. Es fallen also 4,5 V weg, das ist die Hälfte der Batteriespannung. Nach der Leistungsformel P = U x I sind das etwa 36 mW, die der Widerstand R1 „verbrät". Es ist also nur relativ wenig Energie, die in diesem Fall übrig bleibt. Trotzdem sollte man bei Spannungsteilern die Leistungsbilanz überprüfen, sie kann auch günstiger ausfallen.

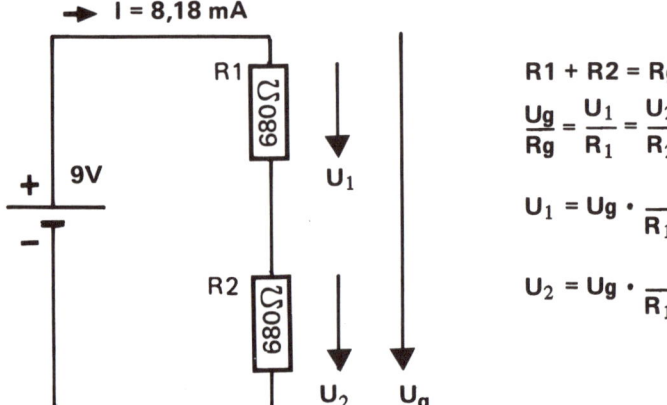

$$R1 + R2 = Rg$$

$$\frac{Ug}{Rg} = \frac{U_1}{R_1} = \frac{U_2}{R_2}$$

$$U_1 = Ug \cdot \frac{R_1}{R_1 + R_2}$$

$$U_2 = Ug \cdot \frac{R_2}{R_1 + R_2}$$

Abb. 102a + b

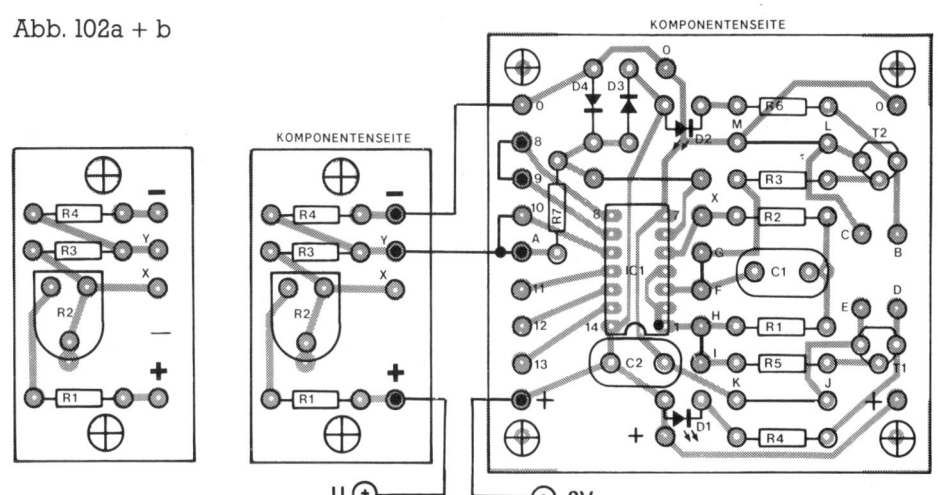

KOMPONENTENSEITE

KOMPONENTENSEITE

U ⊕   ⊕ 9V

Abb. 102a+b Der Bestük-
kungsplan für den Span-
nungsteiler ist in 102a zu
sehen. Die Verbindung zur
Anzeigeplatine in 102b ist
mit nur zwei Leitungen
hergestellt: Minus nach O
und Y nach A. Die beiden
Plusanschlüsse erhalten
eine unterschiedliche
Spannung. Mit dem
Minusanschluß muß auch
der Minuspol der zu
überprüfenden Spannung
verbunden sein.

als astabiler Multivibrator. Es ist also
die gleiche Funktion wie bei der mit
den Gattern aufgebauten AMV-Schal-
tung aus Abbildung 90. Würde anstelle
von LS eine LED geschaltet und eine
weitere in Reihe zu R1, leuchteten beide in einem bestimmten Rhythmus
abwechselnd auf. Allerdings wären
noch die Werte von R1 und R4 auf etwa 220 Ohm zu reduzieren.

Wer diesen Test macht, ist sicherlich
überrascht, denn die LEDs blinken
überhaupt nicht; beide leuchten konstant und gleichzeitig. Dieser Eindruck
ist jedoch falsch, denn die Blinkfre-
quenz ist so hoch, daß es unser relativ

träges Auge nicht mehr als Blinken
empfindet. Die Umschaltgeschwindig-
keit, also die Frequenz, wird bestimmt
von den beiden Kondensatoren C1 und
C2 sowie von den Widerständen R2
und R3. Wählt man zum Beispiel für die
Widerstände 100 Kiloohm und mehr,
wird die Frequenz schon wesentlich
geringer. Setzt man jetzt auch noch die
Kondensatorwerte höher (10 Mikrofarad), ist man plötzlich wieder in dem
Frequenzbereich, den unser Auge
wahrnimmt.

Das Auge ist lediglich für relativ niedrige Frequenzen empfindlich, bis maximal 30 Hz. Mit unserem Gehör ist das
anders. Wer über ein gutes Gehör verfügt, kann Frequenzen zwischen 15 Hz
und 20 kHz wahrnehmen. Die Frequenz
des AMV aus Abbildung 103 liegt bei
etwa 1000 Hz. Dazu brauchen wir einen
Lautsprecher, also einen Wandler, der
die elektrischen Signale in akustische
umsetzt.

LS ist die Abkürzung für Lautsprecher.
Gemeint ist damit allerdings kein „normaler" Lautsprecher, der wäre nämlich
nicht so einfach anzuschließen wie im
Schaltbild gezeigt. Hier ist die dynamische Hörkapsel des Telefons erforderlich (Abb. 104). Sie hat einen Widerstandswert von ungefähr 260 Ohm. Der

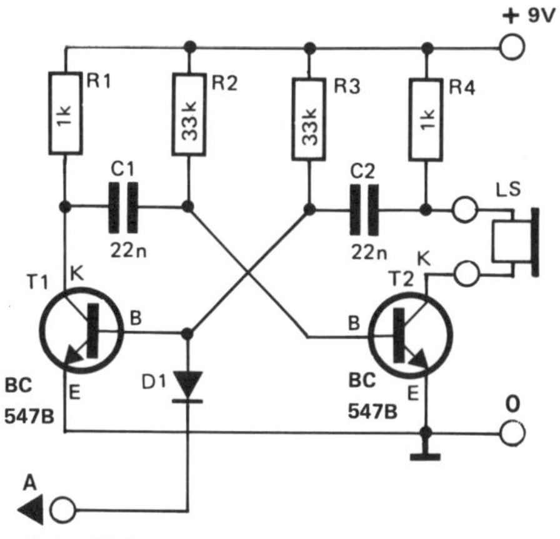

Abb. 103 Hier ist ein
astabiler Multivibrator auf
konventionelle Art mit
Transistoren aufgebaut. Der
AMV schwingt allerdings
nur dann, wenn an Punkt A
logisch 1 liegt, oder
wenn Punkt A nicht
angeschlossen ist.

Abb. 103

Abb. 104 So sieht die Hörkapsel aus einem Telefon aus. Sie wiegt etwa 80 g und hat einen Durchmesser von ungefähr 50 mm.

Abb. 105 Bei der dynamischen Hörkapsel sind die Anschlüsse das Gehäuse selbst. Die beiden Kontaktflächen A und C sind durch den Isolierring B voneinander getrennt. Bei D handelt es sich lediglich um eine Vertiefung in der Kontaktfläche C.

Elektronik-Fachhandel bietet ausrangierte Telefone für relativ wenig Geld an, so daß man die Hörkapsel dort ausbauen kann. Es besteht sogar die Möglichkeit, sich Kapseln einzeln zu kaufen.

Der Hörkapselanschluß ist einfach. In Abbildung 105 sieht man die Rückseite der Kapsel. Der Kunststoffring B isoliert die Fläche C von dem übrigen Gehäuseteil A. (D ist nur eine Vertiefung in der Anschlußfläche C.) Ein Anschlußkabel wird mit dem Gehäuseteil A, ein zweites mit der Anschlußfläche C verbunden. Die Kabel lassen sich in den meisten Fällen sehr leicht direkt an das Kapselgehäuse löten. Das ist alles.

STÜCKLISTE AKUSTISCHER ALARM
R1, R4 = 1 k (braun–schwarz–rot)
R2, R3 = 33 k
         (orange–orange–orange)
C1, C2 = 22 nF
D1   = 1N4148
T1, T2 = BC 547
LS   = Telefonhörkapsel

Bevor wir diese Schaltung aufbauen, wollen wir versuchen, einen normalen Lautsprecher in die Schaltung zu integrieren.

Nur wenige Bauteile mehr genügen, um statt der Telefonhörkapsel einen Lautsprecher mit einem Widerstandswert von vier bis acht Ohm anzuschließen. Die entsprechende Schaltung hierzu sehen wir in Abbildung 106. Der gestrichelt gezeichnete Teil des Schaltplans ist noch ein Teil des Schaltbildes aus Abbildung 103, dem astabilen Multivibrator (AMV) zum Erzeugen des Tonsignales. Hier ist nun der Widerstand R4 direkt mit dem Kollektor von T2 verbunden; die Telefonhörkapsel fehlt ganz einfach. Statt dessen nehmen wir jetzt vom Kollektor des Transistors T2 das Tonsignal für die Lautsprecherendstufe ab. Das Signal gelangt über C3 (dieser Kondensator blockt die Gleichspannung ab) zur Basis des End-

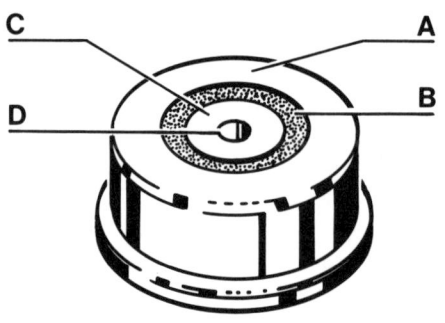

Abb. 105

stufen-Transistors. Allerdings wird das Signal vorher vom Spannungsteiler R5/R6 in der Amplitude reduziert. Da R6 ein Trimmpoti ist, kann man die Lautstärke des Signals noch einstellen, und zwar von Null bis Maximum. Bei Null ist R6 vom Schleifer überbrückt, und das gesamte Signal wird nach Masse abgeleitet. Bei Maximum hat R6 den vollen Wert, so daß von der Signalamplitude nur noch ein geringer Teil nach Masse abfließt und der größte Teil zur Basis des Transistors T3 gelangt. Da es sich hier um einen NPN-Transistor handelt, läßt er die positive Signalamplitude durch, verstärkt sie, und der Lautsprecher LS kann das Signal in einen hörbaren Ton umsetzen.

Bleibt nur noch die Funktion der Diode D2; sie ist momentan noch schwer zu erklären. Die Diode sorgt jedenfalls dafür, daß der negative Signalanteil nach Masse abfließt. Dadurch wird nur der positive Signalanteil in der Stufe verstärkt. Auf jeden Fall ist der Ton mit Diode wesentlich lauter als ohne sie. Wer das bezweifelt, kann die Behauptung beim Schaltungsaufbau leicht überprüfen: Testen Sie die Endstufe zuerst ohne Diode D2 und dann mit Diode.

INFO 39 AMV mit Transistoren

D*er klassische AMV (vgl. Info 32) mit Transistoren ist einfach aufzubauen und übersichtlich, da er aus nur wenigen Bauelementen besteht. Sobald die Betriebsspannung anliegt, liefert die Schaltung eine Rechteckimpulsfolge, deren Frequenz von den Werten C1/R2 und C2/R3 abhängt. Die Widerstände R1 und R4 begrenzen die Kollektorströme von T1 und T2 sowie die Ladeströme von C1 und C2.*

Die Rechteckimpulsfolge wird an den Kollektoranschlüssen der Transistoren abgegriffen; dabei leiten beide abwechselnd. Nehmen wir an, daß T1 gerade leitet, dann sperrt T2. C2 wird über R4 geladen, bis etwa die Ladespannung der Betriebsspannung entspricht. Gleichzeitig wird auch C1 über R2 geladen. Erreicht die Ladespannung den Wert, der ausreicht, um T2 zu öffnen (das sind die Silizium-Transistoren 0,6 V), beginnt T2 zu leiten. Die Kollektorspannung ist dann praktisch Null. Die Spannung an der Basis von T1 sinkt blitzschnell unter 0,6 V ab, so daß T1 sperrt und die Ladespannung von C1 schnell auf die Betriebsspannung ansteigt. C2 entlädt sich schnell über die Kollektor/Emitter-Strecke von T2 und wird dann wieder über R3 geladen, bis für T1 die Durchschaltspannung (besser: Schwellspannung) von 0,6 V erreicht ist. T1 beginnt zu leiten, T2 sperrt, und alles beginnt von vorne. Zugegeben, das hört sich kompliziert an, ist es aber nicht.

Die Frequenz der Rechteckspannung an den Ausgängen (das sind die Kollektoranschlüsse der Transistoren) errechnet sich bei gleichen Werten von R2/R3 und C1/C2 nach der Formel f.

Haben jedoch die Widerstände und/oder die Kondensatoren unterschiedliche Werte, müssen zunächst die Zeiten t_1 (Ladezeit von R3/C2) und t_2 (Ladezeit von R2/C1) ermittelt werden. Das geschieht nach den Formeln a und b. Die Summe von t_1 und t_2 ergibt die Gesamtladezeit t_g (c); das entspricht einer Periodendauer. Der Kehrwert hiervon entspricht der Frequenz, die die Ausgangsspannung an einem der beiden Kollektoranschlüsse hat.

Bei gleicher Zeit für t_1 und t_2 ist es möglich, die Frequenz auch nach Formel e zu errechnen.

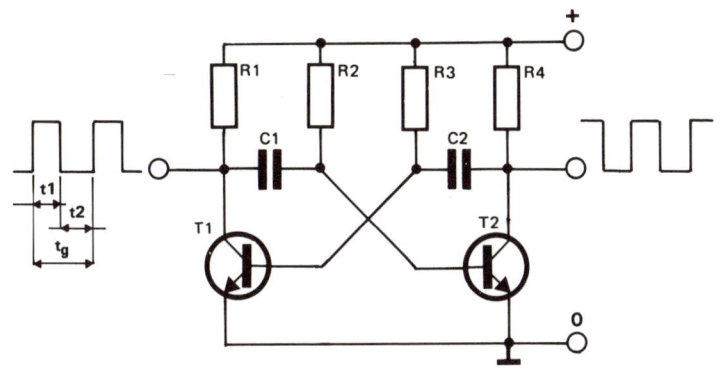

a) $t_1 = 0{,}7 \cdot R3 \cdot C2$

b) $t_2 = 0{,}7 \cdot R2 \cdot C1$

c) $t_g = t_1 + t_2$

d) $f = \dfrac{1}{t_g}$

e) $f = \dfrac{1}{2 \cdot t_1}$

f) $f = \dfrac{1}{1{,}4 \cdot R3 \cdot C2}$

INFO 40 Der Lautsprecher

*L*autsprecher gibt es in den verschiedensten Ausführungsformen. Lautsprecherboxen von Stereoanlagen sind häufig mit mehreren Lautsprechern bestückt. Meist sind es drei: ein großer Baßlautsprecher, ein kleinerer Mitteltöner und ein noch kleinerer Hochtöner. Jeder von ihnen hat bei der Musikwiedergabe eine bestimmte Aufgabe. Niedrige Frequenzen überträgt der Baßlautsprecher; für die Frequenzen im mittleren Tonbereich ist der Mitteltöner zuständig; für den Hochtöner bleiben dann noch die hohen Frequenzen übrig. Natürlich kommt man auch mit nur einem Lautsprecher für den gesamten Frequenzbereich aus, durch die Aufteilung auf drei Lautsprecher ist die Wiedergabe jedoch wesentlich besser.

Der Lautsprecher hat die Aufgabe, die vom Verstärker gelieferten NF-Signale, also tonfrequente elektrische Schwingungen, in hörbare Schallschwingungen umzusetzen. Wie das funktioniert, wollen wir anhand der obigen Schnittzeichnung erklären.

Das Zentrum des Lautsprechers ist ein ringförmiger Dauermagnet. Die untere Polplatte trägt den Polkern, die obere hat in der Mitte eine kreisrunde Öffnung. In dem Luftspalt zwischen Polkern und Dauermagnet schwingt eine Spule, die über den Spulenträger fest mit einer Membran verbunden ist. Eine Zentriermembran verhindert den Kontakt der Spule mit der oberen Polplatte oder dem Polkern.

Fließt nun über die Anschlüsse Strom durch die Spule, beginnt diese, da sie sich in einem Magnetfeld befindet, zu schwingen. Diese Schwingungen übertragen sich auf die Membran, die so die Schallwellen auslöst. Bei diesem Prinzip wird die Ablenkung eines stromdurchflossenen Leiters (hier: die Spule) in einem Magnetfeld (hier: Dauermagnet) ausgenutzt, um die elektrischen Schwingungen in akustische umzuwandeln. Man nennt es deshalb auch das „elektrodynamische Prinzip". Man spricht aber auch vom Wandlersystem (Dauermagnet mit Polkern und Spule) und vom Abstrahlsystem (Membran).

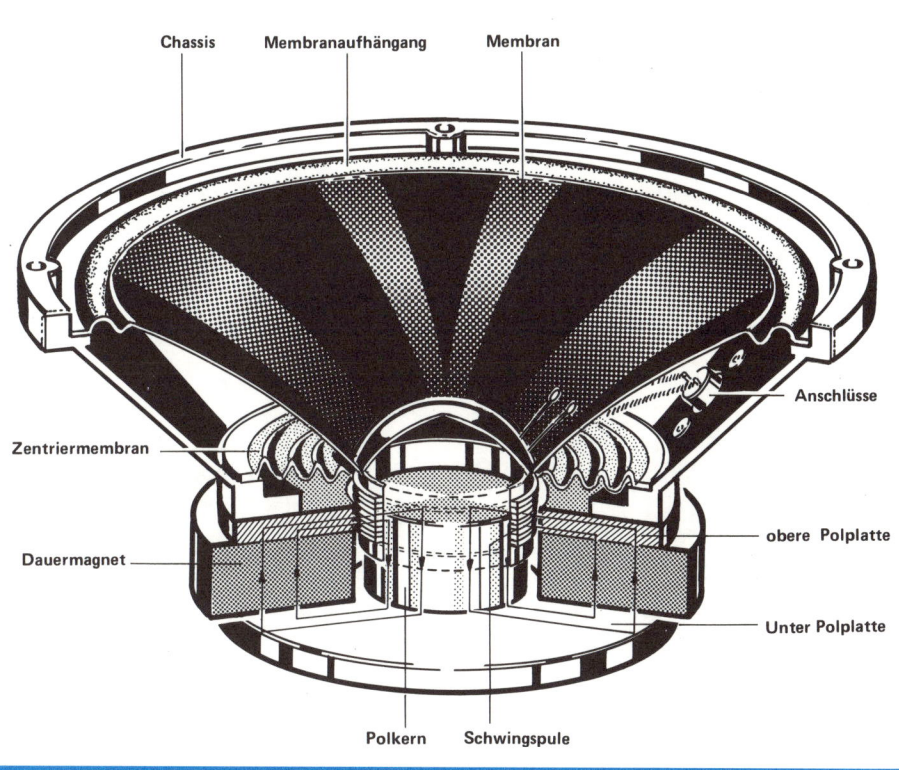

Chassis   Membranaufhängang   Membran

Anschlüsse

Zentriermembran

obere Polplatte

Dauermagnet

Unter Polplatte

Polkern   Schwingspule

*D*as Transistorsymbol des NPN-Typs ist durch einen Pfeil gekennzeichnet, der von der Basis zum Emitter zeigt; er symbolisiert die Diode zwischen Basis und Emitter.

Jeder Transistor ist aus drei Schichten aufgebaut, die mit P und N bezeichnet sind. Die Reihenfolge dieser Buchstaben bezeichnet den Transistortyp. In der schematischen Transistordarstellung ist es die Reihenfolge NPN. Das Schema gibt ferner noch die Spannungsverhältnisse für den NPN-Typ an. Basis- und Kollektoranschluß müssen für den einwandfreien Betrieb positiver sein als der Emitteranschluß; die Kollektorspannung muß dabei noch positiver als die Basisspannung sein. Beim korrekten Betrieb fällt an der Basis/Emitter-Diode die normale Schwellspannung ab; bei Germaniumtransistoren sind es etwa 0,3 V, bei Siliziumtypen ungefähr 0,6 V.

Die Widerstände R1 und R2 legen den Basisanschluß des Transistors auf einen bestimmten Gleichspannungspegel, während die Widerstände R3/R4 die Spannung am Kollektor beziehungsweise am Emitter festlegen; außerdem begrenzen sie den Strom durch den Transistor.

Für die weitere Betrachtung müssen wir uns immer wieder vor Augen halten, daß der Transistor durch die Widerstände R1 bis R4 gleichspannungsmäßig eingestellt ist. Das bedeutet für die Basis/Emitter-Diode: Sie ist in Durchlaßrichtung „vorgespannt". Gelangt nun ein sinusförmiger Wechselstrom an den Basisanschluß des Transistors, fließt dieser Strom durch die Basis/Emitter-Diode zum Emitteranschluß und steht dort wieder als Sinuswelle polaritätsrichtig zur Verfügung. Am Kollektoranschluß ist die Polarität der Sinuswelle umgekehrt; dies ist in der Schaltskizze angedeutet. Der Grund hierfür ist der interne Aufbau des Transistors mit den drei genannten Schichten.

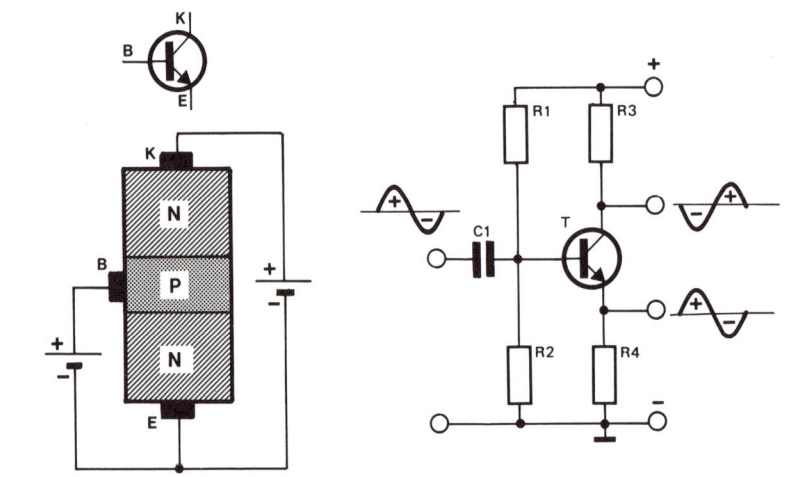

STÜCKLISTE ENDVERSTÄRKER

R5 = 6k8 (blau–grau–rot)
R6 = 10 k (Trimmpoti)
R7 = 100 Ohm
 (braun–schwarz–braun)
C3 = 1 uF/15 V (Elko)
D2 = 1N4148
T3 = BC 140
LS = Lautsprecher 4 Ohm oder mehr
Verdrahtungsmaterial

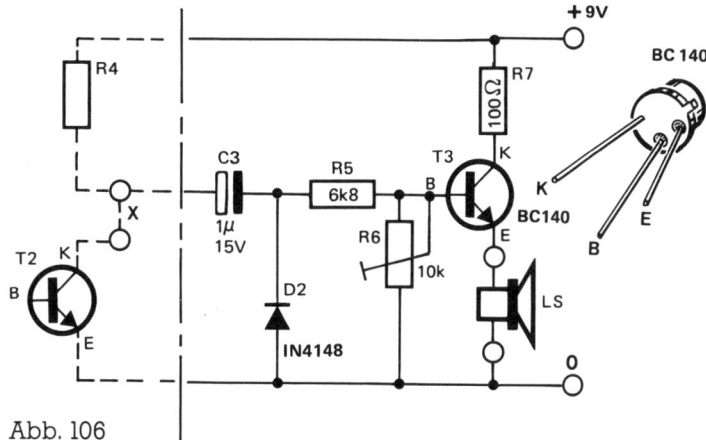

Abb. 106

Die Platine in Abbildung 107 ist so ausgelegt, daß sich auf ihr beide Versionen aufbauen lassen: der AMV mit Telefonhörkapsel und der AMV mit kleinem Verstärker. Ist die Alarmlautstärke der Telefonkapsel ausreichend, entfallen beim Aufbau der Schaltung alle Bauteile aus Abbildung 106. Das sind R5 ... R7, C3, D2 und natürlich T3. Statt der Brücke X wird an den beiden Lötpunkten die Telefonhörkapsel angeschlossen. Achten Sie darauf, daß die Diode D1 richtig gepolt ist. Über sie und Punkt A wird der AMV vom angeschlossenen Alarmgeber ein- und ausgeschaltet. Bei logisch 1 an Punkt A ist der AMV in Betrieb.

Wer die Schaltung direkt mit dem Verstärker aus Abbildung 106 aufbauen möchte, muß die Brücke X und die zusätzlichen Bauteile einsetzen. Wo bei der Platine der Lautsprecher angeschlossen wird, ist im Bestückungsplan an den Buchstaben LS zu erkennen.

Die Schaltung muß nach dem Aufbau und bei offenem Anschluß A sofort funktionieren, sobald die Versorgungsspannung angelegt wird. Verbindet man Punkt A mit Masse (Minus), stoppt der AMV, und der Lautsprecher ist stumm.

Gibt die Schaltung „keinen Ton" von sich, kann das verschiedene Ursachen haben.

FEHLERSUCHE

1. Der AMV schwingt nicht. Die Transistoren sind defekt, oder die Widerstandswerte sind vertauscht.

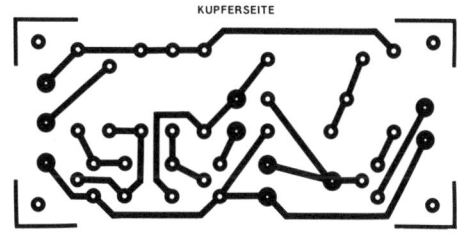
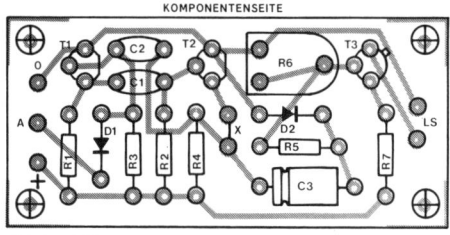

Abb. 107

2. Diode D2 ist falsch eingelötet.
3. Der Schleifer von R6 ist versehentlich mit Masse verbunden.
4. T3 ist defekt.
5. Brücke X fehlt.

Funktioniert die Schaltung, kann man sie mit den Alarmgebern verbinden. Ob dabei auch noch die optische Anzeige angeschlossen bleibt, kann jeder für sich individuell entscheiden. An die Platine aus Abbildung 107 sind lediglich die beiden Versorgungsspannungsleitungen zu legen. Werden jetzt auch noch die Punkte A der beiden Platinen miteinander verbunden, dann ist alles klar.

Abb. 106 Einen normalen Lautsprecher kann der AMV aus Abbildung 105 nicht direkt ansteuern. Mit der hier abgebildeten Transistorstufe ist es jedoch möglich. Mit dem Trimmpoti R6 läßt sich die Lautstärke einstellen. Wegen des geringeren Widerstandswertes des Lautsprechers fließt ein höherer Strom durch den Transistor. Das bedeutet für den Transistor mehr Verlustleistung. Aus diesem Grund ist ein etwas kräftigerer Typ eingesetzt. Der BC 140 hat ein Metallgehäuse und kann so die von der Verlustleistung erzeugte Wärme besser an die Umgebungsluft abgeben.

Abb. 107 Die Platine ist so ausgelegt, daß beide Schaltungsvarianten (dynamische Hörkapsel oder Lautsprecher) aufgebaut werden können. Beim Betrieb mit der dynamischen Hörkapsel entfallen alle Bauteile aus 106. Auf der Platine wird dann anstelle der Brücke X die dynamische Hörkapsel angeschlossen. Für den Lautsprecherbetrieb wird die Brücke X eingelötet und der Lautsprecher an den mit LS bezeichneten Punkten angeschlossen.

Ein Multivibrator kommt selten allein

In Kapitel 5 arbeiten, wie wir gesehen haben, bei den Alarmschaltungen zwei Multivibratoren zusammen. Das gilt zwar nicht für alle Schaltungen, wohl aber dort, wo der Alarm sowohl optisch wie auch akustisch angezeigt wird. Die Blockschaltung in Abbildung 108 stellt das noch einmal schematisch dar. Block A mit dem Alarmgeber schaltet den ersten Multivibrator in Block B ein, wenn die Alarmsituation gegeben ist. Es folgt der Block mit den LEDs, die den Alarm optisch anzeigen. Block C, der zweite Multivibrator, wird ebenfalls aktiviert und gibt das Signal an die angeschlossene Verstärkerstufe mit Lautsprecher weiter, so daß der Alarm auch akustisch wirksam wird. In diesem Fall arbeiten also zwei astabile Multivibratoren „Hand in Hand".

Funktionsweise

1. Der Alarm wird ausgelöst, sobald die entsprechende Situation eintritt, zum Beispiel beim Türwächter. Sobald man die überwachte Tür öffnet, beginnt es zu blinken und zu piepsen.

2. Der Alarm ist beendet, sobald der ursprüngliche Zustand wieder hergestellt ist. Schließt also der Unbefugte die überwachte Tür wieder, ist der Alarm beendet.

Es gibt nun Situationen, wo ein Alarm verzögert eingeschaltet werden soll. Eine andere Möglichkeit ist, daß der einmal ausgelöste Alarm auch dann in Aktion bleiben soll, wenn der alarmauslösende Zustand wieder vorbei ist. Auch diese beiden Aufgaben lassen sich mit Multivibratoren lösen: einmal mit dem monostabilen Multivibrator (MMV, vgl. Info 47) und zum anderen mit einem bistabilen Multivibrator (vgl. Info 49). Letzterer ist unter der Bezeichnung „Flipflop" bekannt.
Multivibratoren sind natürlich nicht nur zum Aufbau von Alarmschaltungen geeignet, sondern auch für viele andere Anwendungen. Darunter gibt es auch solche, die nur bedingt sinnvoll sind, obwohl deren Aufbau und Betrieb Spaß macht. Die folgende Schaltung gehört in diese Kategorie.

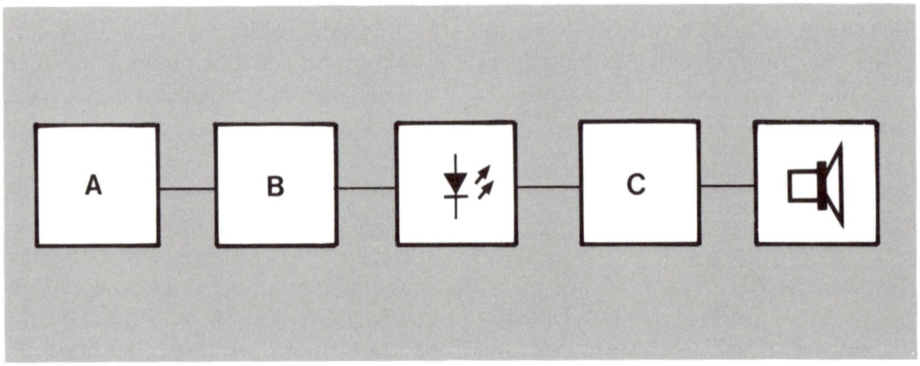

Abb. 108

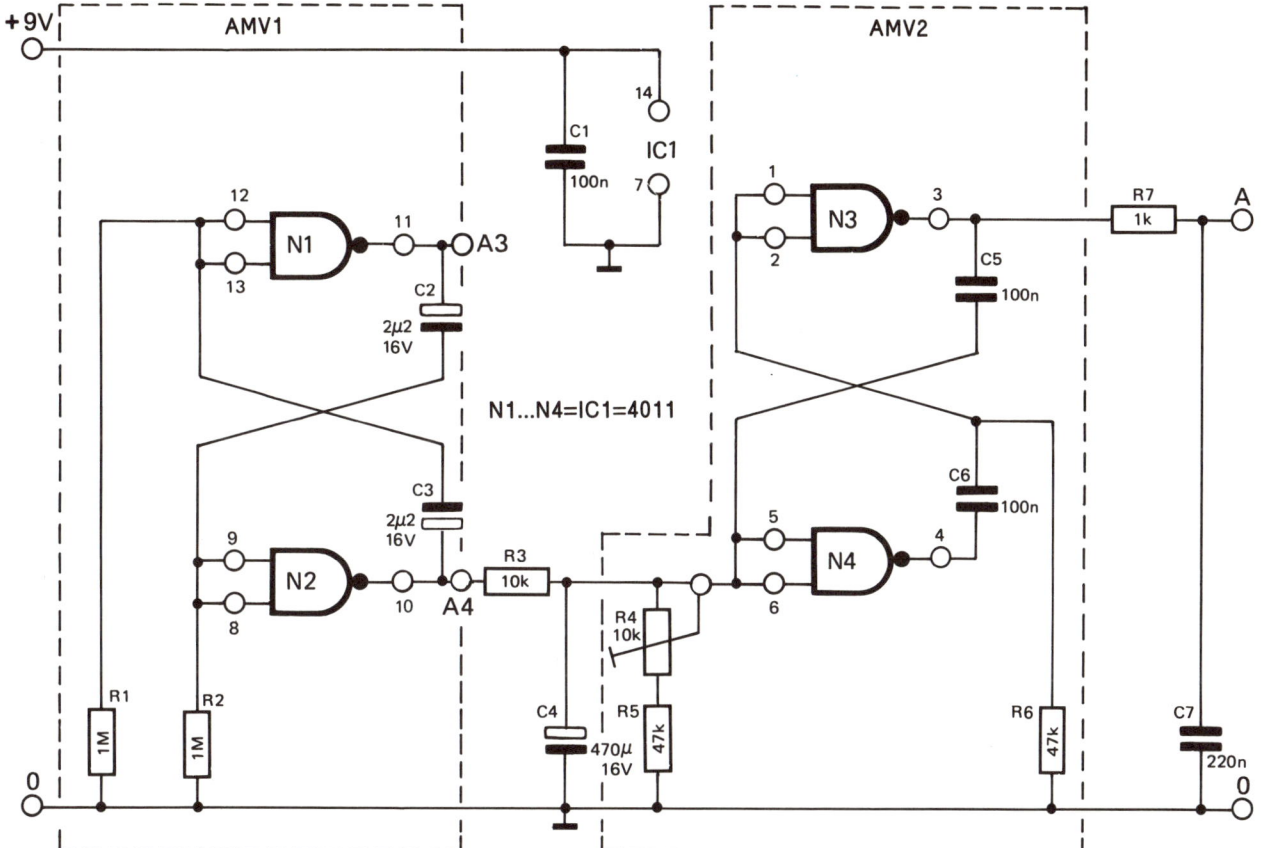

Abb. 109

Die CMOS-Sirene

Die Buchstaben CMOS stehen für Complementary Metaloxide Semiconduktor.

In der Sirenenschaltung aus Abbildung 109 sind zwei astabile Multivibratoren vorhanden; monostabile und bistabile Multivibratoren kommen in der Schaltung nicht vor. Sie folgen später.

Das Typische am Klang einer Sirene ist, daß die Tonhöhe ständig zu- und abnimmt. Das alles ist mit einem IC, ein paar Widerständen und Kondensatoren machbar. Den Grundton der Sirene erzeugt der mit den Gattern N3/N4, den Kondensatoren C5/C6 sowie den Widerständen R4 bis R6 aufge-

baute AMV. Die Frequenz beträgt circa 600 Hz, wenn das Trimmpoti R4 etwa in Mittelstellung steht. Würde man an Punkt A einen Verstärker mit Lautsprecher anschließen, könnte man den Grundton hören. Voraussetzung ist, daß R4 keine Verbindung zu den Bauteilen R3/C4 hat, weil sie zusammen mit dem AMV1 den Grundton verändern. Ändert man die Schleiferstellung von R4, stellt sich eine andere Frequenz und damit eine andere Tonhöhe ein. Durch ein ständiges Hin- und Herdrehen des Schleifers wäre also bereits der Sireneneffekt erreicht. Doch es macht sich sicherlich keiner die Mühe und verdreht den Schleifer dauernd. Diese Aufgabe übernimmt der erste AMV. Der erste AMV ist mit den Bauteilen N1/N2, R1/R2 und C2/C3 aufgebaut.

INFO 42   Der Elektrolytkondensator

Der Elektrolytkondensator, Kurzform Elko, ist der „große Bruder" des bereits bekannten Kondensators. Seine Werteskala erstreckt sich von einem bis etliche tausend Mikrofarad.

Die Funktion des Elkos unterscheidet sich nicht von der des „gewöhnlichen" Kondensators; siehe Info 4. Der Elko weist eine typische Form auf: Er ist größer als ein nicht polarisierter Kondensator gleicher Kapazität, zylindrisch, und die Anschlüsse sind meist axial angebracht, so wie es im Foto zu sehen ist.

Elkos sind gepolt, das heißt, daß sie einen positiven und einen negativen Anschluß haben. Im Schaltsymbol ist das deutlich zu erkennen: der Plusanschluß ist der offene Balken, den Minusanschluß kennzeichnet der schwarze Balken. Beim Anschluß an eine Gleichspannung ist das zu beachten. Ist der Elko falsch gepolt, kann er zerstört werden. Damit das nicht passiert, ist jeder Elkoanschluß gekennzeichnet. Beim Minusanschluß ist ein schwarzer Ring zu erkennen, und beim Plusanschluß sind auf dem Kondensatorgehäuse Pluszeichen aufgedruckt. Bei axialen Elkos erkennt man den Plusanschluß nicht selten an einer Einschnürung des Gehäuses.

Im Foto ist eine ganze Palette von Elkos zu erkennen. Es ist deutlich zu sehen, wie viele unterschiedliche Größen im Handel erhältlich sind. Die Größe eines Elkos hängt von zwei Dingen ab: vom Kapazitätswert und von der Spannungsfestigkeit. Das Volumen ist um so größer, je höher die Spannungsfestigkeit und/oder die Kapazität ist.

Wenn man den Elko mit einer Gleichspannung lädt, ist das maximale Fassungsvermögen nach einer bestimmten Zeit erreicht. Das bedeutet: Die auf den Platten des Kondensators sitzenden Ladungen können nicht weiter vermehrt werden. Diese Ladungen bewirken, daß an den beiden Enden des Kondensators die zuvor angeschlossene Spannung anliegt. Der Kondensator verhält sich, grob gesagt, wie eine aufladbare Batterie – ein Akkumulator.

Der Ladevorgang läuft nach der sogenannten e-Funktion ab: zu Beginn geht es schnell, dann immer langsamer (vgl. Graphik). Die Ladezeit, man nennt sie „Tau" (die Bezeichnung für das griechische T), errechnet sich aus den Werten von R, C und dem Faktor 0,69.

Das bedeutet:

Ein Kondensator gilt als geladen, wenn die in ihm gespeicherte Spannung 69 % der Ladespannung beträgt.

Theoretisch würde es nämlich unendlich lange dauern (aufgrund der Form der e-Funktion), bis Lade- und Kondensatorspannung übereinstimmen.

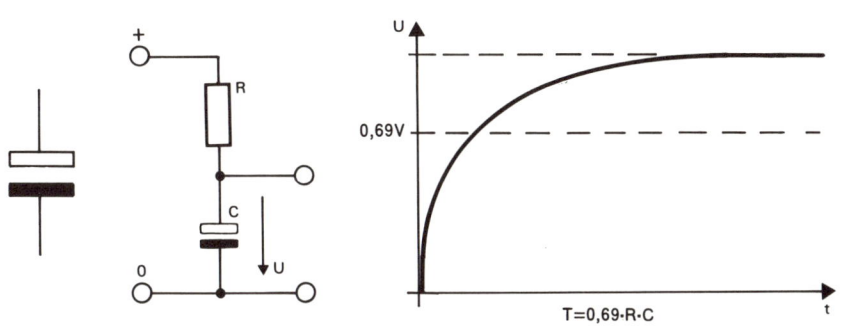

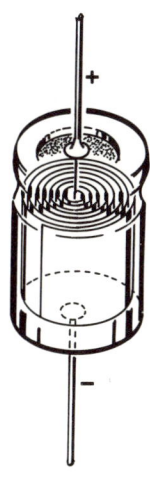

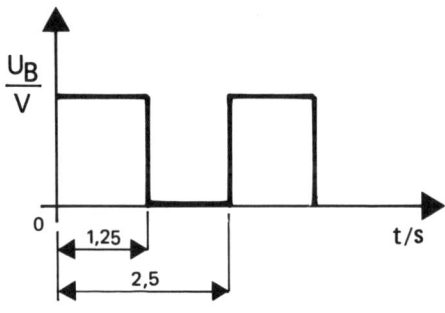

Abb. 110

Abb. 110 Eine Rechteck-
signalfolge ist eine recht
einfache Angelegenheit.
Das gilt insbesondere für
digitale CMOS-ICs. Wäh-
rend einer bestimmten Zeit
entspricht der Signalpegel
(fast) der Versorgungs-
spannung, während einer
anderen Zeit fast O V. In
der Abbildung sind die
beiden Zeiten identisch.
Das Impuls/Pausenverhält-
nis der gezeichneten
Impulsfolge ist 50 : 50. Das
ist jedoch nicht immer so.
Je nach Anwendungsfall ist
es erforderlich, daß das
Impuls/Pausenverhältnis
(eine andere Bezeichnung
hierfür ist duty-cycle)
ein unsymmetrisches Ver-
hältnis hat: beispielsweise
40 : 60, 20 : 80 oder auch
70 : 30.
In der Zeichnung ist noch
einmal deutlich zu erken-
nen, was eine Periode ist.
Es ist die Zeit für eine
komplette Schwingung, in
diesem Fall für einen
kompletten Rechteckimpuls.
Dazu gehört der Impuls
sowie die Impulspause.

Abb. 111 Lädt man mit der
Rechteckspannung einen
Kondensator, so verändert
sich die Form des Recht-
eckimpulses. Der Konden-
sator lädt sich während
des Impulses auf und
entlädt sich während der
Impulspause.

Der wesentliche Unterschied zum
zweiten AMV besteht darin, daß die Arbeitsfrequenz viel niedriger ist; sie beträgt nur etwa 0,4 Hz. Für diese niedrige Frequenz sorgen in erster Linie die
Kondensatoren C2 und C3. Es sind
Elektrolytkondensatoren (vgl. Info 42),
deren Kapazität gegenüber den „normalen" bedeutend höher ist. Dadurch
ist die Ladezeit der Elkos (das ist das
Kurzwort) länger gegenüber den anderen Kondensatoren. Die niedrige Frequenz des AMV von nur 0,4 Hz hat eine
lange Periodenzeit zur Folge. Eine vollständige Periode dauert 2,5 s, davon ist
das Ausgangssignal die halbe Zeit logisch 1 und die andere Zeit „0". Das

heißt also: Pin 10 von N2 ist für jeweils
1,25 s logisch 1 und logisch 0. In der Abbildung 110 ist das Signal an Pin 10 von
Gatter N2 vereinfacht dargestellt.
Das Signal vom Gatter N2 (Pin 10)
gelangt über R3 zum Kondensator C4,
einem Elko. Diese Zusammenschaltung von Widerstand und Kondensator
nennt man, in der vorliegenden Form
Integrierglied. Was passiert?
Nun, Abbildung 111 verrät es uns. Während Pin 10 von N2 logisch 1 ist, wird C4
über R3 geladen. Schaltet Gatter N2
anschließend nach logisch 0 um, entlädt sich C4 unter anderem über
Trimmpoti R4 und Widerstand R5 nach
Masse, und an R3 sinkt die Spannung
wieder ab. Mit der nächsten logischen
1 beginnt der Ladevorgang erneut, usw.
Am Elko C4 entsteht also eine schwan-
kende Gleichspannung. Da die Widerstände R4 und R5 parallel zu C4 geschaltet sind, hat die variierende
Gleichspannung den gleichen Effekt,
als wenn jemand den Schleifer von R4
dauernd hin und her dreht. Im Rhythmus der Spannungsschwankung an C4
schwankt auch die Arbeitsfrequenz
von AMV2; je nach Einstellung von

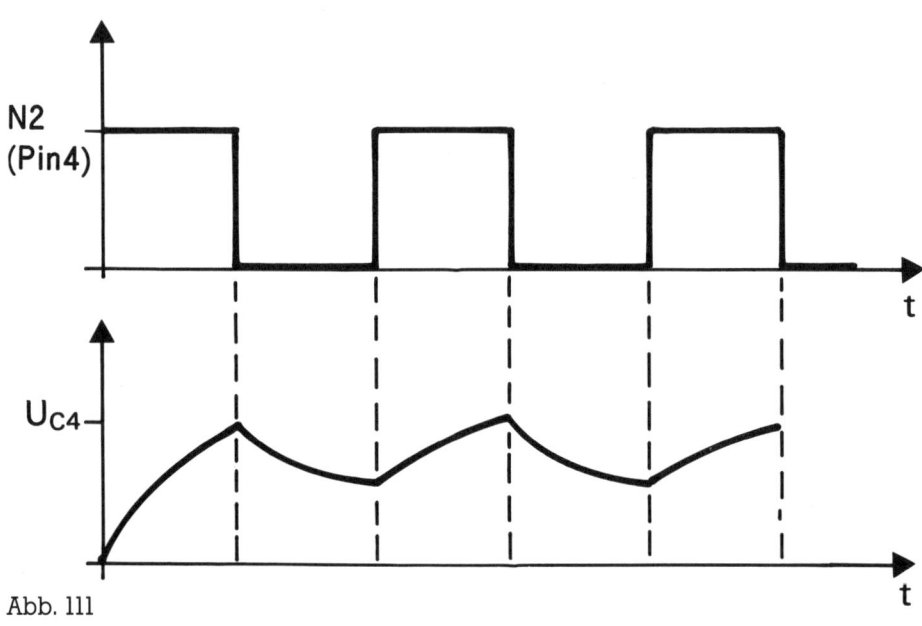

Abb. 111

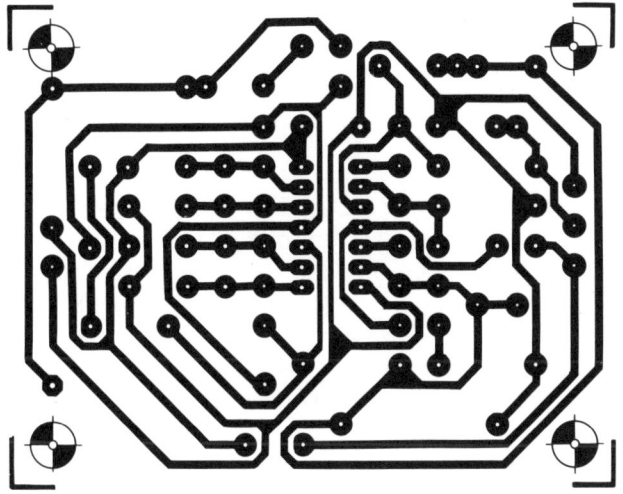

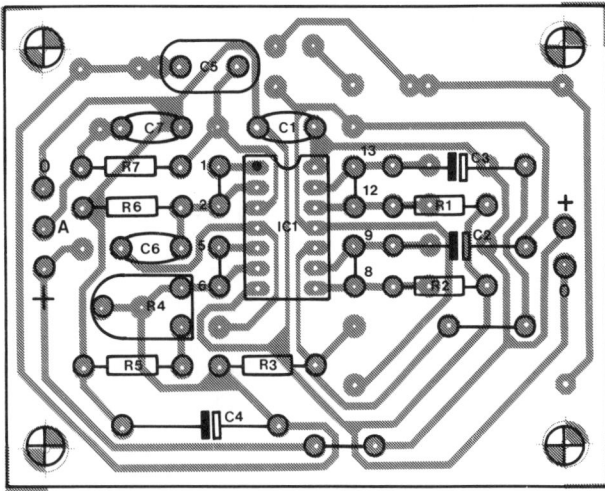

Abb. 112   Abb. 113

Trimmpoti R4 um einige hundert Hertz. Das genügt, um den typischen auf- und abschwellenden Ton einer Sirene zu erzeugen.

Das RC-Glied R7/C7 ist ebenfalls ein Integrierglied, das als *Tiefpaß* (vgl. Info 43) eventuelle Nebengeräusche im Ausgangssignal unterdrückt. Die Amplitude des Ausgangssignals am Anschlußpunkt A reicht vollkommen aus, um einen NF-Endverstärker auszusteuern.

STÜCKLISTE SIRENE
R1, R2   = 1 M
R3   = 10 k
R4   = 10 k (Trimmpoti)
R5, R6   = 47 k
R7   = 1 k
C1, C5, C6 = 100 nF
C2, C3   = 2µ2F/16 V
C4   = 470 µF/16 V
C7   = 220 nF
IC1   = 4011
IC-Fassung, 14-polig
Verdrahtungsmaterial
Lötstifte

Eine Platine für die Sirenenschaltung aus Abbildung 109 ist in Abbildung 112 zu sehen. Die Platine ist so ausgelegt, daß sie auch für andere Schaltungen aus diesem Kapitel zu gebrauchen ist.

Die Bestückung

für die Sirenenschaltung sehen wir in der Abbildung 113. Weil das Platinenlayout universell ist, sind sechs Drahtbrücken erforderlich, die wir zuerst einsetzen. Vier Drahtbrücken verbinden bei jedem Gatter die beiden Eingänge miteinander (1 mit 2, 5 mit 6, 8 mit 9 und 12 mit 13), die anderen beiden Brücken erkennen Sie auf der Zeichnung. Löten Sie als nächstes die Fassung von IC1 ein (achten Sie auf die Markierung). Nun folgen die Widerstände und die Kondensatoren. Widerstand R4 ist das Trimmpoti. Die Minusanschlüsse der beiden Elkos (C2 und C3) zeigen zum IC. Der Minuspol von C4 ist mit R5 verbunden. Wenn Sie bei den Anschlußpunkten „0", „+" und „A" Lötstifte anbringen, läßt sich die Platine später besser mit der Batterie und externen Schaltungen verbinden. Zum Schluß wird IC1 in die Fassung gesetzt. Dabei muß die Markierung für Pin 1 in Richtung C1 zeigen. Achten Sie auch

Abb. 112 Das Platinenlayout ist nicht nur für die Sirenenschaltung aus Abbildung 109 vorgesehen, sondern für alle in diesem Kapitel vorgestellten Multivibratorschaltungen, egal ob astabil, monostabil oder bistabil.

Abb. 113 Der Bestückungsplan für die Sirenenschaltung aus Abbildung 109 ist nicht sonderlich kompliziert. Wegen der universellen Verwendbarkeit der Platine sind lediglich einige Brücken erforderlich.

INFO 43   Das Integrierglied – der Tiefpaß

*D*as Integrierglied gehört zur Gruppe der R-C-Glieder und zeichnet sich durch einen parallel zum Signalweg geschalteten Kondensator aus, der mit einem Widerstand gekoppelt ist. Dieser serielle Widerstand befindet sich zwischen Kondensator und Signaleingang. Die Ausgangsspannung wird parallel zum Kondensator (über den Kondensator) abgegriffen.

Betrachten wir die RC-Schaltung zunächst als Integrierglied, an dessen Eingang Rechteckimpulse anliegen. Die Spannung am Kondensator beginnt sich bei vorhandener Rechteckspannung zum Zeitpunkt t_1 aufzubauen. Ab der Zeit X entlädt sich der Kondensator wieder. Dieser Vorgang wiederholt sich mit jedem Rechteckimpuls. Für die Ladezeit gilt die normale Zeitkonstante $T = R \times C$. Der Entladevorgang ab dem Zeitpunkt X wird von dem Widerstandswert der nachfolgenden Schaltung bestimmt.

Für Wechselspannungen kann man das RC-Glied als Spannungsteiler betrachten. Der Widerstand R ist frequenzunabhängig, der Kondensator C jedoch nicht. Bei richtiger Dimensionierung hat der Kondensator für niedrige Frequenzen einen nahezu unendlich hohen „Widerstand", bei hohen Frequenzen ist der „Widerstand" sehr gering. Das bedeutet: Signale mit tiefen Frequenzen können das RC-Glied (fast) ungehindert passieren. Die Ausgangsspannung ist dabei etwa gleich der Eingangsspannung. Signalamplituden ab der Grenzfrequenz f_g aufwärts werden stark abgeschwächt.

Die Grenzfrequenz bezieht sich auf das RC-Glied und errechnet sich nach der angegebenen Formel. Die Grenzfrequenz ist der Punkt, bei dem die Ausgangsspannung auf den 0,7fachen Wert der Eingangsspannung abgesunken ist.

Das ideale Tiefpaßverhalten ist im Diagramm gestrichelt angedeutet. Man kann es annähernd erreichen, jedoch nie hundertprozentig. Bei hohen Frequenzen wird die Wellenform des Eingangssignals stark verändert: Aus dem ursprünglichen Rechtecksignal entstehen sinusförmige Schwingungen; der Tiefpaß filtert die Oberwellen des Rechtecksignals aus.

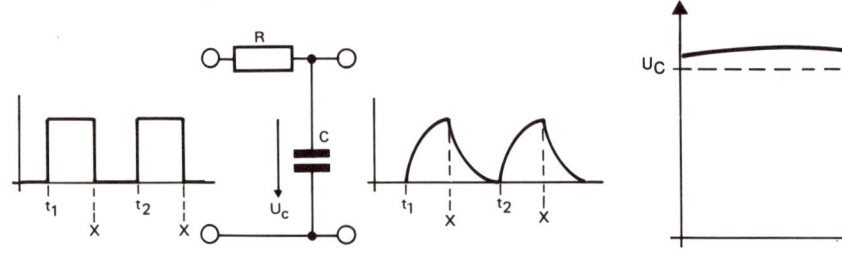

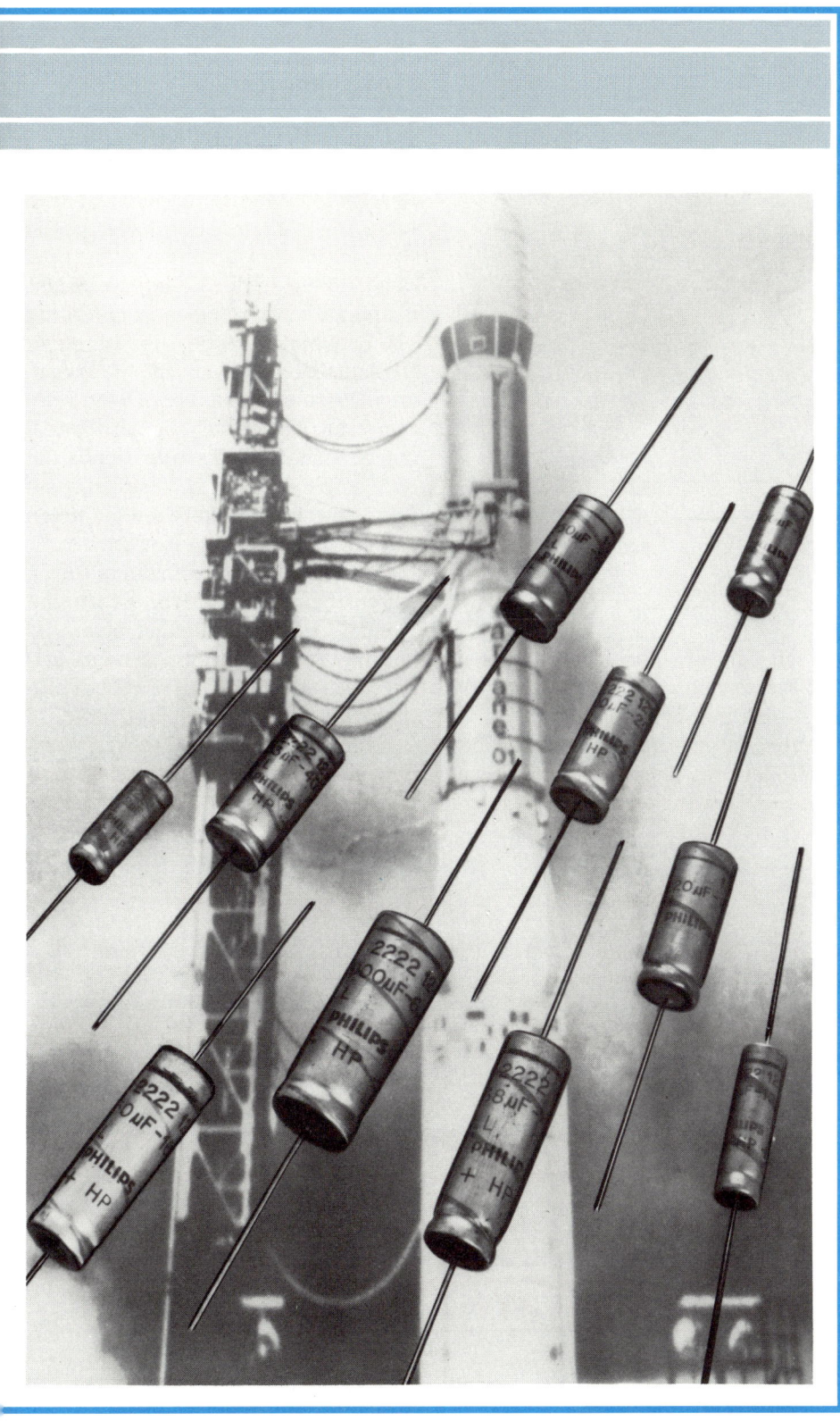

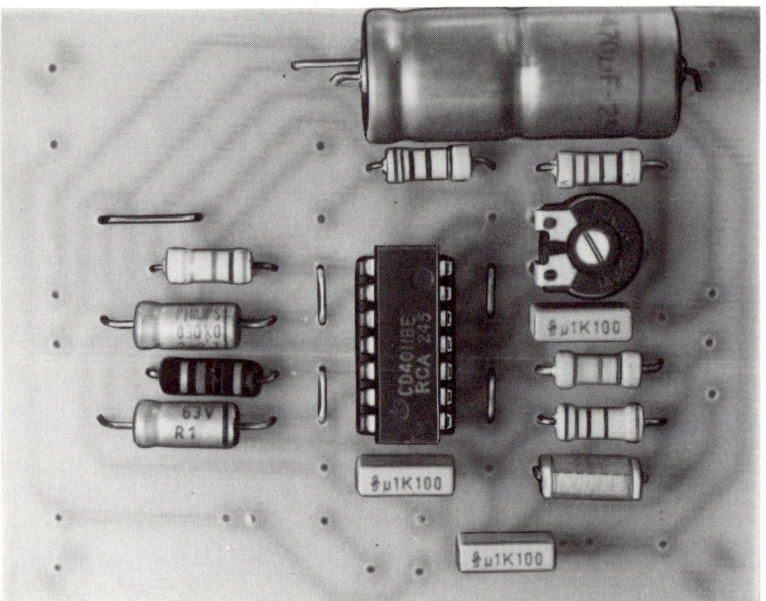

Abb. 114

Abb. 114 Eine bestückte Sirenenplatine müßte etwa so aussehen, wie es das Foto zeigt. Der Aufbau ist problemlos, zumal zwischen den einzelnen Bauteilen genügend Platz ist.

darauf, daß alle Anschlußpins gut in der Fassung sitzen. Die Abbildung 114 zeigt eine bestückte Platine.

Vor dem Aufbau- und Funktionstest beschäftigen wir uns mit dem Anschluß eines NF-Endverstärkers.

Universeller NF-Endverstärker

Bevor wir uns nun den bi- und monostabilen Multivibratoren widmen, bauen wir den NF-Endverstärker aus Abbildung 115 auf. In der Elektronik gehört häufig zu einer kompletten Schaltung ein Endverstärker, der das erzeugte NF-Signal verstärkt, so daß es der angeschlossene Lautsprecher wiedergeben kann. Warum soll man also jedesmal einen neuen Verstärker entwerfen und aufbauen? Es ist möglich, eine Schaltung zu entwickeln, die bei vielen Anwendungen zu benutzen ist.

Die Schaltung aus Abbildung 115 ist ein solcher Endverstärker. Es ist eine Standardschaltung, die mit einem IC und wenigen Bauteilen auskommt und mit der angegebenen Dimensionierung eine Leistung von ungefähr 0,7 W erzeugt. Das klingt zwar recht bescheiden, doch ist die Lautstärke in den meisten Fällen mehr als ausreichend.

Abb. 115 NF-Verstärker mit nur einem Transistor, wie es beim Experimentierradio der Fall war, sind relativ leistungsschwach. Ganz anders der hier vorgestellte NF-Verstärker. Mit nur einem IC und wenigen externen Bauteilen entsteht eine Schaltung, die das NF-Signal etwa 20- bis 200fach verstärkt. Der exakte Wert hängt von der äußeren Beschaltung ab.

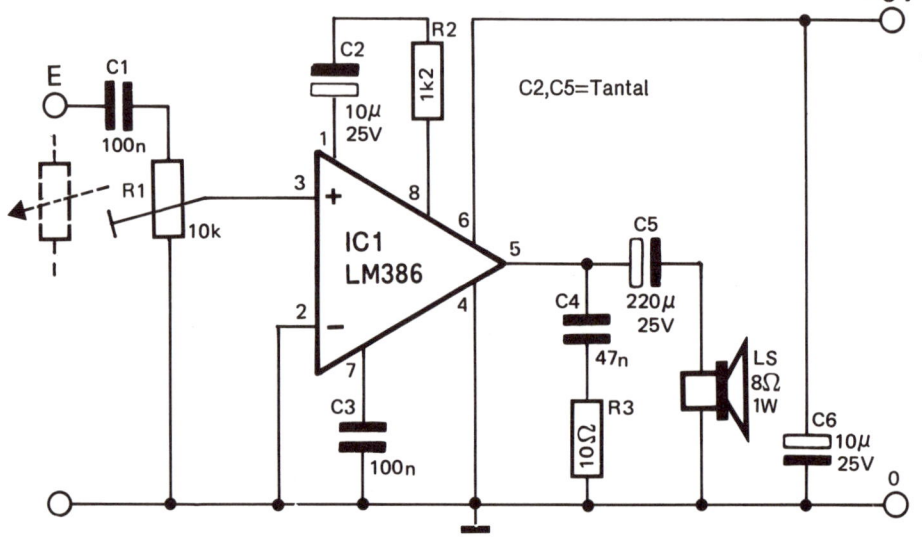

Abb. 115

Zur Schaltung:

Das NF-Signal gelangt über Cl (dieser Kondensator hält eine eventuelle Gleichspannung fern) zum Trimmpoti R1, der die Amplituden des NF-Signals herabsetzt und somit die Lautstärke einstellt. Wer zur Einstellung der Lautstärke nicht dauernd einen Schraubendreher zur Hand nehmen will, kann anstelle des Trimmpotentiometers auch ein normales Einstellpotentiometer verwenden (vgl. Info 44). Die Funktionen sind bei beiden Typen gleich, sie unterscheiden sich lediglich in ihren Ausführungsformen und im Schaltungssymbol. Es ist in Abbildung 115 gestrichelt angedeutet.

Vom Schleifer des Potis gelangt das Signal zum Eingang des eigentlichen Verstärkers: Pin 3 von IC1. Die Bezeichnung lautet LM 386. Bis auf wenige Bauteile sind alle für eine Endstufe notwendigen Komponenten im IC enthalten. Die eigentliche Signalverstärkung wird mit den Bauteilen R2/C2 eingestellt und erreicht in dieser Schaltung den 50fachen Wert. Sind die Pins 1 und 8 nur über C2 verbunden, ist die Verstärkung 200fach. Bleiben beide Anschlüsse offen, hat die Verstärkung nur noch den Wert 20.

C4 und R3 sorgen für eine ausreichende Stabilität der Schaltung. Aus diesem Grunde sollen für die Elkos C2/C6 auch Tantaltypen eingesetzt werden (vgl. Info 45). Elko C5 hält Gleichspannung vom Lautsprecher fern.

STÜCKLISTE ZUM ENDVERSTÄRKER

R1 = 10 k (Trimm- oder Einstellpoti)
R2 = 1k2
R3 = 10 Ohm
C1, C3 = 100 nF
C2, C6 = 10 µF/25 V (Tantal)
C4 = 47 nF
C5 = 220 µF/25 V
IC1 = LM 386
LS = 8 Ohm/1 W
IC-Fassung, 8-polig
Verdrahtungsmaterial
Lötstifte mit passenden Kabelschuhen

Das Platinenlayout für den einfachen NF-Verstärker ist in Abbildung 116 zu sehen; die entsprechende Bestückung zeigt Abbildung 117. Das Layout ist für ein Trimmpoti als Lautstärkeeinsteller ausgelegt. Wer die Schaltung doch lieber mit einem Einstellpotentiometer aufbauen möchte, muß lediglich die Anschlüsse des Einstellpotis über Kabel mit den Trimmpotianschlüssen der Platine verbinden. Die Kabel können direkt in die entsprechenden Bohrungen der Platine gesteckt oder die Verbindung über kleine Lötstifte und

Abb. 116 Die Leiterbahnseite der Platine für den NF-Verstärker ist relativ einfach aufgebaut. Diese Platine ist nur für die Schaltung aus Abbildung 115 geeignet.

Abb. 117 Der Bestückungsplan für den NF-Verstärker. Für das IC sieht man am besten eine Fassung vor. Achten Sie auf die Polarität der Kondensatoren C2, C5 und C6.

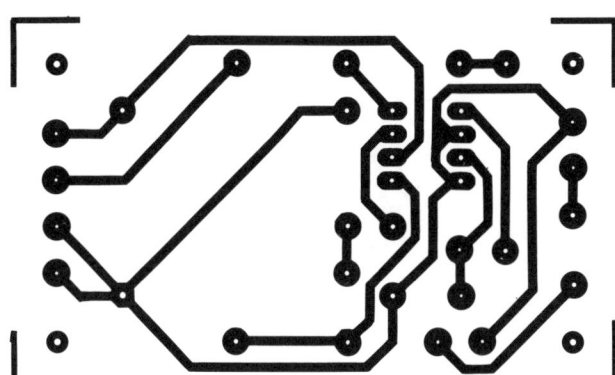

Abb. 116

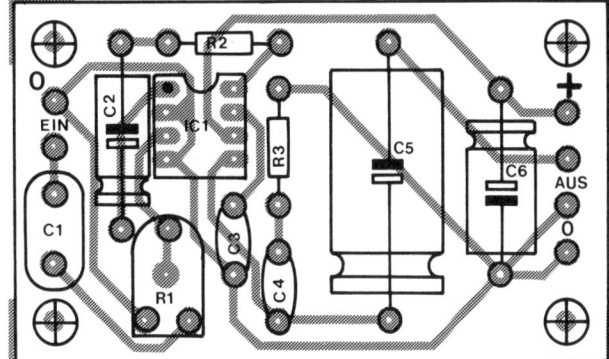

Abb. 117

*E*instellpotentiometer sind genauso wie die Trimmpotentiometer aufgebaut, nur mit einem Unterschied: Zum Verstellen benötigt man keinen Schraubendreher, da sie über eine Einstellachse verfügen. Das ist im Schaltsymbol durch den Pfeil am Schleiferanschluß angedeutet. Auch die Einstellpotis (kurz Poti) haben einen Drehwinkel von 270 Grad, das entspricht einer ¾-Umdrehung.

Der Schleifer teilt beim Poti die Widerstandsbahn in zwei Teilwiderstände, die man an den Anschlüssen 1–3 und 2–3 abgreifen kann. Zwischen den Anschlüssen 1–2 bleibt der Gesamtwiderstand immer konstant.

Demnach ist das Poti ein einstellbarer Spannungsteiler, dessen Einzelwiderstandswerte nur von der Schleiferstellung abhängen.

In der linken Abbildung ist der Schleifer (Anschluß 3) mit dem Anschlußpunkt 2 verbunden. Damit wird das Poti zum einstellbaren Widerstand (das ist auch dann so, wenn der Schleifer mit Punkt 1 verbunden ist). Wir betrachten den Widerstandswert zwischen 1 und 3. Steht der Schleifer am Anschlag von Punkt 2, ist der Widerstandswert am größten. Er wird immer kleiner, je weiter der Schleifer sich Anschluß 1 nähert. Der Widerstand ist null, wenn der Schleifer an Punkt 1 anschlägt.

Potis sind mit linearem (Abb. links) oder logarithmischem Zusammenhang (Abb. rechts) zwischen Drehwinkel und den Teilwiderständen erhältlich.

Neben den Werten sind noch die Buchstaben A und B aufgedruckt (A für linear, B für logarithmisch). Logarithmische Typen gibt es beispielsweise beim Hifi-Verstärker zur Lautsprechereinstellung. Hier nimmt der Widerstand zwischen Schleifer und seitlichem Anschluß nicht linear, sondern logarithmisch mit dem Drehwinkel zu.

Übrigens: Trimmpotis gibt es nur mit linearem Drehverhältnis.

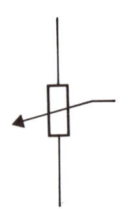 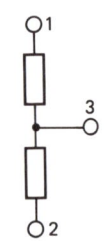 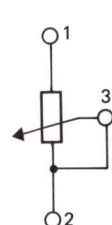 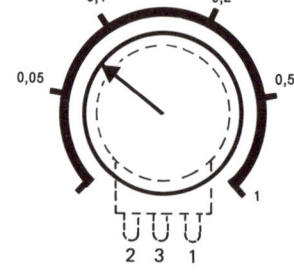 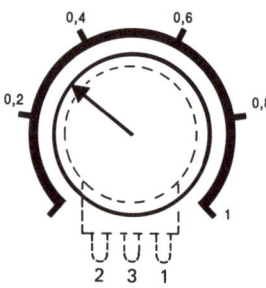

log. Einteilung   lin. Einteilung

INFO 45   Tantal-Elkos

*O*b Tantal-Elkos oder normale Ausführungen, das ist in den meisten Fällen eigentlich unerheblich, denn die prinzipielle Funktion ist überall gleich. Bleibt also die Frage: Warum dann überhaupt Tantal-Elkos?

Eine Antwort auf diese Frage gibt schon das Foto. Gegenüber den normalen Elkos sind die Tantalausführungen mit gleichem Kapazitätswert und gleicher Nennspannung erheblich kleiner. Im Foto sind Tantal-Elkos in Tropfenbauform zu sehen; es gibt allerdings auch „Tantals" mit Axialanschlüssen.

Neben den geringen Abmessungen haben sie aber noch weitere Vorzüge. Der wohl wesentlichste ist, daß die Tantals genauere Werte haben, die auch noch nach Jahren fast unverändert sind. Sie altern also nicht so schnell. Weiter reagiert der Widerstandsanteil der Kapazität (das ist die Impedanz) unempfindlicher auf Temperaturschwankungen und große Änderungen der Arbeitsfrequenz.

Es ist jedoch nicht sinnvoll, überall Tantal-Elkos einzusetzen, denn sie haben auch ihre Nachteile. Da ist zunächst der relativ hohe Anschaffungspreis. Außerdem reagieren Tantal-Elkos empfindlich auf unsachgemäße Behandlung. So kann es bei falscher Polung (Vertauschen des Plus- und Minusanschlusses) zu einer Explosion kommen, die den Tantal unter Umständen zerreißt. Das kann auch passieren, wenn dieser Elko mit unzulässig hohen Temperaturen, Überspannungen und Impulsströmen überlastet wird. Dabei kommt es im Inneren zu einem Kurzschluß.

Also: Kein Tantal um jeden Preis, sondern nur da, wo es sinnvoll ist.

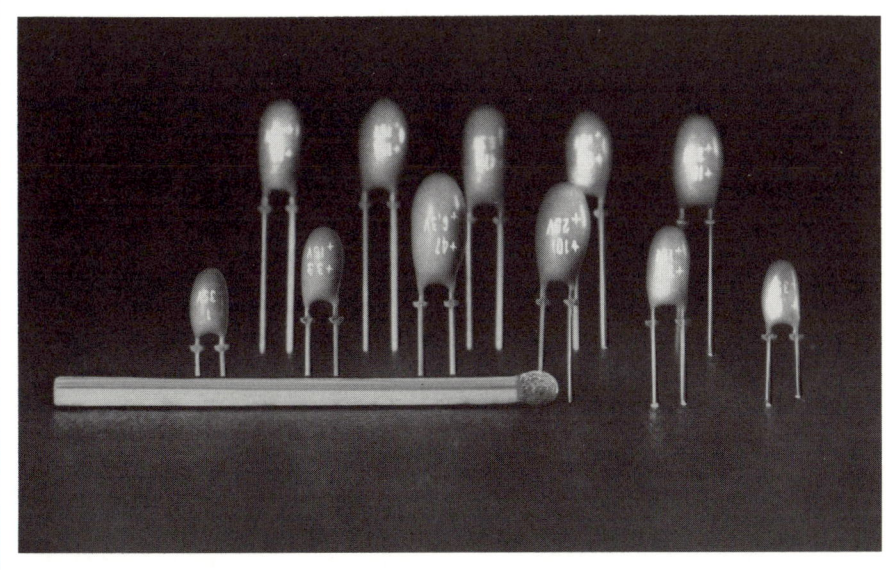

Abb. 118

Abb. 118 Die fertig bestückte Platine ist noch recht übersichtlich. Etwas eng ist es lediglich zwischen dem Kondensator C2 und dem IC. Ansonsten gibt es keine Platzprobleme. Auf Wunsch lassen sich die Versorgungsspannungs- und die Signalanschlüsse mit Lötstiften versehen.

Kabelschuhe hergestellt werden. Weiterhin ist bei der Platinenbestückung auf das Übliche zu achten:

● die Polarität der Elkos C2, C5 und C6;
● die Pin-1-Markierung der IC-Fassung zeigt in Richtung R2;
● die Werte der Widerstände dürfen nicht vertauscht werden;
● beim Einsetzen des ICs muß die Pin-1-Markierung wieder nach R2 zeigen, und alle Pins müssen richtig in der Fassung sitzen.

Eine bestückte Platine sehen Sie auf Abbildung 118.

Das NF-Signal gelangt laut Schaltbild auf einen Anschluß von C1. Also muß auch das signalführende Kabel mit einem Anschluß von C1 verbunden sein. Aus dem Bestückungsplan geht hervor, welcher der zwei Eingangsanschlüsse das ist. Mit dem zweiten Eingangsanschluß wird das Massekabel verbunden. Wie zum Beispiel die Sirene mit dem NF-Verstärker zu verbinden ist, zeigt der Schaltungsausschnitt in der Abbildung 119. Verbinden Sie einfach die Schaltungspunkte A und E sowie die beiden 0-Punkte miteinander; an der gestrichelten Linie treffen die Schaltungen zusammen.

Genau an diesen Punkten verbinden Sie auch die beiden Platinen aus den Abbildungen 113 und 117 miteinander. Ist das geschehen, fehlt nur noch die Batterie, damit die Sirene losheult.

Falls die Schaltung nicht funktionieren sollte, beginnen wir mit der

Fehlersuche

1. Versorgungsspannung an beiden Platinen messen. Multimeter einstellen und die 9-V-Gleichspannungen messen; einmal an den Plusanschlüssen

Abb. 119 Die Verbindung zwischen Sirenenschaltung und NF-Verstärker ist mit nur zwei Leitungen hergestellt. Die eine Leitung verbindet die beiden Massepunkte miteinander (O und O). Die zweite Leitung verbindet Punkt A mit Punkt E. An Punkt A steht das Sirenenausgangssignal zur Verfügung. Dieses Signal muß dem NF-Verstärker an Punkt E zugeführt werden. Punkt E ist der Eingang des Verstärkers.

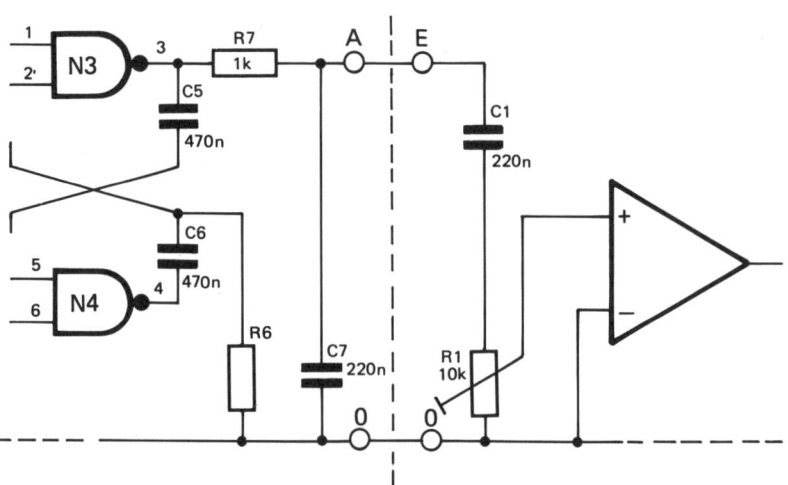

Abb. 119

der Platinen und zum anderen an den Plusanschlüssen der beiden ICs.

2. Schleifer von R1 beim NF-Verstärker in Mittelstellung bringen.

3. Stellung von R4 verändern. Drehen Sie den Schleifer langsam von einem Anschlag bis zum anderen.

4. Gleichspannung an Pin 5 von LM 386 messen. Sie muß sich auf etwa den Wert der halben Versorgungsspannung einstellen (4,5 V). Dafür sorgt das IC selbst.

Stellen Sie R1 auf maximale Lautstärke; der Schleifer ist dann direkt mit dem Anschluß von R1 verbunden. Es muß nun bereits ein leichtes Brummen im Lautsprecher zu hören sein. Es wird wesentlich stärker, wenn man Punkt E mit dem Finger berührt. (Der menschliche Körper arbeitet dann als Antenne.) Ist das Brummen vorhanden, kann man davon ausgehen, daß der Verstärker in Ordnung ist.

5. Astabile Multivibratoren AMV1 und AMV2 überprüfen. Verwenden Sie dazu die bereits bekannte optische Anzeige mit Transistor und LED. Schließen Sie die Transistorstufe an Punkt A3 beim AMV1 an. Die LED muß mit einer niedrigen Frequenz blinken. Die optische Überprüfung von AMV2 mit einer LED ist nicht möglich, weil die Arbeitsfrequenz viel zu hoch ist. Hier ist nur ein akustischer Test im Zusammenhang mit dem NF-Verstärker möglich. Löten Sie dazu den Widerstand R3 aus. Aus dem Lautsprecher muß dann ein gleichmäßiger Ton erklingen. Die Frequenz hängt von der Stellung des Schleifers bei R4 ab.

Damit sind alle Überprüfungen abgeschlossen. Mit ihnen ist es möglich, einen eventuellen Fehler in irgendeiner Schaltungseinheit zu lokalisieren und, wenn das geschehen ist, auch zu beseitigen.

Sirenenzeitschalter

Eine Sirene, die unentwegt in Betrieb ist, sobald die Versorgungsspannung anliegt – schön und gut, aber welchen Sinn hat das?

Ein Schalter, der die Sirene nach einer bestimmten Zeit automatisch wieder abschaltet, eröffnet jedoch eine Menge Anwendungsmöglichkeiten. Ein elektronischer Zeitschalter ist zum Beispiel der monostabile Multivibrator, abgekürzt einfach MMV (vgl. Info 47), auch Monoflop genannt.

Das Schaltbild eines typischen Monoflops sehen Sie in Abbildung 120. Die Schaltung ist mit den bereits bekannten NAND-Gattern des ICs 4011 aufgebaut; für eine MMV-Schaltung sind zwei

Abb. 120 Prinzipschaltbild eines monostabilen Multivibrators, kurz MMV. R2 und C2 sind für die Zeitkonstante verantwortlich und sorgen dafür, daß die Schaltung einen stabilen und einen nichtstabilen Zustand hat.

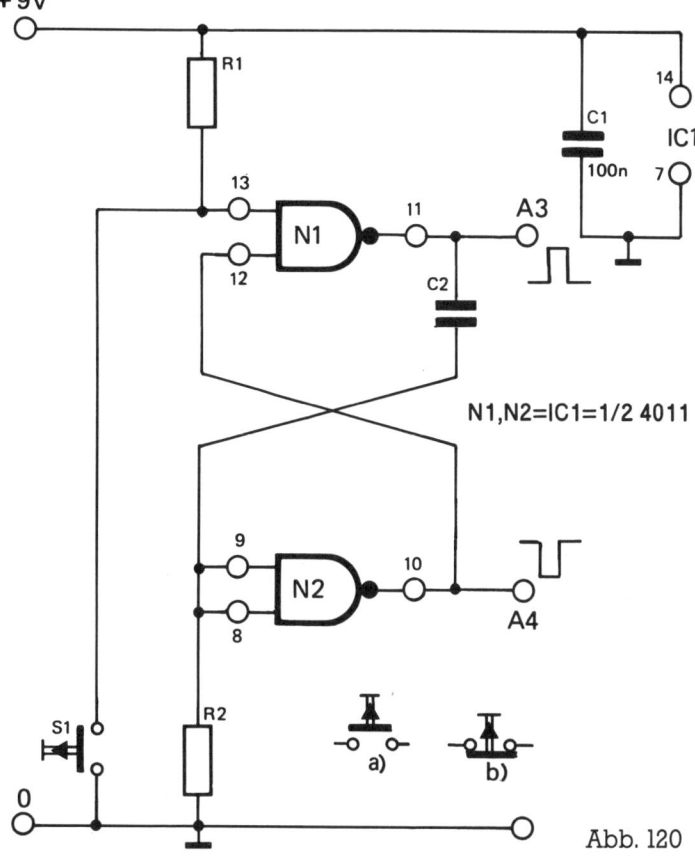

Abb. 120

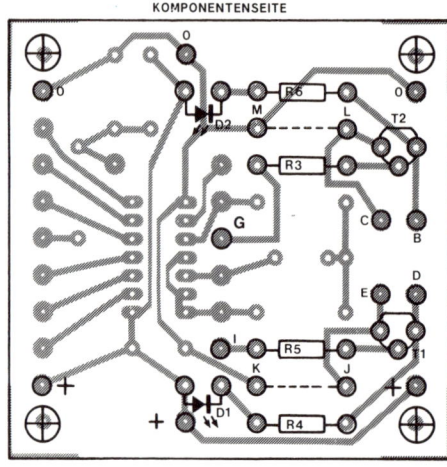

KOMPONENTENSEITE

Abb. 121

Abb. 121 Diese Platine kennen wir bereits aus Kapitel 5. Auf ihr lassen sich zwei Transistor/LED-Stufen aufbauen, um dann die folgenden Schaltungen damit zu testen.

Abb. 122 Das Monoflop wird mit Hilfe von S1 in „Bewegung" gesetzt. Die Monoflopzeit bestimmen die Werte von R2 und C2. In Ruhestellung ist A3 logisch O und A4 logisch 1. Das bedeutet: die an A4 angeschlossene LED leuchtet.

dieser Gatter notwendig. Ansonsten ähnelt die Schaltung sehr stark einem AMV; es fehlt nur ein Kondensator. Die Bauteilwerte sollen uns im Moment noch nicht interessieren.

Wie funktioniert nun ein Monoflop als Zeitschalter? Im Ruhezustand ist der Ausgang A3 logisch 0 und A4 „1". Das ändert sich auch nicht, bis der Taster S1 betätigt wird. Der Taster überbrückt die Kontakte, wenn man ihn drückt und kehrt sofort in die Ruhestellung zurück, sobald er wieder losgelassen wird. Das heißt: In Ruhestellung des Tasters ist der Kontakt geöffnet. Betätigt man den Taster, dann schließt der Kontakt. Deshalb heißt diese Tasterart „Schließer". Im Gegensatz dazu hält ein „Öffner" in seiner Ruhestellung den Kontakt geschlossen. Diese Funktionen sind auch aus den Taster-Schaltsymbolen a und b in Abbildung 120 leicht abzulesen, a ist ein „Schließer", b ein „Öffner".

Doch zurück zum Monoflop. Sobald der Taster S1 kurz den Kontakt schließt, wird der elektronische Zeitschalter, nämlich das Monoflop, in Betrieb gesetzt. Für eine bestimmte Zeitspanne geht der Ausgang von A3 auf logisch 1 und A4 wird „0". Nach Ablauf dieser Zeit „kippt" das Monoflop um, der Ausgangszustand stellt sich wieder ein und bleibt so lange erhalten, bis man den Taster S1 erneut betätigt. Die Einschaltzeit hängt von den Bauteilen C2 und R2 ab.

Bevor wir nun den Sirenenzeitschalter bauen, wollen wir einige Experimente mit dem Monoflop durchführen.

Workshop

Die Platine für die folgenden Experimente kennen wir bereits aus Abbildung 112. Das Layout der Leitbahnen ist für alle Experimente gleich, nur die Bestückung ändert sich. Deshalb ge-

nügt es, nur noch die Bestückung abzubilden. Ziel der Experimente ist es, das Zeitverhalten des RC-Gliedes beim Monoflop zu untersuchen. Das Monoflopverhalten kontrollieren wir mit einer oder zwei Transistor-LED-Stufen, wie sie in Abbildung 90 zu sehen sind. Die Platine zeigt Abbildung 91, die Bestückung mit den Anzeigestufen ist in Abbildung 121 zu sehen.

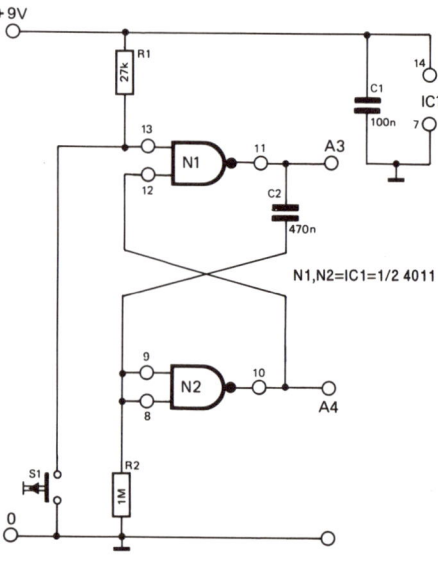

Abb. 122

Experiment 1

Die Monoflopschaltung aus Abbildung 122 ist bereits bekannt, und deshalb können wir sie direkt mit Hilfe des Bestückungsplanes aus Abbildung 123 aufbauen.

STÜCKLISTE
R1 = 27 k
R2 = 1 M
C1 = 100 n
C2 = 470 n
IC1 = 4011
1 IC-Fassung (14-polig)
1 Taster/Schließer
etliche Drahtbrücken
1 Batterieclip mit 9-V-Blockbatterie
(Die beiden letzten Teile sind bei jeder Schaltung erforderlich und werden deshalb ab jetzt nicht mehr extra in der Stückliste aufgeführt.)

Wenn wir alle Bauteile beisammen haben, beginnt der Aufbau der Multivibrator-Schaltung. Doch zunächst noch ein Wort zur Bestückung der Platine aus Abbildung 121. Hier müssen nun die Brücken J–K und L–M eingelötet werden.

Den Bestückungsplan für den MMV aus Abbildung 122 sehen wir in der Abbildung 123. Es müssen alle eingezeichneten Brücken vorhanden sein, und IC1 muß polaritätsrichtig eingesetzt werden.

Es folgt die Verbindung zwischen dem aufgebauten Monoflop (Abb. 123) und der LED-Anzeige (Abb. 121). Es ist sinnvoll, wenn die LED-Anzeige zweifach bestückt ist (mit zwei Transistoren, zwei LEDs und den entsprechenden Widerständen); so läßt sich am besten die Wechselwirkung der Monoflopausgänge A3 und A4 beobachten. Obwohl die Verbindung zwischen beiden Platinen deutlich aus Abbildung 124 hervorgeht, hilft bei eventuell noch anstehenden Fragen sicher eine kurze Aufstellung.

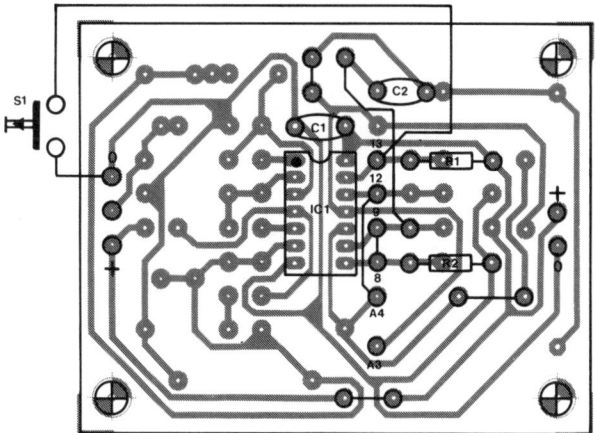

Abb. 123 Auf der Universalplatine aus Abbildung 112 wird das erste Experiment aufgebaut.

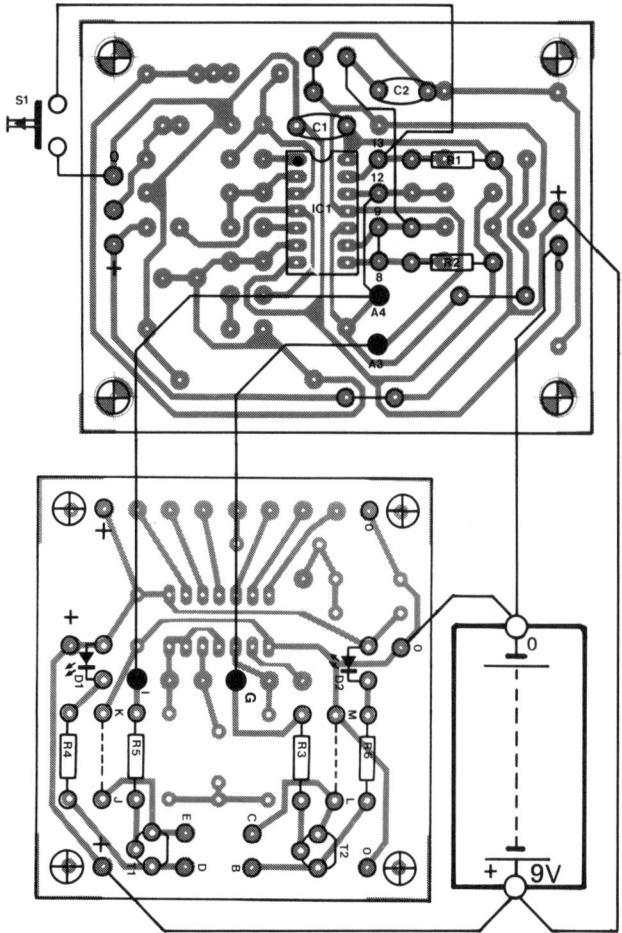

Abb. 124 Die Zusammenschaltung zwischen der Experimentier- und der Anzeigeplatine. Wichtig: die Verbindung von A3 nach G und von A4 nach I.

INFO 46   LM 386: NF-Verstärker

*D*as IC, der Hersteller ist National Semiconductor, abgekürzt NS, verstärkt NF-Signale ohne großen zusätzlichen Aufwand. Das IC hat acht Anschlüsse: für die positive Betriebsspannung Pin 6, für den negativen Anschluß (Masse) Pin 4. Die Anschlüsse für die Eingänge sind Pin 2 (invertierender Eingang) und Pin 3 (nichtinvertierender Eingang). Die Verstärkung ist intern (ohne äußere Beschaltung der Anschlüsse 1 und 8) auf 20 eingestellt. Mit einem externen Widerstand und einem externen Kondensator zwischen den Anschlüssen 1 und 8 läßt sich die Verstärkung zwischen 20 und 200 einstellen. Das verstärkte NF-Ausgangssignal steht an Pin 5 zur Verfügung. Um Instabilitäten zu unterdrücken, wird an Pin 7 ein Kondensator nach Masse geschaltet.

Die IC-Innenschaltung ist gar nicht so kompliziert, wie man es vermutet. Ein paar Transistoren, Widerstände und Dioden sind alles, womit der Chip aufgebaut ist.

Einige Eigenschaften:

Batterieversorgung ist möglich; Versorgungsspannung kann zwischen 4 und 12 V betragen. Im Ruhezustand, ohne Signalansteuerung, braucht das IC einen Strom von 4 mA. Die Gleichspannung an Pin 5 stellt sich auf halbe Betriebsspannung ein. Die Verlustleistung des ICs beträgt bei einer Versorgungsspannung von 6 V und ohne Signal nur 24 mW. Ausgangsleistungen bis 10 Watt sind mit diesem IC kein Problem.

Das IC wird als NF-Verstärker in den verschiedensten Geräten eingesetzt: tragbaren Kassettenrecordern, „Walkmännern" und ähnlichen Kleingeräten.

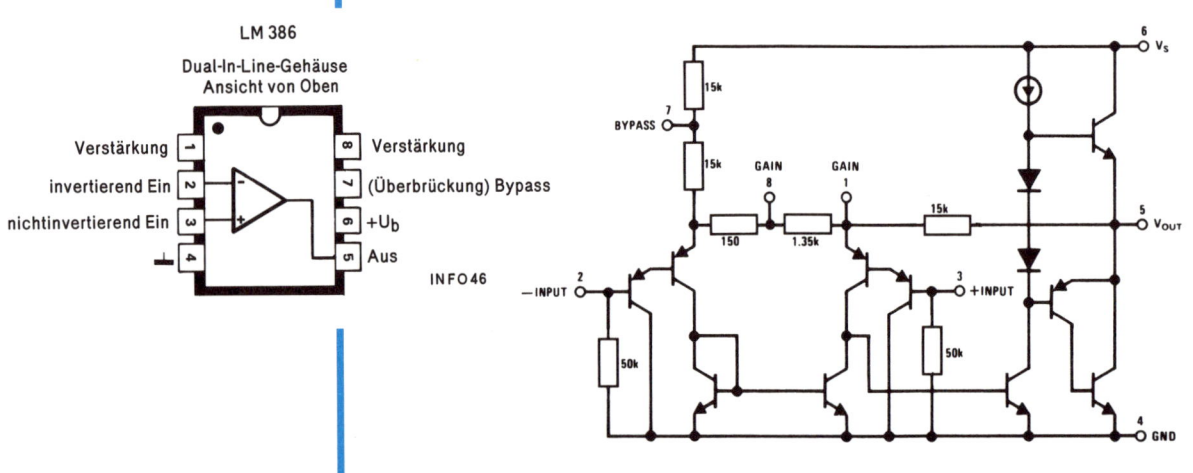

LM 386
Dual-In-Line-Gehäuse
Ansicht von Oben

Verstärkung — 1
invertierend Ein — 2
nichtinvertierend Ein — 3
— 4
8 — Verstärkung
7 — (Überbrückung) Bypass
6 — +U_b
5 — Aus

INFO 46

INFO 47 Der monostabile Multivibrator

*D*er monostabile Multivibrator, andere Bezeichnungen sind MMV oder Monoflop, hat einen stabilen und einen labilen Zustand. Im Gegensatz zum astabilen Multivibrator (Info 32) schwingt der MMV nicht dauernd hin und her. Der MMV verläßt seinen Ruhezustand nur dann, wenn er durch ein externes Signal dazu angeregt wird. Nach Ablauf einer gewissen Zeit, die von der MMV-Beschaltung abhängt, kippt die Schaltung aus ihrer aktivierten Stellung wieder selbsttätig in die Ruhestellung zurück.

Betrachten wir zunächst die MMV-Schaltung mit NAND-Gattern. Im Ruhezustand ist der Ausgang von N2 logisch 1, der von N1 dagegen „0". Schließt nun Taster S kurzzeitig, geht der N1-Ausgang auf „1". Den Spannungssprung von „0" nach „1" überträgt der Kondensator C auf den Eingang von N2, so daß dessen Ausgang „0" wird. Da dieser Ausgang mit einem Eingang von N1 verbunden ist, bleibt der momentane Zustand auch dann erhalten, wenn der Taster S wieder öffnet. Es fließt nun ein Strom über R2, der den Kondensator lädt, so daß die Spannung am Eingang von N2 langsam sinkt. Ist die Umschaltschwelle erreicht, kippt der MMV wieder in die Ruhestellung; dabei entlädt sich der Kondensator sehr schnell. Erst ein erneuter Tastendruck setzt den MMV wieder in Betrieb.

Die mit den Transistoren konventionell aufgebaute Schaltung ist ebenfalls ein Monoflop. In der Ruhestellung fließt über R3 ein Basisstrom zu T1. Da der Transistor leitet, fließt über R4 kein Strom zur Basis von T2. In diesem Zustand leuchtet LED D1; D2 ist dunkel. Schließt für kurze Zeit der Taster S, sperrt T1. Nun fließt ein Strom über R1, D1 und R4 zur Basis von T2. Der Transistor schaltet durch, und LED D2 leuchtet. Da der Kollektor von T2 auf Nullpotential liegt, fließt der Strom von Plus über R3, C und T2 nach Masse, so daß T1 auch dann noch gesperrt bleibt, wenn der Taster S wieder öffnet. Der Kondensator C lädt sich auf; erst wenn er geladen ist, fließt der Strom wieder über R3 zur Basis von T1. Das Monoflop kippt zurück und wartet auf einen neuen Tastendruck.

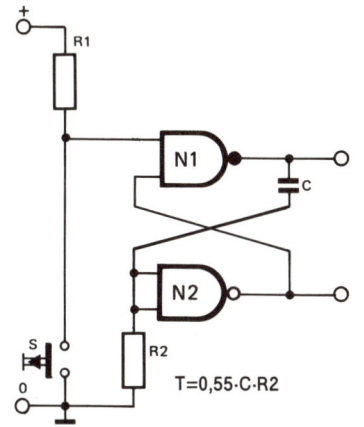

$T = 0,55 \cdot C \cdot R2$

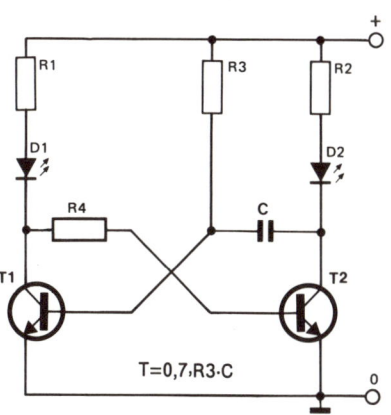

$T = 0,7 \cdot R3 \cdot C$

Anzeige		Monoflop
G	$\longrightarrow$	A3
I	$\longrightarrow$	A4
Plus	$\longrightarrow$	Plus
(0) Minus	$\longrightarrow$	Minus (0)

Wenn alles überprüft ist und stimmt, verbinden wir den Batterieclip mit der 9-V-Blockbatterie. Im Normalfall bleibt LED D1 dunkel, LED D2 jedoch leuchtet auf. Es kann aber auch die umgekehrte Situation eintreten. Dann jedoch muß nach relativ kurzer Zeit der Ruhezustand eintreten: D1 wird dunkel und D2 brennt. Das kann durch einen Fehlimpuls beim Anschalten der Batterie entstehen, der einen Start des Monoflops bewirkt.

Was aber ist, wenn sich die Schaltungen anders verhalten?

1. FALL
Die LED-Funktion ist umgekehrt.
Das ist ein einfacher Fehler, denn es sind nur die Anschlüsse bei A3 und A4 oder G und I zu vertauschen.

2. FALL
Beide LEDs bleiben dunkel.
Trennen Sie zunächst die Anzeige- von der Monoflopplatine. Es sind nun die Anschlüsse G und I der Anzeige direkt mit der Batteriespannung zu verbinden. Leuchten jetzt die LEDs, ist alles in Ordnung. Bleiben sie dunkel, ist der Fehler bei den LED-Stufen zu suchen. Hinweise hierzu finden Sie in Kapitel 5, S. 105. Liegt der Fehler auf der Monoflopplatine, geht die Suche weiter:
● Sitz der eingelöteten Bauteile genau prüfen!
● Gibt es unzulässige Leiterbahnverbindungen oder Lötzinnbrücken?
● Sind die Lötstellen korrekt?
● Stimmen die Bauteilwerte?
● Ist das IC richtig eingesetzt; Punkt-1-Markierung muß in Richtung C1 zeigen.

3. FALL
LED D1 leuchtet dauernd, LED D2 ist dunkel.

● Checkliste aus Fall 2 überprüfen.
● Der Taster S1 ist geschlossen bzw. der Kontaktpunkt (R1/Pin 13 von N1) ist mit Minus verbunden, und gleichzeitig muß der Eingang des Gatters N2 (Pin 8 und 9) eine Verbindung zu logisch 1 (das ist +9 V) haben.

4. FALL
Beide LEDs leuchten gleichzeitig.
● Checkliste aus Fall 2 überprüfen.
● Der Taster S1 ist geschlossen bzw. der Kontaktpunkt (R1/Pin 13 von N1) ist mit Minus verbunden.
Vorausgesetzt, daß keine Bauteile defekt sind, muß die Schaltung nach den durchgeführten Tests funktionieren.

Verbinden Sie beide Platinen erneut miteinander und schließen dann auch die Batterie wieder an, falls es notwendig war, sie abzuklemmen. Jetzt muß D1 dunkel sein und D2 leuchten. Daran ändert sich nichts, solange der Taster S1 nicht betätigt wird. Erst wenn man den Taster kurz drückt, „bewegt" sich das Monoflop. Das ist gut zu sehen, denn die LEDs wechseln ihren Zustand: D1 leuchtet und D2 ist dunkel. Lange hält dieser Zustand jedoch nicht an, denn nach relativ kurzer Zeit kippt das Monoflop wieder in den Ausgangszustand zurück, das heißt, der MMV nimmt wieder den Ruhezustand ein.

Mit den angegebenen Werten von C2 und R2 beträgt die Monoflopzeit ca. eine halbe Sekunde. (Um die genaue Zeit kümmern wir uns in Experiment 2.) Wiederholen Sie den Versuch einige Male, und beobachten Sie dabei das Verhalten der LEDs.

Jetzt provozieren wir bewußt etwas Unerlaubtes: Der Kontakt soll länger geschlossen bleiben als die Monoflopzeit lang ist, also länger als eine halbe Sekunde. Was passiert?
Zuerst reagieren die LEDs normal: D1 geht an, D2 wird dunkel. Ist nach Ablauf der Monoflopzeit der Kontakt weiterhin geschlossen, kann D1 nicht verlöschen,

die LED leuchtet also weiterhin. Zusätzlich leuchtet auch D2. Das bedeutet: Beide MMV-Ausgänge sind logisch 1, ein unerlaubter Zustand.

FAZIT

Ein Monoflop beginnt zu arbeiten, wenn es von einem Impuls am Eingang angesteuert wird. Nach Ablauf der MMV-Zeit nimmt das Monoflop wieder den Ruhezustand ein und verbleibt darin, bis ein weiterer Impuls die MMV-Zeit erneut startet. Die Startimpulsdauer darf nie länger als die MMV-Zeit sein; ansonsten entsteht der beschriebene unerlaubte Zustand.

Experiment 2

Kümmern wir uns nach der grundsätzlichen Funktionsüberprüfung doch einmal um die Monoflopzeit. Testen Sie mit einer Stoppuhr die Leuchtdauer von D1. Sie beträgt etwas mehr als 0,3 Sekunden; also nicht wie in Experiment 1 angegeben (und eventuell auch geschätzt) ungefähr eine halbe Sekunde. Das Produkt aus R2 und C2 bestimmt die Zeit. Die Formel lautet:

$$t = R2 \times C2 \times 0{,}7$$

Für die Schaltung aus Experiment 1 (Abb. 122) wollen wir die Zeit errechnen; der Kondensator hat einen Wert von 470 Nanofarad (0,000000470 F) und der Widerstand ist 1 Megaohm (1000000 Ohm). Bei der Berechnung ist immer auf die richtige Wertigkeit der eingesetzten Zahlen zu achten, damit bei dem Ergebnis die Einheit Sekunden stimmt.

$t = 1$ Megaohm $\times$ 470 nF $\times$ 0,7
$ = 0{,}329$ s

Wie wird nun aus dem Produkt Ohm/Farad die Einheit Sekunde? Ohm, das wissen wir, läßt sich auch als Quotient aus Spannung und Strom ausdrücken. Für die Einheiten gilt dann:

$$\text{Ohm} = \frac{\text{Volt}}{\text{Ampere}}$$

Einheitenmäßig gibt es auch für das Farad ein Äquivalent; es lautet:

$$\text{Farad} = \frac{\text{Ampere x Sekunden}}{\text{Volt}}$$

Multipliziert man jetzt die „Ersatzeinheiten" miteinander, fallen Volt und Ampere fort, und nur Sekunden bleiben übrig. Den Zusammenhang der „Ersatzeinheit" für das Farad lassen wir dahingestellt; sie kommt aus der Kondensatorlehre.

In der Formel für die Zeit ist der Wert 0,7 ein Korrekturfaktor, der einzusetzen ist, damit errechnete und tatsächliche Zeit auch übereinstimmen. (Den Grund des Korrekturfaktors wollen wir an dieser Stelle nicht weiter untersuchen.) Wählen Sie jetzt für C2 einen Wert von 10 Mikrofarad (Abb. 125); die Bestük-

Abb. 125 **Gegenüber dem ersten Experiment ändern sich bei diesem Versuch lediglich die Werte des Zeitgliedes.**

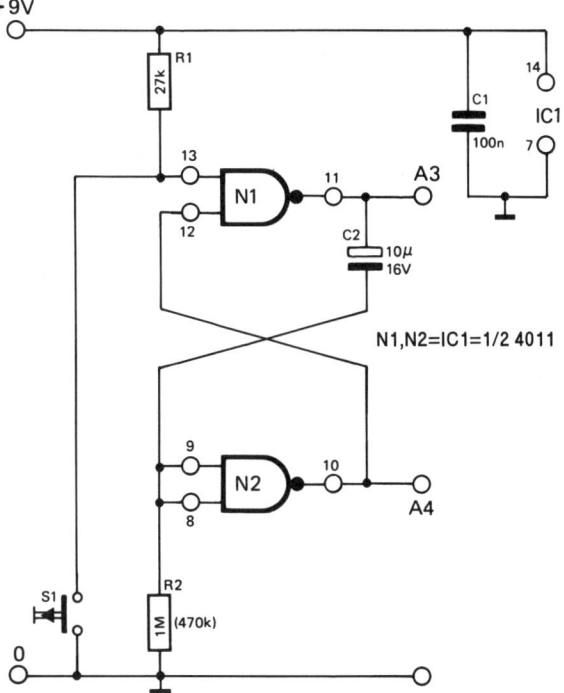

Abb. 125

kung ist in Abbildung 126 zu sehen. Sie brauchen bei der aufgebauten Monoflopschaltung nur den Kondensator C2 auszutauschen und zwei Brücken zu entfernen. Der neue Kondensator ist ein Elko. Man muß darauf achten, daß beim Einlöten der Plusanschluß des Elkos an Pin 11 von Gatter N1 liegt, also so, wie es der Bestückungsplan in Abbildung 126 zeigt. Alles andere bleibt wie beim ersten Experiment.

Berechnen Sie die Monoflopzeit:

$t = R2 \times C2 \times 0{,}7$
$ = 1 \text{ Megaohm} \times 10 \text{ Mikrofarad} \times 0{,}7$
$ = 7 \text{ s}$

Prüfen Sie diese Zeit mit einem praktischen Experiment nach. Wenn alles in Ordnung ist, leuchtet die LED D1 für sieben Sekunden. Geringe Abweichungen sind möglich.

Wechseln Sie R2 jetzt gegen einen Widerstand von 470 Kiloohm aus. Berechnen Sie die Zeit, um anschließend das Ergebnis im Experiment zu überprüfen. Die jeweils ermittelte Zeit liegt etwas über drei Sekunden.

$t = R2 \times C2 \times 0{,}7$
$ = 470 \text{ Kiloohm} \times 10 \text{ Mikrofarad} \times 0{,}7$
$ = 470000 \times 0{,}000010 \times 0{,}7$
$ = 3{,}29$

Abb. 126 Die Bestückung für die Experimentierschaltung aus Abbildung 125 ist eindeutig. Nach dem ersten Experiment ändert sich hier nur die Einbaulage von C2.

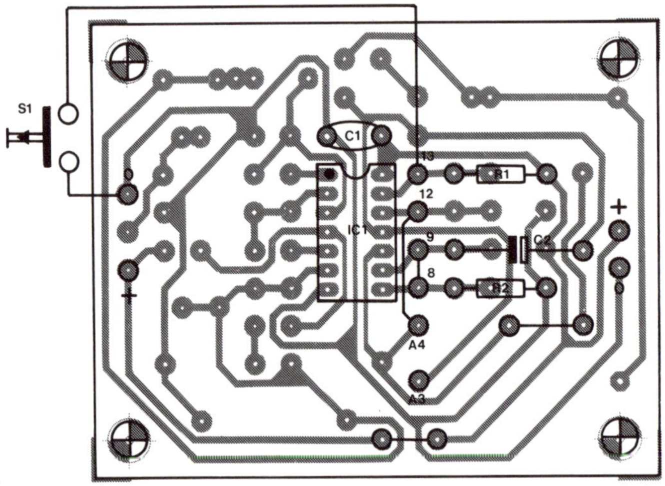

Abb. 126

FAZIT

Das zeitbestimmte Glied eines Monoflops ist der Kondensator mit dem Widerstand (im Beispiel R2 und C2). Je höher das Produkt der beiden Werte ist, um so länger ist der MMV aktiviert.

Experiment 3

Das Monoflop bietet sich ausgezeichnet zur Untersuchung von Kondensator-Parallel- und Reihenschaltungen an. Wie die Widerstände auf Parallel- und Reihenschaltungen reagieren, kennen wir bereits aus den Experimenten in Kapitel 3. Mit den Kondensatoren ist es etwas anders. Bevor wir uns jedoch den Experimenten zuwenden, sind noch einige theoretische Überlegungen zu der Parallel- und Reihenschaltung von Kondensatoren notwendig.

Parallelschaltung

Beginnen wir mit der Parallelschaltung, das ist der einfachste Fall. Hierbei addieren sich die Einzelwerte zu einem Gesamtwert:

$$Cg = C1 + C2 + C \dots$$

Beispiel:
Zwei Kondensatoren (C1 und C2) haben einen Wert von je 100 Mikrofarad. Wie hoch ist bei einer Parallelschaltung dieser beiden Kondensatoren der Gesamtkondensatorwert?

$Cg = C1 + C2$
$ = 100 \text{ Mikrofarad} + 100 \text{ Mikrofarad}$
$ = 200 \text{ Mikrofarad}$

Parallel geschaltete Kondensatoren verhalten sich also wie in Reihe geschaltete Widerstände.

Reihenschaltung

In Reihe geschaltete Kondensatoren verhalten sich dagegen wie parallel geschaltete Widerstände. Das bedeutet: In Reihe geschaltete Kondensatoren haben einen geringeren Gesamtwert als der niedrigste Einzelwert. Sind alle Werte der Reihenschaltung gleich, ist die Sache einfach. Ein Wert wird durch die Anzahl der Bauteile dividiert. Sind beispielsweise zwei Kondensatoren mit einem Wert von je 100 Mikrofarad in Reihe geschaltet, ist der Gesamtkondensatorwert nur noch 50 Mikrofarad.

Sind die Werte nicht gleich, errechnet sich der Gesamtwert von zwei in Reihe geschalteten Kondensatoren so:

$$Cg = \frac{C1 \times C2}{C1 + C2}$$

Beispiel:
C1 = 100 Mikrofarad, C2 = 220 Mikrofarad

$$Cg = \frac{100 \times 220}{100 + 220} \text{ (Mikrofarad)}$$
$$= 68,75 \text{ Mikrofarad}$$

Bei mehr als zwei in Reihe geschalteten Kondensatoren mit ungleichen Werten errechnet sich der Gesamtkondensatorwert über die Kehrwerte nach der Formel:

$$Cg = \frac{1}{\dfrac{1}{C1} + \dfrac{1}{C2} + \dfrac{1}{Cn} \ldots}$$

Beispiel:
C1 = 100 Mikrofarad, C2 = 220 Mikrofarad, C3 = 470 Mikrofarad

$$Cg = \frac{1}{\dfrac{1}{100} + \dfrac{1}{220} + \dfrac{1}{470}} \text{ (Mikrofarad)}$$
$$= 59,98 \text{ Mikrofarad}$$

Damit man bei der Berechnung einer Reihen- oder Parallelschaltung von Widerständen beziehungsweise Kondensatoren nicht immer hin- und herblättern muß, sind die Formeln hier zusammengefaßt.

	Widerstand	Kondensator
Reihenschaltung	$Rg = R1 + R2 + Rn \ldots$	$Cg = \dfrac{1}{\dfrac{1}{C1} + \dfrac{1}{C2} + \dfrac{1}{Cn} \ldots}$ Bei gleichen Werten gilt: $Cg = \dfrac{C}{n}$ (C = Wert) (n = Anzahl der Kondensatoren) Bei zwei Kondensatoren mit ungleichen Werten gilt auch: $Cg = \dfrac{C1 \times C2}{C1 + C2}$
Parallelschaltung	$Rg = \dfrac{1}{\dfrac{1}{R1} + \dfrac{1}{R2} + \dfrac{1}{Rn} \ldots}$ Bei gleichen Werten: $Rg = \dfrac{R}{n}$ Bei zwei Widerständen mit ungleichen Werten gilt auch: $Rg = \dfrac{R1 \times R2}{R1 + R1}$	$Cg = C1 + C2 + Cn \ldots$

INFO 48   Ein Bit bitte

*E*in Bit – gemeint ist nicht die Marke des mancherorts so beliebten Gersten-saftes, sondern ein Begriff aus der Digitaltechnik – ist die Abkürzung der Bezeichnung „binary digit". Das Bit ist die kleinste Einheit einer digitalen Infor-mation. Stellen Sie sich eine Lampe vor; sie ist entweder eingeschaltet und leuchtet oder ausgeschaltet und leuchtet nicht.

Die Information „Lampe leuchtet" oder „Lampe leuchtet nicht" entspricht einem Bit und kann gleichgesetzt werden mit logisch 1 und logisch 0.

Ein Bit kann also nur zwei Zustände annehmen: Spannung oder keine Span-nung, Ja oder Nein, logisch 1 oder logisch 0. Dazwischen gibt es keine Werte. Nach diesem System (Binärsystem) arbeiten alle Digitalschaltungen, auch alle Mikro-, Home- und Personalcomputer.

Nun, mit einem Bit ist in einem digitalen System nicht viel anzufangen. Digitale Schaltungen benötigen für jede Information mindestens ein Bit und arbeiten mit einem Zahlensystem, dem die Basis 2 zugrunde liegt; es stehen nur zwei Ziffern zur Verfügung, nämlich 0 und 1, dann folgt ein Wechsel zur nächst höherwertigen Stelle. Beim Dezimalsystem sind es immerhin zehn Ziffern (0... 9), bevor der Wechsel erfolgt. Dennoch lassen sich auch im Binärsystem alle Zahlen nachbilden; allerdings mit mehr Informationen, also mit mehr Bits. Die Gegenüberstellung einiger Dezimal- und Binärzahlen macht den Unterschied zwischen den beiden Systemen deutlich.

Dezimalzahl	Binärzahl (Wertigkeit)			
	2^3	2^2	2^1	2^0
	8	4	2	1
0	0	0	0	0
1	0	0	0	1
2	0	0	1	0
3	0	0	1	1
4	0	1	0	0
5	0	1	0	1
6	0	1	1	0
7	0	1	1	1
8	1	0	0	0
9	1	0	0	1
10	1	0	1	0
11	1	0	1	1
12	1	1	0	0
13	1	1	0	1
14	1	1	1	0
15	1	1	1	1

Die Ziffer 13 wird im Binärsystem zum Beispiel mit vier Bits dargestellt und lautet 1101. Mit Hilfe der Potenzrechnung kann man die Binärzahl in eine Dezimalzahl umwandeln; die Basis ist dabei die 2. In der Tabelle ist die Wertigkeit für jede Binärstelle angegeben. Bei der Zahl 13 ergibt sich für die Binärzahl von links nach rechts

$2^3 = 8, 2^2 = 4, 2^1 = 2$ und $2^0 = 1.$

Demnach ist also

$$1101 = (1 \times 2^3) + (1 \times 2^2) + (0 \times 2^1) + (1 \times 2^0)$$
$$= \quad 8 \quad + \quad 4 \quad + \quad 0 \quad + \quad 1$$
$$= 13.$$

Wer mit dem Binärsystem noch keine Erfahrungen gesammelt hat, hat zu Beginn sicherlich seine Schwierigkeiten. Aber auch hier gilt: Übung macht den Meister.

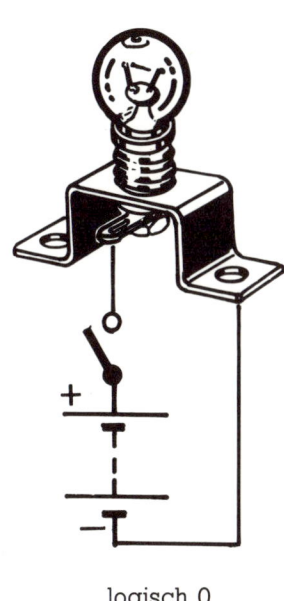

logisch 0

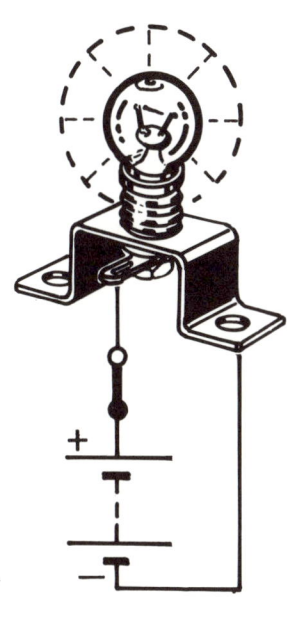

logisch 1

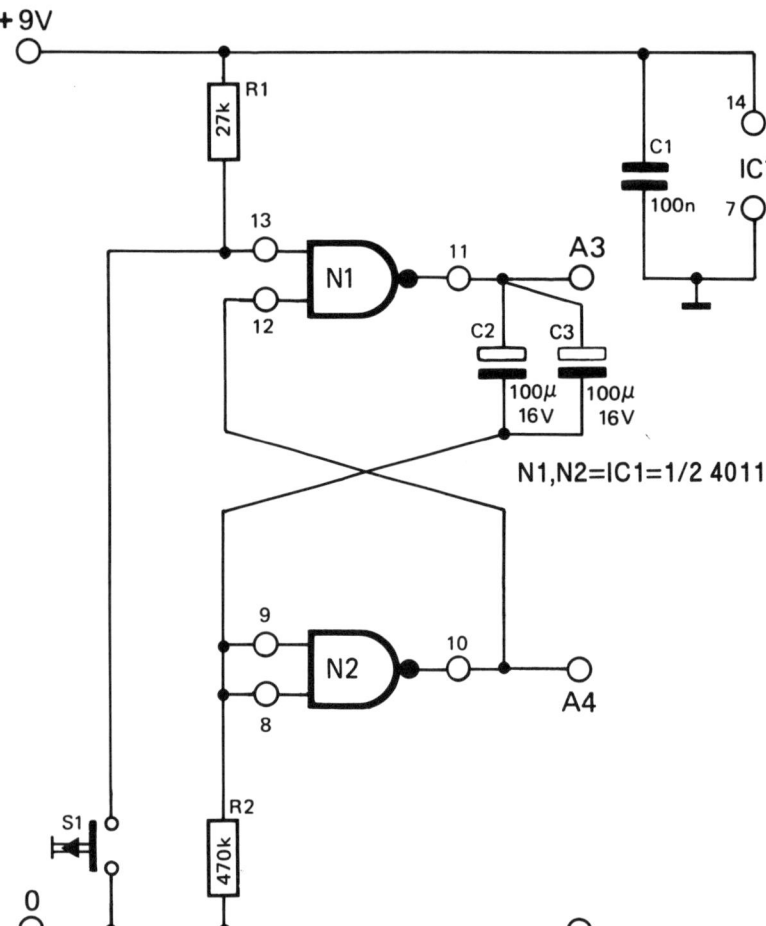

+9V

R1
27k

13

12

N1

11

A3

C1
100n

14

IC1

7

C2
100µ
16V

C3
100µ
16V

N1,N2=IC1=1/2 4011

9

8

N2

10

A4

S1

R2
470k

0

Nun zu den Experimenten. Die erste Schaltung hierfür ist in Abbildung 127 zu sehen; die Bestückung der Platine zeigt Abbildung 128. Die Schaltung ist gegenüber Experiment 2 nur um einen zusätzlichen Kondensator erweitert. Es ist C3, der zu C2 parallel geschaltet ist. Sie brauchen die Schaltung aus Experiment 2 nur nach Abbildung 127 zu ergänzen. Setzen Sie zunächst für C2 einen Kondensator von 100 Mikrofarad ein; diesen Wert hat auch der Kondensator C3. Beachten Sie die noch zu verlegenden Brücken. Das ist alles.

Wie lange wird das Monoflop wohl aktiviert sein, nachdem ein Impuls es an Pin 13 (N1) aktiviert hat? Berechnen Sie die Monoflopzeit und überprüfen Sie das theoretische Ergebnis im Experiment. Es sind 66 Sekunden.

Löten Sie C3 aus und führen Sie das Experiment erneut durch, aber erst dann, wenn die Monoflopzeit errechnet wurde. Sie beträgt jetzt 33 Sekunden. Schließlich noch der dritte Fall. Er ist in Abbildung 129 dargestellt. Die Konden-

Abb. 127 Bei dieser MMV-Schaltung ist das Zeitglied um einen zusätzlichen Kondensator erweitert; es ist C3. Dadurch ändert sich die MMV-Zeit.

Abb. 127

Abb. 128 Die Experimentierplatine ist wirklich universell. Auch die zwei Parallelkondensatoren aus Abbildung 127 finden auf ihr genügend Platz.

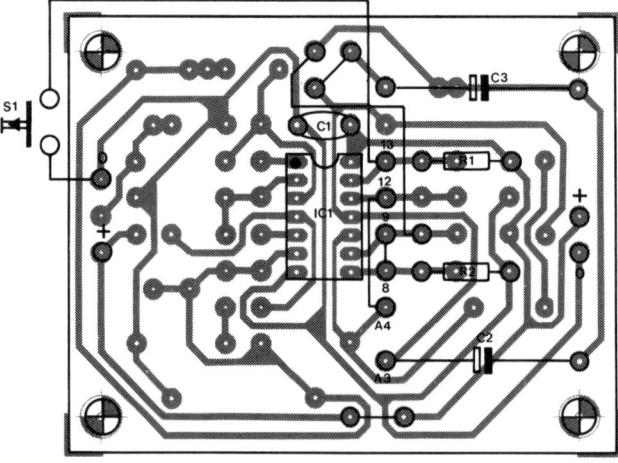

Abb. 128

satoren C2 und C3 sind dort in Reihe geschaltet. Den erforderlichen Bestückungsplan hierzu sehen wir in Abbildung 130. Welche MMV-Zeit wird sich wohl mit dieser Schaltung einstellen? Wenn das Ergebnis Ihrer Berechnung und die im Experiment ermittelte Zeit 16 Sekunden beträgt, ist alles in Ordnung.

Wie sich in Reihe oder parallel geschaltete Kondensatoren verhalten, ist jetzt sicherlich klar. Die folgende Aufstellung faßt die Ergebnisse der gerade durchgeführten Experimente zusammen. Überdenken Sie anhand der Aufstellung noch einmal das Kondensatorverhalten in der Reihen- und Parallelschaltung.

Kondensatorwert	Monoflopzeit
C2 = 100 µF	33 s
C2, C3 = 100 µF (Parallelschaltung)	66 s
C2, C3 = 100 µF (Reihenschaltung)	16 s

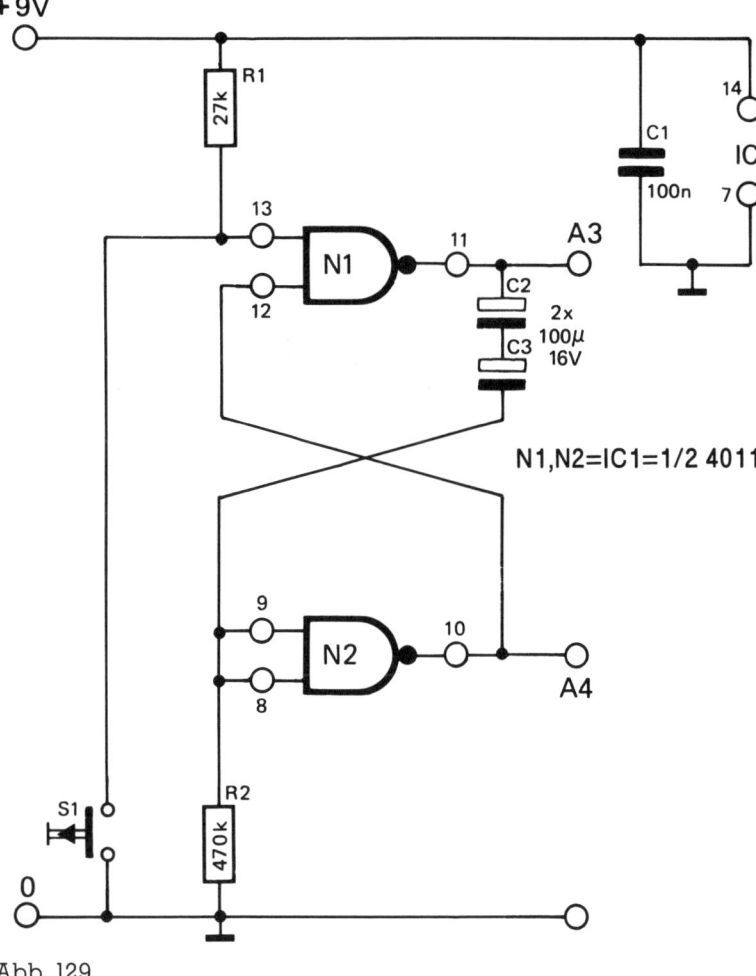

N1,N2=IC1=1/2 4011

Abb. 129

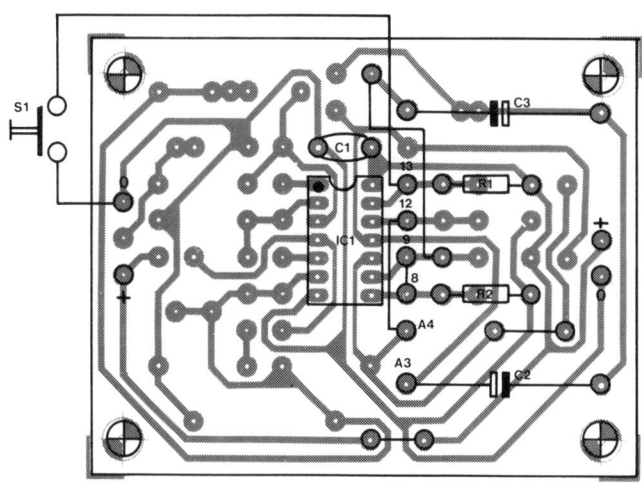

Abb. 130

Abb. 129 Bei diesem Monoflop besteht das Zeitglied aus dem Widerstand R2 sowie den Kondensatoren C2 und C3. Letztere sind in Reihe geschaltet. Auch das beeinflußt die Monoflopzeit.

Abb. 130 Mit wenigen Handgriffen ist die Bestückung so geändert, daß sie der Schaltung aus Abbildung 129 entspricht. Gegenüber der Bestückung aus Abbildung 128 brauchen nur einige Brücken verlegt zu werden.

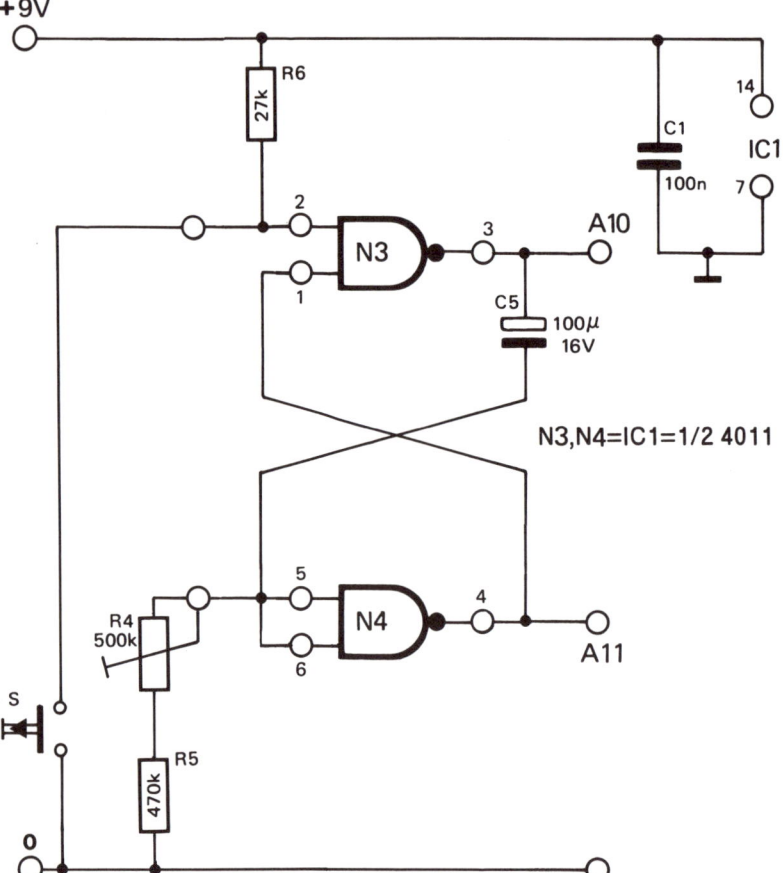

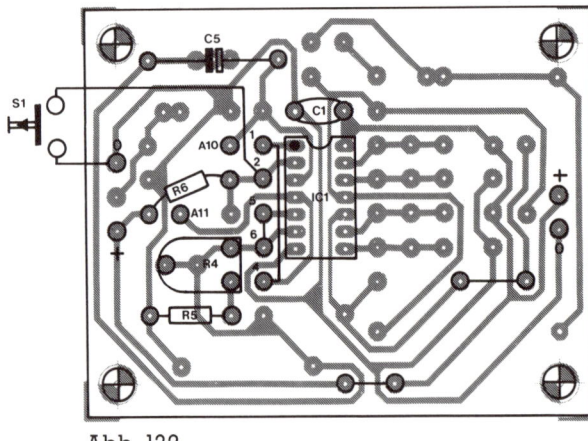

Abb. 131 Mit dieser Schaltung ist es möglich, die Sirene für eine bestimmte Zeit einzuschalten; danach schaltet sie automatisch ab.

Abb. 132 Die Universalplatine hat auch für den Sirenenzeitschalter Platz.

Abb. 132

Aufbau des Sirenenzeitschalters

Schauen wir uns zunächst das Schaltbild in Abbildung 131 an. Viel gibt es nicht mehr dazu zu sagen. Es handelt sich um die nunmehr bekannte Monoflopschaltung. Neu ist lediglich das Trimmpoti R4, das bei den bisherigen MMV-Schaltungen nicht vorhanden war. Seine Aufgabe ist jedoch klar: Die Monoflopzeit läßt sich zwischen einer Minimal- und einer Maximalzeit einstellen. Für die Schaltung aus Abbildung 131 liegt die Zeit zwischen etwa 30 und 60 Sekunden. Wer andere Zeiten möchte, kann sie mit den Workshop-Informationen sicherlich leicht ermitteln und realisieren. Die in der folgenden Stückliste angegebenen Bauteilwerte entsprechen der Schaltung aus Abbildung 131.

STÜCKLISTE
R4 = 500 k (470 k, Trimmpoti)
R5 = 470 k
R6 = 27 k
C1 = 100 nF
C5 = 100 μ/16 V (Elko)
IC1 = 4011
1 IC-Fassung, 14-polig
S = Taster
Verkabelungsmaterial,
Lötstifte und
Kabelschuhe

Für den Aufbau des Sirenenzeitschalters verwenden wir „die andere Hälfte des 4011", die Gatter N3 und N4. Der Platinenbestückungsplan in Abbildung 132 weist keine Besonderheiten auf. Achten Sie auf die Polarität von C5. Für den Funktionstest eignet sich gut die bereits viel strapazierte Anzeigeeinheit.

Eine bestückte Platine ist in Foto 133 abgebildet.

Nachdem nun der Sirenenzeitschalter aufgebaut ist, muß man dafür sorgen, daß die Sirene aus Abbildung 109 nur dann in Betrieb ist, wenn das Monoflop aus Abbildung 131 es zuläßt. Dazu ist nichts weiter als ein NAND-Gatter notwendig, das die drei Schaltungen wie in Abbildung 134 miteinander verbindet. Da der Zeitschalter selbst nur zwei NAND-Gatter benötigt, sind in IC1 aus Abbildung 131 noch zwei Gatter frei. Eines davon, nämlich Gatter N2, stellt die Verbindung zwischen den drei Schaltungen her. Es sind folgende Punkte miteinander zu verbinden:

● Ausgang A10/A11 vom Zeitschalter mit Pin 8 von Gatter N2;
● Ausgang A der Sirene mit Pin 9 von Gatter N2;
● Eingang E der Lautsprechereinheit mit Pin 10 von Gatter N2.

Natürlich sind auch noch die Versorgungsspannungsanschlüsse bei den drei Platinen untereinander zu verbinden. Der Verdrahtungsplan hierfür und die Verbindungen zu N2 gehen aus Abbildung 135 hervor.

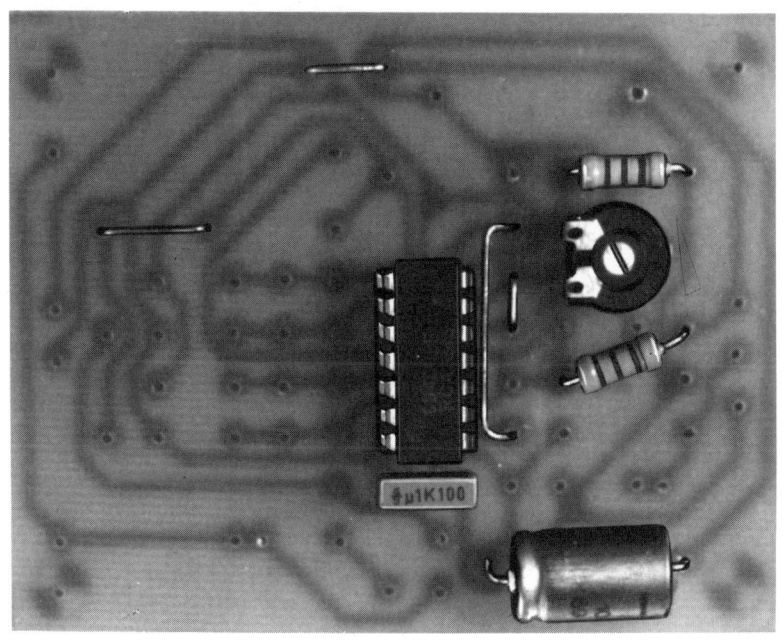

Abb. 133 Platine für den Sirenenzeitschalter

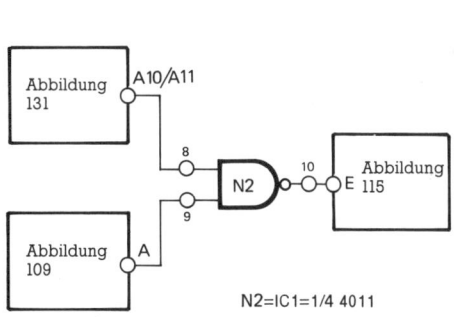

Abb. 134 Blockschaltbild mit NAND-Gatter N2

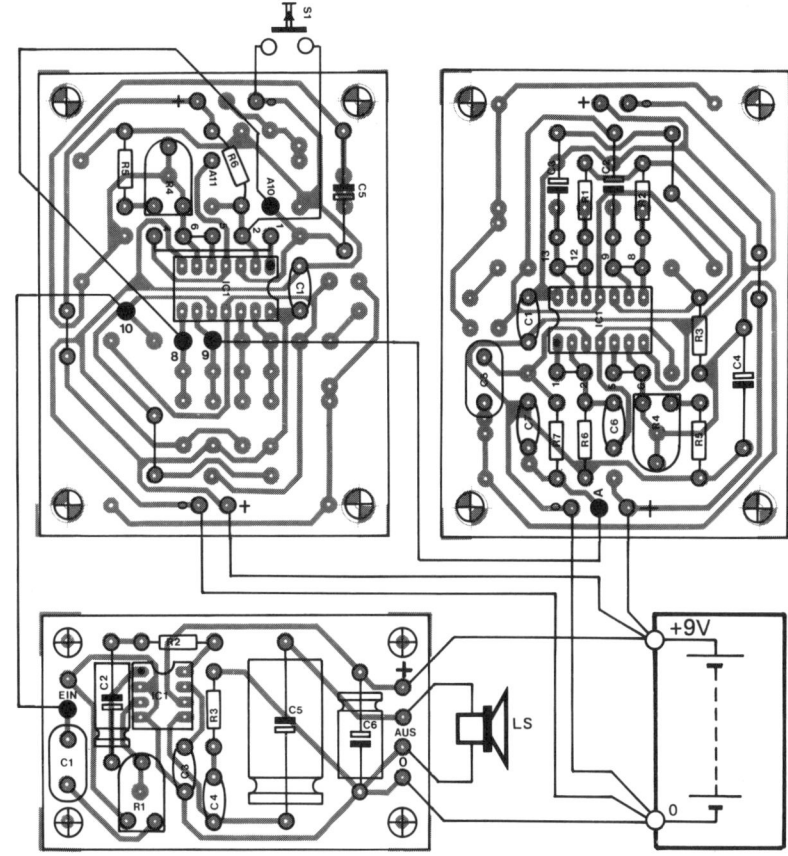

Abb. 135 Sirenen-, Zeitschalter- und NF-Verstärkerplatine

INFO 49 Der bistabile Multivibrator

Bistabiler Multivibrator, bistabile Kippstufe und Flipflop: das alles sind Bezeichnungen für ein und dieselbe Schaltung. Die Bezeichnung „bistabil" sagt bereits alles über die Funktion: Die Schaltung hat zwei (bi=zwei) stabile Zustände.

Das mit den Gattern N1 und N2 aufgebaute Flipflop nimmt nach Anlegen der Versorgungsspannung irgendeine Stellung ein; zum Beispiel ist der Ausgang von N1 logisch 1 und der von N2 logisch 0. Solange kein Taster betätigt wird, ändert sich daran auch nichts. Schließt jedoch S1, kippt die Schaltung um, die logischen Zustände der Gatterausgänge ändern sich. Das Flipflop kippt erneut um, wenn nun S2 betätigt wird. Dieses Verhalten machen die Experimente sehr deutlich.

Ein Flipflop läßt sich auch mit Transistoren aufbauen. Auch hierbei nimmt die Schaltung beim Anlegen der Versorgungsspannung eine zufällige Stellung ein. Gehen wir davon aus, daß T1 leitet, dann leuchtet D1, und die Spannung am Kollektor ist fast 0 V. Über R2 kann nun kein Basisstrom nach T2 fließen; der Transistor sperrt. Der Basisstrom für T1 fließt über R3, D2 und R4. Ein kurzer Druck auf S1 legt an die Basis von T1 einen negativen Impuls. Der Transistor sperrt. Die Spannung an seinem Kollektoranschluß steigt an, und der Strom fließt über R1, D1 und R2 zur Basis von T2. Der Transistor leitet, und die LED D2 leuchtet. Damit ist der stabile Zustand wieder erreicht. Diese Situation verändert sich erst wieder, wenn S2 kurz gedrückt wird. Jetzt läuft der gerade beschriebene Vorgang umgekehrt ab: T2 sperrt, D2 erlischt, T1 leitet und D1 leuchtet.

Die Flipflopschaltung speichert also einen Eingangsimpuls und ist so die kleinste Speichereinheit in der Digitaltechnik.

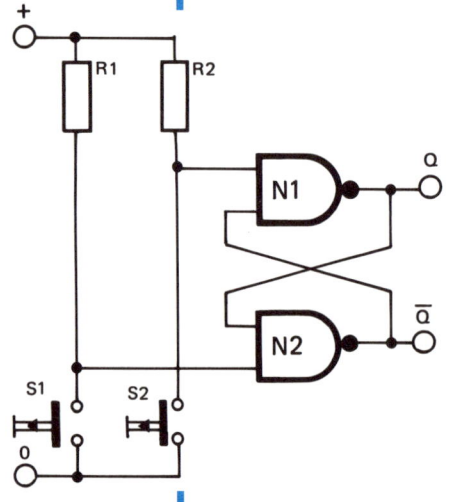

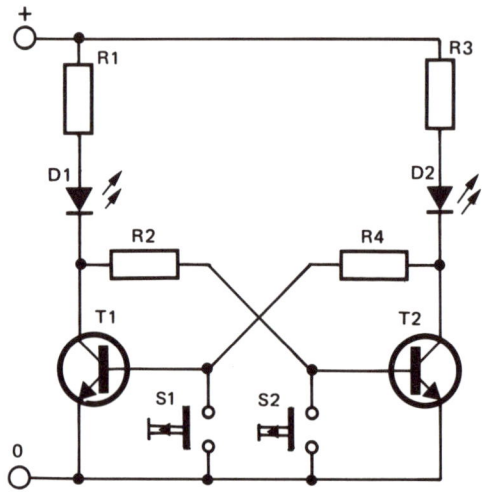

INFO 50 Schalter

*S*chalter gibt es in Hülle und Fülle sowie in verschiedenen Ausführungen. Alle haben sie jedoch nur die Aufgabe, elektrische Verbindungen herzustellen und nach Belieben wieder zu unterbrechen. Die Schaltsymbole für einen einfachen Einschalter und für einen Umschalter sind bereits bekannt. Wer einen Schalter kauft, erhält meistens einen Umschalter mit drei Anschlüssen. Diese Umschalter kann man jedoch auch als einfachen Einschalter benutzen. Dazu bleibt einer der beiden äußeren Anschlüsse frei. Aus der Schnittzeichnung ist deutlich zu erkennen, wie die Sache funktioniert. Im Foto sind einige gängige Schaltertypen zu sehen.

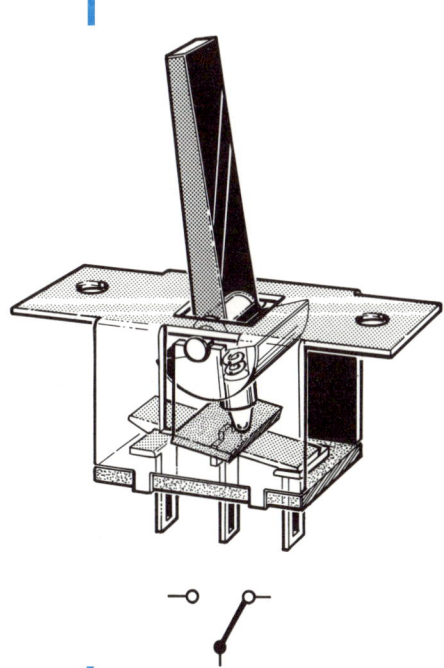

Das Impulsdiagramm in Abbildung 136 macht die Funktion des NAND-Gatters N2 deutlich. Die obere Signalfolge A ist mit dem Ausgangssignal A der Sirene identisch. Es liegt dauernd am Eingangspin 9 von Gatter N2 an. Das mittlere Diagramm gibt die Impulsfolge am Monoflopausgang A10 aus der Abbildung 131 an. Im Ruhezustand liegt der Anschluß auf logisch 0. Wird das Monoflop getriggert (gestartet), geht A10 für die Dauer der Monoflopzeit auf logisch 1. (Triggern ist der Moment, bei dem das Monoflop aus seiner Ruhe- in die Arbeitsstellung wechselt.) Nach Ablauf der Monoflopzeit fällt der Signalpegel an A10 wieder von logisch 1 auf logisch 0 zurück. Im unteren Diagramm sehen wir deutlich, daß an Punkt E, dem Eingang des NF-Verstärkers, nur dann der Sirenenimpuls ansteht, wenn der Monoflopausgang logisch 1 ist. So sorgt also Gatter N2 dafür, daß die Sirene nicht dauernd in Betrieb ist. Falls hierzu noch Fragen auftauchen, dann lesen Sie noch einmal in Kapitel 5 die INFO 30 nach.

Soll die Sirene umgekehrt funktionieren, also dann in Betrieb sein, wenn das Monoflop in Ruhe ist, braucht man lediglich Anschluß A11 mit Pin 9 des Gatters N2 zu verbinden.

Anwendungen

Die drei Schaltungen (Sirene aus Abb. 109, NF-Verstärker aus Abb. 115 und Zeitschalter aus Abb. 131) können mit der in Abbildung 134 gezeigten Zusammenschaltung vielfach verwendet werden. Einsatzgebiete gibt es mit etwas Phantasie mehr als reichlich. Zwei Beispiele:

● Fahrradsirene (jedoch kein Klingelersatz).

● Akustischer Alarm. Hierbei wird der Taster S1 durch die Alarmgeber aus Kapitel 5 ersetzt. Der Alarm wird nach dem Auslösen für die Dauer der Monoflopzeit akustisch angezeigt. Dann allerdings schaltet der Alarm ab, auch wenn der alarmauslösende Zustand noch vorhanden ist.

Zwei kleine Änderungen machen aus den Schaltungen ein unterhaltsames Spiel, so wie es schon mal auf Volksfesten oder Jahrmärkten auftaucht. Der Spieler braucht dazu eine ruhige Hand, denn er muß eine Drahtschlaufe an einem möglichst originell gebogenen Draht entlangführen, ohne ihn jedoch zu berühren. Sollte das trotzdem passieren, heult die Sirene für kurze Zeit auf, und das Spiel ist verloren. Damit das Spiel auch wie beschrieben funktioniert, muß der Taster S1 durch das Drahtgebilde und dem Gegenstück, die Drahtschlaufe, ersetzt werden. In Abbildung 137 ist angedeutet, wie so etwas aussehen kann. Auf einem Brettchen ist das gebogene Stück Draht befestigt. Ein Drahtende ist mit Pin 1 des Gatters N3 verbunden (natürlich auch mit dem entsprechenden Anschluß von R1). In diesem Drahtgebilde hängt nun die (nicht zu große) Drahtschlaufe. Sie ist leitend mit dem Minusanschluß der Schaltung verbunden. Sobald die Versorgungsspan-

Abb. 136 Das Impulsdiagramm zeigt sehr stark vereinfacht die Funktion der drei zusammengeschalteten Platinen. Die obere Impulsfolge wird vom Ausgang der Sirenenschaltung geliefert. Die mittleren Impulse deuten die Monoflopzeit an. Die untere Impulsreihe zeigt, daß nur während der Monoflopzeit die Sirenenimpulse zum NF-Verstärker gelangen.

Abb. 136

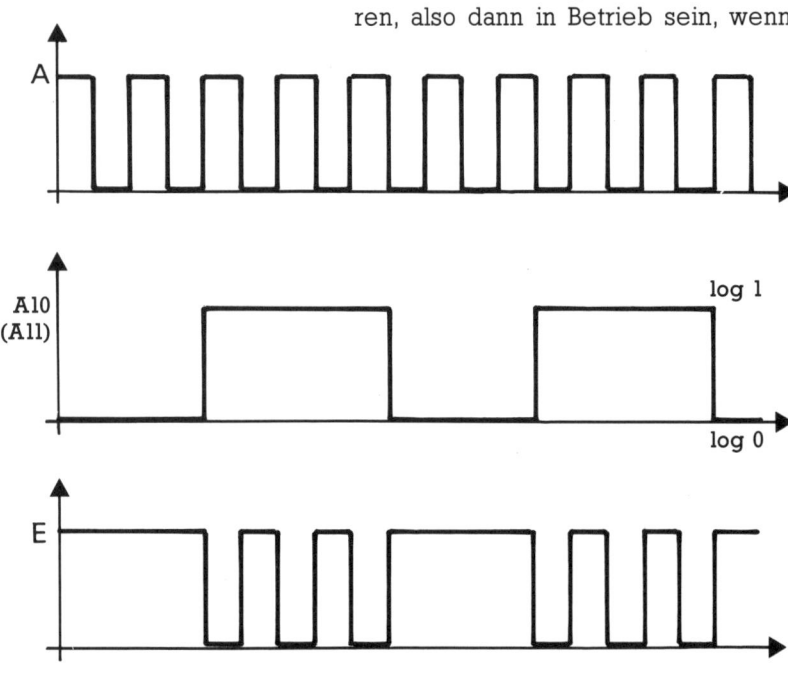

nung anliegt und die beiden Drähte sich berühren, entsteht ein negativer Impuls am Gattereingang bei Pin 1, der das Monoflop triggert. Die Sirene heult auf und teilt dem Spieler mit: „Ätsch, zu stark gezittert". Dabei genügt es, wenn die Sirene etwa 5 Sekunden in Betrieb ist. Ändern Sie also das Zeitglied C5/R4(R5) im Monoflop entsprechend ab.

Zum Schluß noch zwei Tips:

● Verbinden Sie beide Drähte mit ausreichend langem und flexiblem Schaltdraht mit dem Monoflop.

● Bilden Sie mit dem Draht das Profil einer bekannten Persönlichkeit oder die Umrisse eines bekannten Gebäudes nach; den Spielern macht es so noch mehr Spaß.

Ein 2-Bit-Speicher

Bit ist ein Begriff aus der Digitaltechnik, mit der wir uns ja gerade befassen. Er ist erst durch den Mikrocomputer bekannt geworden und ist, ganz salopp gesagt, die kleinste Informationseinheit in einem Digitalsystem. Er kann zwei Zustände annehmen: logisch 0 und logisch 1. Ein Flipflop, das ist die dritte Art der Multivibratoren, kann nun ein solches Bit für einen theoretisch unendlich langen Zeitraum speichern (vgl. Info 49).

Ein bistabiler Multivibrator (das ist der korrekte Ausdruck für ein Flipflop) hat zwei stabile Zustände. Solange von außen kein Impuls den Flipflopeingang erreicht, bleibt der Zustand stabil. Erst wenn ein Impuls die Schaltung erreicht, ändert sich der Zustand (wir nennen ihn „Flip"). Dieser neue Zustand bleibt erhalten, bis ein weiterer Impuls das Flipflop erneut aktiviert. Es nimmt dann wieder den ursprünglichen Zustand ein, „Flop".

Eine typische Flipflopschaltung zeigt Abbildung 138. Sie besteht aus zwei NAND-Gattern (N1 und N2), den Widerständen R1 und R2 sowie dem Um-

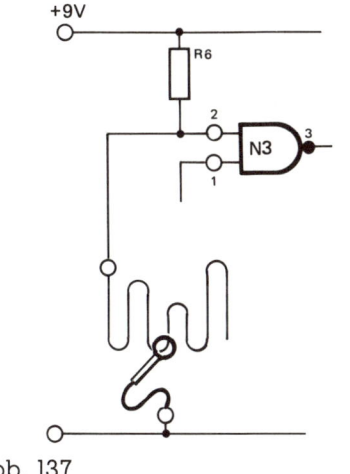

Abb. 137

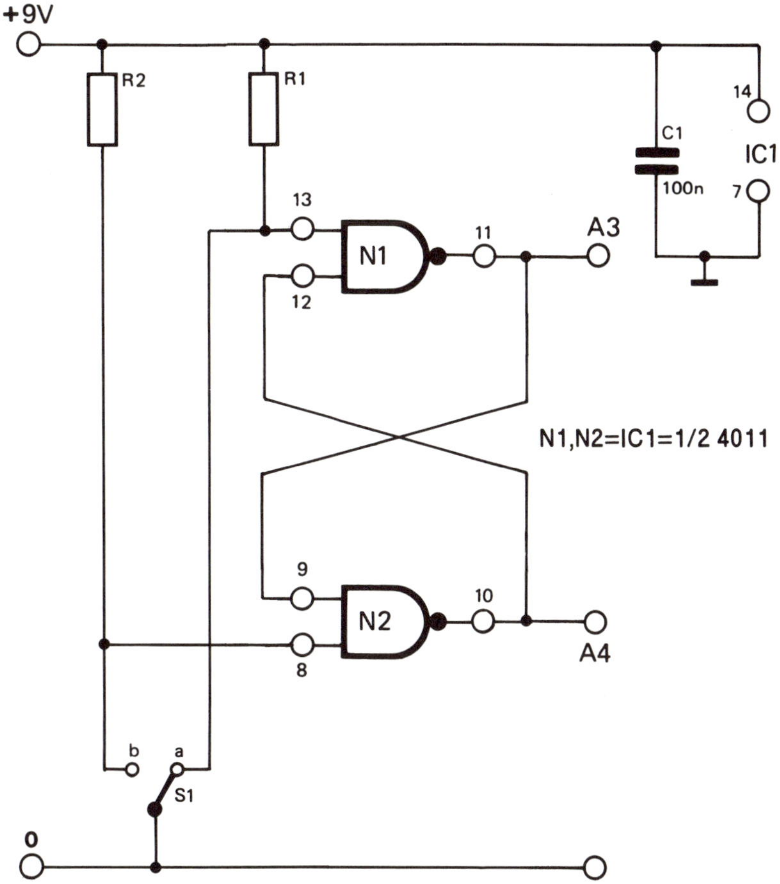

Abb. 137 Die Anwendungen elektronischer Schaltungen müssen nicht immer ernsthafter Natur sein. Was es mit der Wellenlinie (es ist ein gebogener Draht) und der Öse (eine Drahtschlaufe) auf sich hat, erfahren Sie im beschreibenden Text.

Abb. 138 Prinzipschaltung eines bistabilen Multivibrators, kurz Flipflop genannt. Bei dieser Schaltungsart fehlen jegliche Zeitglieder. Die sind hier nicht nötig, da ein Flipflop zwei stabile Zustände hat.

N1,N2=IC1=1/2 4011

Abb. 138

schalter S1. In der gezeichneten Stellung von S1 ist der Ausgang A3 logisch 1. Das ergibt sich zwangsläufig aus den Bedingungen eines NAND-Gatters. Diese „1" steht auch an Pin 9 von N2 an. An Pin 8 dieses Gatters liegt über R2 logisch 1. Das ergibt nach den NAND-Gesetzen am Ausgang A4 (Pin 10 an N1) zwangsläufig eine logische 0. Pin 10 ist direkt mit Pin 12 verbunden, so daß also auch dort die „0" anliegt. Da keine Zeitglieder vorhanden sind, ist dieser Zustand stabil. Erst wenn wir den Schalter S1 umschalten, also mit R2 verbinden, ändert sich etwas. An den Ausgängen A3 und A4 wechseln die logischen Zustände: A3 wird „0", A4 logisch 1. Bleibt der Schalter so, ändert sich auch die momentane Situation nicht mehr.

„Warum der ganze Aufwand? Das hätte man doch einfacher haben können, wenn der Schalter direkt mit den Ausgängen verbunden wäre", denken Sie jetzt unter Umständen. Im Prinzip stimmt das. Die Schaltung bringt jedoch einen wesentlichen Vorteil: Jeder Schalter schließt den Kontakt, wenn man ihn betätigt, mehrmals in extrem kurzer Zeit und erzeugt so auch mehrere Impulse hintereinander: Der Schalter „prellt". Jeder falsche Impuls,

selbst der kürzeste, bringt eine Digitalschaltung durcheinander und ist die Ursache für Fehlfunktionen. Schauen wir uns das doch in einigen Workshop-Experimenten an.

Experiment 1

Das beschriebene „Schalterprellen" erzeugen wir in diesem Experiment selbst und beobachten dabei, wie eine angeschlossene Transistorstufe darauf reagiert.

Nehmen Sie die Platine mit den zwei Transistoren und den beiden LEDs aus Abbildung 121, deren Bestückungsplan in Abbildung 139 noch einmal zu sehen ist. Schließen Sie ein Verbindungskabel (zum Beispiel eine Strippe aus Abb. 44) an den Punkt G der Platine an. Nachdem nun die Platine auch noch mit der Versorgungsspannung (einer 9-V-Blockbatterie) verbunden ist, passiert zunächst nichts. Beide LEDs bleiben dunkel. Logisch, denn die Basisanschlüsse der Transistoren erhalten kein Steuersignal. Erst wenn das freie Ende der Verbindungsstrippe mit dem Pluspol der Schaltung verbunden wird, leuchtet die entsprechende LED D2 auf. Klemmen wir das Kabel vom Pluspol wieder ab, geht die LED wieder aus. Jede Verbindung der Strippe zum Pluspol aktiviert also die Transistorstufe.

Simulieren Sie nun das „Prellen", indem Sie die Verbindungsstrippe in sehr kurzen Zeitintervallen mit dem Pluspol verbinden und wieder unterbrechen. Das funktioniert auch mit der LED D1; dazu müssen Sie nur Punkt I mit der Versorgungsspannung verbinden.

Abb. 139 Hier noch einmal die schon bekannte Transistor/LED-Schaltung. Mit ihr führen wir in diesem Workshopteil das erste Experiment durch.

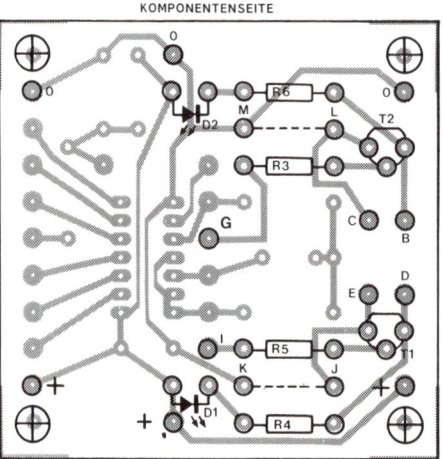

Abb. 139

FAZIT

Die Transistorstufe reagiert auf jeden Eingangsimpuls, egal ob er kurz oder lang ist. Ein prellender Schalter würde also (in ganz kurzen Zeitintervallen) mehrere Male nacheinander die Transistorstufe aktivieren, so daß nicht nur der erste, richtige Impuls, sondern auch die nachträglichen Fehlimpulse die LED zum Leuchten bringen.

Experiment 2

Die Schaltung hierzu (Abb. 140) kennen wir bereits. Es ist ein Flipflop, das entsprechend der Bestückung aus Abbildung 141 aufgebaut und mit der Anzeige verbunden wird.

STÜCKLISTE
R1, R2 = 100 k
C1   = 100 nF
IC1   = 4011
S1   = Umschalter (evtl. auch nur zwei Verbindungsstrippen)
1 IC-Fassung (14-polig)

Die Platinenbestückung für das Flipflop sehen wir in Abbildung 141; als Platine verwenden wir das bereits bekannte Exemplar mit IC1.
Wichtig sind die drei Brücken:
● von Pin 9 nach Pin 11;
● von Pin 12 nach A4 (Pin 10);
● von Plus nach Plus (unterhalb von A3).

Bei den zwei Widerständen ist nichts verkehrt zu machen, es sei denn, man erwischt die falschen Werte. Mit IC1 gibt es auch keine Probleme: Fassung einlöten und IC mit Pin-1-Markierung in Richtung C1 in die Fassung setzen. Jetzt wird S1 verdrahtet, doch ist das nicht unbedingt erforderlich. Wer auf den Umschalter verzichtet (er kostet etwa eine bis zwei Mark), kann an die Kontaktpunkte a (Pin 13) und b (Pin 8) je eine der bekannten Verbindungsstrippen anschließen. Das zweite Ende

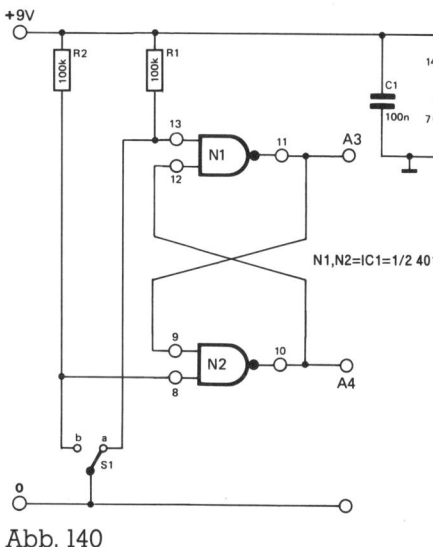

Abb. 140

Abb. 140 Ob astabiler Multivibrator, Monoflop oder Flipflop: die Darstellungsart dieser drei Schaltungen ähnelt sich sehr. Doch sind die Schaltungen relativ einfach auseinanderzuhalten, wenn man folgendes bedenkt:
● der AMV hat zwei Zeitglieder;
● der MMV hat ein Zeitglied;
● das Flipflop hat keine Zeitglieder.

Abb. 141 Auf der Universalplatine lassen sich auch Flipflopschaltungen aufbauen.

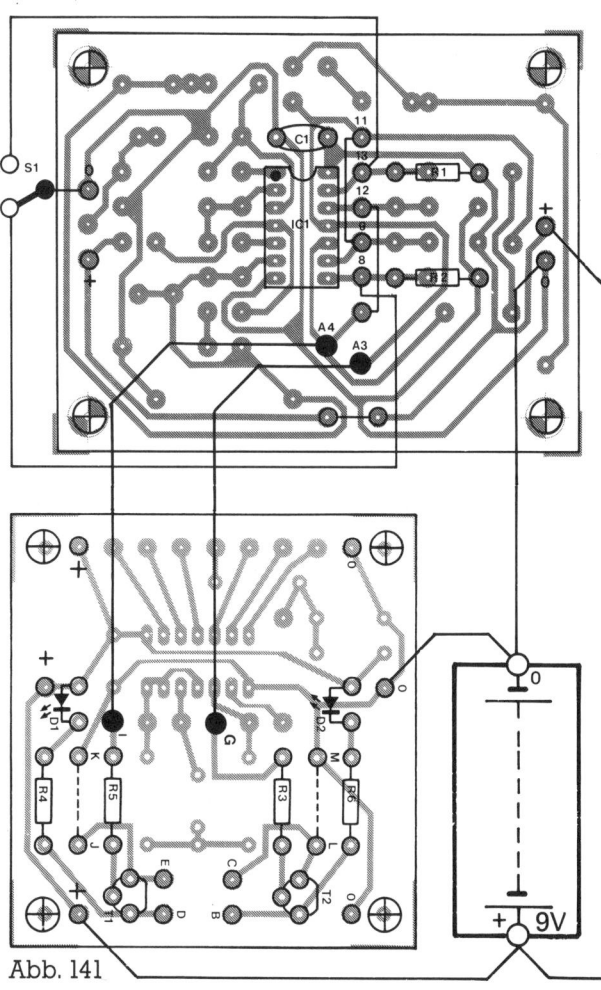

Abb. 141

hiervon hängt zunächst frei in der Luft. Für das Experiment ist es sogar besser, statt des Schalters zwei von den genannten Strippen zu benutzen. Dadurch können Fehlimpulse bewußt simuliert werden.

Nun muß nur noch die Flipflopplatine mit der Anzeige und der 9-V-Blockbatterie verbunden werden. Irgendeine der beiden LEDs – welche es ist, entscheidet der Zufall – leuchtet dann auf. Ist das der Fall, kann das Experiment beginnen, ansonsten beginnt die Fehlersuche, am sinnvollsten nach dem folgenden Schema:

FEHLERSUCHE
● Anzeigeplatine nach der bereits mehrmals erwähnten Methode prüfen. Anmerkung: Wenn wir Fehler suchen, gehen wir davon aus, daß sie eventuell nicht in Ordnung ist.
● Flipflopplatine prüfen (sind die Werte von R1/R2 richtig? Der Farbcode ist braun – schwarz – gelb).
● Sitzt das IC richtig in seiner Fassung? Ist auch Pin 1 an der richtigen Stelle oder um 180 Grad versetzt?
● Gibt es eventuell Lötbrücken auf der Lötseite der Platine?
● Prüfen Sie ferner die richtige Polung der Versorgungsspannung.
● Es stellt sich schließlich nur noch die Frage, ob alle Bauteile in Ordnung sind.

Nach diesem Test muß eine der beiden LEDs leuchten, wenn die Versorgungsspannung angeschlossen wird. Die beiden freien Kabelenden ersetzen nun die Schalterkontakte. Nehmen Sie eines der beiden Kabel und verbinden es kurz mit Masse (Minus). Wenn sich bei den LEDs nichts ändert, war es nicht das richtige Kabel; versuchen Sie es mit dem anderen. Beim richtigen Kabel wechseln die LEDs ihre Zustände. Das heißt: die dunkle LED beginnt zu leuchten, und die andere wird dunkel.

Versuchen Sie vor dem Experiment zu bestimmen, welche der beiden LEDs aufleuchtet.

Ausgang A3 wird also dann logisch 1, wenn Kontaktpunkt a an Masse liegt; für A4 muß es Kontaktpunkt b sein. Jetzt wird Kontaktpunkt a einmal kurz mit Masse verbunden. Dazu genügt es, das freie Ende des mit a verbundenen Kabels ganz kurz an die Masseleitung (Minusleitung) anzutippen. Was passiert?

Die am Ausgang A3 angeschlossene Transistorstufe läßt die entsprechende LED aufleuchten. Dieser Zustand bleibt auch dann erhalten, wenn der Kontaktpunkt a nicht mehr mit Masse verbunden ist. Nehmen Sie nun das an a angeschlossene Kabel und bringen Sie das freie Ende mehrmals schnell hintereinander mit Masse in Verbindung. Auf den Zustand der beiden LEDs hat das absolut keinen Einfluß. Wiederholen Sie nun das Experiment mit dem an b angeschlossenen Kabel. Beim ersten Berühren wechseln die LEDs-Zustände: die vorher dunkle LED beginnt zu leuchten, und die andere wird dunkel. Auch dieser Zustand ändert sich nicht, selbst wenn das Kabelende mehrere Male hintereinander mit Masse verbunden wird.

Der stabile Zustand ist in beiden Fällen aufgrund der direkten Rückkopplung vom Ausgang des einen zu einem Eingang des anderen NAND-Gatters möglich.

FAZIT
Bei einer Impuls-Serie reagiert ein Flipflop nur auf den ersten Impuls; dabei spielt die Impulsdauer keine Rolle. Fehlimpulse (unerwünschte „Nachzügler") lassen sich mit einem Flipflop leicht unterdrücken.

Experiment 3

Die letzte Experimentierschaltung in diesem Workshop sehen wir in der Abbildung 142. Beginnen Sie den Aufbau nach dem Bestückungsplan in Abbildung 143.

STÜCKLISTE
R1 = 100 k
R2 = 10 k
C1, C2= 100 nF
IC1 = 4011
S1 = Taster (Schließer)
    Für das Experiment reicht auch einfach eine Verbindungsstrippe.
1 IC-Fassung (14-polig)

Beginnen Sie den Aufbau nach dem bekannten Schema; zunächst die Drahtbrücken:
● von Pin 8 nach Pin 9;
● von Pin 12 nach Pin 13;
● von Plus nach Plus (unterhalb von Anschlußpunkt A3);
● von R2 nach A4 (unterhalb von C2).
Es folgen die Widerstände und Kondensatoren sowie die IC-Fassung. Das IC selbst stecken wir erst dann in die Fassung, wenn der Aufbau abgeschlossen ist. Der Taster S1 ist über flexiblen Schaltdraht mit der Platine verbunden. Für das Experiment kann der Taster S1 auch durch eine Verbindungsstrippe ersetzt werden. Ein Ende ist mit dem Verbindungspunkt a (Pin 8 oder Pin 9) zu verbinden; das andere Ende bleibt zunächst offen.
Wenn die Schaltung fertig aufgebaut ist, muß man sie noch mit der Anzeigeplatine verbinden, wie es Abbildung 143 andeutet. Sobald man nun die 9-V-Blockbatterie anschließt, muß eine der beiden LEDs aufleuchten. Ob es D1 oder D2 ist, entscheidet dabei der Zufall. Bleiben die LEDs jedoch beide dunkel, dann stimmt mit dem Aufbau etwas nicht. Die Anzeigeplatine

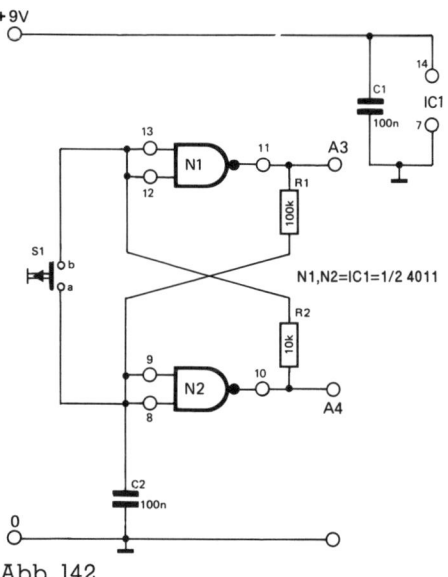

Abb. 142

Abb. 142 Flipflop, Monoflop oder astabiler Multivibrator? Das ist die Frage bei der abgebildeten Schaltung. Versuchen Sie die Frage zu beantworten, bevor Sie den beschreibenden Text lesen.
Ein Tip: Denken Sie daran, daß ein Kondensator ein Spannungsspeicher ist.

Abb. 143 Aufbau und Zusammenschaltung für das Experiment mit dem Fragezeichen. Führen Sie das Experiment aus und ersetzen Sie das Fragezeichen durch ein „Aha".

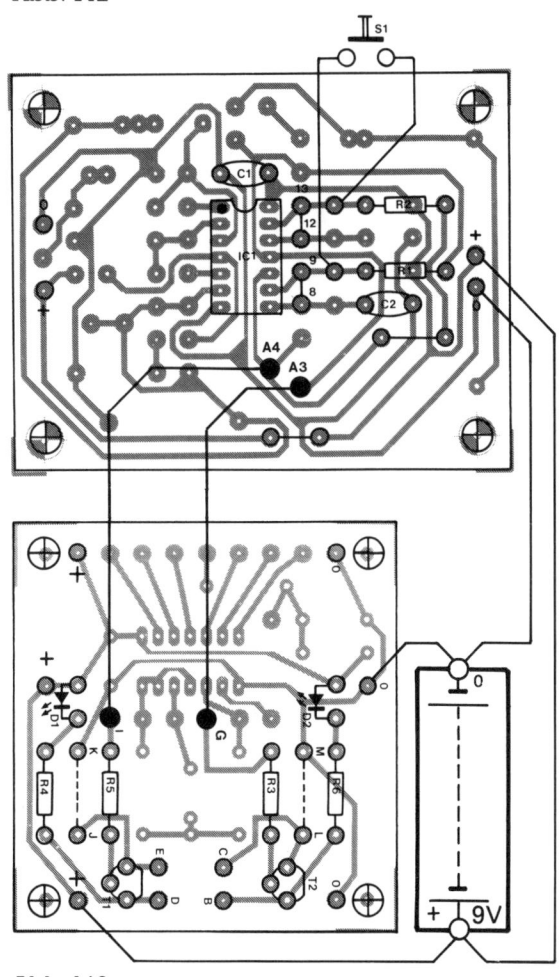

Abb. 143

muß in Ordnung sein, da sie bisher einwandfrei funktioniert hat. Also:

FEHLERSUCHE

● Sind Anzeige- und Multivibratorplatine richtig miteinander verbunden?
● Stimmen alle Bauteilwerte?
● Gibt es eventuell unzulässige Lötverbindungen?

Unter der Voraussetzung, daß die Bauteile und alle Verbindungen in Ordnung sind, muß die Schaltung jetzt funktionieren und eine der beiden LEDs leuchten. (Natürlich ist die Batterie angeschlossen.)

Tippen Sie jetzt mit dem freien Ende der Verbindungsstrippe kurz den Kontaktpunkt b an oder betätigen Sie den Taster S1, falls vorhanden. Die LEDs wechseln den Zustand. Diejenige, die geleuchtet hat, geht aus und diejenige, die aus war, beginnt zu leuchten. Daran ändert sich nichts, auch wenn Sie noch so lange warten. Erst wenn die Kontaktpunkte a/b erneut kurzgeschlossen werden, „kippt" die Schaltung wieder um. Also ist die Sache klar: Es handelt sich um ein Flipflop.

Die Sache ist relativ einfach. Stellen wir uns folgende Ausgangssituation vor: A3 ist logisch 1 und A4 ist logisch 0. Folglich ist der Eingang von N2 logisch 1, und beim Gatter N1 ist er logisch 0. Der Kondensator C2 lädt sich zwangsläufig auf. Die Situation ist stabil. Sobald man die Kontaktpunkte a/b überbrückt, gelangt an den Eingang von Gatter N1 der Zustand logisch 1. Der Kondensator entlädt sich, das Flipflop kippt um und bleibt in diesem Zustand. A3 ist logisch 0 und A4 logisch 1. Beim nächsten Überbrücken der Kontaktpunkte a/b wird der Eingang von N1 logisch 0, und die Sache gerät wieder in Bewegung.

Durch den Kondensator C2 ist bei diesem Flipflopaufbau kein Umschalter erforderlich. Die Schaltung arbeitet als Wechselschalter.

FAZIT

Flipflops „verteilen" die nacheinander an ihren Eingang gelangenden Impulse abwechselnd auf zwei Ausgänge. Mit einem Drucktaster läßt sich auf diese Weise die Funktion eines Wechselschalters (Umschalter) simulieren. In der digitalen Elektronik nutzt man diese Eigenschaft für viele Zwecke, von denen wir einige im nächsten Abschnitt näher kennenlernen werden.

Anwendungen

Das Flipflop findet als Speicherelement relativ oft in elektronischen Schaltungen Verwendung. Ein Beispiel hierfür ist der Einsatz in Alarmgebern beziehungsweise Alarmschaltungen. Der Vorteil ist, daß ein einmal ausgelöster Alarm auch dann noch aktiv bleibt, wenn sich der alarmauslösende Zustand wieder normalisiert hat. Der einmal aktivierte Alarm, ob akustisch oder optisch, muß durch ein separates Signal ausgeschaltet werden. Dazu sagt der Insider: „Das Flipflop wird mit einem Resetsignal zurückgesetzt."

Wie so etwas prinzipiell funktionieren kann, sehen wir in Abbildung 144. Block A symbolisiert den Alarmgeber, Block B die akustische oder optische Anzeige; dazwischen liegt das Flipflop mit dem Taster S1. Sobald wir diesen betätigen, wird Ausgang A4 logisch 1 und A3 logisch 0. Das entspricht dem Ruhezustand des Flipflops. Das Flipflop wurde also durch einen Rücksetzimpuls, den Resetimpuls, zurückgesetzt. Aufgrund dieser Funktion nennt man einen solchen Schalter (in unserem Fall S1) auch „Resettaster". Unsere akustische beziehungsweise optische Anzeige, als Block B angedeutet, ist nun außer Betrieb. In den bisherigen Beispielen brachte nur eine logische 1 die LEDs zum Leuchten oder die Sirene zum Heulen.

Um nun im Alarmfall die Schaltung zu aktivieren, muß der Alarmgeber A einen negativen Impuls auf Pin 1 des Gatters N1 geben. Das heißt: Der Logikpegel beim Alarmgeberausgang wechselt von „1" nach „0". Das Flipflop kippt dadurch um, und die Ausgänge A2 und A4 vertauschen die Logikpegel. Der Alarm ist eingeschaltet.

Die Quizschaltung

Die letzte Schaltung in diesem Kapitel ist eine *Ich-bin-dran-Schaltung*; eine Art Hilfsmittel für Ratespiele („Der kleine Preis im großen Kreis"). Nun, im Freundes-, Bekannten- und Familienkreis entstehen bei Rate- und Quizspielen oft die hitzigsten Debatten darüber, wer die Antwort zuerst gegeben hat. Nach dem Motto „Wer die Antwort weiß, darf sie nicht einfach sagen, sondern muß zuerst aufs Knöpfchen drücken", sind alle Streitereien beendet. Jeder Mitrater, der dies als erster tut, schaltet damit eine LED ein. Wer auch nur den Bruchteil einer Sekunde später drückt, hat Pech gehabt, denn seine LED bleibt dunkel. Vielleicht hat er bei der nächsten Frage mehr Glück.

Eine derartige Schaltung soll insgesamt vier Mitspielern die Chance geben, sich im fairen Wettkampf miteinander zu messen. Den Schaltungsaufbau können wir mit den bisher bekannten Mitteln recht unterschiedlich gestalten. Es sind insgesamt drei verschiedene Versionen denkbar: ganz einfach, etwas komfortabler und die Luxusausführung. Schauen wir uns für alle drei Möglichkeiten das Blockschaltbild an.

1. Zuerst die einfachste Version in Abbildung 145. Für jeden Mitspieler ist ein Flipflop (FF1 ... FF4) und ein Taster (S1 ... S4) vorgesehen. Den Taster S5

bedient der Spielleiter, der damit die Schaltung in die Ausgangsposition zurücksetzt. In diesem Fall leuchtet keine der angeschlossenen LEDs. Erst wenn ein Spieler seinen Taster betätigt (zum Beispiel S3), leuchtet die zugeord-

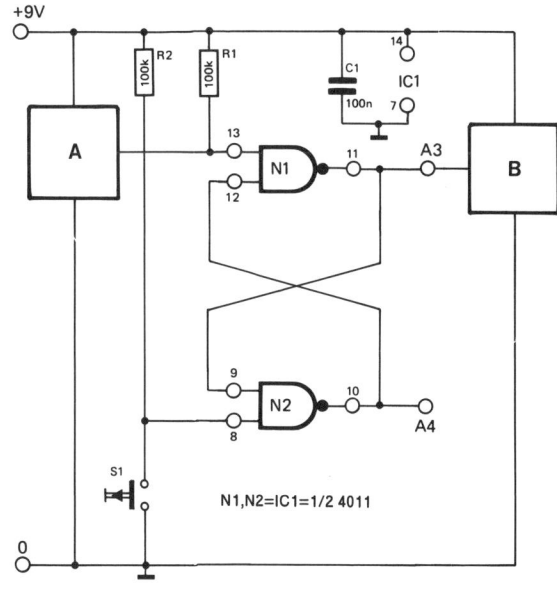

Abb. 144

Abb. 144 Das Flipflop arbeitet hier als Zwischenspeicher zwischen Block A und Block B. Ein Impuls von Block A setzt das Flipflop. Auch wenn sich in Block A wieder die ursprüngliche Situation einstellt, hat das auf Block B keinen Einfluß, weil das Flipflop die erste Situationsänderung von Block A gespeichert hat.

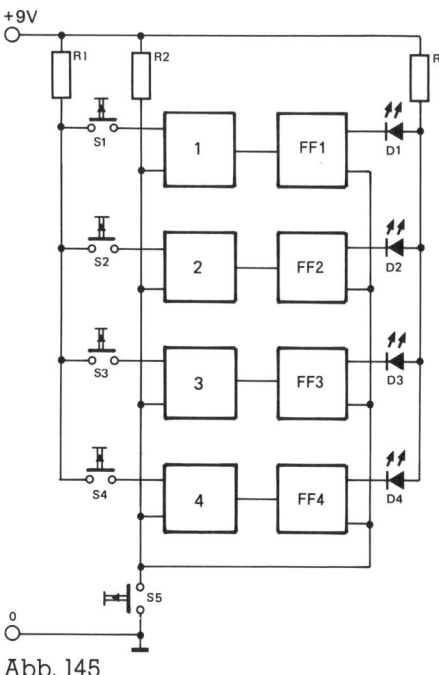

Abb. 145

Abb. 145 In diesem Blockschaltbild sind vier Flipflops so miteinander verschaltet, daß sie zusammen mit den Funktionsblöcken 1 bis 4 feststellen und speichern, welcher der Taster S1 bis S4 zuerst gedrückt wurde.

nete LED D3 auf. Drücken jetzt noch andere Spieler ihren Taster, hat das auf den Schaltungszustand keinen Einfluß mehr. Die Funktionsblöcke 1...4 blocken jeden weiteren Tastendruck ab und sorgen so dafür, daß die Schaltung tatsächlich nur auf den ersten Tastenimpuls reagiert. Damit das so ist, wird vom Ausgang der Flipflops ein Signal auf je einen Eingang der Funktionsblöcke zurückgeführt.

2. Die zweite Möglichkeit in Abbildung 146 ist um ein Monoflop MMV, einen Taster und zwei LEDs erweitert. Der Spielleiter bedient die Taster S1 und S2, die Spieler S3 bis S6. Die Resettaste, die alles in Bereitschaft versetzt, ist S2. Wenn sie vom Spielleiter gedrückt wird, leuchtet LED D2, und sonst keine. Das bedeutet: „Achtung, es folgt die nächste Frage, die Schal-

tung ist jedoch noch gesperrt." Erst wenn die Frage gestellt ist, betätigt der Spielleiter den Taster S1 (Start). LED D1 leuchtet auf und signalisiert: „Die Frage ist zur Antwort frei." Alles andere funktioniert wie bereits bekannt, mit einer Ausnahme. Hat bis zum Ablauf der Monoflopzeit kein Mitspieler seine Taste gedrückt, ist alles wieder gesperrt. Nur während der Monoflopzeit ist es möglich, eine der LEDs D3...D6 zu aktivieren. Allerdings, und das ist der kleine Nachteil dieser Schaltung, wird mit Ablauf der Monoflopzeit die aktivierte LED wieder gelöscht.

3. Das passiert natürlich bei der Luxusversion, deren Blockschaltung wir in Abbildung 147 sehen, nicht. Hier ist zwischen dem MMV und dem folgenden Teil noch ein Flipflop (FF1) geschaltet. Dadurch leuchtet nach dem Ablauf der

Abb. 146 Hier ist die Blockschaltung aus Abbildung 145 um ein Monoflop erweitert. Dadurch sind die Flipflops nur für eine bestimmte Zeit betriebsbereit. Nur während dieser Zeit können die Taster S3 bis S6 die Flipflops setzen.

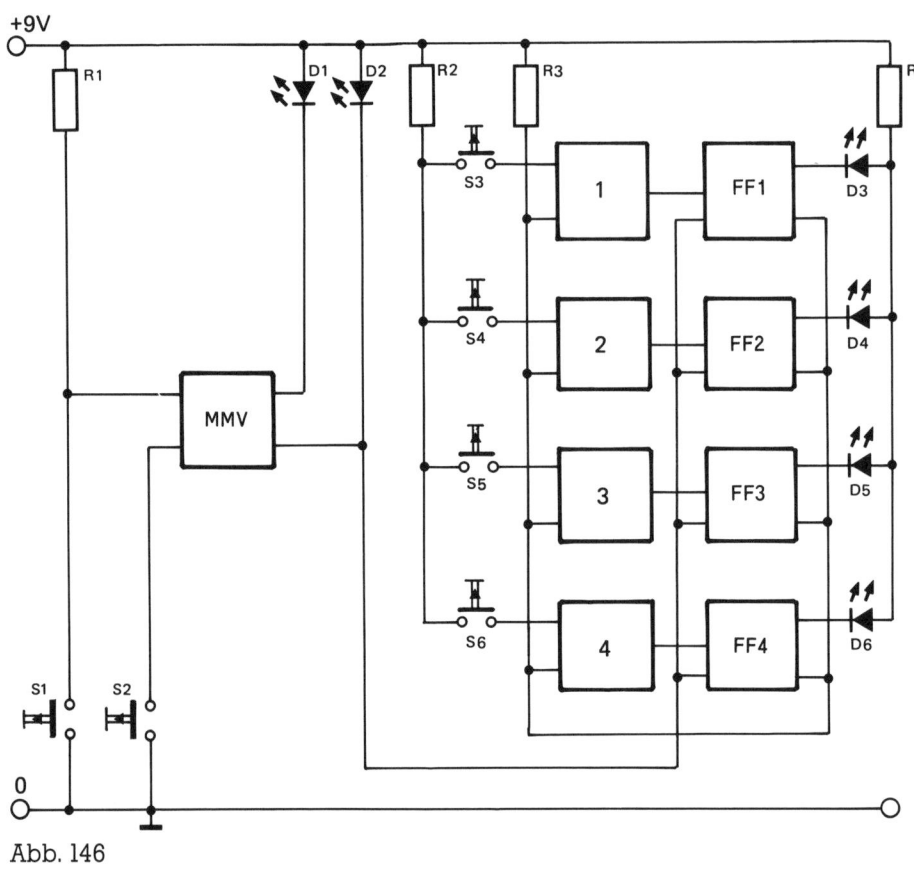

Abb. 146

Monoflopzeit die aktivierte LED weiter, und zwar so lange, bis die Resettaste S2 gedrückt wird. Ferner ist das Blockschaltbild noch um vier AMV-Schaltungen erweitert. So leuchtet die aktivierte LED nicht nur, sondern blinkt und macht deshalb noch stärker auf sich aufmerksam. Insgesamt also schon eine Luxusversion, diese dritte Ausführung.

Die Funktionsblöcke 1...4 bestehen im Prinzip aus einem NAND-Gatter und den Widerständen R1 sowie R2 (Abb. 148). Pin a liegt über R3 an Masse, Pin b über R2 an Plus. Nach den NAND-Bedingungen ist der Ausgang c in diesem Zustand also logisch 1. Wird der Taster S geschlossen, sind beide Eingänge logisch 1, und Pin c wechselt auf logisch 0. Die Rückkopplung von den Flipflopausgängen ist mit Punkt b des Gatters

verbunden. Ist eines der Spieler-Flipflops gesetzt, gelangt an Punkt b der Funktionsblöcke der Zustand „0", so daß der Gatterausgang auf „1" liegt. Jeder Tastendruck ist nun für den Zustand der Schaltung bedeutungslos, da sich am NAND-Gatterausgang nichts ändert.

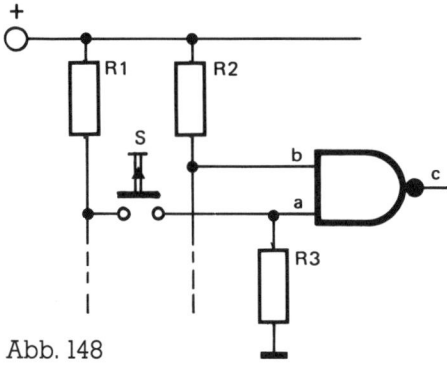

Abb. 148

Abb. 148 Die vier Funktionsblöcke aus den Blockschaltbildern bestehen aus je einem NAND-Gatter und einem Widerstand. Wurde einer der angeschlossenen Taster bedient, blockt dieser Schaltungsteil jede weitere Tasterbetätigung ab.

Abb. 147 In diesem Beispiel ist die Blockschaltung aus Abbildung 146 um ein Flipflop und vier astabile Multivibratoren erweitert. Wer die Schaltung nach diesem Vorschlag aufbauen will, hat schon einiges zu tun. Das Ergebnis wird jedoch die Mühe lohnen.

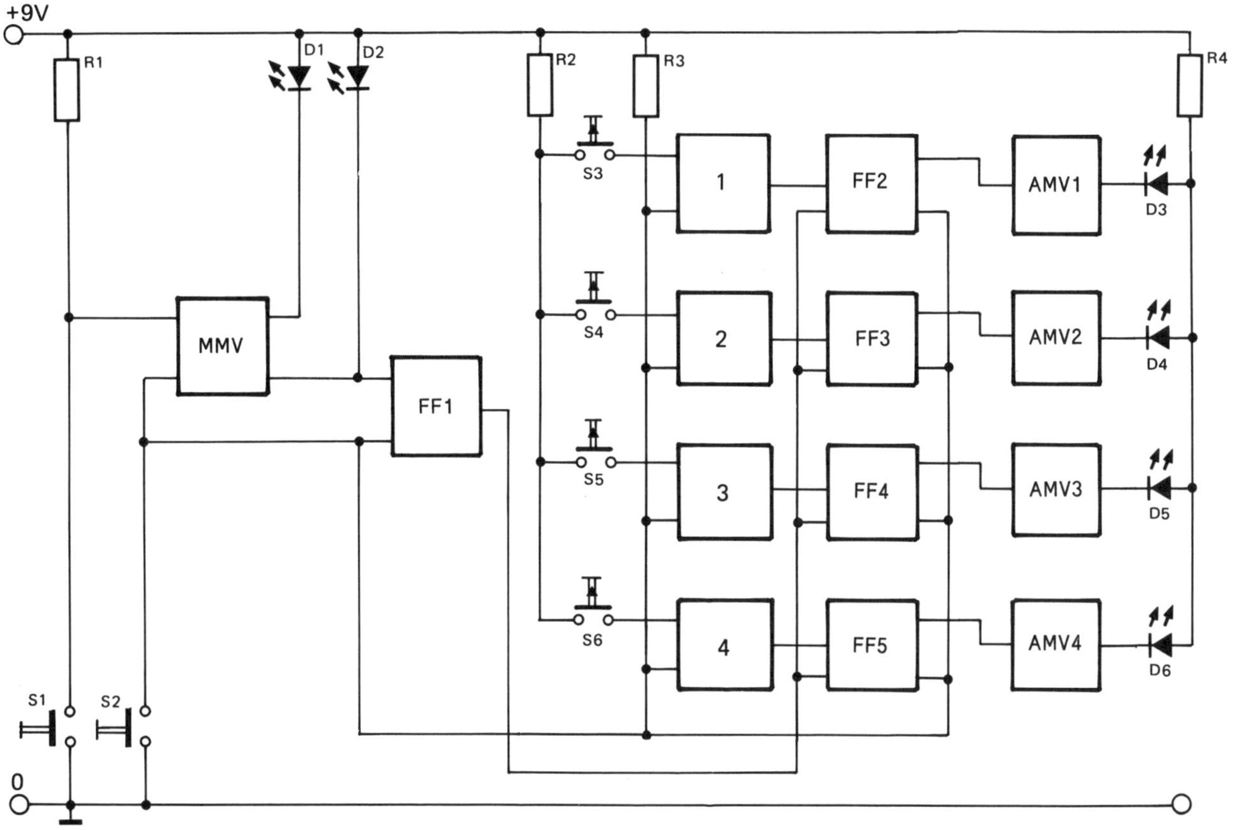

Abb. 147

INFO 51   Das RS-Flipflop

*D*as RS-Flipflop ist nach den Eingangsbezeichnungen Set (S) und Reset (R) benannt. „Set" heißt Setzen und „Reset" Rücksetzen. Das RS-Flipflop verhält sich wie ein normales Flipflop. Von der Funktion her unterscheiden sie sich beispielsweise von JK- und D-Flipflops, doch wollen wir an dieser Stelle nicht näher darauf eingehen. „RS" bezeichnet also den Unterschied zu den anderen Typen.

Ein einfaches RS-Flipflop besteht beispielsweise aus zwei NAND-Gattern. Die beiden Ausgänge heißen allgemein „Q" und „Q quer" oder „Q nicht". Im Schaltbild ist für „quer" („nicht") über der entsprechenden Bezeichnung ein Strich angebracht. Er bedeutet, daß die Ausgänge immer einen unterschiedlichen Logikwert aufweisen. Ist der eine Ausgang logisch 1, so ist der andere logisch 0 und umgekehrt.

Das RS-Flipflop arbeitet nach folgenden Regeln:

- Der Flipflopzustand ändert sich nicht, wenn die Eingänge R und S gleichzeitig logisch 1 sind (dieser Zustand ist nicht erlaubt).
- Wird der S-Eingang logisch 0, kippt das Flipflop, und der Q-Ausgang ist dann logisch 1; der Ausgang Q-quer ist logisch 0. Falls dieser Zustand bereits vorhanden war, bevor S logisch 0 wurde, ändert sich natürlich nichts.
- Liegt am R-Eingang logisch 0 an, schaltet das Flipflop den Q-Ausgang auf logisch 0, Q-quer wird logisch 1. Das ist die Grundstellung. War sie bereits vorhanden, bleibt alles wie es war.
- Sind R und S gleichzeitig logisch 0, liegt an beiden Ausgängen logisch 1; eine unerlaubte Situation (siehe oben).

Die vier Regeln sind in der Wahrheitstabelle zusammengefaßt und so auf einen Blick überschaubar.

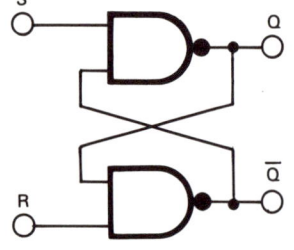

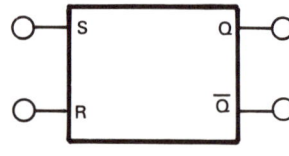

S	R	Q	$\overline{Q}$
0	0	unerlaubt	
0	1	1	0
1	0	0	1
1	1	unerlaubt	

INFO 52 Der Feldeffekttransistor

*D*er Feldeffekttransistor, die Kurzform ist FET, hat mit einem normalen Transistor nicht viel gemeinsam. Seine drei Anschlüsse heißen nicht Basis, Emitter und Kollektor, sondern Gate, Drain und Source. Das Funktionsprinzip ist ganz einfach. Stellen Sie sich einen Gartenschlauch vor, durch den Wasser fließt. Um den Schlauch schlingen wir nun ein Seil und schnüren ihn damit ab. Damit wird der Querschnitt für den Wasserdurchfluß geringer, so daß sich die Durchflußmenge reduziert.

Ähnlich verhält sich der FET. Er besteht aus einem Halbleitermaterial mit den Anschlüssen D (Drain) und S (Source). Der dritte Anschluß G, das Gate (Tor), ist eine vom übrigen Material isolierte Elektrode. Legt man an ihr eine gegenüber dem Sourceanschluß negative Spannung, engt das den Kanal von Drain nach Source ein. Diesem Verhalten liegt der Lehrsatz zugrunde, daß sich ungleiche Ladungen anziehen, gleiche jedoch abstoßen. Das heißt:

Die Elektronen im Kanal und die Elektronen am Gateanschluß stoßen sich gegenseitig ab.

Der Kanal verengt sich dadurch, und es kann weniger Strom fließen.

Die FETs haben gegenüber normalen Transistoren zwei Vorteile. Einmal ist der Eingangswiderstand zwischen Gate- und Sourceanschluß relativ hoch (einige Megaohm), und zweitens wird der FET nicht mit Strom, sondern mit einer Spannung gesteuert. Dadurch entsteht kaum ein Leistungsverlust.

FETs gibt es als N- oder P-Kanal-Ausführung. Die Funktion ist bei beiden gleich; lediglich die Spannungspolaritäten sind umgekehrt. Beim P-Kanal-Fet muß die Gatespannung positiv gegenüber der Sourcespannung sein.

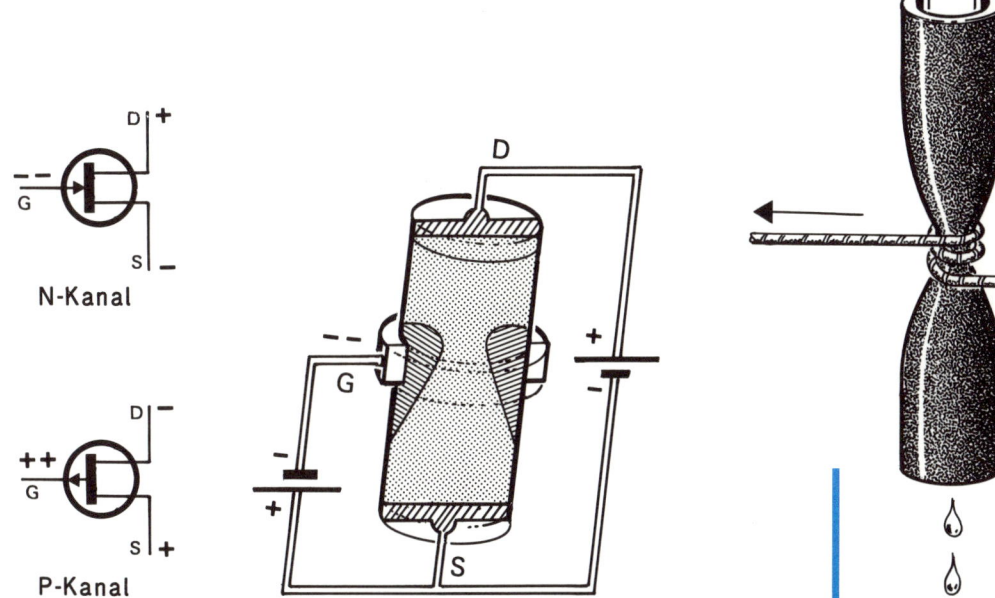

N-Kanal

P-Kanal

Mit all diesen Informationen ist es nun relativ einfach, die auf den ersten Blick ziemlich kompliziert aussehende Schaltung in Abbildung 149 zu verstehen. Versuchen Sie zuerst einmal festzustellen, um welche der vorgestellten Versionen es sich handelt.

Richtig, es ist die zweite. Das Monoflop MMV ist mit den Gattern N3 und N4 aufgebaut. Das gesamte MMV ist gestrichelt umrahmt; es ist der Schaltungsteil A. Die MMV-Bauteilbezeichnungen sind mit denen der Experimente identisch. Auch die Transistor/LED-Stufen T1/T2 sind mit einer gestrichel-

ten Linie eingerahmt (Schaltungsteil B). Die Bauteilbezeichnung ist auch hier mit der ursprünglichen Bezeichnung in der Abbildung 90 identisch.

Die Gatter N1, N2, N5 und N6 gehören zu den Funktionsblöcken 1...4. Danach folgen die Spieler-Flipflops:

FF1 = N7/N8
FF2 = N9/N10
FF3 = N11/N12
FF4 = N13/N14

Es fehlen nur noch die Anzeigen, insgesamt sechs LEDs, und die Sache ist komplett. D1 und D2 überwachen den Spielablauf; D7 bis D10 zeigen den am

Abb. 149 Die Schaltung sieht komplizierter aus als sie ist. Die einzelnen Blöcke sind leicht zu erkennen.

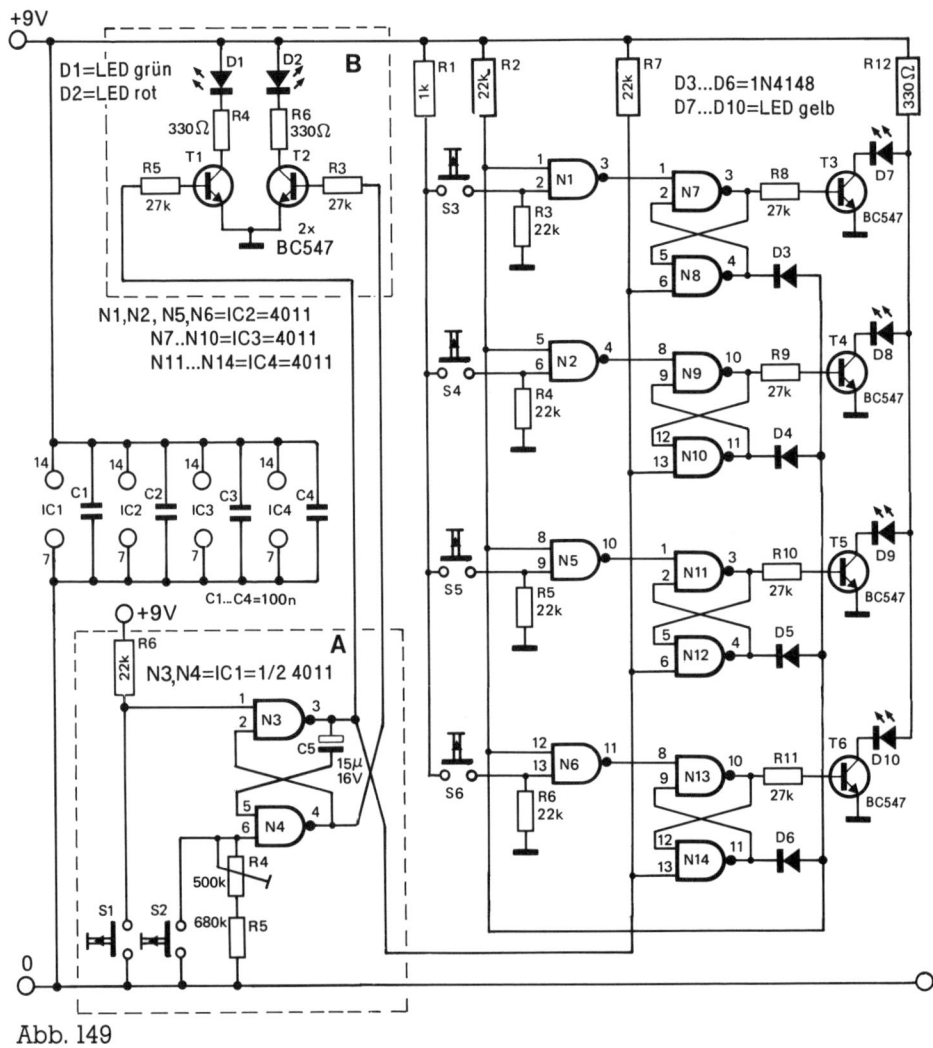

Abb. 149

schnellsten reagierenden Mitrater an. Mit dem Taster S2 setzt der Spielleiter die Schaltung in den Ausgangszustand. Es leuchtet die rote LED D2, alle anderen sind dunkel. Die Spieler können jetzt die Taster S3 ... S6 so oft drücken wie sie wollen, es passiert nichts. Hat der „Quizmaster" die Frage gestellt, drückt er S1. Es leuchtet nun die grüne LED D1, weil am Ausgang von N3 für die Dauer der Monoflopzeit logisch 1 ansteht. Das Signal gelangt auch an je einen Eingang der Spieler-Flipflops. Drückt nun einer der Spieler seinen Taster, geht der entsprechende Gatterausgang (N1, N2, N5 oder N6) auf logisch 0. Es entsteht so eine negative Flanke, die das nachgeschaltete Flipflop setzt. (Diese Art nennt man übrigens RS-Flipflop.) Über den angesteuerten Transistor leuchtet die gelbe Spieler-LED auf.

Damit nun keine weiteren Spieler ihre LED aktivieren können, sind die Flipflopausgänge über die Dioden D3 ... D6 zusammengefaßt und mit je einem Eingang der Gatter von IC2 verbunden. An diese Eingänge gelangt so vom aktivierten Flipflop das Signal logisch 0. Jeder erneute Tastendruck bleibt ohne weitere Folgen.

Nach Ablauf der Monoflopzeit erhalten die Spieler-Flipflops einen automatischen Resetimpuls, weil der Ausgang von N3 wieder von logisch 1 nach „0" wechselt. Die aktivierte Spieler-LED wird dunkel, gleichzeitig wechseln D1 und D2. Die Schaltung ist wieder bereit. Hat der Spieler die Frage noch innerhalb der ablaufenden Monoflopzeit beantwortet, kann der Spielleiter mit S2 die Schaltung vorzeitig zurücksetzen. Die Monoflopzeit kann mit den angegebenen Werten von R4/R5 und C5 zwischen etwa 6 und 13 Sekunden eingestellt werden. Wer längere Zeiten wünscht, kann für die genannten Bauteile höhere Werte wählen.

STÜCKLISTE

Monoflop (Schaltungsteil A):

R4	= 470 k (500 k), Trimmpoti
R5	= 680 k
R6	= 22 k
C5	= 15 µF/16 V (Elko)
N3, N4	= IC1 = 4011
1 IC-Fassung (14-polig)	
S1, S2	= Taster (Schließer)

Anzeige (Schaltungsteil B):

R3, R5	= 27 k
R4, R6	= 330 Ohm
D1	= LED (grün)
D2	= LED (rot)
T1, T2	= BC 547

Restliche Schaltung:

R1	= 1 k
R2 ... R7	= 22 k
R8 ... R11	= 27 k
R12	= 330 Ohm
C1 ... C4	= 100 nF
D3 ... D6	= 1N4148
D7 ... D10	= LED (gelb)
T3 ... T6	= BC 547
IC2 ... IC4	= 4011
3 IC-Fassungen (14-polig)	
S3 ... S6	= Taster (Schließer)
1 Batterieclip	
1 9-V-Blockbatterie	
eventuell Lötstifte, Verbindungskabel	

Ein Platinenlayout für die Schaltung aus Abbildung 149 ist an dieser Stelle nicht abgedruckt. Wer die Schaltung aufbauen will, kann dies mit einer Lochstreifenplatine machen. Die andere Möglichkeit ist, die in diesem Kapitel vorgestellten Platinen anzupassen und die Schaltung auf mehreren dieser Platinen aufzubauen. Welche Methode Sie wählen, ist unerheblich; gehen Sie in jedem Fall nach folgendem Schema vor:

BESTÜCKUNG

1. IC-Fassungen und die Entkoppelkondensatoren C1 … C4 einlöten.
2. Monostabiler Multivibrator (Schaltungsteil A) und die beiden LED-Stufen (Schaltungsteil B) aufbauen.
3. Auf Kurzschlüsse achten! Batteriespannung anlegen! MMV und LED-Stufen testen. Anschließend Batterie wieder abklemmen.
4. Widerstände R2 … R7 einlöten. Taster S3 … S6 einlöten. LED/Transistorstufen aus Abbildung 121 nehmen und je eine Stufe mit den Ausgängen N1/N2 verbinden. Spannung anlegen. Beide LEDs müssen leuchten. Die entsprechende LED wird dunkel, wenn S3/S4 gedrückt wird, Batterie abklemmen und LEDs mit den Ausgängen von N5/N6 verbinden. Test wiederholen. Batterie wieder abnehmen.
5. Dioden D3 … D6 und anschließend die restlichen Widerstände einlöten, gefolgt von den Transistoren T3 … T6 sowie den LEDs D7 … D10.
6. Alle Leitungen und Verbindungen überprüfen. Polarität von C5 überprüfen. Sitz der ICs kontrollieren.

Theoretisch müßte die Schaltung jetzt funktionieren. Ist das nicht der Fall, so sollte man die obige Checkliste Punkt für Punkt noch einmal durchgehen und kontrollieren.

Für besonders experimentierfreudige Tüftler ist es sicherlich interessant, die dritte Version mit dem zusätzlichen Flipflop und den vier astabilen Multivibratoren aufzubauen. Dabei viel Spaß und natürlich den erhofften Erfolg.

1/0-Tester

Bisher haben wir zum Testen der aufgebauten Digitalschaltungen immer eine Transistorstufe mit angeschlossener LED benutzt. Dabei mußte die Anzeigeschaltung immer mit der Versorgungsspannung verbunden sein. Das ist im Prinzipschaltbild (Abb. 150) noch einmal skizziert. Die zu prüfende Digitalschaltung ist mit Block A angedeutet; der Prüfpunkt ist mit PP bezeichnet. Die Transistor/LED-Stufe in Block B hat drei Anschlüsse: zwei für die Versorgungsspannung und den Ansteuereingang A (das ist in diesem Falle der Basiswiderstand des Transistors).

Es geht auch anders, nämlich mit einem Anschluß weniger, wie die Blockschaltung es in Abbildung 151 zeigt. An die zu prüfende Schaltung A mit dem Prüfpunkt PP wird die Testschaltung B mit dem Anschlußpunkt A angeschlossen. Beide Schaltungen sind über Minus (Masse) miteinander verbunden. Doch hat die Testschaltung B keine Verbindung zur Plusleitung der zu testenden Schaltung.

Die Testschaltung (Abb. 152) besteht aus nur drei Bauelementen: einer normalen Diode D1, einer LED D2 und Transistor T1. Hierbei handelt es sich um einen Feldeffekt-Transistor, kurz FET genannt (vgl. Info 52). Gegenüber dem normalen Transistor funktionieren die FETs nach einem anderen Prinzip und haben andere Anschlußbezeichnungen. Sie heißen nicht mehr Basis, Kollektor und Emitter, sondern *Gate* (G), *Drain* (D) und *Source* (S). Es sind

Abb. 150 Hier ist die bisher ständig verwendete Meßsituation schematisch dargestellt: Digitalschaltung in A und Anzeigeeinheit in B.

Abb. 151 Bei dieser Version ist in Block B ein einfacher Digitaltester untergebracht. Das spart nicht nur Bauteile, sondern sogar eine Verbindungsleitung.

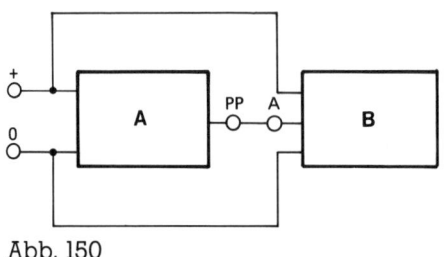

Abb. 150

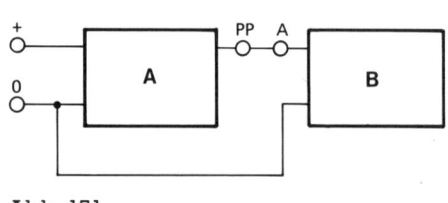

Abb. 151

die englischsprachigen Originalbezeichnungen; in Deutsch lauten sie in der genannten Reihenfolge: Tor, Abfluß und Quelle. Wir verwenden jedoch im weiteren Verlauf dieses Buches die englischen Bezeichnungen, da sie allgemein gebräuchlich sind.

Der FET ist in der Testschaltung als Konstantstromquelle geschaltet. Das heißt: Der Strom durch die Dioden und den FET ist (fast) unabhängig von der Spannung an Punkt A. Dort darf eine Spannung zwischen 0 V und 15 V maximal anliegen. Diese Bedingung ist bei CMOS-Digitalschaltungen immer gegeben, weil die Versorgungsspannung der CMOS-ICs maximal 15 V betragen darf. Erinnern wir uns noch an eine andere Bedingung: CMOS-Ausgänge sind bei logisch 0 fast 0 V und bei logisch 1 liegen sie etwa auf dem Wert der Versorgungsspannung. Damit sind alle Bedingungen und Voraussetzungen für die Testschaltung aus Abbildung 152 bekannt.

Die LED D2 soll leuchten, wenn ein Ausgang logisch 1 ist, und dunkel sein, wenn der Ausgang „0" führt. Genau das passiert auch. Dazu wird der Minusanschluß der Testschaltung mit dem Minusanschluß der zu prüfenden Schaltung verbunden. An den Prüfpunkt PP wird der Anschlußpunkt A gelegt. Ist der Punkt logisch 1, entspricht das (fast) der Betriebsspannung. Es fließt jetzt ein Strom durch die Diode D1, den FET T1 und die LED D2. Der Strom ist in jedem Fall so hoch, daß die LED aufleuchtet. Hierzu genügt bereits an Punkt A eine Spannung von 2 V. Allerdings ist die LED dann noch nicht besonders hell. Ab etwa 2,5 V bis maximal 15 V ist der Strom durch die LED ziemlich konstant. Die Leuchtkraft der LED ist dabei normal, und das Auge registriert in dem genannten Spannungsbereich keine Helligkeitsschwankung.

leuchtende LED = PP ist logisch 1,
dunkle LED = PP ist logisch 0.

Im niedrigen Spannungsbereich (unter 7 V) ist der Begriff *Konstantstromquelle* nicht ganz zutreffend. Die kleine Auflistung beweist es (die linke Zahlenreihe gibt die Spannung an Punkt A, die rechte den Strom durch die LED an).

3 V – 3,5 mA
5 V – 8,0 mA
9 V – 9,4 mA
12 V – 9,5 mA
15 V – 9,5 mA

Für die drei Bauteile ist der Entwurf eines Platinenlayouts viel zu umständlich und vor allen Dingen viel zu teuer. In der Abbildung 153 ist ein Aufbauvorschlag für die Verbindung der einzelnen Bauteile dargestellt. Mit dieser Skizze ist es ein Kinderspiel, die drei Bauteile auf einer Lochrasterplatine aufzubauen. Wer etwas geschickt und handwerklich begabt ist, baut die Schaltung so auf, daß sie in eine etwas dickere Kugelschreiberhülse paßt. Damit ist auch bereits das Gehäuseproblem gelöst.

Mit dem kleinen Testgerät können wir nun digitale Schaltungen auf mögliche Fehlerquellen problemlos untersuchen. Einen Haken hat die Sache allerdings: Es können nur statische Signale, also solche, die sich nicht verändern, untersucht werden. Frequenzen von etwa 1 Hz bis 3 Hz stellen eine obere Grenze dar. Warum es diese Einschränkung gibt, ist klar: Impulsfolgen mit relativ hohen Frequenzen nimmt unser Auge nicht mehr wahr. Wir registrieren dann eine „1", obwohl die LED dauernd an- und ausgeht, allerdings für unser träges Auge viel zu schnell.

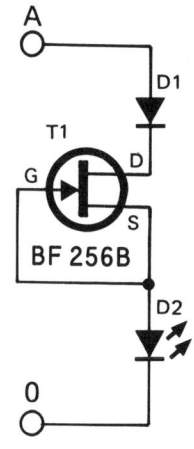

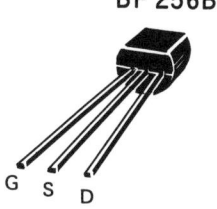

Abb. 152 Der einfache Digitaltester besteht aus nur drei Bauteilen: einem Feldeffekt-Transistor (T1), einer Leuchtdiode und einer normalen Diode. In dieser Schaltungsart arbeitet der FET als Konstantstromquelle. Dabei ist der Strom durch D1, T1 und D2 (fast) unabhängig von der Spannung an Punkt A.

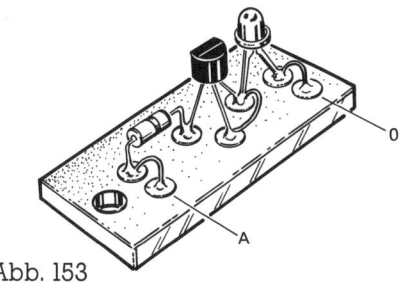

Abb. 153

Abb. 153 Der 1/0-Tester ist in wenigen Minuten aufgebaut. Mit Hilfe der kleinen Zeichnung dürfte dies nicht schwerfallen. Wer den Tester direkt in einem passenden Gehäuse unterbringen möchte, hat natürlich etwas mehr Arbeit.

Spannung, Strom und Widerstand – aber nur ein Meßgerät

Bei allen bisher aufgebauten Schaltungen sind wir ohne Messungen ausgekommen; oder fast ohne. In Kapitel 6 lernten wir die FET-Konstantstromquelle kennen; mit ihr ist es möglich, an einem Schaltungspunkt zu testen, ob eine Spannung vorhanden ist oder nicht. Gut und schön, wir wissen dann zwar, daß an einem bestimmten Punkt beispielsweise eine Spannung existiert, kennen aber nicht deren Wert. Dabei ist es manchmal interessant zu wissen, ob der tatsächliche mit dem theoretischen Spannungswert übereinstimmt. Aus dem Meßergebnis läßt sich dann meistens ein eventueller Fehler und dessen Ursache ablesen.

Nun, wie auch immer, ein Meßgerät gehört zum Werkzeug eines (Hobby-)Elektronikers. In der Regel ist es ein Vielfachmeßgerät, das Spannungen, Ströme und Widerstände mißt (manchmal noch mehr). Man nennt es deshalb auch oft Multimeter.

Grundsätzlich unterscheidet man heute zwei Arten von Multimetern: die analogen und die digitalen Geräte. Zunächst beschäftigen wir uns mit den analogen Multimetern.

Das analoge Multimeter

Analoge Multimeter sind Geräte, die Gleich- und Wechselspannungen, Ströme und Widerstände messen können.

Das Meßergebnis wird bei diesen Geräten mit einem Zeigerinstrument und einer entsprechenden Skala angezeigt. Die Abbildungen 154 und 155 zeigen zwei Beispiele für analoge Multimeter.

Zum Preis:

Der Preis hängt von verschiedenen Faktoren ab. In der unteren bis mittleren Preisklasse kostet das Multimeter etwa 30 DM bis 80 DM. Welche Kriterien sind nun für die Qualität eines Multimeters entscheidend? Auch wenn für den Anfang nur ein kleines Gerät in Frage kommt, sollten die folgenden Hinweise beim Kauf so weit wie möglich beachtet werden.

1. Die Güteklasse

Diese Angabe macht eine Aussage über die Meßgenauigkeit des Multimeters. Sie ist meistens auf dem Skalenblatt aufgedruckt und hat bei den Geräten in der angegebenen Preisklasse in der Regel einen Wert von 2,5. Nur bei teureren Modellen ist die Güteklasse 2 oder gar 1. Die Güteklasse gibt den prozentualen Meßfehler an, immer bezogen auf den Skalenendwert.

Beispiel:

Bei einer Gleichspannungsmessung beträgt der eingestellte Meßbereich 30 V. (Das kann übrigens von Hersteller zu Hersteller verschieden sein.) Der maximal mögliche Meßfehler kann bei dem gewählten Skalenendwert und einem Gerät der Güteklasse 2,5 bis zu

0,75 V betragen. Die tatsächliche Spannung kann also von der angezeigten um 750 mV abweichen. Das kann bei exakt angezeigten 5 V eine tatsächliche Spannung von 4,25 V oder 5,75 V sein.

2. Der Innenwiderstand

Auch dieser Wert ist auf dem Skalenblatt aufgedruckt und bezieht sich ausschließlich auf die Meßmöglichkeiten der Gleich- und Wechselspannung. Der Innenwiderstand, er hängt von der Spule des Anzeigeinstrumentes ab, bestimmt in hohem Maße den Preis des Gerätes und kann zwischen 1000 Ohm und 50000 Ohm betragen. Die Geräte der mittleren Preisklasse haben meist einen Innenwiderstand von 20 k/V (sprich 20 Kiloohm pro Volt); das gilt dann jedoch nur für den Gleichspannungsmeßbereich. Beim Wechselspannungsmeßbereich ist der Innenwiderstand wesentlich geringer. Er liegt meist unter 10 k/V; ein gängiger Wert ist hierfür 4 k/V.

Beispiel:
Nehmen wir ein Gerät, das sich auf einen Skalenendwert von 15 V Gleichspannung (Meßbereich) einstellen läßt. Der Innenwiderstand des Gerätes mit 20 k/V beträgt dann insgesamt 300 Kiloohm. Das ist ein ganz guter Wert, der in der Regel nur einen geringen Meßfehler produziert. Wesentlich schlechter ist ein Multimeter mit einem geringeren Innenwiderstand, zum Beispiel nur 1 k/V. Bei einem Meßbereich von beispielsweise nur 10 V ist der Innenwiderstand 10 Kiloohm. Mißt man hiermit an einem Schaltungspunkt mit relativ geringem Widerstand (zum Beispiel 1000 Ohm) die Spannung, dann ergibt das einen beträchtlichen Meßfehler: immerhin 10 Prozent; das ist das Ergebnis einer einfachen Dreisatzrechnung:

Abb. 154 Der Meßbereich muß bei diesem analogen Multimeter durch Umstecken der Meßstrippen gewählt werden. Das Gerät mißt neben Spannung, Strom und Widerstand auch Kondensatoren und Frequenzen.

Abb. 154

Abb. 155 Das Gerät ist in zwei Hauptbereiche gegliedert: die übersichtliche Skala zum einen und den Drehschalter zum anderen. Mit dem Drehschalter wird die Meßart und der Meßbereich gewählt.

Abb. 155

$$\frac{\text{Widerstand in der Schaltung}}{\text{Innenwiderstand bezogen auf den Meßbereich}} \times 100\%$$

also

$$\frac{1000\ \text{Ohm}}{10000\ \text{Ohm}} \times 100\% = 10\%$$

Bei einem Innenwiderstand von 300 Kiloohm beträgt der prozentuale Fehler nur noch 0,33 Prozent. Rechnen Sie es nach.

Warum der Innenwiderstand des Gerätes so auf das Meßergebnis einwirkt, erfahren Sie später. Wichtig sind im Augenblick nur die Kriterien, die Ihre Kaufentscheidung beeinflussen. Dazu gehören nicht zuletzt eine einfache Handhabung und eine gute Ablesbarkeit der Skalen.

Der Begriff Innenwiderstand ist in diesem Zusammenhang eigentlich nicht die exakte Bezeichnung. Richtig wäre es, von Impedanz allgemein oder von Eingangsimpedanz zu sprechen (siehe Info 54). Die deutsche Bezeichnung für Impedanz ist Scheinwiderstand. Sie wird jedoch in den seltensten Fällen benutzt.

Grundsätzlicher Aufbau

Die Multimeter der unterschiedlichsten Hersteller sind im grundsätzlichen Aufbau alle gleich. Dabei spielt es für die Funktion des Gerätes keine Rolle, ob man nun die Meßstrippen umstecken muß (wie beim Gerät in Abb. 154) oder an einem Drehknopf dreht (Gerät in Abb. 155), wenn man Meßart oder Meßbereich wechseln will.

Weil es einfacher zu bedienen und daher am empfehlenswertesten ist, haben wir uns in Abbildung 156 für ein Multimeter mit Drehknopf entschieden und die wichtigsten Teile gekennzeichnet.

A: Die Anzeige besteht aus einem Zeigerinstrument, also einer analogen Anzeige. Das Instrument hat eine Skala, auf der die Meßbereiche der einzelnen Meßarten aufgetragen sind. Jede Meßart (Spannung, Strom, Widerstand) hat eine eigene Skalenteilung; dies ist übrigens gut in den Fotos 154 und 155 zu sehen.

B: Die Einstellschraube ist für die Nullpunktkorrektur des Meßinstrumentes vorgesehen. Sie erfolgt dann, wenn am Multimeter nichts angeschlossen ist. Die Ruhestellung des Zeigers ist am linken Anschlag. Dort ist auch, mit Ausnahme der Widerstandsmessung, der Nullpunkt des Instrumentes. Nicht bei jedem Instrument ist die Einstellschraube so frei zugänglich. Beim Multimeter in Abbildung 154 ist die Schraube deutlich zu erkennen, während sie beim Gerät in Abbildung 155 nicht zu sehen ist.

C: Mit dem Meßbereichsumschalter wird einmal der Meßbereich und zum anderen die Meßart gewählt.

D: Anschlußbuchsen für die Meßstrippen. Sie können selbstverständlich auch an einer anderen Stelle plaziert sein.

Abb. 156 Jedes Multimeter, ganz gleich welcher Bauart und welchen Typs, besteht prinzipiell aus folgenden Elementen:
A: Skala
B: Nullpunktabgleich
C: Meßart- und Bereichsschalter
D: Anschlußbuchsen für Meßstrippen
E: Nullpunkteinsteller für Ohmmessung
Die Anordnung der einzelnen Bedienungselemente ist von Hersteller zu Hersteller unterschiedlich.

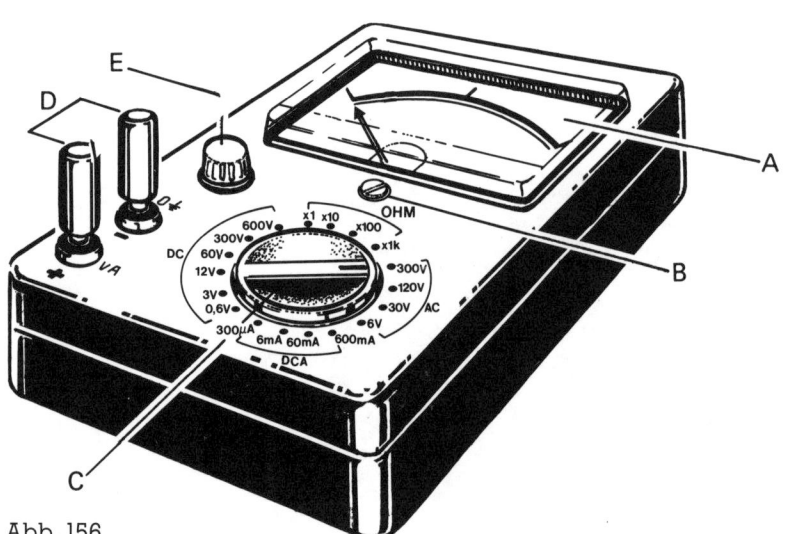

Abb. 156

E: Nullpunktkorrektur der Skala bei der Widerstandsmessung. Auch dieser Knopf kann an anderen Stellen angebracht sein.

Bevor Sie sich zum Kauf eines Multimeters entschließen, stellen wir kurz die Alternative zum analogen Gerät vor.

Das Digitalmultimeter

Es ist in (fast) allen Dingen den Analogmultimetern überlegen, leider auch bei den Anschaffungskosten; sie liegen zwischen etwa 70 und 1000 DM. Wer so zwischen 150 und 200 Mark aufbringen kann, hat schon ein ganz gutes Gerät, wenigstens für unsere Zwecke. Ein brauchbares Exemplar sehen wir in Abbildung 157.

Abb. 157

Digitale Multimeter (kurz DMM) haben überwiegend eine 3½stellige Anzeige. Man nennt sie deshalb so, weil die erste Ziffer von links nur eine 0 oder eine 1 sein kann. Der höchste angezeigte Wert ist also 1999. Natürlich gibt es auch Geräte, die mehr anzeigen können, zum Beispiel 4½stellig, allerdings sind die wesentlich teurer.

MESSART

V~ = Wechselspannung
(AC) (AC ist die Abkürzung von „alternating current" und heißt „Wechselstrom". Dennoch steht diese Buchstabenkombination für Spannung.)
V⎓ = Gleichspannung
(DC) (DC: direct current = Gleichstrom)
A~ = Wechselstrom
(ACA)
A⎓ = Gleichstrom
(DCA)
OHM = Widerstandsmeßbereich,
(Ω) auch oft mit dem Ohmzeichen, dem griechischen Buchstaben Omega, bezeichnet

Die Meß- und Anzeigegenauigkeit ist bei den DMMs wesentlich höher als bei analogen Instrumenten. So ist bei Spannungsmessungen bis zu 2 V die Anzeige noch auf drei Stellen hinter dem Komma genau. Bei mehr als 2 V ist die Anzeige immerhin noch auf zwei Stellen hinter dem Komma genau.

Die Höhe der Eingangsimpedanz ist bei den DMMs kein Thema, sie beträgt in der Regel 10 Megaohm/V. Der Meßfehler an einem Punkt mit 1000 Ohm ist dann verschwindend gering:

$$\frac{1.000 \ \Omega}{10.000.000 \ \Omega} \times 100\% = 0,01\%$$

Abb. 157 Äußerlich unterscheidet sich das digitale Multimeter von analogen vor allem durch die Anzeige. Meßart- und Bereichsschalter sind ähnlich aufgebaut.

INFO 53   Die Konstantstromquelle

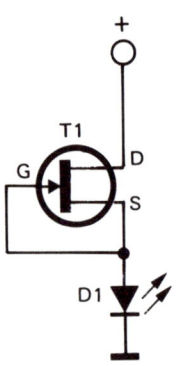

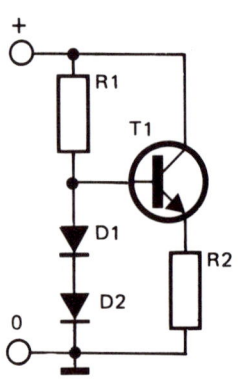

*D*ie Konstantstromquelle hat die gute Eigenschaft, bei schwankenden Spannungen den Strom (fast) konstant zu halten. Das ist bei manchen Anwendungsfällen, zum Beispiel bei Verstärkern, sehr wichtig.

Mit einem N-Kanal-FET läßt sich eine solche Konstantstromquelle relativ einfach aufbauen. Wie ist das möglich? Beim FET wird die Strommenge von Drain nach Source durch die Höhe der Spannung zwischen Gate und Source bestimmt. Der Drainstrom hat seinen maximalen Wert, wenn die erwähnte Spannung 0 V ist. Bei der Konstantstromquellen-Schaltung mit dem FET ist das immer der Fall, denn dort sind die beiden Anschlüsse Gate und Source direkt miteinander verbunden. Egal wie sich die Betriebsspannung ändert (natürlich im Rahmen der erlaubten Grenzen), der Drainstrom verändert sich dadurch nicht. Die Strommenge hängt vom verwendeten FET und dem angeschlossenen Verbraucher ab. Der Verbraucher ist in diesem Fall eine Leuchtdiode (D1). Vergleichen Sie hierzu die Schaltung aus Abbildung 152 und den dazugehörigen Text.

Konstantstromquellen können auch mit normalen Transistoren aufgebaut werden; dafür sind dann noch mindestens ein Widerstand und zwei Dioden erforderlich. Bei dieser Art Konstantstromquelle funktioniert die Sache etwas anders. Der Strom durch die beiden Dioden D1/D2 hängt von R1 und der Versorgungsspannung ab. Konstant bleibt jedoch, selbst bei variierendem Strom, der Spannungsabfall an den Dioden D1 und D2 (2 x 0,7 V = 1,4 V). Die Dioden erzeugen also eine Basisspannung für den Transistor T1, die unabhängig von einer eventuellen Schwankung der Versorgungsspannung ist. Parallel zu den beiden Dioden ist die Basis-Emitter-Diode des Transistors T1 und der Widerstand R2 geschaltet. Da an der Basis-Emitter-Diode des Transistors ebenfalls eine Spannung von 0,7 V abfällt, steht auch der Spannungsabfall am Widerstand R2 fest; er beträgt ebenfalls 0,7 V. In dem Kreis D1/D2, Basis-Emitter-Diode von T1 und R2 herrschen also konstante Spannungs- und Stromverhältnisse. Der Kollektor-Emitter-Strom durch den Transistor T1 wird also ausschließlich vom Spannungsabfall an R1 (0,7 V) und seinem Wert bestimmt.

Der Strom errechnet sich nach der Formel $I = U : R$. Wählt man für R2 einen Wert von 470 Ohm, beträgt der Konstantstrom knapp 1,5 mA. Selbst bei Schwankungen der Versorgungsspannung im Bereich von 5 ... 15 V ändert sich der Transistorstrom nur um etwa 10 Prozent. Setzt man die Schwankung der Versorgungsspannung in Relation zur Stromschwankung, kann man getrost von einem konstanten Strom durch den Transistor reden.

INFO 54   Die Impedanz

*D*ie Bezeichnung Impedanz kommt aus dem Lateinischen und ist das Fachwort für den elektrischen Scheinwiderstand. Scheinwiderstand – was ist das? Entweder ist es ein Widerstand oder es ist keiner!

Nun, betrachten wir den Begriff „Impedanz" am Beispiel des Lautsprechers. Wir wissen, daß der Widerstandswert des Lautsprechers in Ohm angegeben ist. Gängige Werte sind 4 Ohm und 8 Ohm; natürlich gibt es auch noch andere. Falls wir mit einem Multimeter den Widerstand nachmessen, bestätigt das Meßergebnis die Herstellerangabe. Bei den Anschlußklemmen messen wir tatsächlich 4, 8 oder einen anderen Ohmwert. Warum soll das denn jetzt kein Widerstand, sondern eine Impedanz sein?

Die Antwort auf diese Frage gibt bereits das Ersatzschaltbild eines Lautsprechers. Wir sehen, daß neben zwei Widerständen auch noch zwei Spulen und ein Kondensator vorhanden sind. Der Lautsprecher verhält sich nämlich je nach Signalfrequenz, die ihm zugeführt wird, wie eines der genannten Bauteile. Wir wissen bereits, daß die Wechselstromwiderstände von Spulen und Kondensatoren in hohem Maße von der Frequenz abhängen. Von einem rein ohmschen Widerstand kann nicht mehr die Rede sein. An den Anschlußklemmen mißt man einen resultierenden Gesamtwiderstand, der sich aus den verschiedenen Bauteilen zusammensetzt.

Spricht man also bei einem Gerät, zum Beispiel dem Multimeter, von Eingangswiderstand, meint man immer den resultierenden Gesamtwiderstand unterschiedlicher Bauteile. Es ist ein Scheinwiderstand oder exakter ausgedrückt: die Impedanz.

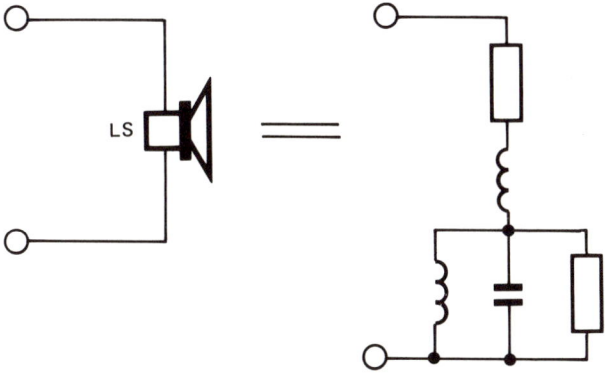

Abb. 159 Die einfachste
Gleichspannungsmessung
ist die an einer Batterie.
Die Polaritäten Plus und
Minus sind dort deutlich
aufgedruckt.

Wenn es darum geht, den Verlauf sich langsam ändernder Spannungen zu überwachen (zum Beispiel das Laden eines Elkos), greift man auch im Zeitalter der DMMs gerne auf analoge Zeigerinstrumente zurück. Ein beweglicher Zeiger vermittelt im Gegensatz zu Ziffern ein plastischeres Bild einer variierenden Spannung.

Nach sovielen Informationen dürfte die Entscheidung nicht schwerfallen. Überlegen Sie, wieviel Geld zur Verfügung steht, wie wichtig für Sie exakte Meßergebnisse, eine einfache Handhabung und ein robuster Aufbau sind und treffen Sie Ihre Wahl.

WICHTIG

Lesen Sie vor Inbetriebnahme des Multimeters die Bedienungsanleitung des Herstellers und richten Sie sich danach.

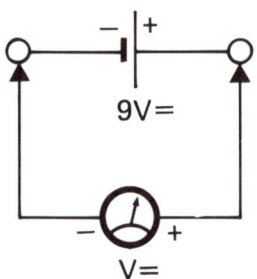

Abb. 159

Nun zur Gleichspannungsmessung. Wir messen zuerst die Spannung einer 9-V-Blockbatterie; Meßanordnung in Abbildung 159. Die Sache ist einfach: Wir kennen die zu messende Spannungsart und deren ungefähren Wert. Das Multimeter ist also einfach auf Gleichspannungsmessung einzustellen; Meßbereich mindestens 10 V. Der Meßbereich ist von Hersteller zu Hersteller unterschiedlich; er kann zum Beispiel 10 V, 15 V oder 20 V betragen. Führen Sie die Messung durch und achten Sie dabei darauf, daß die Plusstrippe mit dem Plusanschluß der Batterie verbunden ist. Nur dann hat der angezeigte Wert bei einem DMM das richtige Vorzeichen, nämlich ein „+"; anderenfalls ist es ein „–". Beim analogen Gerät können Sie gar nichts ablesen, denn der Zeiger versucht, in die falsche Richtung (links) auszuschlagen. Das sollten Sie möglichst vermeiden. Bei der Meßanordnung in Abbildung 160 sind die LED und der Widerstand in Reihe geschaltet und werden von einer 9-V-Blockbatterie versorgt. Bei beiden Messungen ist nicht von vornherein klar, welches Meßergebnis zu er-

Gleichspannungs-
messung

Vorab noch ein grundsätzliches Wort zu den Messungen. In einer Meßanordnung ist das Multimeter stets als Instrument mit zwei Meßstrippen angegeben. Es ist vermerkt, welche Strippe der Plus- und welche der Minusanschluß ist. Außerdem ist noch angegeben, in welcher Meßart das Multimeter geschaltet ist. Einige Beispiele hierzu sind in Abbildung 158 zu sehen.

Abb. 158 Die Symbole
deuten an, welche Meßart
bei dem Multimeter eingestellt ist.
a: Gleichspannung
b: Gleichstrom
c: Wechselspannung
d: Wechselstrom
e: Widerstand

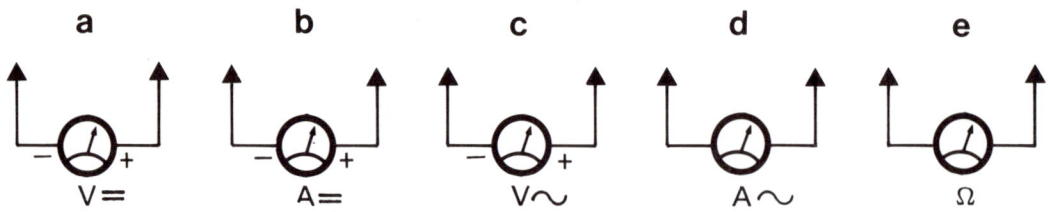

Abb. 158

warten ist. Sicher ist nur, daß wir eine ganz normale Gleichspannungsmessung vornehmen müssen. Es sind also vor der praktischen Messung einige Überlegungen anzustellen:

● Wie pole ich das Meßgerät?
● Welche Meßart muß ich wählen? (In diesem Falle Gleichspannung, also V=== oder DC.)
● Welcher Meßbereich ist zu wählen?

Über die Polung und über die Wahl der Meßart brauchen wir kein Wort mehr zu verlieren. Doch was ist mit der Wahl des richtigen Meßbereiches?

Nun, meist weiß man ungefähr, welchen Spannungswert die Messung ergeben muß und stellt deshalb den Meßbereich auf diesen Wert ein. Ist bei einem Analoggerät der Zeigerausschlag zu gering, wird der nächst niedrigere Bereich gewählt. Wir wiederholen diesen Vorgang so lange, bis sich der Zeigerausschlag etwa im zweiten Drittel der Anzeigeskala einpendelt. Bei einem DMM verstellt sich der Dezimalpunkt und damit die angezeigten Stellen hinter dem Komma.

Bei der Messung nach Abbildung 160a wissen wir, daß die zu messende Spannung etwa 1,5 V sein muß. (Denken Sie an die Durchlaßspannung einer LED.) Tatsächlich, die Messung ergibt einen Betrag von 1,6 V. Messen Sie nun

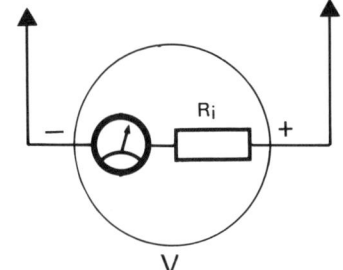

Abb. 161

den Spannungsabfall am Widerstand (Abb. 160b). Der angezeigte Wert beträgt hier etwa 7,4 V. Addiert man die Einzelspannungen, so ist die Summe gleich der Batteriespannung. Das bedeutet:

In einem geschlossenen Stromkreis ist die Summe der Einzelspannungen gleich der Gesamtspannung.

Bei den Spannungsmessungen darf der Innenwiderstand (oder die Eingangsimpedanz) des Multimeters nicht außer acht gelassen werden. Das gilt insbesondere für Geräte mit einer geringen Eingangsimpedanz. In Abbildung 161 ist ein stark vereinfachtes Ersatzschaltbild eines Multimeters angegeben. Betrachten Sie die Meßanordnung in Abbildung 160 und ersetzen Sie dort das gezeigte Symbol des Multimeters durch das Symbol aus Abbildung 161.

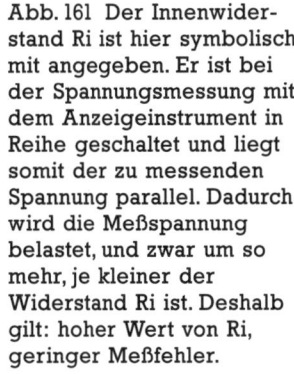

Abb. 161 Der Innenwiderstand R_i ist hier symbolisch mit angegeben. Er ist bei der Spannungsmessung mit dem Anzeigeinstrument in Reihe geschaltet und liegt somit der zu messenden Spannung parallel. Dadurch wird die Meßspannung belastet, und zwar um so mehr, je kleiner der Widerstand R_i ist. Deshalb gilt: hoher Wert von R_i, geringer Meßfehler.

Abb. 160a Der Meßkreis besteht aus einer Leuchtdiode mit Widerstand. Mit der Gleichspannungsmessung stellen wir bei der LED die Durchlaßspannung fest. Achten Sie darauf, daß das Multimeter mit der richtigen Polarität angeschlossen wird. Im anderen Fall versucht der Zeiger, nach links auszuschlagen.

Abb. 160b Hier wird der Spannungsabfall am Widerstand gemessen. Wählen Sie für diese Messung der Gleichspannung einen Meßbereich in der Größenordnung um 10 V. Die zu messende Spannung wird bei etwa 7,5 V liegen. Auch hier spielt die richtige Meßpolarität eine Rolle. Das gilt übrigens für jede Gleichspannungsmessung.

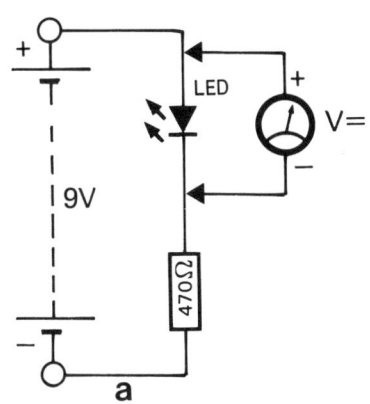

Abb. 160a

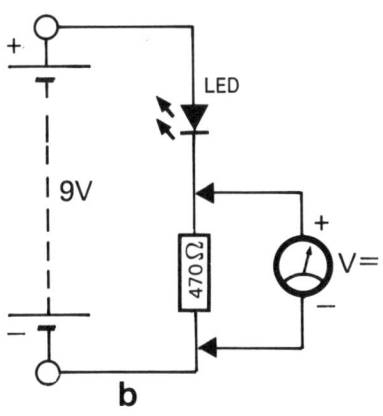

Abb. 160b

Ergebnis: Die Eingangsimpedanz Ri des Multimeters ist dem Bauteil parallel geschaltet, an dem die Spannung gemessen wird. Nach den Regeln der Parallelschaltung von Widerständen ist das nur dann von untergeordneter Bedeutung, wenn die Werte um Größenfaktoren von einigen Zehnerpotenzen auseinanderliegen. Anderenfalls sinkt der Gesamtwiderstand so sehr, daß ein verfälschter Spannungswert angezeigt wird.

Dazu ein Beispiel:
Wir wollen die Spannung an einem 10 Kiloohm Widerstand messen; das Meßgerät hat eine Eingangsimpedanz von 20 Kiloohm. Nach den Regeln der Parallelschaltung ist der Gesamtwiderstand

$$R_{ges} = \frac{10 \times 20}{10 + 20} = 6{,}66 \text{ Kiloohm}$$

Der Gesamtwiderstand ist also ein Drittel niedriger als der Widerstand, an dem die Spannung zu messen ist. Folglich weicht auch die vom Meßgerät angezeigte Spannung um ein Drittel vom tatsächlichen Wert ab. Hat das Meßgerät jedoch eine Eingangsimpedanz von 200 Kiloohm, ist der resultierende Gesamtwiderstand bereits 9,52 Kiloohm. Die Abweichung zwischen Meßwert und tatsächlich vorhandener Spannung ist also schon wesentlich geringer.

Um den Sachverhalt zu verdeutlichen, ist ein Vergleich mit dem Straßenverkehr möglich: Abbildung 162 stellt es sinngemäß dar. Genau wie der Strom fließt der Verkehr von + nach –. Auf der Durchgangsstraße findet zwischen den Punkten A und B eine Verkehrszählung statt. Um dieser zu entgehen, wählen einige Autofahrer die parallel verlaufende Nebenstrecke. Das durchschnittliche Verkehrsaufkommen dort ist aber wesentlich niedriger, weil auf der Nebenstrecke die Verkehrsführung nur einspurig möglich ist. Auf der Durchgangsstraße stehen dem Verkehr zwei Spuren zur Verfügung; der Verkehr läuft dort also flüssiger.

Je langsamer der Verkehr auf der Nebenstrecke vorwärts kommt, um so weniger Autofahrer wählen diesen Weg. Das Zählergebnis zwischen den Punkten A und B stimmt aber in keinem Fall mit der Anzahl der Fahrzeuge überein, die auch tatsächlich die Durchgangsstraße benutzen; es sei denn, die Nebenstrecke ist gesperrt.

Je mehr Fahrzeuge die Nebenstrecke jedoch benutzen, um so mehr weicht das Zählergebnis vom tatsächlichen ab. Der Strom verhält sich ähnlich; er wählt den Weg des geringsten Widerstandes. Das bedeutet: Je höher die Eingangsimpedanz Ri des Multimeters ist, um so weniger Elektronen entziehen

Abb. 162 Der Vergleich mit dem Straßenverkehr für eine Hauptstraße mit Nebenstrecke macht die Situation bei der Spannungsmessung recht deutlich.

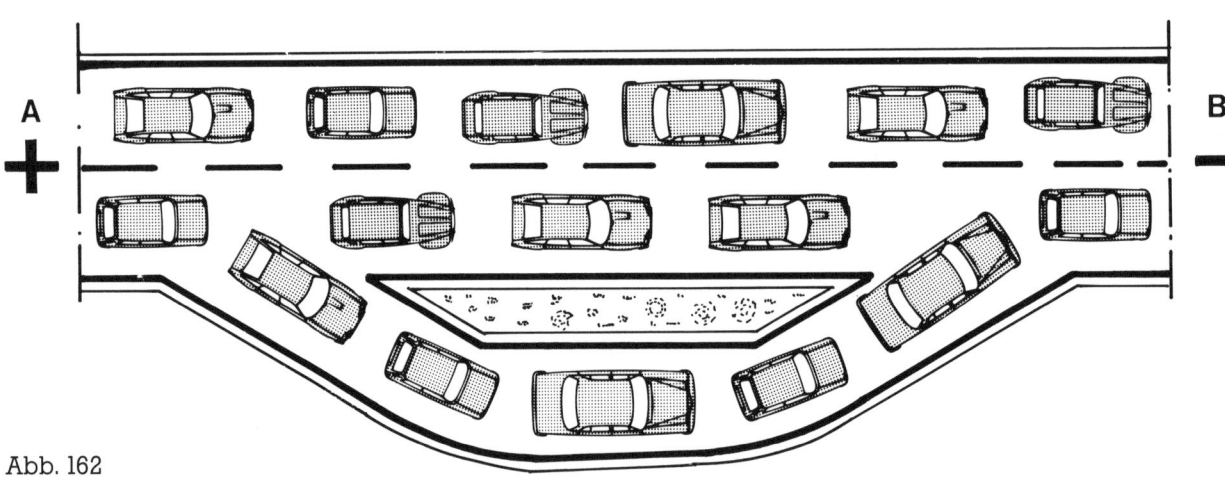

Abb. 162

sich der Messung. Bei Geräten mit höherem Ri kommen die Meßergebnisse immer mehr an den tatsächlichen Spannungswert heran.

Grundsätzlich gilt:

Wenn die Eingangsimpedanz gegenüber dem externen Widerstand mindestens um den Faktor 100 höher ist, bleibt der Meßfehler vernachlässigbar gering.

Die Spannungsmessung ist eine wertvolle Hilfe, um Schaltungsfehler festzustellen und zu lokalisieren.

Gleichstrommessung

„Wie hoch ist eigentlich der Strom, der durch einen bestimmten Schaltungsteil oder in der gesamten Schaltung fließt?" Die Antwort auf diese Frage befriedigt nicht nur unsere Neugier, sondern hilft, wie auch die Spannungsmessung, bei der Fehlerlokalisierung. Im Gegensatz zur Spannungsmessung, bei der das Multimeter einem Bauteil parallel geschaltet wurde, ist bei der Strommessung das Gerät mit dem Bauteil in Reihe zu schalten. Der prinzipielle Meßvorgang unterscheidet sich nicht von dem der Gleichspannungsmessung, so daß auch hier vor dem eigentlichen Meßvorgang wieder die drei Überlegungen notwendig sind:

● Wie ist die Polarität am Meßpunkt, d.h. wo wird die Plus- und die Minusstrippe angeschlossen?

● Welche Meßart muß ich wählen? In diesem Fall Gleichstrom, also A $=$ oder DCA.

● Wieviel Strom kann theoretisch fließen? Dementsprechend ist der Meßbereich zu wählen.

In Abbildung 163 sind drei Meßanordnungen gezeichnet. Wir beginnen mit der Anordnung a und bestimmen zuerst den Strom durch den Widerstand theoretisch nach dem Ohmschen Gesetz. Die Spannungsmessung hat ergeben, daß am Widerstand eine Spannung von 7,4 V anliegt; der Widerstandswert ist 470 Ohm. Der Strom durch den Widerstand ist also 15,74 mA. Die Rechnung lautet:

$I = U : R = 7,4 : 470 = 0,01574 = 15,74 \text{ mA}$

Das Meßergebnis bestätigt die Rechnung:

Ein DMM zeigt den Betrag exakt an, bei einem analogen Gerät stellt sich der Zeiger zwischen 15 und 16 mA ein. Natürlich können leichte Abweichungen aufgrund der Widerstandstoleranzen auftreten.

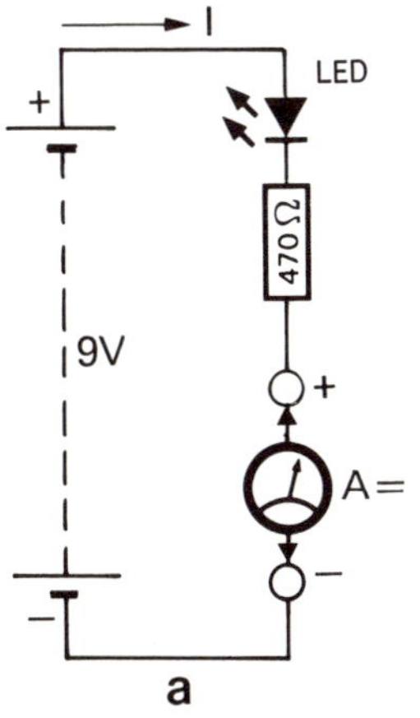

Abb. 163a

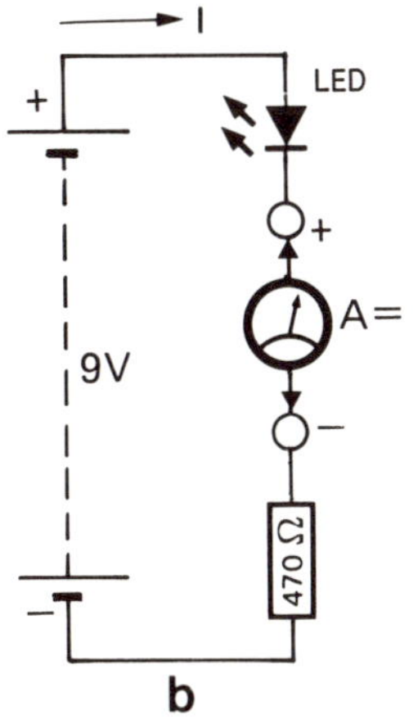

Abb. 163b

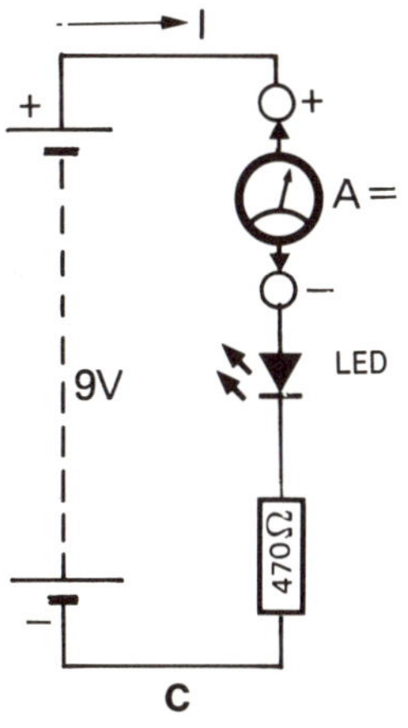

Abb. 163c

Abb. 163 Die Strommessung führen wir in der LED/Widerstandsschaltung an drei verschiedenen Punkten durch.
a) Hier ist das Multimeter zur Strommessung zwischen Minuspol der Batterie und Widerstand geschaltet. Achten Sie auf die Polarität des Multimeters! Der Strom fließt von Plus nach Minus.
b) Die „Meßstrecke" befindet sich hier zwischen LED und Widerstand.
c) Hier ist das Meßgerät zwischen Pluspol der Batterie und LED geschaltet. Wichtigste Erkenntnis: Es fließt überall der gleiche Strom.

INFO 55   Die Summenregel

"In einem geschlossenen Stromkreis ist die Summe aller Spannungen gleich null."

Dieser nüchterne Satz ist einfach zu verstehen und überaus nützlich, wenn es darum geht, in einer defekten Schaltung den Fehler zu finden. Betrachten wir die Stromquellenschaltung. Dort sind drei geschlossene Stromkreise eingezeichnet. Sie sind an den gestrichelten, in sich geschlossenen Linien zu erkennen. Wichtig ist bei einem „Summenumlauf", daß auf die Polarität der Spannung geachtet wird. Das ist immer eine einfache Sache, wenn man sich vor Augen hält:

Der Strom fließt von Plus nach Minus, sowohl innerhalb einer Spannungsquelle (der Batterie) als auch außerhalb. Ist nun bei einem Umlauf die Polaritätsrichtung einer Spannung identisch mit der Umlaufrichtung, wird der Spannungswert als positiv angesehen. Steht die Polaritätsrichtung der Umlaufrichtung entgegen, gilt der entsprechende Wert als negativ.

Die dargestellte Schaltung kennen wir bereits; es ist eine Konstantstromquelle. Wenn eine Batteriespannung von beispielsweise 9 V angenommen wird, sind auch die anderen Spannungen bekannt, mit Ausnahme von U_{CE}. Für die anderen Spannungen gilt:

$U_{D1} = 0,7$ V; $U_{D2} = 0,7$ V; $U_{R1} = 7,6$ V;
$U_{BE} = 0,7$ V; $U_{R3} = 0,7$ V und $U_{D3} = 1,4$ V.

Wir beginnen mit dem ersten Summenumlauf im linken Teil des Schaltbildes. Betroffen sind hiervon die Batteriespannung Ug, die Spannung am Widerstand R1 (U_{R1}) sowie die Spannungen an den Dioden D1 (U_{D1}) und D2 (U_{D2}). Wir beginnen den Umlauf beispielsweise bei der Spannung Ug. Wird der Umlauf in Pfeilrichtung fortgeführt, bewegen wir uns bei Ug spannungsmäßig von Plus nach Minus. Bei den drei anderen Spannungen ist die Umlaufbewegung jedoch dem Polaritätspfeil entgegengerichtet. Das bedeutet: Spannungspolaritäten, die der Umlaufrichtung entgegen stehen, werden als negativ angesehen; andere sind hingegen positiv. Damit ist die Forderung, daß die Summe aller Spannungen gleich null ist, erfüllt. Kontrollieren Sie diese Behauptung, indem Sie in die erste Formel die Spannungswerte einsetzen und die Rechnung ausführen. Durch die Umstellung der Formel läßt sich nun leicht jede der am Umlauf beteiligten Spannungen ermitteln.

Den zweiten Spannungsumlauf führen wir im Schaltungsteil unten rechts durch. Daran beteiligt sind die Spannungen der Dioden D1 und D2, die Spannung am Widerstand R3 und die Basis/Emitter-Spannung des Transistors. Beginnen Sie den Umlauf bei D1, und führen Sie ihn in Pfeilrichtung der gestrichelten Linie zu Ende. Unter Berücksichtigung der Polaritätsrichtungen erhalten Sie die Formel Nr. 2. Fragen wir nun zum Beispiel nach dem Spannungsumlauf am Widerstand R3, lautet die Formel

$U_{R3} = U_{D1} + U_{D2} - U_{BE}$

Das Ergebnis ist 0,7 V.

Der dritte Spannungsumlauf führt außen um die gesamte Schaltung und zu der Formel Nr. 3. Es ist nun möglich, die Formel nach U_{CE} umzustellen und den uns unbekannten Wert zu ermitteln; es sind 6,9 V. Kontrollieren Sie das Ergebnis.

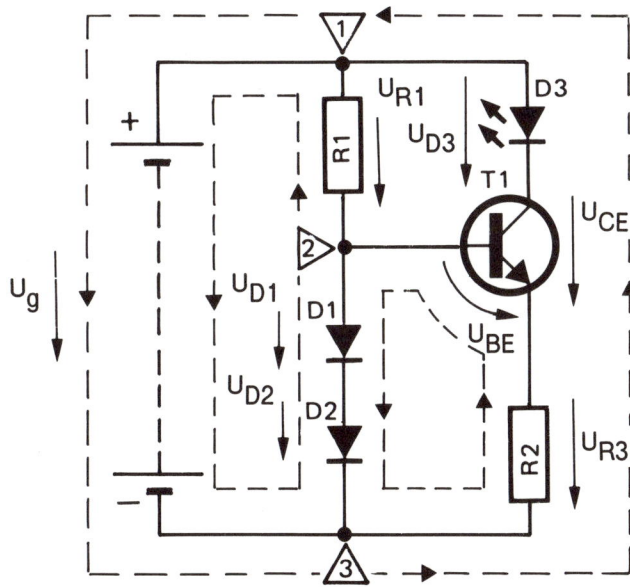

1. $U_g - U_{D2} - U_{D1} - U_{R1} = 0$

2. $U_{D1} + U_{D2} - U_{R3} - U_{BE} = 0$

3. $U_g - U_{R3} - U_{CE} - U_{D3} = 0$

Abb. 165 Bei der Strommessung ist der Innenwiderstand mit in den Stromweg geschaltet, also in Reihe mit dem zu messenden Strom.

Führen Sie auch die Messungen nach den Anordnungen b und c in Abbildung 163 durch. Das Meßergebnis ist immer gleich. Das bedeutet:

In einer Reihenschaltung hat der Strom überall den gleichen Wert.

Die Schaltung in Abbildung 164 hat zwar keinen direkt praktischen Nutzen, doch kann man an ihr sehr schön die Gleichströme messen und feststellen, wie sie sich verteilen. Messen Sie die Ströme an allen Punkten von A bis G, und notieren Sie die Werte I1 bis I7. Vergleichen Sie dann Ihre Meßwerte mit den nachfolgend aufgelisteten.

A: I1 = 33 mA
B: I2 = 16 mA
C: I3 = 17 mA
D: I4 = 9 mA
E: I5 = 9 mA
F: I6 = 17 mA
G: I7 = 33 mA

Die Ströme I1 und I7 entsprechen dem Gesamtstrom, den die Batterie liefern muß. I1 teilt sich auf in I2 und I3; I3 wiederum in I4 und I5. Die beiden letztge-

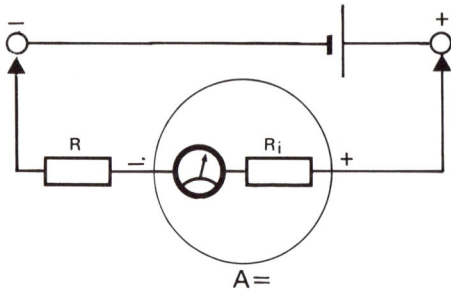

Abb. 165

nannten bilden zusammen den Strom I6, der mit I3 identisch ist. Schließlich fließt I6 noch mit I2 zusammen, so daß der Gesamtstrom I7 zur Batterie zurückfließt.

Übrigens: Ein möglichst hoher Innenwiderstand des Meßgerätes ist nur bei der Spannungsmessung von Nutzen. Bei der Strommessung wird die Impedanz umgeschaltet: Die Strommessung ist um so genauer, je kleiner die Eingangsimpedanz des Multimeters ist. Die Meßanordnung in Abbildung 165 zeigt den Grund. Der Innenwiderstand Ri ist mit dem externen Widerstand in Reihe geschaltet. Da in einer Reihenschaltung der Strom vom Gesamtwiderstand (R + Ri) bestimmt wird, würde ein zu großer Ri das Meßergebnis verfälschen. Deshalb ist der Wert von Ri bei der Strommessung nur wenige Milliohm.

Abb. 164 Die Stromverteilung wird in dieser Schaltung sehr deutlich. Überprüfen Sie die Ströme bei den angegebenen Punkten.

D1...D4 = LED
R1...R2 = 220 Ω
R4 = 470 Ω

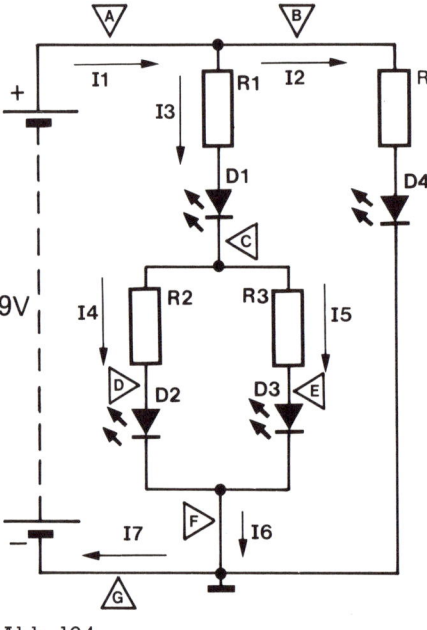

Abb. 164

Widerstandsmessung

Die Messung des Widerstandes ist nicht schwer, wenn die bisherigen Messungen erfolgreich durchgeführt wurden.
● Gerät auf Ohmmessung stellen;
● den Bereich wählen (x1, x10, x100 oder mehr);
● Gerät abgleichen (nur bei analogen Multimetern).

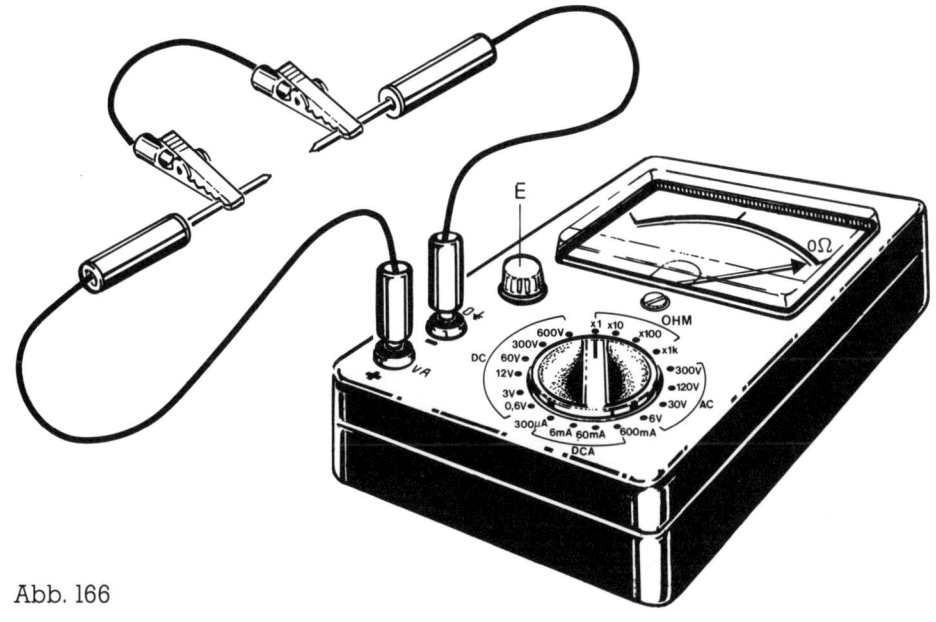

Abb. 166

Abb. 166 Vor jeder Widerstandsmessung ist das Multimeter auf null Ohm abzugleichen. Dazu müssen die Meßspitzen kurzgeschlossen sein. Mit dem Einstellknopf E wird der Nullabgleich vorgenommen. Die Meßspitzen sollte man selbst beim Abgleich nicht berühren.

Bevor eine Messung durchgeführt wird, ist das Gerät abzugleichen (eichen). Dazu stellen wir den Ohmbereich „x1" ein (auf jeden Fall den niedrigsten Ohmmeßbereich nehmen). Nun werden die Meßstrippen kurzgeschlossen (Abb. 166). Der Zeiger vom Anzeigeinstrument schlägt stark nach rechts aus; dort ist der Nullpunkt bei der Widerstandsmessung. Mit dem Einstellknopf E läßt sich das Instrument exakt auf 0 Ohm einstellen. Ein digitales Multimeter braucht natürlich nicht abgeglichen zu werden; die Elektronik macht das überflüssig.

Bei der Ohmmessung ist die interne Batterie des Multimeters eingeschaltet. Das bedeutet, daß die auf dem Gehäuse aufgedruckte Polarität der Eingangsbuchsen vertauscht ist. Die mit dem Pluszeichen bezeichnete Buchse ist dann Minus und umgekehrt. Das stark vereinfachte Ersatzschaltbild des Multimeters für eine Ohmmessung macht den Sachverhalt deutlich (Abb. 167). Die umgekehrte Polarität der Eingangsbuchsen hat bei der normalen Widerstandsmessung nur eine Bedeutung bei Halbleitern (Dioden, LEDs und Transistoren).

Beginnen wir mit der einfachsten Widerstandsmessung überhaupt: unserem eigenen Körperwiderstand. Dazu stellen wir das Gerät auf den x1000-Bereich, denn der Widerstandswert des menschlichen Körpers ist relativ hoch.

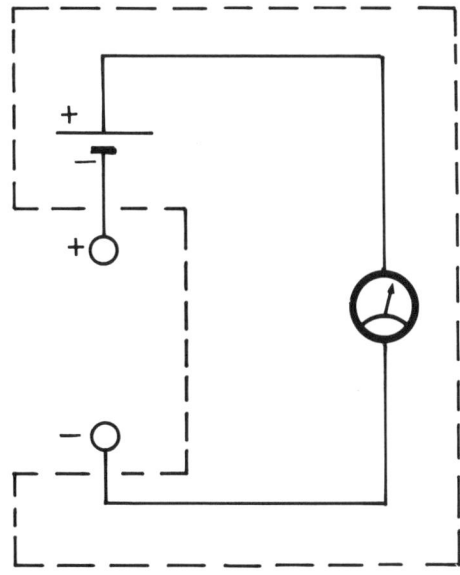

Abb. 167

Abb. 167 Bei der Widerstandsmessung wird es verwirrend: Die bei den Meßbuchsen aufgedruckte Polarität stimmt nicht mehr. Die Plusbuchse hat jetzt plötzlich eine negative Polarität, und die Minusbuchse ist positiv. Das liegt an der internen Batterie, die bei der Widerstandsmessung eingeschaltet wird.

In der Skizze sind bei den Anschlußpunkten die aufgedruckten Polaritäten angegeben. Wenn Sie jedoch die Polarität der Batterie verfolgen, erkennen Sie, daß der Schein trügt.

Nehmen Sie also die Meßspitzen so in die Hand, wie es Abbildung **168** zeigt, und lesen Sie das Ergebnis ab. Es kann zwischen 100 Kiloohm und 1 Megaohm liegen. Nun, das Ergebnis ist von keiner großen Bedeutung, denn dazu ist die Meßmethode viel zu ungenau. Das Ergebnis wird zum Beispiel beeinflußt von der Feuchtigkeit der Haut, vom Druck auf die Meßspitzen und vielen anderen Dingen.

Führen Sie nun ein paar Messungen an normalen Widerständen im Ohm-, Kiloohm- und Megaohm-Bereich durch. Die Widerstandsmessung ist relativ einfach durchzuführen, wenn die folgenden drei Punkte beachtet werden:
● Bei der Widerstandsmessung darf das Meßobjekt auf keinen Fall mit einer Spannungsquelle verbunden sein.

● Um Meßfehler zu vermeiden, sollte der zu messende Widerstand nicht mit anderen Widerständen (zum Beispiel in einer Schaltung) verbunden sein. Das Meßobjekt muß von der übrigen Schaltung getrennt sein.
● Das zu messende Objekt sollte man selbst nicht berühren, da das Meßergebnis durch den Widerstand des eigenen Körpers verfälscht werden kann. Wer ein analoges Multimeter sein eigen nennt, kann abschließend den Widerstand einer LED ermitteln. Orientieren Sie sich dabei an der „Meßanordnung" aus Abbildung 169.

Bei der Widerstandsmessung an Halbleitern spielt die Polarität der Meßstrippen eine Rolle. Beachten Sie also, daß die Polarität bei Widerstandsmessungen in der Regel nicht mit den auf dem Multimeter aufgedruckten Bezeichnungen übereinstimmt.

Betrachten wir zunächst den Fall in Abbildung 169 a. Hier ist der Anodenanschluß einer Leuchtdiode mit dem internen Pluspol des Multimeters und der Kathodenanschluß mit dem internen Minusanschluß verbunden. Wenn die LED funktioniert, leuchtet sie auf. Das Multimeter zeigt dann einen Durchlaßwiderstand von einigen -zig Ohm (ungefähr 30 bis 70 Ohm je nach Typ). Ist die LED defekt, leuchtet sie natürlich nicht auf, und der gemessene Widerstand ist relativ hoch.

In Abbildung 169b ist die Polarität an der Diode umgekehrt. Klar, daß die LED nun nicht leuchtet. Der gemessene Widerstand ist jetzt beträchtlich höher. Es sind jetzt immerhin einige hundert Kiloohm. Würden wir hier für eine LED nur einige Ohm messen, dann wäre sie defekt.

Mit den Multimetern lassen sich auch Transistoren testen. Manche Geräte haben hierfür eigens eine Transistorfassung und einen eigenen Transistormeßbereich. Wo das nicht vorhanden ist, läßt sich auch mit einigen Wider-

Abb. 168 Mit der ersten Widerstandsmessung messen wir unseren eigenen Körperwiderstand. Allerdings nur grob, denn mit dem relativ einfachen Multimeter ist er nicht genau zu bestimmen. Es sind zu viele Faktoren, die den Körperwiderstand beeinflussen.

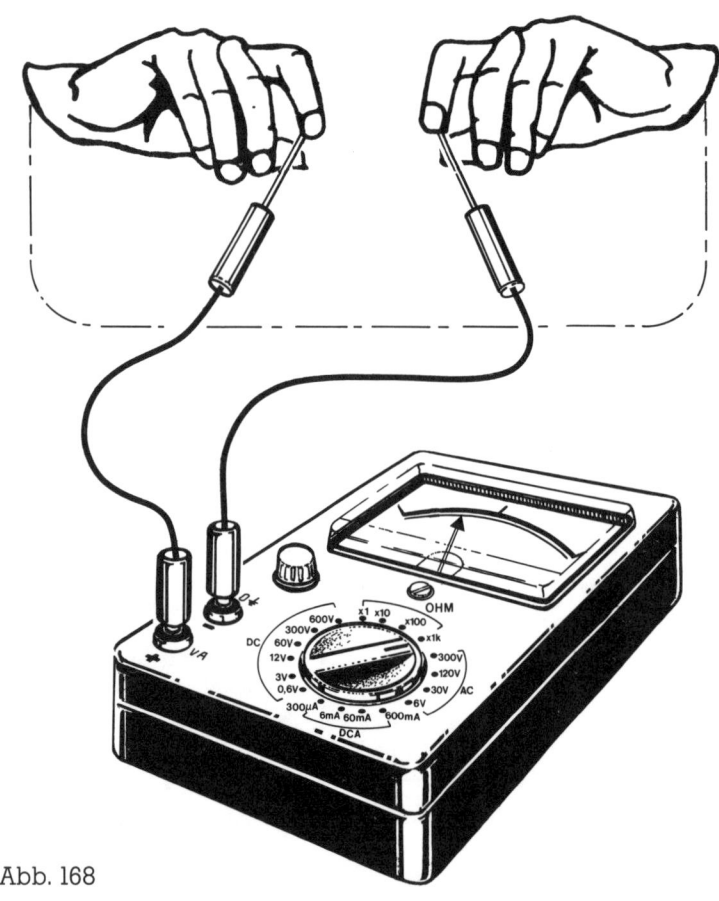

Abb. 168

standsmessungen das Verhalten oder Fehlverhalten von Transistoren prinzipiell feststellen. Bedenken Sie, daß die Basis-Emitter- und die Basis-Kollektor-Strecke ebenfalls als Dioden aufgefaßt werden können. Vielleicht finden Sie selbst heraus, wie man einen PNP- oder einen NPN-Transistor mit Hilfe von Widerstandsmessungen auf seine Funktion überprüft.

Halten Sie sich bei der Messung von Dioden und LEDs immer die Funktion der Bauteile vor Augen, dann kann nichts schiefgehen; erst recht nicht mit der folgenden Aufstellung.

| Polarität an | | Diode | Bemerkung |
Anode	Kathode	ist	
+	–	lei-tend	Durchlaß-richtung
–	+	ge-sperrt	Sperr-richtung

Die Widerstandsmessung an Halbleitern ist gar nicht so einfach. Beachten Sie hierfür genau die Bedienungsanleitung des Herstellers! Das gilt, um es nochmals ganz deutlich zu sagen, für alle Multimeter: für analoge und für digitale.

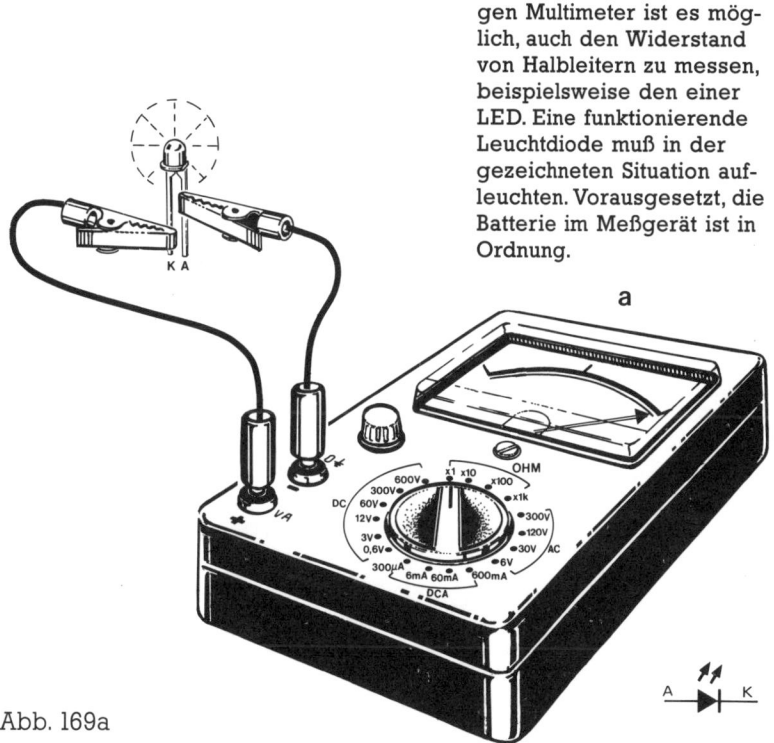

Abb. 169a

Abb. 169a Mit dem analogen Multimeter ist es möglich, auch den Widerstand von Halbleitern zu messen, beispielsweise den einer LED. Eine funktionierende Leuchtdiode muß in der gezeichneten Situation aufleuchten. Vorausgesetzt, die Batterie im Meßgerät ist in Ordnung.

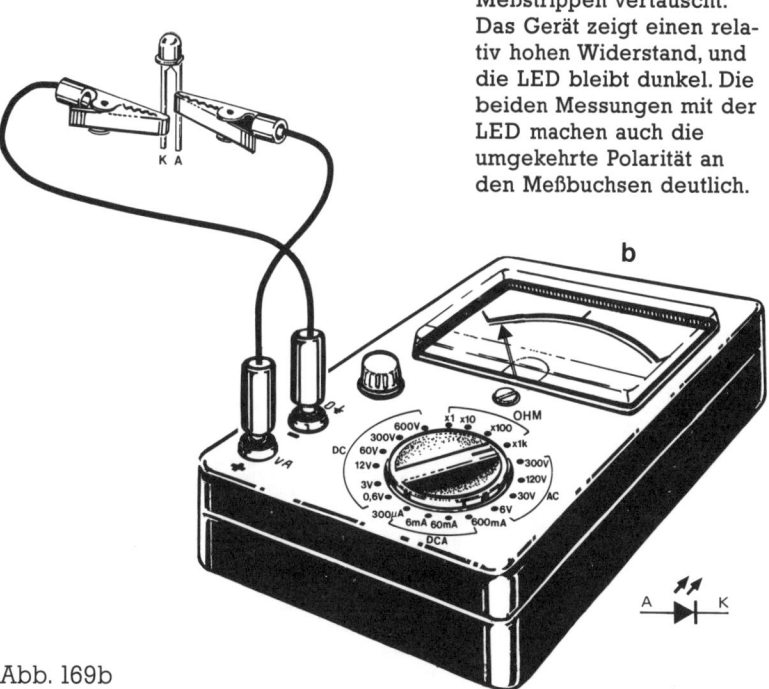

Abb. 169b

Abb. 169b Nun sind die Meßstrippen vertauscht. Das Gerät zeigt einen relativ hohen Widerstand, und die LED bleibt dunkel. Die beiden Messungen mit der LED machen auch die umgekehrte Polarität an den Meßbuchsen deutlich.

*I*n einem Knotenpunkt ist die Summe der zu- und die der abfließenden
„Ströme gleich null." Oder: „Die Summe der zufließenden ist gleich der
Summe der abfließenden Ströme."

Die Knotenpunktregel hat die gleiche Bedeutung wie die Summenregel, deshalb betrachten wir sie auch an der gleichen Schaltung: einer Konstantstromquelle. Es sind dort die Knotenpunkte 1, 2 und 3 eingezeichnet. Bei den Strömen
ist auf die Stromrichtung zu achten: von Plus nach Minus. Ströme, die auf den
Knotenpunkt zufließen, haben einen positiven Wert, während abfließende Ströme negativ einzusetzen sind. Wir gehen für das Beispiel davon aus, daß durch
R1 ein Strom von 1 mA fließt (I1) und durch R2 ein Strom von 15 mA (I2).

Betrachten wir den ersten Knotenpunkt; dazu gehört auch die 1. Formel. Der
Strom Ig1 fließt auf den Punkt zu, I1 und I2 hingegen fließen vom Punkt fort. Sie
sind deshalb negativ einzusetzen, während Ig1 als positive Ziffer in die Formel
eingesetzt wird. Der Gesamtstrom Ig1 ist folglich die Summe von I1 und I2, also
16 mA.

Im zweiten Knotenpunkt fließt der Strom I1 zu (der Wert ist also positiv), die
Ströme I3 und I4 fließen ab und sind deshalb als negative Werte in die Formel
einzusetzen.

Beim dritten Knotenpunkt sind die Werte der Ströme I2 und I4 positiv; der
Strom Ig2 hat jedoch einen negativen Wert, weil er vom Punkt 3 abfließt.

Mit der Summenregel aus Info 55 und mit der gerade besprochenen Knotenpunktregel sind Schaltungsfehler schnell ausgemerzt. Voraussetzung ist natürlich, daß man die Regeln beherrscht sowie die theoretischen Spannungs- und
Stromwerte kennt. Mit einem Vergleich zwischen den theoretischen und ge-
messenen Werten läßt sich dann die Fehlerursache relativ leicht feststellen.

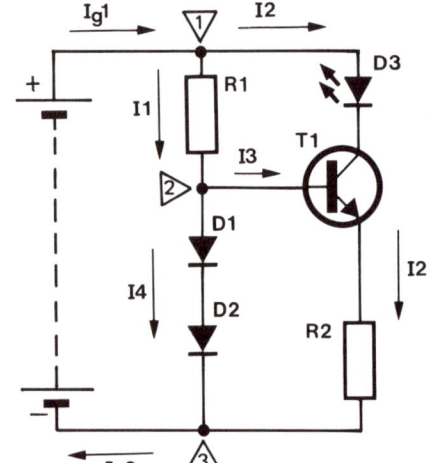

1. $I_g 1 - I1 - I2 = 0$

   $I_g 1 = I1 + I2$

2. $I1 - I3 - I4 = 0$

   $I1 = I3 + I4$

3. $I2 + I4 - I_g 2 = 0$

   $I_g 2 = I2 + I4$

*D*er Brückengleichrichter, auch Graetzschaltung genannt, besteht aus vier zusammengeschalteten Dioden. Seine Aufgabe ist es, aus einer Wechselspannung eine Gleichspannung zu machen.

Die Sache ist ganz einfach. Wir wissen, daß eine Wechselspannung aus einer positiven und einer negativen Halbwelle besteht. Wenn der Trafo die positive Halbwelle abgibt, fließt der Strom vom Trafoanschluß A über die Diode D1, die angeschlossene Schaltung (in der Zeichnung durch den Widerstand R symbolisiert) und die Diode D3 zum Trafoanschluß B. Das ist möglich, weil Anschluß A positiv und Anschluß B negativ ist. Nur unter dieser Voraussetzung können die genannten Dioden leitend werden. Bei der negativen Halbwelle wechseln die Polaritäten an den Anschlußpunkten A und B. Deshalb fließt der Strom jetzt von B über D2, den Widerstand R und die Diode D4 zum Anschlußpunkt A. Die negative Halbwelle wird dadurch um die Längsachse vom unteren in den oberen Bereich „geklappt" und erscheint als Halbwelle Nr. 2. Aus einer kompletten Wechselspannungsschwingung ist so eine Gleichspannung geworden. Für die dritte positive Halbwelle sorgen wiederum die Dioden D1 und D3, und bei Nr. 4 sind es wieder D2 und D4. Es leiten also immer zwei Dioden und zwei sperren. Die so entstandene Gleichspannung ist zwar noch nicht optimal, aber es sind keine negativen Spannungsteile mehr vorhanden. Diese Art der Gleichrichtung ist auch als Zweiweggleichrichtung bekannt. Im Gegensatz dazu gibt es noch die Einweggleichrichtung. Sie hat jedoch den Nachteil, daß die negative Halbwelle nicht umgeklappt, sondern einfach abgeschnitten wird.

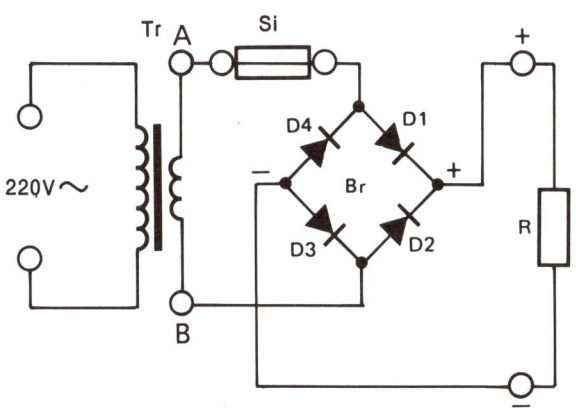

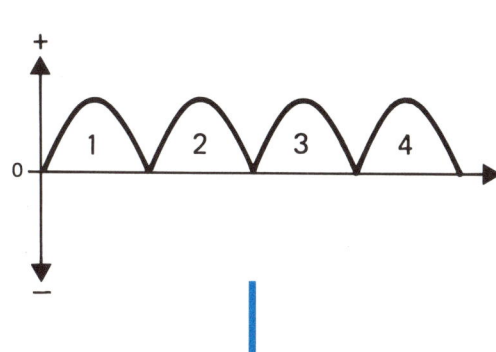

Spannung pur

Wenn bisher die Rede von *Spannung* war, bedurfte es keiner weiteren Erläuterung. Gemeint war immer die Batteriespannung, meist die einer 9-V-Blockbatterie. Die Batteriespannung hat den großen Vorteil, eine Gleichspannung zu sein, die ja bekanntlich zum Betrieb von elektronischen Schaltungen erforderlich ist. Der Nachteil einer Batterie ist jedoch, und das hat sicherlich jeder schon einmal erfahren müssen, daß sie nur über eine begrenzte Zeit zur Verfügung steht. Die Batterie ist leider keine unerschöpfliche Spannungsquelle. Nach einer gewissen Anzahl von Betriebsstunden ist die Batterie verbraucht und muß erneuert oder, falls es ein aufladbarer Typ ist, neu geladen werden.

Es geht aber auch anders. Dazu nimmt man die 220-V-Netzspannung und sorgt dafür, daß aus ihr eine brauchbare Gleichspannung wird. Hierfür gibt es verschiedene Möglichkeiten, doch sie beruhen alle auf dem in der Abbildung 170 skizzierten Prinzip. Die 220-V-Netzspannung muß, weil sie natürlich viel zu hoch ist, auf einen akzeptablen Wert heruntergesetzt werden. Das geschieht in Block A mit einem Bauteil, das wir bereits kennen; es ist der Transformator. Auf der Sekundärseite des Trafos steht dann eine wesentlich niedrigere Wechselspannung zur Verfügung, die noch einen positiven und einen negativen Spannungsanteil aufweist. Die positive Halbwelle ist mit der negativen Halbwelle deckungsgleich (Abb. 171). Block B sorgt dafür, daß aus der Wechselspannung eine Gleichspannung wird. Die hierzu erforderli-

che Schaltung „klappt" die negative Halbwelle um die Nullachse in den positiven Bereich. So entsteht die Kurvenform aus Abbildung 172. Es ist eine pulsierende Gleichspannung, die ausschließlich im positiven Teil zwischen Null und Maximum variiert. Die Schaltung in Block B zählt zu den Gleichrichterschaltungen; es ist in diesem Fall ein Brücken- bzw. Zweiweggleichrichter, der mit vier Dioden aufgebaut ist.

Am Ausgang von Block B haben wir zwar jetzt eine Gleichspannung, aber eine, mit der wegen ihrer Schwankungen bei der Mehrzahl der elektronischen Schaltungen noch nicht viel anzufangen ist. Also geht es weiter mit Block C. Dort wird nun der pulsierenden Gleichspannung der größte Teil ihrer Welligkeit genommen. Das heißt: Sie schwankt nicht mehr zwischen Null und Maximum, sondern nur noch im oberen Teil des Spannungsbereiches (Abb. 173). Diese Aufgabe übernimmt, so unglaublich und simpel es auch klingt, ein Elko, der in diesem Falle „Sieb-Elko" genannt wird.

Jetzt verfügen wir bereits über eine relativ glatte Gleichspannung. Damit geben wir uns jedoch noch nicht zufrieden, obwohl ein Großteil aller elektronischen Schaltungen mit dieser Spannung arbeiten würde. Es kann nämlich passieren, daß die Spannung aufgrund des angeschlossenen Verbrauchers zu stark schwankt. Das wiederum ist in vielen Fällen nicht gut. Deshalb ist noch Block D vorgesehen. Die Schaltung in diesem Block stabilisiert die Spannung auf den gewünschten Wert. Selbst wenn jetzt der angeschlossene Ver-

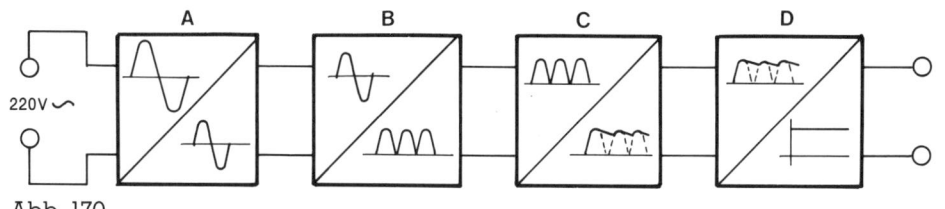

Abb. 170

Abb. 170 Die Umwandlungskette von der 220-V-Netzspannung in eine Gleichspannung besteht im einfachsten Fall aus nur vier Blöcken.

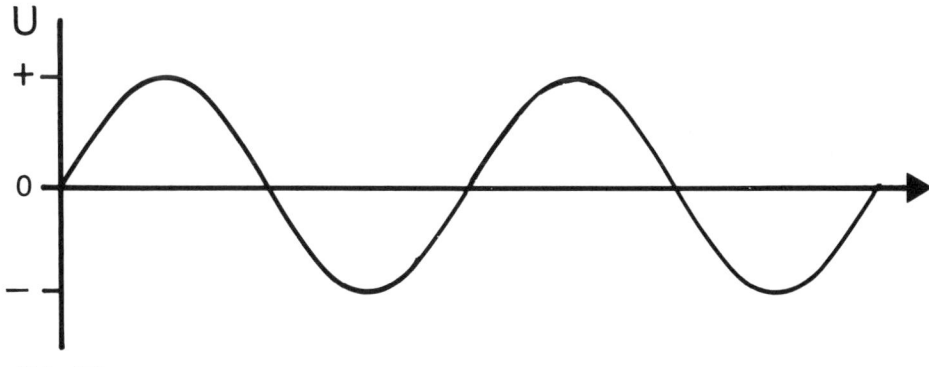

Abb. 171

Abb. 171 Die Wechselspannung an der Sekundärseite des Transformators. Die positive Halbwelle ist mit der negativen deckungsgleich.

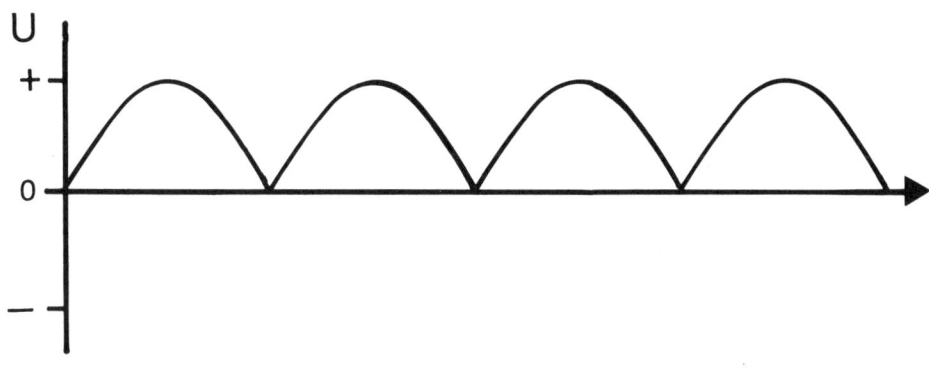

Abb. 172

Abb. 172 Pulsierende Gleichspannung: Die negative Halbwelle wurde um die Nullachse „geklappt".

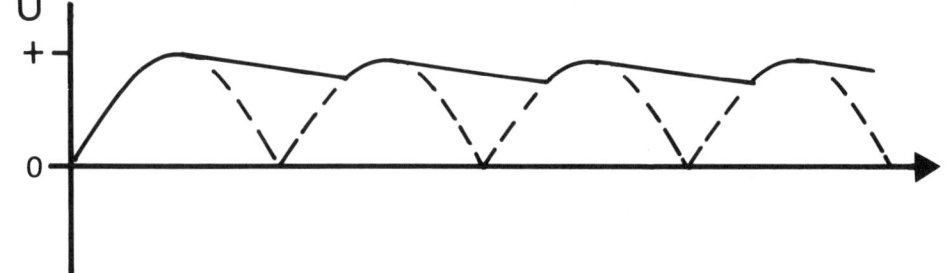

Abb. 173

Abb. 173 Eine gleichgerichtete Wechselspannung (gestrichelt gezeichneter Spannungsverlauf) ist noch nicht als Gleichspannung zu gebrauchen. Diese pulsierende Gleichspannung muß geglättet werden. Dies macht ein Sieb- bzw. Ladeelko. Es bleibt allerdings noch eine Restwelligkeit der Spannung vorhanden.

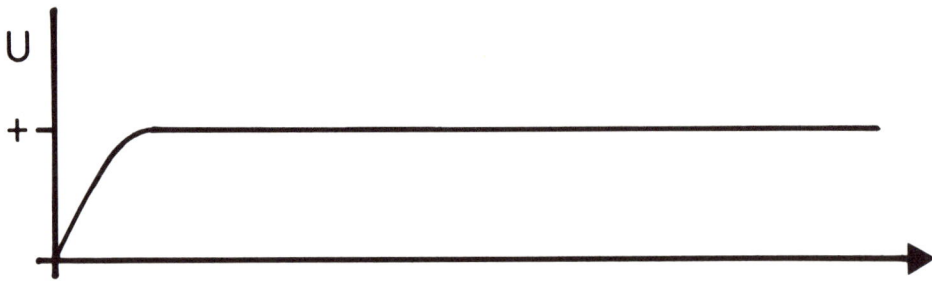

Abb. 174 Spricht man in der Elektronik von Gleichspannung, so ist damit eine glatte Gleichspannung gemeint, die keine Restwelligkeit mehr aufweist.

Abb. 174

Abb. 175 Ein Bauteil, das am Ausgang eine Gleichspannung mit einem festen Wert erzeugt, ist der Festspannungsregler. Er hat nur drei Anschlüsse: den Eingang, den Ausgang und einen gemeinsamen Masseanschluß.

braucher manchmal viel und manchmal wenig Strom benötigt, verursacht das keine Spannungsschwankungen mehr. Außerdem nimmt der Stabilisator auch noch einen Teil der am Eingang von Block D vorhandenen Restwelligkeit fort. Es entsteht so eine (fast) exakte Gleichspannung. In Abbildung 174 ist die ideale Gleichspannung gezeichnet, ohne Restwelligkeit oder sonstige Störungen.

Für die Stabilisatorschaltung (Block D) gibt es keine so einfache Lösung wie in Block C. Trotzdem ist die Stabilisierung weit weniger kompliziert als es den Anschein hat. Man muß sich nur zwischen zwei Möglichkeiten entscheiden:

1. einer diskret aufgebauten Stabilisatorschaltung mit Transistoren, Widerständen und anderen Bauteilen;
2. einer integrierten Stabilisatorschaltung, einem Stabilisator-IC.

Wir werden uns in diesem Kapitel mit der zweiten Möglichkeit beschäftigen. Die damit erzeugten Spannungen sind in puncto Restwelligkeit und Stabilität sehr gut, und ihre Qualität genügt, um unsere elektronischen Schaltungen damit zu versorgen.

Einfaches Festspannungsnetzteil

Der Begriff *Festspannungsnetzteil* setzt sich aus zwei Begriffen zusammen, die die nun folgende Schaltung exakt umschreiben. Der erste Begriff „Festspannung" deutet darauf hin, daß die Schaltung eine feste (konstante) Ausgangsspannung hat. „Netzteil" besagt, daß die Schaltung aus dem 220-V-Netz gespeist wird.

Festspannungsregler bzw. Spannungsstabilisatoren sind das Herzstück eines Festspannungsnetzteils. Es gibt sie für Ausgangsspannungen von 5 V bis 24 V; sie liefern Ausgangsströme von 100 mA bis 1,5 A. Im Technikerjargon heißen sie ganz einfach „dreibeinige

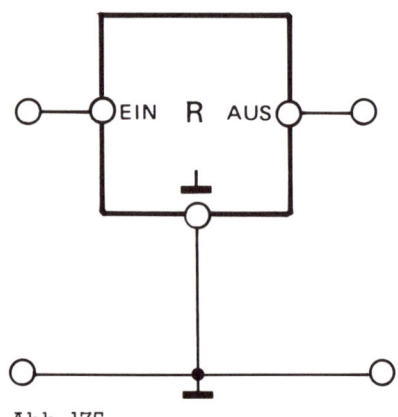

Abb. 175

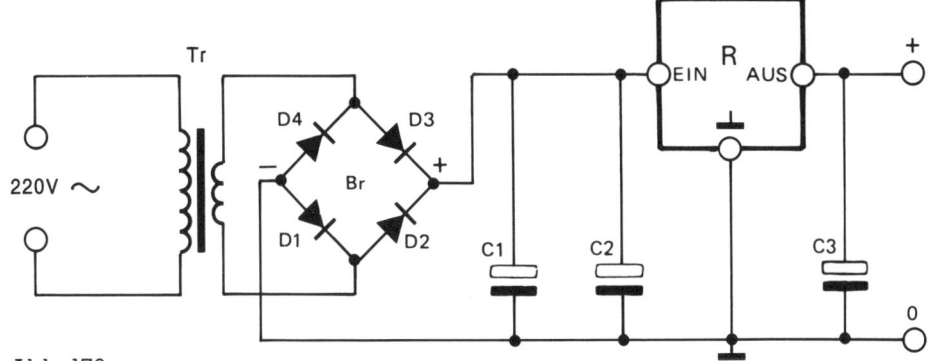

Abb. 176 Die Beschaltung
eines Festspannungs-
reglers ist äußerst einfach.
Er benötigt an seinem
Eingang nur eine gleich-
gerichtete und geglättete
Wechselspannung.

Abb. 176

Regler" oder „Stabis". Diese Regler haben in der Tat nur drei Anschlüsse: Eingang, Ausgang und den für beide Anschlüsse gemeinsamen Massepunkt.
Gezeichnet werden sie als viereckiger
Kasten (Abb. 175) mit den drei Anschlüssen. Die Anschlußbezeichnung
ist in der Literatur recht verschieden:
manchmal sind nur Pfeile angegeben,
manchmal die Buchstaben E (Eingang)
und A (Ausgang). Es gibt Spannungsregler für positive und für negative
Ausgangsspannungen. Wir interessieren uns in diesem Buch jedoch nur für
die positiven Reglertypen.

Wie sieht nun ein Netzteil mit einem
Festspannungsregler aus? Gar nicht
kompliziert. Die Abbildung 176 zeigt alle erforderlichen Bauteile. Da ist zunächst der Trafo Tr. Wir kennen ihn bisher in der Ausführung, in welcher die
Trafowindungen frei zugänglich sind.
Er ist aber auch in einem geschlossenen Gehäuse lieferbar, bei dem von
außen nur noch die Anschlüsse der Pri-
mär- und Sekundärseite frei zugänglich sind (Abb. 177a, b). Die Ausführung
a ist sehr gut für die direkte Platinen-
montage geeignet.

Abb. 177a

Abb. 177a Das Foto zeigt
komplett vergossene
Transformatoren. Sie sind
vollkommen geschlossen;
nur die zwei Primär- und
die zwei Sekundäranschlüsse sind nach außen geführt.

Abb. 177b

Abb. 177b Im Foto sind
drei unterschiedliche
Größen sogenannter Ring-
kerntrafos abgebildet.
Diese Bauform bringt ge-
genüber der konventionel-
len Konstruktionsweise
etliche Vorteile mit sich
(geringere Abmessungen,
einfache Montage, geringere magnetische Streu-
felder). Sie sind dann
allerdings auch teurer.

Nach dem Trafo folgt der Gleichrichter Br. Er besteht, wie wir wissen, aus vier zu einer Brücke zusammengeschalteten Dioden. Natürlich läßt sich ein Brückengleichrichter aus Einzeldioden aufbauen, was auch häufig geschieht. Es ist jedoch auch möglich, einen industriell gefertigten Gleichrichter zu verwenden, bei dem die Dioden in einem Gehäuse untergebracht sind. Die gängigsten Gehäuseformen dazu zeigt die Abbildung 178.

Es folgt der Sieb- oder Lade-Elko C1. Die Elkos C2 und C3 (vgl. Abb. 176) sind nicht unbedingt erforderlich, verbessern jedoch die Eigenschaften des Reglers (Unterdrückung von Eigenschwingungen). Auf jeden Fall sollen es Tantalkondensatoren sein. Der Tantal-Elko C2 ist immer dann erforderlich, wenn der Regler R nicht in unmittelbarer Nähe von C1 angeordnet ist. Am Ausgang verbessert C3 die Qualität der Gleichspannung. Es ist also

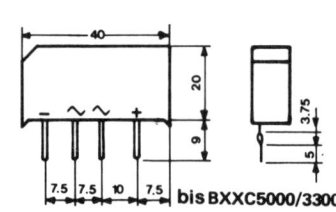

bis BXXC5000/3300

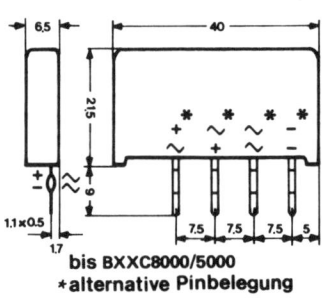

bis BXXC8000/5000
*alternative Pinbelegung

Abb. 178 Ein wichtiges Bauteil für die Wechselspannungsgleichrichtung ist der Gleichrichter. Es können vier einzelne Dioden sein. Im Fachhandel sind jedoch bereits fertig zusammengebaute Brückengleichrichter erhältlich. Es handelt sich um ein Bauteil mit vier Anschlüssen: zwei Anschlüsse für die Eingangswechselspannung und zwei Anschlüsse für plus und minus der Gleichspannung. Gleichrichter gibt es in verschiedenen Formen und Größen. Für welchen man sich entscheidet, hängt davon ab, welchen Strom er liefern muß. Diese Angaben sind außen auf dem Gehäuse aufgedruckt. Das gilt auch für die Anschlußbelegung der vier Pins.

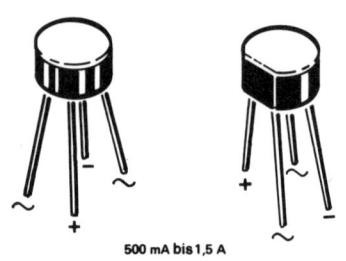

500 mA bis 1,5 A

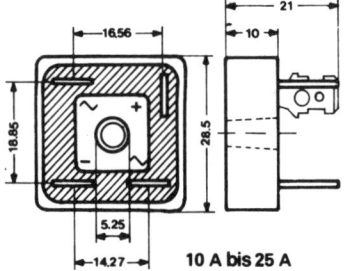

10 A bis 25 A

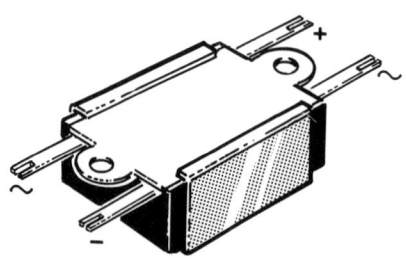

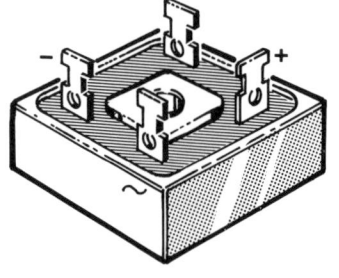

Abb. 178

sinnvoll, die geringen Mehrkosten der beiden Kondensatoren in Kauf zu nehmen. Was noch fehlt, ist der Regler R. Er unterscheidet sich in seinem Äußeren überhaupt nicht von den Gehäusen normaler Transistoren (Abb. 179).

Die Werte der Bauteile für ein Festspannungsnetzteil bestimmt in erster Linie der Wert der gewünschten Ausgangsspannung und damit der Regler R. Die Berechnung ist gar nicht schwierig. Es reichen eine Formel und drei Faustregeln:

schüssige Leistung in (zerstörerisch wirkende) Wärme umsetzen. Das geht zu Lasten der Nutzleistung.

Als Anhaltspunkt gilt: Die Eingangsspannung soll 10 V über der Ausgangsspannung liegen. Das reicht immer und hält die Verlustleistung noch in vertretbaren Grenzen. Natürlich sind geringe Abweichungen nach oben und unten erlaubt und zulässig. Die Regler arbeiten auch dann noch zuverlässig, wenn die Eingangsspannung nur 3 V höher als die Ausgangsspannung ist.

Faustregel 1

Bei jedem Spannungsregler-IC darf die Eingangsspannung in einem bestimmten Bereich schwanken. Die Spannung soll dabei allerdings nicht zu sehr am unteren Grenzwert liegen, jedoch auch nicht zu sehr am oberen. Eine zu geringe Spannung gefährdet die exakte Regelung. Bei einer zu hohen Spannung muß der Regler die über-

Faustregel 2

Der Lade- bzw. Sieb-Elko soll pro entnommenem Ampere Strom eine Kapazität von 2200 Mikrofarad haben. Die Spannungsfestigkeit muß mindestens gleich der Eingangsgleichspannung sein. Es ist jedoch noch besser, wenn sie etwas höher ist.

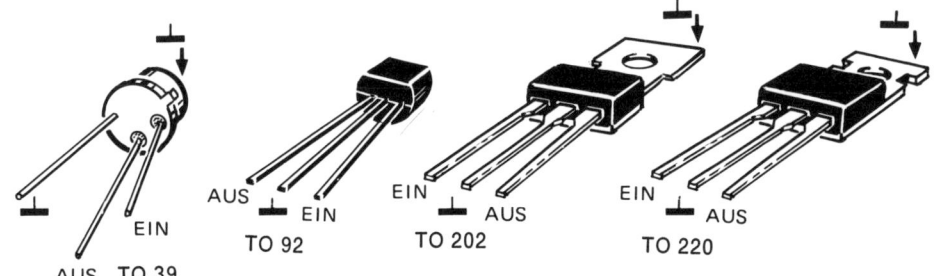

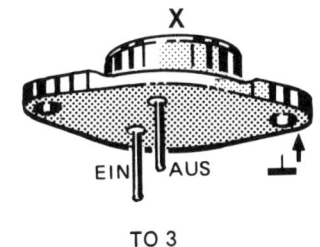

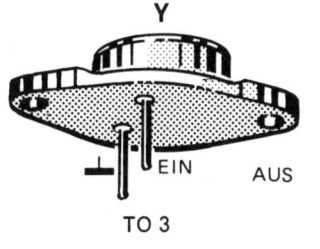

Abb. 179 Die Festspannungsregler (oder die dreibeinigen Regler, wie man in Fachjargon sagt) unterscheiden sich äußerlich nicht von den Transistoren. Die gängigen Gehäuseformen sind in der Abbildung skizziert. Die kleineren Typen im TO-39- und TO-92-Gehäuse können weniger Strom liefern als die größeren Typen im TO-202- oder im TO-220-Gehäuse. Hohe Leistungen liefern die Regler im TO-3-Gehäuse. Allerdings gibt es hier eine unterschiedliche Belegung der Anschlüsse. Das ist beim Einbau solcher Typen unbedingt zu beachten.

Abb. 179

Faustregel 3

Bei den Tantal-Elkos genügen Typen von 10 Mikrofarad. Für die Spannungsfestigkeit gilt das bereits für den Sieb-Elko Gesagte: gleich, besser etwas höher als die Ein- bzw. Ausgangsspannung.

FORMEL
Mit der Formel muß die sekundäre Trafospannung berechnet werden. Sie lautet:

$$U1 = \frac{U_{ein}}{1{,}41} + 1{,}4$$

$U1$ = Sekundärspannung des Trafos
U_{ein} = Eingangsgleichspannung am Regler
$1{,}41$ = Faktor Wurzel 2
$1{,}4$ = Spannungsabfall an den Dioden im Brückengleichrichter ($2 \times 0{,}7$ V)

Umgekehrt können wir auch die Eingangsgleichspannung berechnen, wenn eine sekundäre Trafospannung bekannt ist:

$$U_{ein} = (U1 \times 1{,}41) - 1{,}4$$

Dimensionierungsbeispiel

Mit diesen Informationen wird es zum Kinderspiel, Festspannungsnetzteile so zu dimensionieren, daß sie der entsprechenden Schaltung genau angepaßt sind. Als Beispiel ersetzen wir die bislang benutzte 9-V-Blockbatterie duch einen 9-V-Festspannungsregler, der mit Hilfe besonderer Kühlmaßnahmen einen Strom von 1 A abgeben kann. Damit steht zunächst einmal fest, daß der Trafo ebenfalls einen Sekundärstrom von mindestens 1 A liefern muß.
Nach der *Faustregel 1* setzen wir für den Regler die Eingangsspannung auf

19 V fest. Daraus errechnet sich die sekundäre Trafospannung:

$$U1 = \frac{U_{ein}}{1{,}41} + 1{,}4$$

$$= \frac{19}{1{,}41} + 1{,}4$$

$$= 14{,}9 \text{ V}$$

Wir können nun einen Trafo mit einer Sekundärspannung von 15 V wählen. Damit ergibt sich rein rechnerisch eine Eingangsgleichspannung von:

$$U_{ein} = (U1 \times 1{,}41) - 1{,}4$$
$$= (15 \times 1{,}41) - 1{,}4$$
$$= 19{,}75 \text{ V}$$

Damit wäre der Fall erledigt. Um jedoch die Verlustleistung etwas zu reduzieren, versuchen wir, einen Trafo mit niedrigerer Sekundärspannung einzusetzen, zum Beispiel 12 V:

$$U_{ein} = (U1 \times 1{,}41) - 1{,}4$$
$$= (12 \times 1{,}41) - 1{,}4$$
$$= 15{,}52 \text{ V}$$

Eine Eingangsgleichspannung von etwa 15 V liegt immer noch 6 V über der gewünschten Ausgangsspannung von 9 V. Das ist nach der *Faustregel 1* immer noch ausreichend. Also wählen wir einen Trafo mit folgenden Daten: 220 V primär und 12 V/1 A sekundär. Festspannungsregler mit der Typenbezeichnung 78XX (XX steht für den Wert der Ausgangsspannung, zum Beispiel 7809) können laut Herstellerangaben einen Ausgangsstrom von maximal 1 A abgeben. Dabei sind zwei Dinge Voraussetzung:
1. die Differenz zwischen Aus- und Eingangsspannung darf nicht zu hoch sein;
2. der Festspannungsregler muß ausreichend gekühlt sein.
Die Verlustleistung ist das Produkt der Spannungsdifferenz zwischen Eingangs- und Ausgangsspannung sowie dem Ausgangsstrom. Sie errechnet sich nach der Formel:

$$P = (U_{ein} - U_{aus}) \times I_{aus}$$

U_{ein} = Eingangsspannung
U_{aus} = Ausgangsspannung
I_{aus} = Ausgangsstrom

Kühlkörper

Die Verlustleistung erzeugt Wärme; je höher die Verlustleistung, desto höher die Wärmeentwicklung. Jedes Bauelement kann jedoch nur eine Maximaltemperatur vertragen (das sind normalerweise etwa 125 Grad Celsius), ohne irgendwelchen Schaden zu nehmen. Wenn die Temperatur den maximal zulässigen Wert überschreitet, kann am Bauteil ein irreparabler Schaden entstehen. Schlimmstenfalls „stirbt" das Bauteil den „Hitzetod". Das passiert entweder „unter Donner und Rauch" oder ohne äußere Zeichen, ganz still und leise. Wenn man nun dafür sorgt, daß die von der Verlustleistung erzeugte Wärme schnellstens abgeführt wird, kommt das dem Bauteil und seiner Lebensdauer sehr zugute. Dazu gibt es Kühlkörper.
Die Kühlkörper nehmen von der metallenen Fläche des Bauelementes (manchmal ist es das gesamte Gehäuse) die Wärme auf und geben sie an die Umgebung ab. Dadurch wird die Temperatur am Bauteil selbst um ein Vielfaches reduziert. In der Abbildung 179 sehen wir, daß die metallene Kühlfläche der Festspannungsregler mit einem der drei Anschlüsse elektrisch leitend verbunden ist; überwiegend mit dem Masseanschluß. Also muß man bei der Montage des Kühlkörpers dafür sorgen, daß der Festspannungsregler isoliert mit dem Kühlkörper verbunden wird. So vermeiden wir ungewollte Kurzschlüsse und Schäden. Die Montageskizze in Abbildung 181 zeigt, wie so etwas gemacht wird. Zwischen

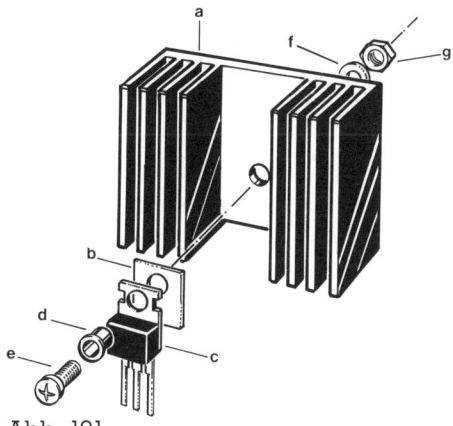

Abb. 181

Abb. 181 Wie ein TO-220-Gehäuse mit dem Kühlkörper verbunden wird, ist durch diese Explosionszeichnung gut zu erkennen. Die Darstellung gilt sinngemäß auch für andere Gehäusetypen.
WICHTIG!
Der Kühlkörper darf auf keinen Fall mit anderen Bauteilen in Berührung kommen.

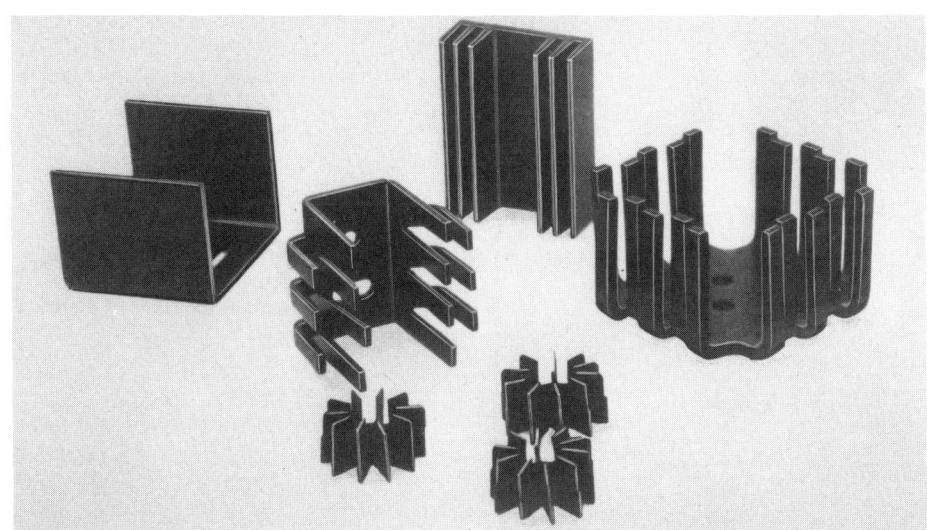

Abb. 180

Abb. 180 Kühlkörper verhindern, daß Bauteile wie Transistoren und Spannungsregler überhitzen und dadurch irreparable Schäden davontragen. Das kann dann der Fall sein, wenn die Bauteile an ihrer Leistungsgrenze betrieben werden, denn die Leistung wird in Wärme umgesetzt. Kühlkörper gibt es für jeden Gehäusetyp. Falls man nicht sicher ist, ob eine Kühlung erforderlich ist, sollte man aus Sicherheitsgründen nicht auf den Kühlkörper verzichten.

INFO 58 Der Ladekondensator

*D*er Ladekondensator, auch als Sieb-Elko bekannt, folgt in unserer Schaltung unmittelbar auf den Gleichrichter. Es ist ein Elektrolytkondensator, ein Elko also, der die Aufgabe hat, die pulsierende Gleichspannung zu glätten. Im Schaltbild ist er mit C bezeichnet.

Die pulsierende Gleichspannung ist gestrichelt gezeichnet. Es sind die gleichgerichteten Halbwellen der Wechselspannung. Diese Halbwellen beginnen bei null Volt, steigen bis zum Maximum an (bis zur maximalen Amplitude) und gehen dann wieder auf null zurück. Diese Art der Gleichspannung ist nicht für alle elektronischen Schaltungen geeignet und kann deshalb in dieser Form in den seltensten Fällen benutzt werden. Der Siebelko C ist nun in der Lage, diese Gleichspannung zu glätten. Sie ist als durchgezogene Linie zu sehen. Die ansteigende Spannung der ersten Halbwelle lädt den Kondensator auf. Mit der abfallenden Spannung beginnt er, sich wieder zu entladen. Wie schnell dies geschieht, hängt vom Wert des Kondensators und der Impedanz der angeschlossenen Schaltung ab. Es ist dafür zu sorgen, daß die Entladung möglichst langsam vor sich geht, je langsamer, um so flacher verläuft die abfallende Kurve.

Die ansteigende Spannung der zweiten Halbwelle trifft irgendwann auf die Kondensatorspannung, stoppt den Entladevorgang und lädt den Kondensator wieder auf den maximalen Amplitudenwert auf. Dieser Vorgang wiederholt sich bei jeder Halbwelle. Es verbleibt in der Gleichspannung eine Restwelligkeit: die Brummspannung.

Für den Sieb-Elko gilt folgende Faustformel: Je Ampere Strom, das dem Netzteil entnommen wird, soll der Elko eine Kapazität von 2 200 Mikrofarad aufweisen.

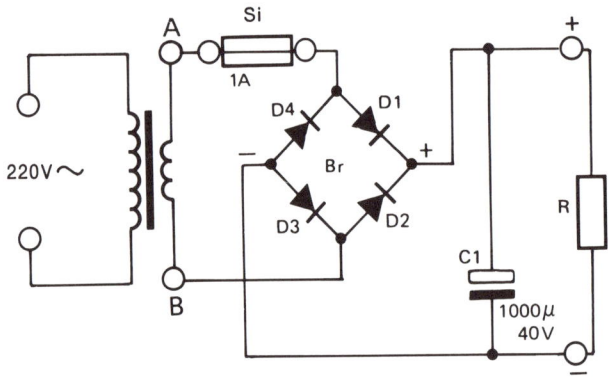

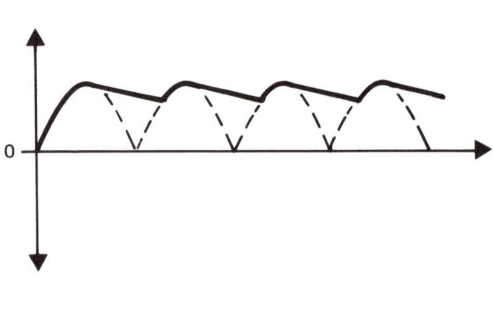

dem Kühlkörper a und der Kühlfläche c des Festspannungsreglers wird ein Glimmerplättchen b montiert, eine durchsichtige Scheibe aus dem in der Natur vorkommenden, transparenten Mineral. Sie isoliert die beiden metallenen Kontaktflächen gegeneinander. Um eine gute Wärmeübertragung zu gewährleisten, wird die Kühlfläche des Reglers mit Wärmeleitpaste bestrichen. Nun kann der Kühlkörper angeschraubt werden. Damit die Schraube keine leitende Verbindung zwischen dem Spannungsregler und dem Kühlkörper herstellt, ist noch ein Isoliernippel erforderlich (d). Zur Befestigung verwenden wir eine Schraube mit metrischem Gewinde (M4 bis M6), eine Unterlegscheibe f (gut geeignet sind Federscheiben, Federringe oder federnde Zahnscheiben) und eine entsprechende Sechskantmutter.

Der gezeichnete Kühlkörper ist ein Rippenkühlkörper. Er ist aus schwarz eloxiertem Aluminium. Es gibt ihn in verschiedenen Größen, zum Beispiel für TO-202-, TO-220- und TO-3-Gehäuse. Der beste Kühleffekt stellt sich dann ein, wenn der Kühlkörper stehend montiert wird. Wegen der Kühlrippen steigt die Verlustwärme wie in einem Schornstein nach oben.

Bestückung

In der Abbildung 182 sehen wir noch einmal die komplette Prinzipschaltung eines Festspannungsnetzteils. <u>Nicht angegeben sind die Werte der einzelnen Bauteile.</u> Das ist bewußt so gemacht. Jeder kann so ein (oder auch mehrere) Netzteile nach seinem Bedarf aufbauen. Aus der Schaltung ist bis auf das Bauteil Si alles bekannt. Es handelt sich hierbei um eine Feinsicherung, die wohl jeder aus anderen Geräten her kennt (zum Beispiel aus der Hifi-Anlage). Die Sicherung sorgt

bei einem Kurzschluß in der angeschlossenen Schaltung bzw. am Netzteilausgang dafür, daß keine Bauteile zerstört werden. Bei einem Defekt kann der Ausgangsstrom des Netzteils nie höher werden, als es die Sicherung zuläßt. Falls nämlich der Strom auf einen unzulässigen Wert ansteigen will, brennt sie durch und schaltet das Netzteil ab. Das heißt: Wenn die Sicherung defekt ist, nimmt sie einen unendlich hohen Widerstandswert an. Dadurch kann auf der Sekundärseite des Trafos kein Strom mehr fließen. Die Brücke Z ist zunächst noch nicht von Bedeutung. Sie wird später durch ein anderes Bauteil ersetzt.

In Abbildung 183 ist das Layout und in 184 die Bestückung einer Platine zu sehen, mit der sich ein Festspannungsnetzteil aufbauen läßt. Die Platine hat noch einige zusätzliche Anschlußpunkte. Im Moment sind sie noch nicht von Bedeutung.

„Für die paar Bauteile eine Platine, die so groß ist, wie es die Abbildung 184 zeigt, ist doch wohl etwas übertrieben." Sicher, im Normalfall haben Sie recht. Doch diese Netzteilplatine ist so universell, daß man sie für (fast) jeden dreibeinigen Spannungsregler verwenden kann. Nicht nur das: Auch können verschiedene Brückengleichrichtertypen eingesetzt werden, wenig-

Abb. 182 Das Prinzipschaltbild eines Netzteiles mit fest eingestellter Ausgangsspannung zeigt alle Bauteile, die für den Aufbau erforderlich sind. Der Kondensator C2 ist hier als Elko gezeichnet. In den Bestückungsplänen, die folgen, ist er als ungepolter Kondensator eingetragen. Es gilt jedoch immer das Schaltbild und die entsprechende Stückliste. Die Brücke Z ist momentan noch nicht von Bedeutung, muß jedoch auf jeden Fall eingelötet werden.

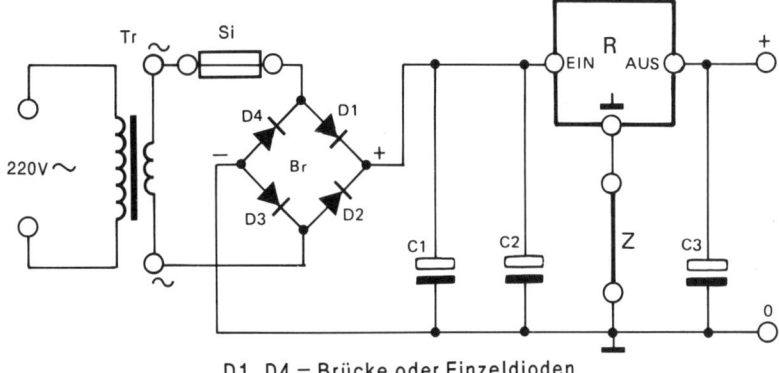

D1...D4 = Brücke oder Einzeldioden

Abb. 182

stens die in Abbildung 178 gezeigten. Daneben ist es möglich, auch vier Einzeldioden zu einem Brückengleichrichter zusammenzuschalten. In der Bestückung der Abbildung 184 ist ein Spannungsregler im TO-92-Gehäuse eingezeichnet (maximaler Ausgangsstrom 100 mA). Doch es ist möglich, auch Spannungsregler mit anderen Gehäuseformen einzusetzen. Wie das funktioniert, sehen wir etwas später.

Für den Sicherungshalter sind im Layout (Abb. 183) nicht nur zwei, sondern vier Lötaugen vorgesehen. Das hat seinen besonderen Grund, denn es gibt die Halter in verschiedenen Größen. So ist gewährleistet, daß die Lötpins der Sicherungshalter nicht verbogen werden müssen, damit sie in die Platine passen.

Im Bestückungsplan ist für den Kondensator C2 ein normaler Kondensatortyp eingezeichnet, im Prinzipschaltbild der Abbildung 182 hingegen ein Elektrolyt-Kondensator, also der bekannte Elko. Wieso der Unterschied? Die Erklärung ist einfach. Baut man ein Netzteil mit einem Festspannungsregler, ist C2 tatsächlich ein Elko. Bei

Spannungsreglern mit einstellbarer Ausgangsspannung schreiben die Hersteller für C2 einen einfachen Kondensator vor. Weil jedoch die Reglerschaltungen ansonsten identisch sind, ist auch der Bestückungsplan identisch. Um jetzt nicht mit zwei unterschiedlichen Bestückungsplänen operieren zu müssen, ist für den Kondensator C2 grundsätzlich ein einfacher Typ eingezeichnet. Bei der tatsächlichen Bestückung gilt jedoch, was im entsprechenden Schaltbild und der zugehörigen Stückliste angegeben ist. Die Platine aus Abbildung 183 ist so universell, daß alle in Abbildung 179 dargestellten Spannungsregler auf ihr Platz finden. Wer jetzt skeptisch die Nase rümpft, braucht sich nur die vier folgenden Bestückungspläne anzusehen. Abbildung 184b zeigt die Bestückung mit einem Spannungsregler im TO-202- bzw. TO-220-Gehäuse. In 184c ist ein „X-Regler" im TO-3-Gehäuse eingesetzt, und in der Bestückung aus 184d ist es ein „Y-Regler" im TO-3-Gehäuse. Die Bestückung für den Regler im TO-92-Gehäuse kennen wir bereits aus Abbildung 184a. Fehlt nur noch die

Abb. 183 Das Platinenlayout bietet alle Möglichkeiten. Es ist für verschiedene Brückengleichrichter- und Spannungsreglertypen ausgelegt. Aus diesem Grunde ist es auch ein wenig größer geraten.

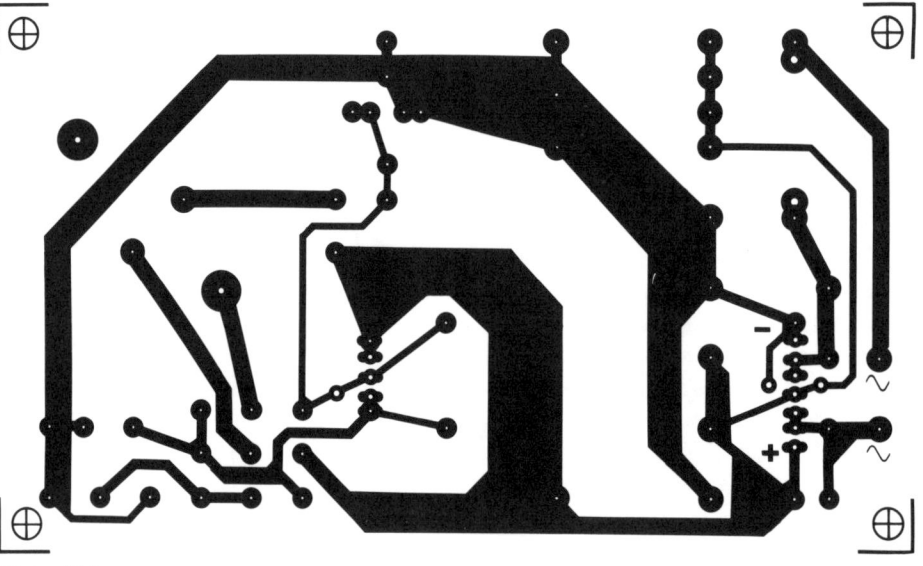

Abb. 183

Bestückung für einen Regler im TO-39-Gehäuse; hierfür brauchen Sie nur auf Abbildung 187 zu sehen. Damit sind alle in Abbildung 179 gezeigten Möglichkeiten durchgespielt.

Eine nach dem Bestückungsplan der Abbildung 184 aufgebaute Schaltung sehen wir im Foto 185. Wer diese Schaltung aufbaut, darf auf keinen Fall die Brücke Z vergessen. Auf deren Bedeutung kommen wir an anderer Stelle zurück. Ansonsten gehen aus dem Bestückungsplan und dem Foto alle wesentlichen Einzelheiten hervor.

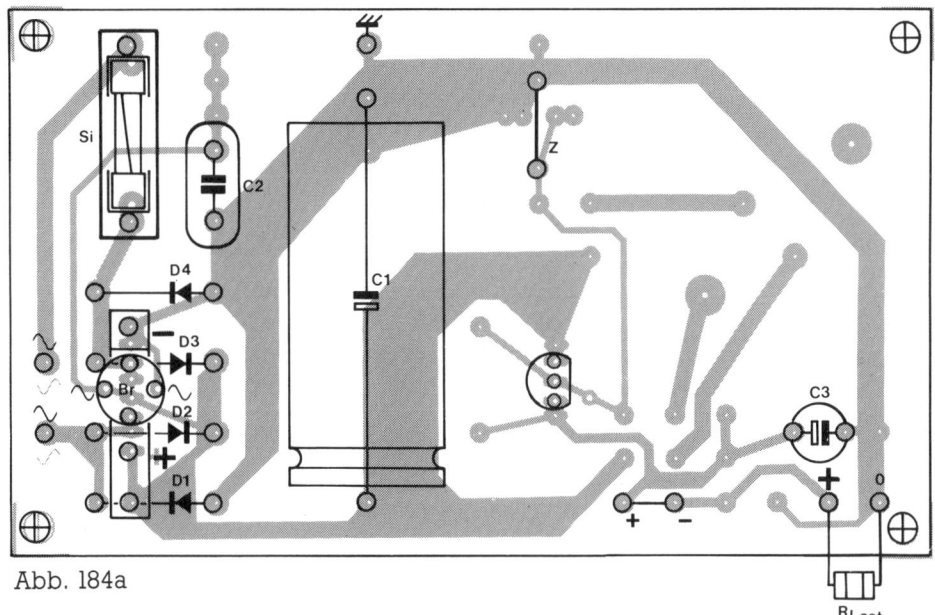

Abb. 184a

Abb. 184a Die Bestückung entspricht der Schaltung aus Abbildung 182. Wer dieses Netzteil aufbaut, darf zwei Brücken nicht vergessen. Das ist zum einen die Brücke Z und zum anderen die Brücke zwischen plus und minus am unteren Rand, links neben dem Lastwiderstand. Ansonsten gibt es keine Besonderheiten.

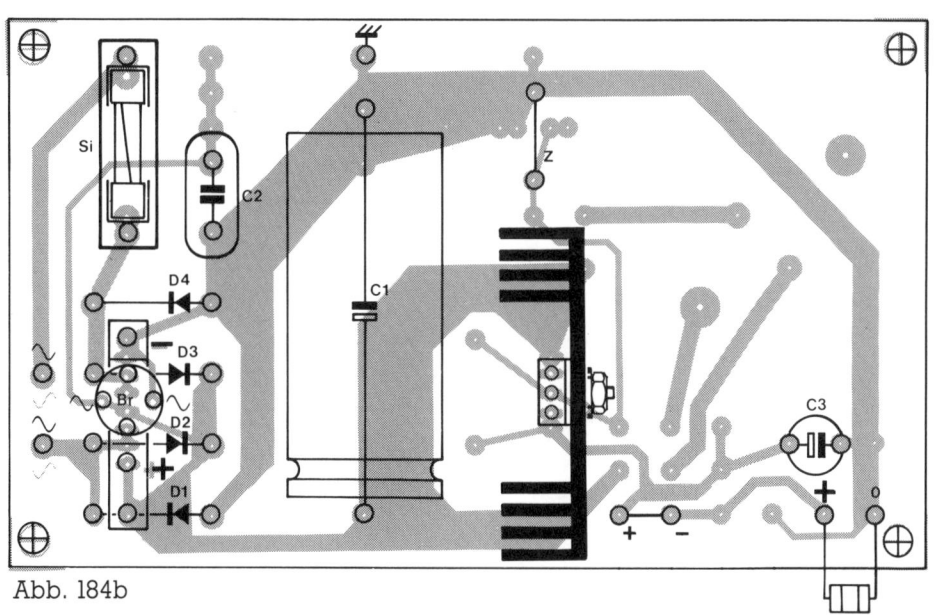

Abb. 184b

Abb. 184b Bestückungsplan für eine Spannungsreglerschaltung mit einem Regler im TO-202- bzw. TO-220-Gehäuse. Bei beiden Reglertypen ist die Pinbelegung identisch.

*S*pannungsregler sind aus der modernen Elektronik nicht mehr wegzuden-ken. Es gibt sie in allen möglichen Ausführungen:

● für fest eingestellte Ausgangsspannungen von 5 V bis 24 V;
● für einstellbare Ausgangsspannungen von 1,25 V bis 24 V;
● für positive und negative Ausgangsspannungen;
● für niedrige Ausgangsströme von 0,1 A;
● für hohe Ausgangsströme bis 1,5 A;
● in verschiedenen Gehäusen (TO-92, TO-39, TO-202, TO-220 und TO-3).

Die Ausgangsspannungen sind so abgestuft, daß Spannungsregler für (fast) jeden Anwendungsfall zur Verfügung stehen. Beim Schaltungsaufbau benötigen sie kaum Platz. Sie sind deshalb besonders gut für den Aufbau der Stabilisierung direkt auf der Verbraucherplatine geeignet. Diese Technik ist übrigens unter dem Begriff „on card" bekannt und verhindert Probleme, die beim separaten Netzteilaufbau auftreten können (zum Beispiel Schwingungen und Brummen).

Die interne Schaltung des Spannungsreglers LM 340 ist im amerikanischen Stil abgebildet. Mit Ausnahme der Widerstände sind die Schaltzeichen mit den europäischen Symbolen fast identisch. Es ist erstaunlich, wie viele Bauteile in einem TO-3- bzw. JTO-220-Gehäuse untergebracht sind.

Die Tabelle gibt die verschiedenen Typen für die verschiedenen Ausgangsspannungen des LM 340 an. Auch sind die zulässigen Eingangsspannungen dargestellt.

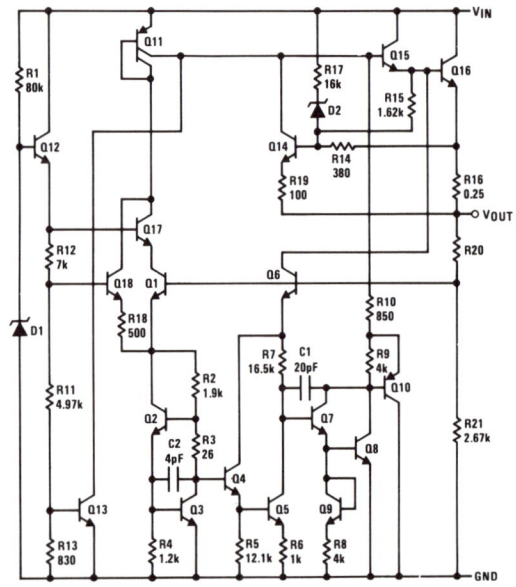

Typ	U_{aus} (V)	U_{ein} (V)		
		min.	typ.	max.
LM340K-5	5	7	10	20
LM340K-6	6	8	11	21
LM340K-8	8	10,5	14	23
LM340K-10	10	12,5	17	25
LM340K-12	12	14,5	19	27
LM340K-15	15	17,5	23	30
LM340K-18	18	21	27	33
LM340K-24	24	27	33	38

Die Funktion eines Spannungsreglers ist der einer Schleuse ähnlich. Damit die Schleuse funktioniert, muß im oberen Becken genügend Wasser vorhanden sein; Wellen an der Wasseroberfläche beeinträchtigen die Schleusenfunktion nicht. Je nach Öffnung der Schleuse fließt mehr oder weniger Wasser ins untere Becken ab. Die Wasseroberfläche ist dort um so glatter, je weniger Wasser abfließt. Bei einer ganz geöffneten Schleuse gleichen sich die Pegel in beiden Becken an. Ähnlich verhält sich der Spannungsregler. Er funktioniert nur, wenn am Eingang genügend Spannung ansteht. Von der dort noch vorhandenen Spannungswelligkeit ist am Reglerausgang fast nichts mehr vorhanden. Je mehr Strom man dem Regler entnimmt, um so mehr muß die Eingangsspannung liefern können. Im schlimmsten Fall sinkt die Eingangsspannung ab, und der Stabilisierungseffekt geht verloren.

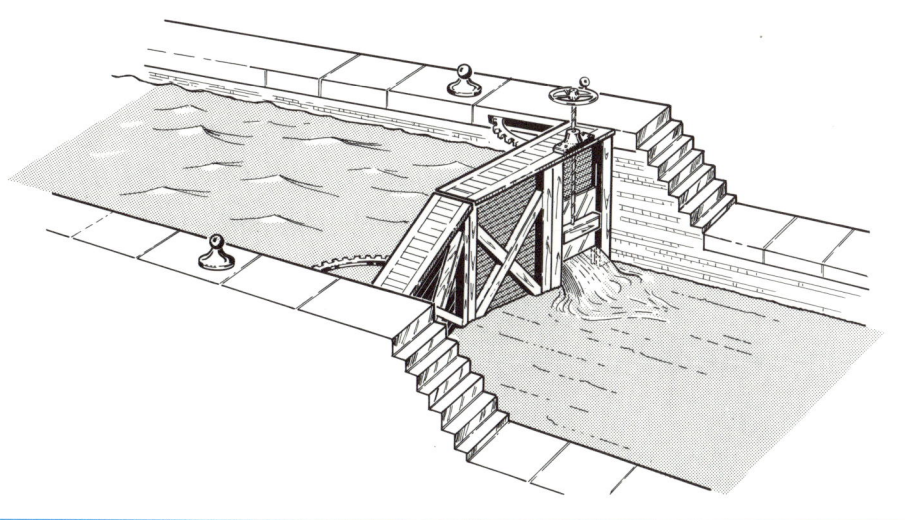

Abb. 184c Bestückungsplan für den Schaltungsaufbau mit einem „X-Regler". Achten Sie darauf, daß bei Verwendung eines derartigen Spannungsreglers auch die mit „X" bezeichneten Brücken eingelötet werden.

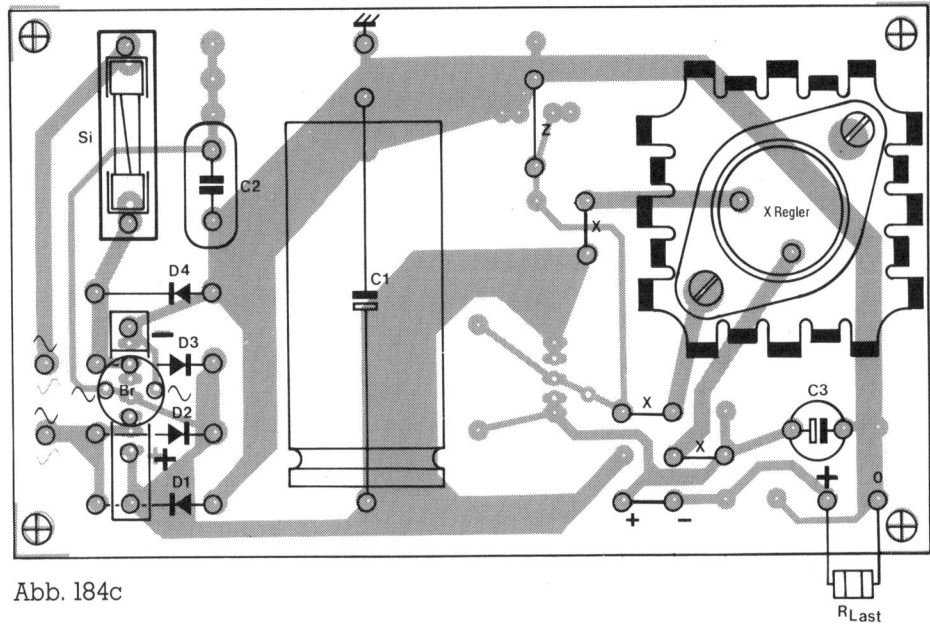

Abb. 184c

Abb. 184d Bestückungsplan für den Schaltungsaufbau mit einem „Y-Regler". In diesem Fall sind die mit „Y" bezeichneten Brücken einzulöten.

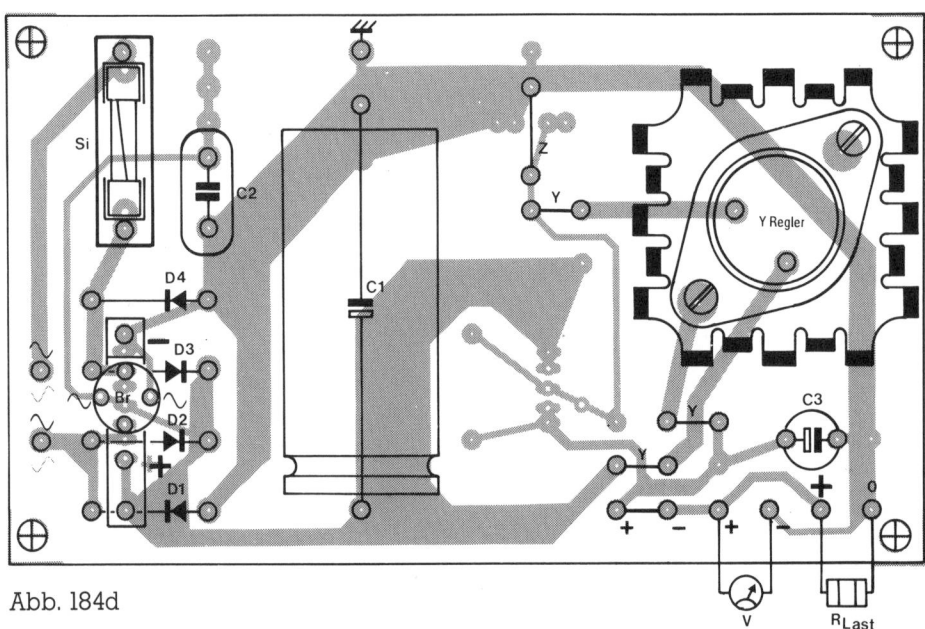

Abb. 184d

Ein Tip aus der Trickkiste

Stellen Sie sich folgende Situation vor: Alle Geschäfte sind geschlossen. Es muß ein 9-V-Festspannungsnetzteil aufgebaut werden, doch es findet sich in ihrer Schublade nur ein 5-V-Regler; 9-V-Regler sind weit und breit nicht aufzutreiben. Was Sie jedoch finden, ist eine 3,9-V-Zenerdiode. Damit ist die Situation gerettet.

Die Schaltung in Abbildung 186 ist bekannt. Lediglich die Zenerdiode D5 ist hier neu hinzugekommen. Ihre Aufgabe ist eindeutig: Sie legt den Masseanschluß des Reglers gegenüber dem tatsächlichen Massepotential um den Betrag der Zenerspannung höher. Wie ist das zu verstehen? Nun, es hört sich komplizierter an als es ist. Betrachten Sie den Regler zusammen mit der Zenerdiode als eine Einheit, dann ist die Sache wieder einfach. Die Diodenspannung U1 addiert sich zur Reglerspannung U2; die Summe ist gleich der Ausgangsspannung U_{aus}.

$$U_{aus} = U1 + U2$$

Wenn wir also einen 5-V-Regler über eine 3,9-V-Zenerdiode auf ein höheres Potential legen, ergibt das eine Ausgangsspannung von 8,9 V. Theoretisch jedenfalls, in der Praxis weicht der Wert durch die Toleranzen der Zenerdiode und des Reglers vom theoretischen Wert ab. Aber so ungefähr haut's schon hin. Wichtig ist noch zu

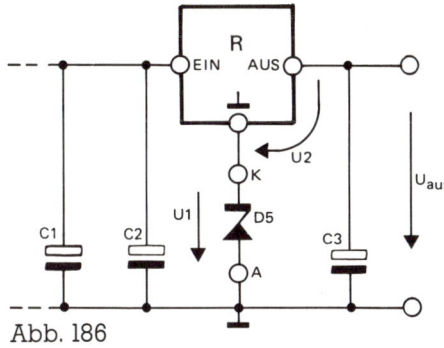

Abb. 186

Abb. 186 Der Schaltungsauszug aus dem Festspannungsnetzteil zeigt, worauf es ankommt. Hier ist anstelle der Brücke Z die Zenerdiode D5 getreten. Durch diesen Trick wird die Palette der Ausgangsspannungen um ein Vielfaches erweitert. Die Ausgangsspannung entspricht in diesem Fall der Summe der Reglerspannung plus der Zenerspannung.

wissen, daß die Berechnung aller peripheren Bauteile in diesem Fall so erfolgt, als ob der entsprechende Regler zur Verfügung steht. Für die Zenerdiode können alle Klassen ab 0,2 W aufwärts eingesetzt werden.

Abb. 185

Abb. 185 Auf der nach dem Aufbauplan 184 bestückten Platine ist noch sehr viel Platz. Etwas gedrängt ist es lediglich beim Brückengleichrichter, der Sicherung und dem Sieb-Elko. Ob man für den Wechselspannungs- und Lastanschluß Lötstifte vorsieht oder die entsprechenden Kabel direkt in die Platine einlötet, ist im Endeffekt nur eine Geschmacksfrage.

INFO 60   Faktor Wurzel 2

*P*roblemstellung: Wie errechnet sich der Gleichspannungswert einer um-
gewandelten Wechselspannung?

Der Wert der Wechselspannung ist bekannt. Wir wissen: Die Energie der
Gleichspannung ist genauso groß wie die Energie der Wechselspannung und
entspricht jeweils der Fläche zwischen Kurvenzug und Null-Linie. Man braucht
also nur noch die Fläche unter der Sinuskurve in ein flächengleiches Rechteck
(eine Periode genügt) umzuwandeln. Die obere, zur Null-Linie parallele Kante
des mit der Sinuskurve flächengleichen Rechtecks entspricht dem Verlauf der
Gleichspannung. Zur Flächenumwandlung geht man wie folgt vor:

Die sinusförmige Wechselspannung (Kurve a) hat zu keinen zwei aufeinander-
folgenden Zeitpunkten t_1/t_2 den gleichen Wert. Sie beginnt bei 0 und steigt auf
den positiven Maximalwert an, den sie bei 1 erreicht. Ab dann nimmt der Spannungswert erneut ab, bis er bei 2 wieder null erreicht. Im negativen Bereich
nimmt die Kurve den gleichen Verlauf: maximaler negativer Wert bei 3 – und
bei 4 wieder null. Quadriert man zeichnerisch die Kurve a, ergibt sich die Kurve
b. Sie hat gegenüber a die doppelte Frequenz und verläuft nur noch im positiven Bereich.

Zeichnet man von der Kurve b den Flächenmittelwert, ist das Ergebnis ein
Rechteck. Dazu werden die kenntlich gemachten Spitzen der Kurve in die entsprechend gekennzeichneten „Löcher" der Kurve umgeklappt. Aus dem Quadrat der Wechselspannung ist das Quadrat einer Gleichspannung geworden.
Um die usprüngliche, nicht quadrierte Gleichspannung zu erhalten, muß man
jetzt noch die Wurzel ziehen. Die Formel hierfür ist rechts angegeben.

Damit man Momentan- bzw. Scheitelwert und Effektivwert unterscheidet, werden einmal Kleinbuchstaben (u) und zum anderen Großbuchstaben (U) verwendet.

Bei Überschlagsrechnungen sind die angenäherten Werte 1,41 und 0,707 geeignet. Hier sind die Formeln:

I = i : 0,707	U = u : 0,707
i = I x 1,41	u = U x 1,41

Diese Rechnungen sind manchmal wichtig und weitaus weniger kompliziert,
als es zunächst den Anschein hat.

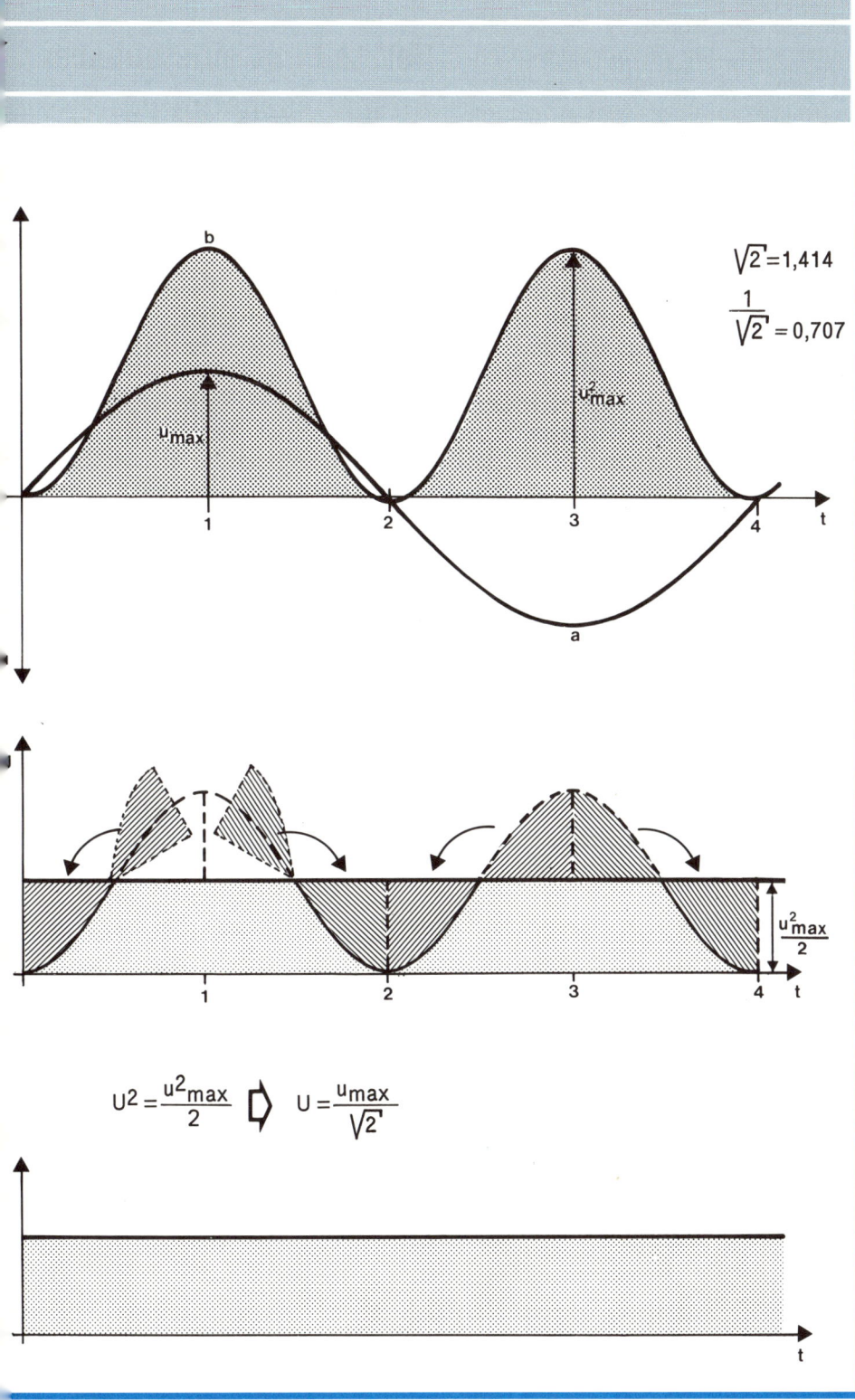

$$\sqrt{2} = 1{,}414$$

$$\frac{1}{\sqrt{2}} = 0{,}707$$

$$U^2 = \frac{u^2_{max}}{2} \quad \Longrightarrow \quad U = \frac{u_{max}}{\sqrt{2}}$$

Noch eine Bemerkung am Rande: Anstatt der Zenerdiode können auch „normale" Dioden verwendet werden. Da jede Siliziumdiode einen Spannungsabfall von 0,7 V aufweist, müssen sechs Dioden zwischen dem Masseanschluß des Reglers und der Schaltungsmasse in Reihe geschaltet werden (6 x 0,7 = 4,2). Zu den 5 V des Reglers addiert, erhält man auch mit dieser Lösung eine Ausgangsspannung von etwa 9 V. Die Platine ist jedoch nur für die erste Lösung ausgelegt.

Mit diesen Tricks haben wir eine Möglichkeit, auch Festspannungen außerhalb der industriell gefertigten Reglerpalette zu erzeugen. Dies ist manchmal recht angenehm. Der Aufbau ist einfach und geschieht beispielsweise mit der bereits bekannten Platine, deren Bestückungsplan mit der Zenerdiode in Abbildung 187 zu sehen ist. Statt der Brücke Z ist nun die Zenerdiode D5 eingesetzt. Der eingesetzte Festspannungsregler ist ein Typ im TO-39-Gehäuse; der maximal zulässige Ausgangsstrom ist 100 mA. Zur Kühlung wird ein einfacher Kühlstern auf das Gehäuse gedrückt.

Netzteil mit einstellbarer Ausgangsspannung

Festspannungen sind nicht immer das A und O in der Elektronik. Häufig ist ein Netzteil mit einstellbarer Ausspannung sehr von Vorteil. Das gilt insbesondere beim Experimentieren. So benötigen Schaltungen mit TTL-ICs nur eine 5-V-Spannung, während die Versorgungsspannung von CMOS-ICs zwischen 3 V und 15 V betragen kann. Welcher Wert in Frage kommt, hängt in erster Linie von der Schaltungsanwendung ab, es können 3 V, 5 V, 15 V oder auch alle Zwischenwerte sein. Sie sehen, daß eine 9-V-Batterie oder ein Netzteil gleicher Spannung nicht immer genügt. Für jede Schaltung ein neues Festspannungsnetzteil aufzubauen, ist auf Dauer auch nicht gerade billig. Wir müssen also ein Netzteil haben, dessen Ausgangsspannung einstellbar ist. Mit der modernen Elektronik ist das ohne Schwierigkeiten machbar. Wir können Netzteile mit

Abb. 187 Gegenüber der ersten Bestückung gibt es zwei Änderungen. Statt der Brücke Z ist die Diode D5 und als Regler ein TO-39-Typ eingelötet.

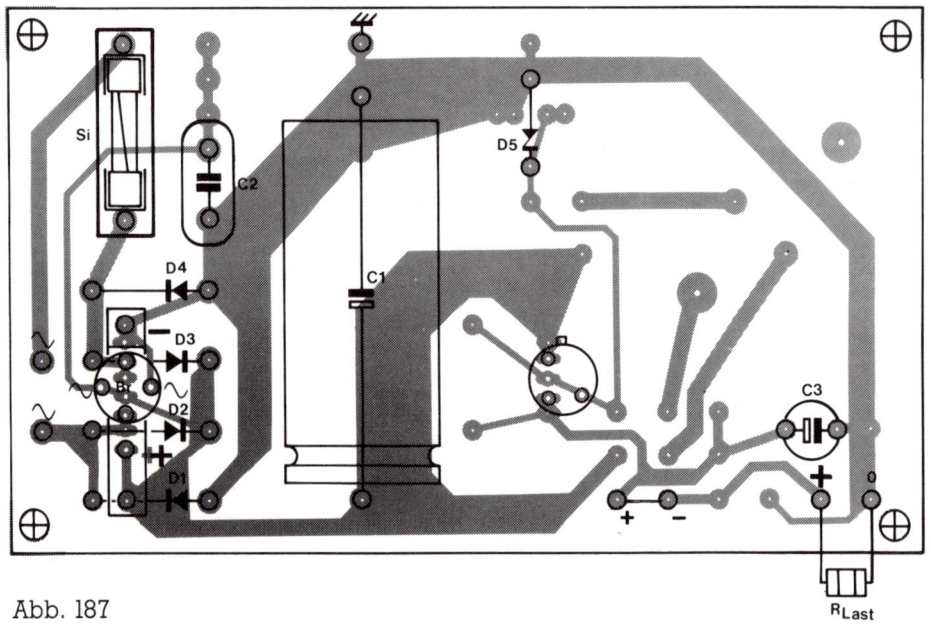

Abb. 187

einstellbarer Ausgangsspannung in allen Variationen bauen: diskret mit Transistoren und anderen Bauteilen; mit Opamps und auch mit Spannungsreglern, deren Ausgangsspannung variabel ist. Die letzte Möglichkeit wollen wir in diesem Kapitel ausprobieren. Sehen wir uns das Schaltbild in Abbildung 188 an. Wir erkennen einen dreibeinigen Spannungsregler, ein Potentiometer, einen Festwiderstand sowie zwei Kondensatoren. Alle anderen Bauteile lassen wir momentan noch außer Betracht. Bei dem Regler handelt es sich um einen speziellen Typ. Mit dem Potentiometer und dem Festwiderstand läßt sich die Ausgangsspannung zwischen zwei Grenzwerten stufenlos einstellen. Der Regler, es ist ein LM 317 K, gibt eine minimale Ausgangsspannung von 1,25 V ab. Das ist dann der Fall, wenn der Schleifer das Potentiometer kurzgeschlossen hat. Ansonsten hängt die Ausgangsspannung vom Verhältnis Festwiderstand zu eingestelltem Potiwert ab. Die komplette Schaltung für ein einstellbares Netzteil von 1,25 V bis 18 V ist gegenüber der Prinzipschaltung aus Abbildung 188 nur unwesentlich umfangreicher. In der Abbildung 189 sind die angegebenen Bauteilwerte für eine maximale Spannung von 15 V und einen maximalen Strom von 1 A angegeben. Die Ausgangsspannung errechnet sich nach der Formel:

$$U_{aus} = 1,25 \cdot x \; 1 + \frac{R2}{R1}$$

Der maximale Strom ist durch die Sicherung von einem Ampere festgelegt.

Einstellbare Netzteile können wir mit der Platine aus Abbildung 183 aufbauen. Für die Schaltung aus Abbildung 189 sehen wir den Bestückungsplan etwas später in Abbildung 193.

Der gewählte Festspannungsregler hat ein TO-202- oder ein TO-220-Gehäuse.

Der Aufbau unterscheidet sich nicht von demjenigen eines Netzteiles mit Festspannungsregler. Es sind lediglich der Widerstand R1 mit dem Trimmpoti R2 zusätzlich einzulöten. Der maximale Ausgangsstrom bei ausreichender Kühlung darf beim TO-202-Gehäusetyp 0,5 A und beim TO-220-Gehäusetyp 1 A betragen.

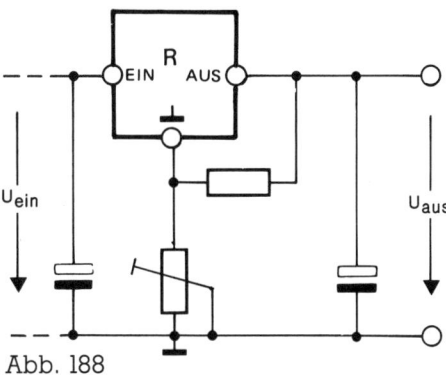

Abb. 188

Nun haben wir also ein Netzteil, dessen Ausgangsspannung sich einstellen läßt. Wie stellen wir fest, welcher Ausgangsspannungswert momentan eingestellt ist? Wir können natürlich die Ausgangsspannung mit unserem Multimeter messen. Das wäre allerdings etwas umständlich. Für etwa 20 bis

Abb. 188 Dieser Schaltungsauszug weist eine weitere Besonderheit auf. Wo bisher die Brücke Z oder die Zenerdiode D5 ihren Platz hatten, ist jetzt ein Trimmpotentiometer zu sehen. Dadurch wird die Ausgangsspannung in einem gewissen Bereich einstellbar. Außerdem ist noch ein Widerstand zwischen dem Masseanschluß des Reglers und dem Ausgang geschaltet. Das wichtigste ist allerdings aus dem Schaltbild selbst nicht zu erkennen: Der Regler muß für diese Art der Beschaltung geeignet sein. Ein ganz normaler Festspannungsregler ist hierfür nicht verwendbar.

Abb. 189 Das Netzteil bietet die Möglichkeit, die Ausgangsspannung in einem bestimmten Bereich zu variieren. Widerstand R1 bildet zusammen mit Trimmpoti R2 einen Spannungsteiler, der den Ausgangsspannungswert bestimmt. Mit dem Widerstandswert von R2 ändert sich also der Ausgangsspannungswert.

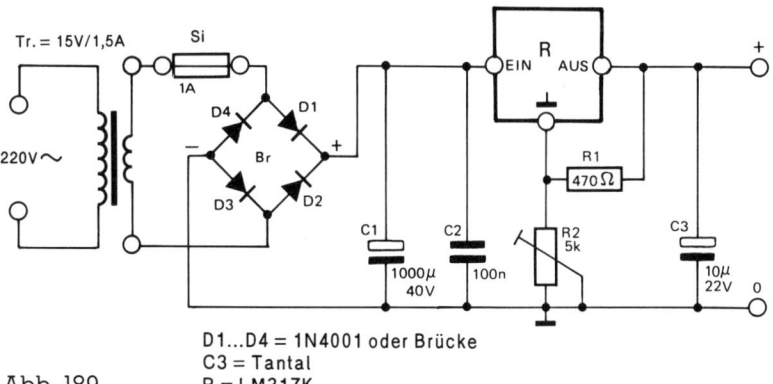

D1...D4 = 1N4001 oder Brücke
C3 = Tantal
R = LM317K

Abb. 189

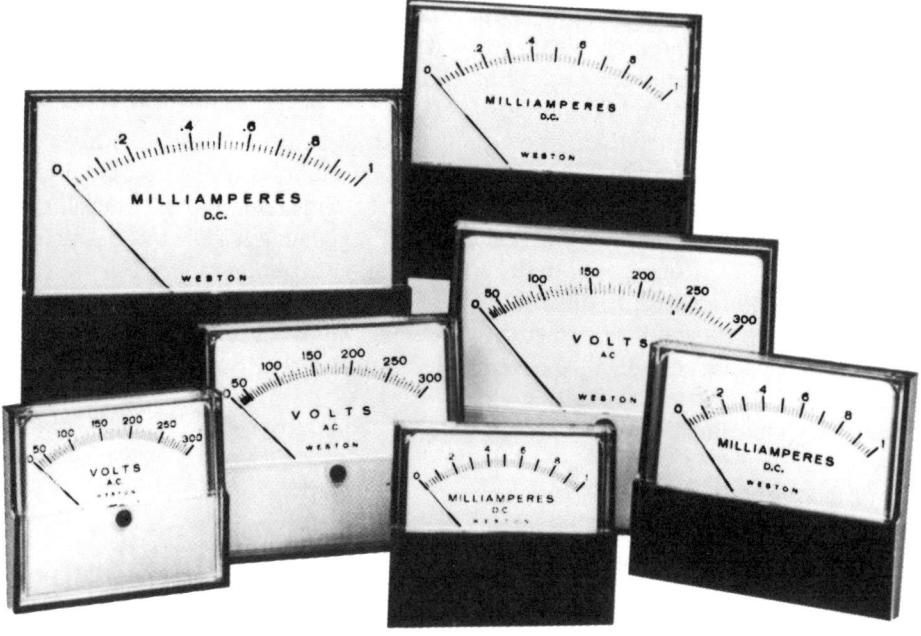

Abb. 190 Einbauinstrumente gibt es in den unterschiedlichsten Formen mit einer breiten Meßbereichspalette. Man unterscheidet Ampere- und Voltmeter. Für welches Instrument man sich letztendlich entschließt, hängt vom Meßbereich ab.

Abb. 190

Abb. 191 Das Voltmeter (Instrument M1) wird parallel zum Ausgang des Netzteiles geschaltet. Nur so ist eine Spannungsmessung möglich.

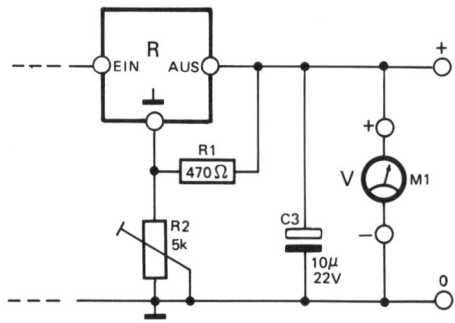

Abb. 191

Abb. 192 Mit dem Amperemeter (Instrument M2) mißt man den Strom, der dem Netzteil entnommen wird. Folglich ist das Instrument mit dem Regler und dem angeschlossenen Verbraucher in Reihe zu schalten.

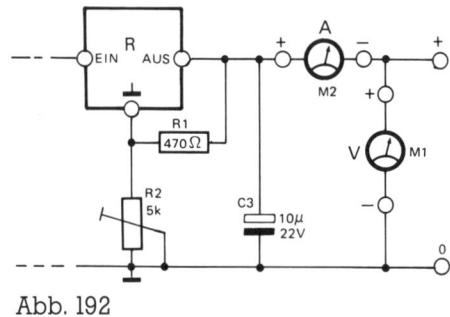

Abb. 192

30 Mark mehr können wir die Sache wesentlich vereinfachen, indem wir die Spannung mit einem fest installierten Einbauinstrument messen. Eine kleine Auswahl sehen wir in Abbildung 190. Einbauinstrumente gibt es für Strom- und Spannungsmessung. Letztere interessiert uns zuerst. Für eine maximale Ausgangsspannung von 15 V muß das Instrument einen Meßbereich von mindestens 15 V (bis 30 V höchstens) haben. Die Skala ist dann bereits entsprechend vorbereitet. Natürlich muß es sich um ein Gleichspannungsinstrument (DC) handeln, das wie in Abbildung 191 anzuschließen ist. Achten Sie dabei auf die Polarität!

Die entsprechenden Bestückungspläne für die Schaltungen der Abbildungen 189, 191 und 192 sehen wir in den Abbildungen 193a, 193b und 193c.

Die für den Aufbau verwendete Platine entspricht der Universalplatine aus Abbildung 183. Auf ihr lassen sich alle in der Abbildung 179 gezeigten Spannungsregler einlöten. Der in der Schaltung verwendete einstellbare Spannungsregler ist ein Typ im TO-3-Ge-

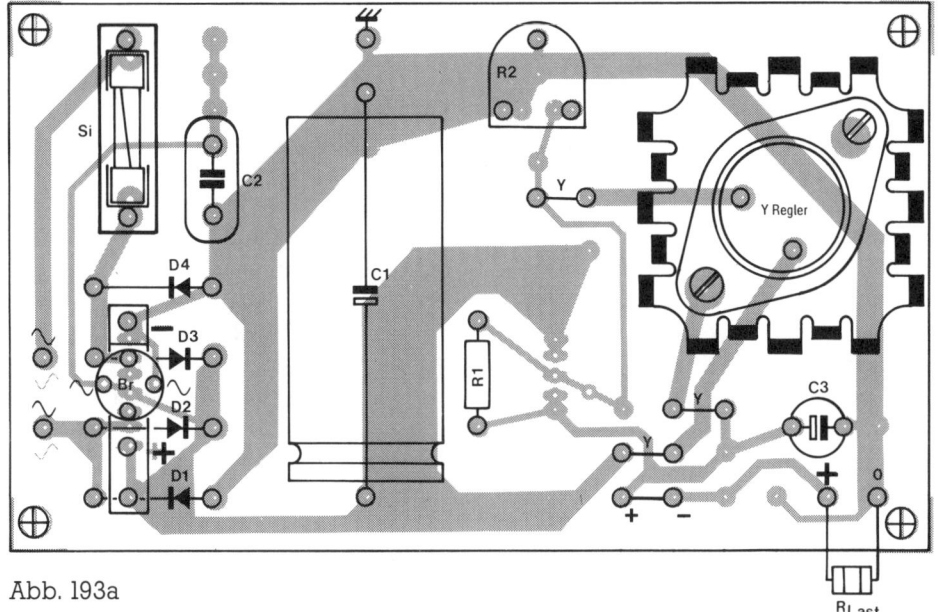

Abb. 193a

Abb. 193a Die Bestückung gilt für die Schaltung aus Abbildung 189. Es ist ein Regler-Netzteil mit einstellbarer Ausgangsspannung. Das ist leicht am Widerstand R1 und an R2, dem Trimmpoti, zu erkennen. Achten Sie beim Aufbau auf die Brücke unten rechts und darauf, daß der Kühlkörper keine anderen metallischen Teile berührt.

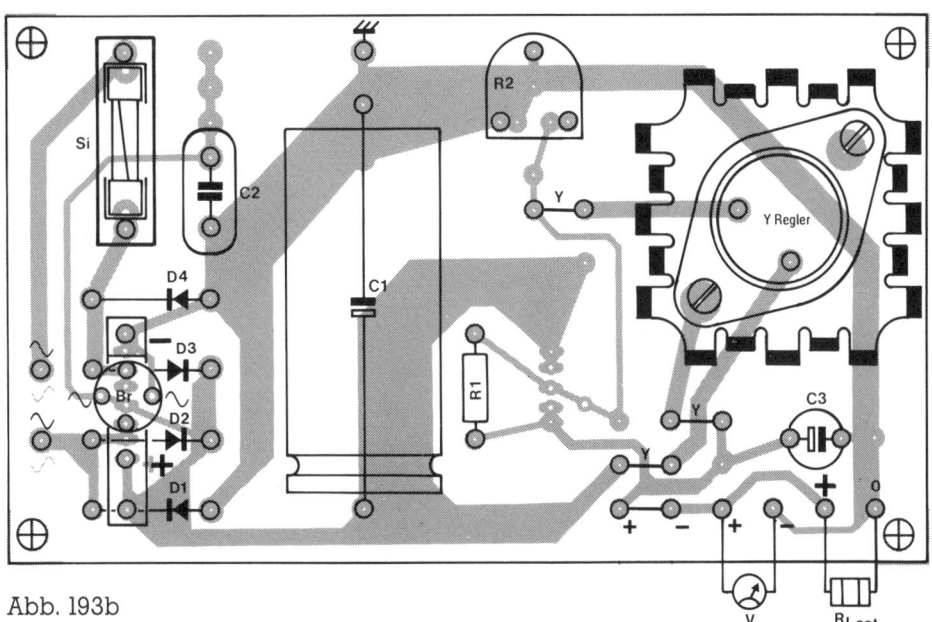

Abb. 193b

Abb. 193b Dieser Bestückungsplan unterscheidet sich zu dem aus 193a nur durch das zusätzliche Voltmeter. Achten Sie beim Anschluß des Voltmeters unbedingt darauf, daß die Polaritäten am Meßinstrument (+ und –) mit den entsprechenden Punkten (+ und –) der Platine verbunden sind. Ist das nicht der Fall, schlägt das Instrument zur falschen Seite hin aus und kann eventuell zerstört werden.

häuse (LM317K) (vgl. Info 64), dessen Anschlußbelegung dem „Y-Regler" aus Abbildung 179 gleicht. Deshalb sind die drei Y-Brücken auf der Platine einzulöten. Der Regler wird mit einem Kühlkörper vor zu großer Erwärmung geschützt; der maximale Ausgangsstrom beträgt 1,5 A. Für die Kühlkörpermontage und für die Befestigung gilt

das bereits zu Abbildung 181 Gesagte. Die Grundbestückung ist in Abbildung 193a zu sehen. Sie entspricht der Schaltung aus Abbildung 189. Achten Sie darauf, daß die Brücke zwischen den Anschlüssen „+" und „–" vorhanden ist.
In Abbildung 193b ist zusätzlich nur das Voltmeter V an die Platine angeschlossen. Aus dem Bestückungsplan ist

zu erkennen, welcher Platinenpunkt mit dem Plus- bzw. mit dem Minusanschluß des Voltmeters zu verbinden ist. Wenn wir jetzt noch dafür sorgen, daß mit einem zweiten Einbauinstrument, einem Amperemeter, der Ausgangsstrom angezeigt wird, ist das Netzteil komplett. Wo das Amperemeter A seinen Meßplatz hat, sehen wir in den Abbildungen 192 und 193c: Es ist direkt mit dem Reglerausgang verbunden. Da die Schaltung für Ströme bis 1 A ausgelegt ist (durch die Verwendung des LM 317 im TO-3-Gehäuse), muß das Meßinstrument auch Ströme bis mindestens 1 A messen können. Das ist kein Problem, wenn wir hierfür auch ein 1-A-Amperemeter nehmen. Es geht auch mit Einbauinstrumenten, deren Meßbereich geringer ist (zum Beispiel 10 mA), dann jedoch nur über einen Trick. Lesen Sie hierzu den Abschnitt „Strommessung mit Shunt".

Aufbau

Genug der Theorie! Wenn Sie noch kein Netzteil aufgebaut haben, sollten Sie sich jetzt entscheiden und mit dem Aufbau beginnen.

Hier ist die Stückliste zum Schaltungsaufbau der Schaltungen in den Abbildungen 189, 191 und 192. Die Bestückungspläne für die genannten Schaltungen sind in Abbildung 193 (a, b, c) zu sehen. Für welche Schaltungsversion Sie sich entschließen, bleibt Ihnen überlassen; doch ist die dritte, also die Schaltung aus Abbildung 192, die sinnvollste.

STÜCKLISTE

R1	= 470 Ohm
R2	= 5 k (4k7) Trimmpoti
C1	= 1000 µF/40 V
C2	= 100 nF
C3	= 10 µF/22 V (Tantal)

Abb. 193c Die Bestückung entspricht der Schaltbildversion aus 192. Das Reglernetzteil ist mit je einem Volt- und Amperemeter ausgerüstet. Diese beiden Meßinstrumente sind kein überflüssiger Schnickschnack, sondern erleichtern in der Praxis den Umgang mit dem Netzgerät enorm. Als Benutzer können Sie direkt die eingestellte Spannung und den vom Netzteil gelieferten Strom auf einen Blick ablesen.

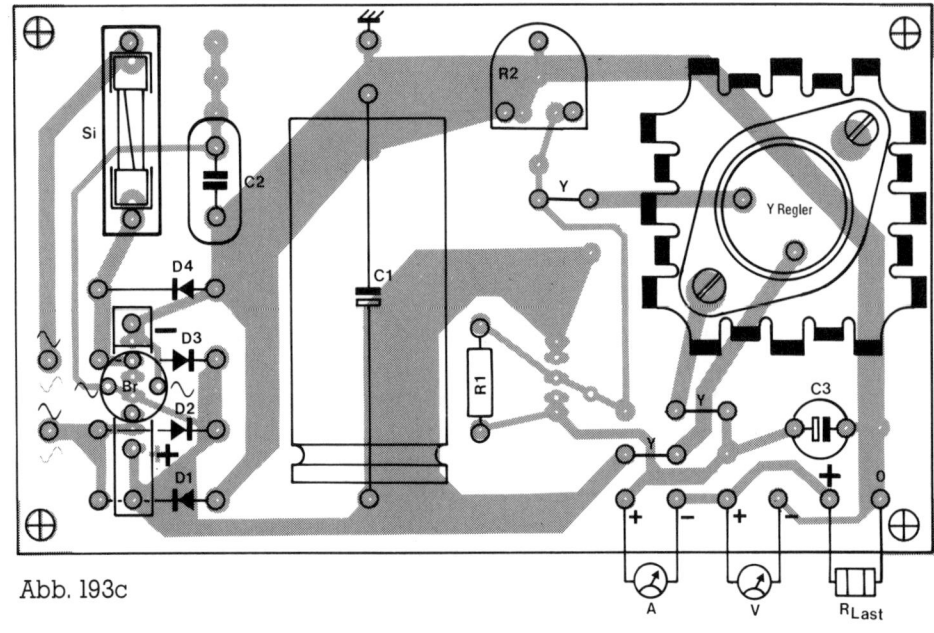

Abb. 193c

D1 ... D4 = 1N4001 oder Brückengleichrichter,
z. B. B40C1500
R   = LM 317 (einstellbarer
Spannungsregler im TO-
3-Gehäuse, es gilt die Y-
Anschlußbelegung
Tr.   = Trafo 15 V/1,5 A (18-V-Se-
kundärspannung ist auch
noch möglich; 1,5-A-Se-
kundärstrom sollte es
mindestens sein; mehr ist
möglich)
Si   = 1-A-Feinsicherung, mittelträge

Außerdem:
  1 Sicherungshalter für Platinenmon-
    tage
  1 Voltmeter (Vollausschlag min. 15 V)
  1 Amperemeter (1 A oder siehe Text)
  1 Platine
 10 Lötstifte
  1 Fingerkühlkörper für TO-3-Ge-
    häuse
  1 Glimmerscheibe für TO-3-Gehäuse
  2 Schrauben mit Unterlegscheiben
    und Muttern (M4)
  Verkabelungsmaterial
    (flexibler Schaltdraht)

Die Platinenbestückung ist einfach.
Beginnen Sie mit den Y-Brücken, insgesamt 3 Stück. Es folgt der Widerstand R1 und das Trimmpoti R2; danach
die Kondensatoren C1, C2 und C3. Der
Kondensator C3 ist ein Tantaltyp, C1 ist
ein einfacher Elko. Achten Sie auf die
Polarität. C2 ist ein „normaler" Kondensatortyp. Als nächstes ist der Gleichrichter an der Reihe. Es spielt keine
Rolle, ob es sich um vier Dioden oder
einen Brückengleichrichter handelt.
Nach dem Sicherungshalter fehlt eigentlich nur noch der Regler. Er wird
zusammen mit dem Kühlkörper direkt
auf die Platine geschraubt. Die Glimmerscheibe wird mit Wärmeleitpaste
bestrichen; sie hat ihren Platz zwischen Kühlkörper und Regler. Für die

Schrauben sind keine zusätzlichen
Isoliernippel erforderlich. Wer möchte, kann abschließend noch einige Lötstifte einlöten: zwei für den Sekun-
däranschluß des Trafos, je zwei für die
Meßinstrumente und zwei für den
Gleichspannungsanschluß am Ausgang.
WICHTIG!
Aus Sicherheitsgründen sollte man
nicht versäumen, die Leiterbahnseite der Platine mit einer gleich großen, aufgeschraubten Kunststoffplatte
(oder vom Kupfer befreitem Platinenmaterial) abzudecken. Die Gefahr der
direkten Berührung mit der 220-V-
Netzspannung ist somit direkt von Anfang an ausgeschaltet.
Damit ist der Platinenaufbau beendet,
und dem ersten Test steht nichts mehr
im Wege. Schließen Sie dazu den Trafo und ein Voltmeter an; das ist entweder ein separates Multimeter oder das
eingebaute Voltmeter. Der Anschluß
für das Amperemeter wird kurzgeschlossen (einfach mit einer Verbindungsstrippe). Der Schaltungsausgang für die Gleichspannung bleibt offen. Alle Verbindungen sind in Abbildung 194 skizziert. Bringen Sie jetzt
das Trimmpoti in Mittelstellung, bevor
Sie den Stecker in die Steckdose
stecken.
V O R S I C H T
Berühren Sie nach dem Einstecken
des Netzsteckers in die Steckdose
keinesfalls mehr den Trafo und auch
nicht   die   Wechselspannungsan-
schlüsse der Platine (die haben Sie
doch bereits abgedeckt – oder?). Lesen Sie hierzu unbedingt den Abschnitt *Regeln für den Umgang mit der
Netzspannung* (Info 65).
Wenn die durch den Trafo reduzierte
Netzspannung mit der aufgebauten
Schaltung verbunden ist, muß das angeschlossene Multimeter etwa 7 V anzeigen; vorausgesetzt, das Trimmpoti
steht in Mittelstellung. Es kann auch

INFO 61 Sicherungen

*J*eder hat sie bestimmt schon gesehen, die kleinen Glasröhrchen mit den Metallkappen rechts und links. Im Röhrchen selbst erkennt man ein dünnes Drähtchen, das von einer Metallkappe zur anderen verläuft. So sind die Enden elektrisch leitend miteinander verbunden. Eine Widerstandsmessung zeigt dies auch an: null Ohm. Bei defekter Sicherung ist der Widerstand unendlich hoch. Manchmal ist das Röhrchen noch mit Quarzsand gefüllt, dann ist das Drähtchen natürlich nicht zu sehen. Der Quarzsand verhindert beim Durchbrennen der Sicherung einen Funkenschlag.

Die Sicherungen verhindern Schäden an der Schaltung, wenn etwas nicht stimmt und zuviel Strom fließt. Bevor also irgendwelche Bauteile in Rauch aufgehen, soll der Sicherungsfaden durchschmelzen und den Strom unterbrechen. Das passiert, wenn der Strom den Sicherungsnormwert überschreitet. Ob dies langsam, mittelschnell oder sofort passiert, hängt vom Sicherungstyp ab. Es gibt drei Typen: träge (T), mittelträge (M) und flinke (F). Welchen Typ man schließlich wählt, hängt davon ab, wo die Sicherung ihren Platz hat. Soll sie ein wertvolles elektronisches Bauteil schützen, ist sie auch in der Schaltungsnähe montiert und soll sofort abschalten: also F. Ist die Sicherung in der Sekundärleitung des Trafos angebracht, fließt kurzzeitig ein hoher Einschaltstrom (wenige Millisekunden), der dann schnell auf den normalen Betriebsstromwert zurückgeht. Hierfür ist eine mittelträge Sicherung empfehlenswert, denn flinke Versionen schalten zu schnell ab. Zum Absichern von Motoren wählt man träge Sicherungen. Den Nennwert der Sicherung wählt man höher, als der Betriebsstrom werden kann (etwa Betriebsstrom 100 mA, Sicherungswert 125 mA).

Die Tabelle zeigt die verschiedenen Sicherungstypen mit ihrem Nennwert und der möglichen Abschaltdauer (F, M oder T).

Wert (mA)	Abschaltung	Wert (A)	Abschaltung
32	M	0,4	F, M, T
50	M	0,5	F, M, T
63	M	0,63	F, M, T
80	M, T	0,8	F, M, T
100	F, M, T	1,00	F, M, T
125	F, M, T	1,25	F, M, T
160	F, M, T	1,6	F, M, T
200	F, M, T	2,0	F, M, T
250	F, M, T	2,5	F, M, T
315	F, M, T	4,0	F, M, T
		6,3	F, M, T

Beschriftungsbeispiel: T-0,1/250 = träge, Abschaltstrom 0,1 A, 250 V

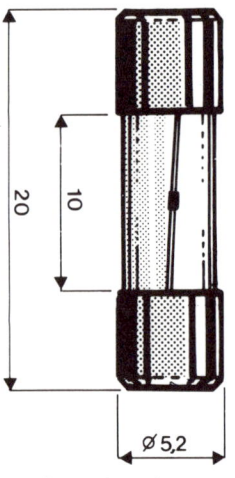

20
10
Ø 5,2

Maßangaben in mm

INFO 62   Die Zenerdiode

Die Zenerdiode (ja es stimmt, Zener ohne h) ist ein Spannungsregler bzw. Spannungsstabilisator einfachster Art. Das Schaltzeichen ähnelt dem der einfachen Diode; ähnlich ist auch die Funktion.

Stellen Sie sich folgende Situation vor: Sie wollen eine TTL-Schaltung betreiben, die bekanntlich eine Versorgungsspannung von 5 V besitzt, haben aber nur eine 9-V-Blockbatterie zur Verfügung. Allerdings gibt es in der Bastelkiste noch eine 5,1-V-Zenerdiode. Damit ist alles klar: Über einen Vorwiderstand schließen Sie die Zenerdiode an die Batterie an. Der Vorwiderstand ist erforderlich, damit der Strom durch die Zenerdiode nicht zu hoch wird. An der Zenerdiode steht jetzt eine Spannung an, die dem Zenernennwert entspricht, nämlich 5,1 V. Damit ist alles gesagt:

Die Zenerdiode, auch „Z-Diode" genannt, stabilisiert eine Spannung, die höher ist als der eigene Nennwert.

Betrachten Sie die beiden Schaltungen, zunächst a. Es fällt auf, daß die Zenerdiode „falsch herum" angeschlossen ist, nämlich mit der Kathode am positiveren Schaltungspunkt. Das ist richtig! Solange die Spannung U niedriger als die Zenerspannung Uz ist (die Spannung, die über der Zenerdiode abfällt), ist Uz gleich der Spannung U. Erst wenn U höher wird, bleibt Uz konstant: ab dem Nennwert. Die LED leuchtet in dieser Version.

In Schaltung b sieht es anders aus. Hier ist die Zenerdiode „falsch" angeschlossen und arbeitet deshalb wie eine ganz einfache Diode. Auch wenn U höher als Uz wird, beträgt der Spannungsabfall an D2 immer nur 0,7 V. Weil die Spannung so gering bleibt, kann die LED nie aufleuchten.

Gängige Nennspannungen für Zenerdioden sind 4,7; 5,1; 5,6; 9,1; 10; 12; 13 und 15. Es gibt natürlich noch andere Werte, die aber nicht so gängig sind. Die Verlustleistung der Z-Diode darf nicht überschritten werden. Übliche Werte sind 250 mW, 400 mW und 1 W.

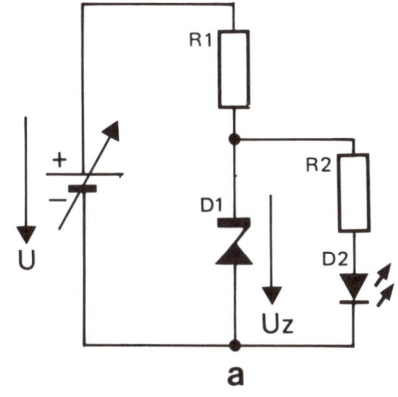

a

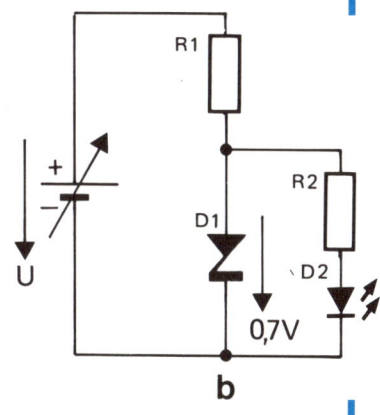

b

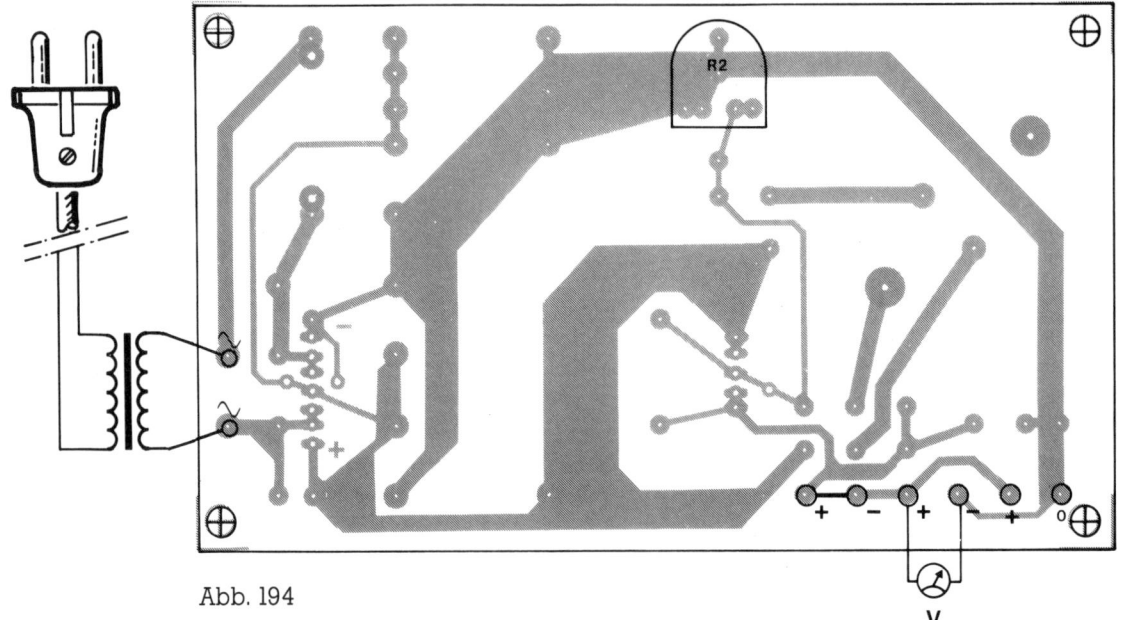

Abb. 194

Abb. 194 Nach erfolgter Bestückung wird die Ausgangsspannung auf den gewünschten Wert eingestellt. Damit ist alles erledigt. Wichtig ist dabei, daß ein Voltmeter angeschlossen ist. Falls das Amperemeter fehlt, muß dort die Brücke eingelötet sein. Mit dem Trimmpoti R2 stellt man den Ausgangsspannungswert ein.

Abb. 195 Im Schaltbild für das Netzteil mit einstellbarer Ausgangsspannung sind fünf Meßpunkte angegeben, $\triangledown$ bis $\triangledown$. An diesen Punkten wird die Spannung gemessen, falls das Netzteil nach der Inbetriebnahme nicht funktioniert. Achten Sie darauf, daß bei fehlendem Amperemeter die Brücke A vorhanden ist.

etwas mehr oder weniger Spannung angezeigt werden. In etwa muß der Wert jedoch in dem angegebenen Bereich liegen.

Schließen Sie nun mit dem Schleifer das Trimmpoti kurz. Das heißt: Der Schleifer verbindet die Schaltungsmasse direkt mit dem Masseanschluß des Reglers. Jetzt sinkt die Ausgangsspannung auf den minimalen Wert von ungefähr 1,25 V ab. Wenn der Schleifer am anderen Ende des Trimmpotis steht, kommt der Wert von R2 voll zur Geltung. In diesem Fall liefert der Regler die maximale Ausgangsspannung, also 15 V.

FEHLERSUCHE

Sollte der Test wider Erwarten negativ ausfallen, beginnt die Fehlersuche. Zu diesem Zweck ist in der Abbildung 195 die Schaltung noch einmal zu sehen, allerdings mit fünf Meßpunkten.

Meßpunkt 1:

Sekundäre Wechselspannung am Trafo.

Messen Sie mit Ihrem Multimeter die Trafowechselspannung auf der Sekundärseite. Die Wechselspannung muß dem angegebenen Wert entsprechen. Hat der Trafo eine angegebene (nominelle) Sekundärspannung von 15 V, muß auch der gemessene Wert

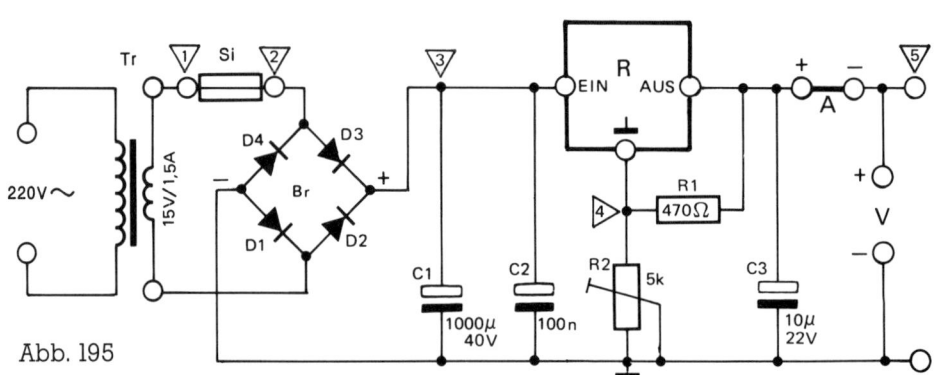

Abb. 195

15 V betragen (geringe Abweichungen sind zulässig). Ist keine Spannung vorhanden oder weicht sie zu sehr vom Nominalwert ab, muß der Trafo von der übrigen Schaltung abgetrennt werden. Führen Sie dann die Messung erneut durch. Bei gleichem Meßergebnis ist etwas mit dem Trafo oder dem Netzstecker nicht in Ordnung. Stimmen jedoch die Trafowerte, liegt der Fehler im restlichen Teil der Schaltung. Ist der Trafo und auch die Netzleitung in Ordnung, wird er wieder mit dem übrigen Teil der Schaltung verbunden.

Übrigens: Mit einer einfachen Widerstandsmessung kann man leicht feststellen, wo sich bei einem Trafo die Primär- und die Sekundäranschlüsse befinden. Das ist dann erforderlich, wenn man einen Trafo in der Bastelkiste hat, von dem man die Werte kennt, die Beschriftung jedoch nicht erkennen läßt, wo sich die Anschlüsse befinden. Mit dem Multimeter, das für eine Widerstandsmessung mit dem niedrigsten Faktor eingestellt ist (also Ohm x 1), mißt man den Widerstandswert der einzelnen Wicklungen. Die Wicklung mit dem höchsten Ohmwert ist die Primär-, also die 220-V-Wicklung.

Meßpunkt 2:
Sekundäre Trafospannung hinter der Sicherung.
Liegt bei Meßpunkt 2 der gleiche Wechselspannungswert wie bei Punkt 1 an, ist alles in Ordnung. Sie können zur Messung an Punkt 3 übergehen. Ist keine Spannung vorhanden, muß die Sicherung überprüft werden. Messen Sie dazu die Sicherung mit dem Multimeter im Ohm-Meßbereich (x1) durch. Bei defekter Sicherung ist der Widerstandswert unendlich hoch. Andernfalls ist der Wert ungefähr null. Bei Sicherungen, die nicht mit Quarzsand gefüllt sind, genügt bereits eine optische Prüfung. In Abbildung 196 ist eine funktionstüchtige und eine funktionsuntüchtige Sicherung skizziert.

Meßpunkt 3:
Die Gleichgerichtete und die geglättete Wechselspannung, also die Eingangsgleichspannung des Reglers.
Für diese Messung ist das Multimeter auf Gleichspannungsmessung einzustellen. Es muß an diesem Punkt eine theoretische Gleichspannung von ungefähr 19 bis 20 V anliegen. Falls dies zutrifft, können Sie direkt zur Messung an Punkt 4 übergehen.

Weicht der Gleichspannungswert an dem Meßpunkt 3 stark vom theoretischen Wert ab, ist entweder der Kondensator C1 oder der Brückengleichrichter defekt. Diese Möglichkeit wird wahrscheinlicher, falls die Brücke mit einzelnen Dioden aufgebaut ist. Dabei ist schnell bei einer Diode die Polarität verwechselt. Es kann auch noch C2 defekt sein. Doch bevor Sie die genannten Bauteile überprüfen, muß zunächst der Regler ausgelötet und die

Abb. 196a Eine Feinsicherung besteht aus einem Glasröhrchen und zwei Metallkappen, die durch einen dünnen Draht miteinander verbunden sind. Den Draht kann man gut erkennen, falls das Röhrchen nicht mit Quarzsand gefüllt ist.

Abb. 196b Eine nicht mit Quarzsand gefüllte Feinsicherung hat den Vorteil, daß eine defekte Sicherung mit bloßem Auge zu erkennen ist. Der Verbindungsdraht zwischen den beiden Metallkappen ist entweder überhaupt nicht mehr zu sehen oder es fehlt ein Stück.

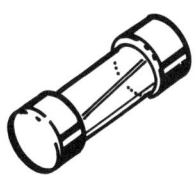

Abb. 196a   Abb. 196b

Spannung an Meßpunkt 3 erneut gemessen werden. Auch ein fehlerhafter Regler kann den Meßwert an Punkt 3 verfälschen.

Meßpunkt 4:

Gleichspannungswert am Knotenpunkt R1/R2.

Verbinden Sie den Schleifer zunächst mit dem Meßpunkt 4. Die Spannung muß dann logischerweise null Volt sein. Wenn Sie jetzt den Schleifer langsam in Richtung Masse bewegen, steigt die Spannung an Punkt 4 entsprechend der Ausgangsspannung mit an. Die Differenz zwischen beiden Spannungen darf nur sehr gering sein. Ist das nicht der Fall, stimmt eventuell der Wert von R1 und/oder R2 nicht. Genausogut können jedoch der Regler oder C3 defekt sein.

Meßpunkt 5:

Ausgangsgleichspannung.

Wenn bis zum Meßpunkt 4 alles stimmt, jedoch beim Meßpunkt 5 nichts mehr, ist der Kondensator C3 defekt. Eine andere Möglichkeit ist, daß die entsprechende Brücke fehlt, falls kein Amperemeter angeschlossen wurde.

Wenn die Ausgangsspannung nicht den gewünschten Wert von 15 V erreicht, muß der Wert von R1 verändert werden. Am besten experimentieren Sie etwas mit diesem Widerstand.

Zum Abschluß noch ein Tip:

Wenn Sie statt des Trimmpotis ein Einstellpoti einsetzen, kann man die Ausgangsspannung zwischen 1,25 V und maximaler Ausgangsspannung kontinuierlich einstellen. Diese Möglichkeit läßt sich problemlos realisieren. Löten Sie anstatt des Trimmpotis drei Lötstifte ein, und verbinden Sie das Einstellpotentiometer über flexiblen Schaltdraht damit.

Etwas für Tüftler ...

... ist in Abbildung 197 zu sehen. Das Trimmpoti R2 bzw. das Einstellpotentiometer ist hier durch einen Schalter mit vier Widerständen ersetzt. Es ist der Umschalter S1 sowie die Widerstände R2a bis R2d. Es entsteht so die Möglichkeit, zwischen vier festen Ausgangsspannungen umzuschalten; 5 V, 9 V, 12 V und 15 V.

Welche Widerstände sind für welche Ausgangsspannung erforderlich?

  5 V: R2a = 1410 Ohm
  9 V: R2b = 2915 Ohm
12 V: R2c = 4045 Ohm
15 V: R2d = 5172 Ohm

Da diese Widerstände so nicht erhältlich sind, müssen sie durch Kombinationen von Reihen- und Parallelschaltungen verschiedener Widerstände zusammengestellt werden. Das hört sich komplizierter an als es ist. Betrachten wir den Wert von R2a. Eine Reihenschaltung mit nur zwei Widerständen genügt, um den geforderten (theoretischen) Wert in etwa zu erreichen:

1200 + 220 = 1420

Die 10 Ohm mehr spielen keine große Rolle, denn die Widerstandswerte haben ja selbst eine gewisse Toleranz. Gehen wir davon aus, daß die Toleranz gleich null ist, dann beträgt die Abweichung nur 26 mV. Die Ausgangsspannung wäre also exakt 5,026 V. Das ist sicherlich kein Beinbruch, wenn 5 V verlangt sind. Gehen wir andererseits einmal davon aus, daß die Widerstände 5 % Toleranz aufweisen, dann sind es nicht 1420 Ohm, sondern 1349 Ohm oder 1491. Sie sehen also, daß zwischen Theorie und Praxis doch erhebliche Unterschiede bestehen.

Auch die drei anderen Widerstände erhalten wir einfach durch die Reihenschaltung zweier Einzelwiderstände:

R2b = 2700 + 220 = 2920 (2915)
R2c = 3900 + 150 = 4050 (4045)
R2d = 4900 + 270 = 5170 (5172)

Sie sehen, daß die Abweichungen so minimal sind, daß wir sie vernachlässigen können.

Der Umschalter S1 muß also mindestens vier Kontakte haben. Sind es mehr, ist das auch nicht weiter schlimm. Die „leeren" Kontakte werden zusammengefaßt und mit dem Kontakt von R2d verbunden. Einen Kontakt sollte man direkt mit Masse verbinden, so daß auch noch eine Ausgangsspannung von 1,25 V zur Verfügung steht.

Warum nun diese Festspannungen? Nun, die angegebenen Werte sind die gängigsten. Zwischenwerte braucht man (fast) nie. Außerdem können wir uns bei der Version das Voltmeter am Ausgang sparen, da wir an der Schalterstellung die Ausgangsspannung ablesen können. Wie Sie sich entscheiden, ist ganz allein Ihre Sache. Eines sollten Sie jedoch noch vorher wissen: Für die Umschalterversion ist die Platine von der Konstruktion her nicht vorgesehen. Sie müssen also den Schalter mit den entsprechenden Widerständen extern montieren.

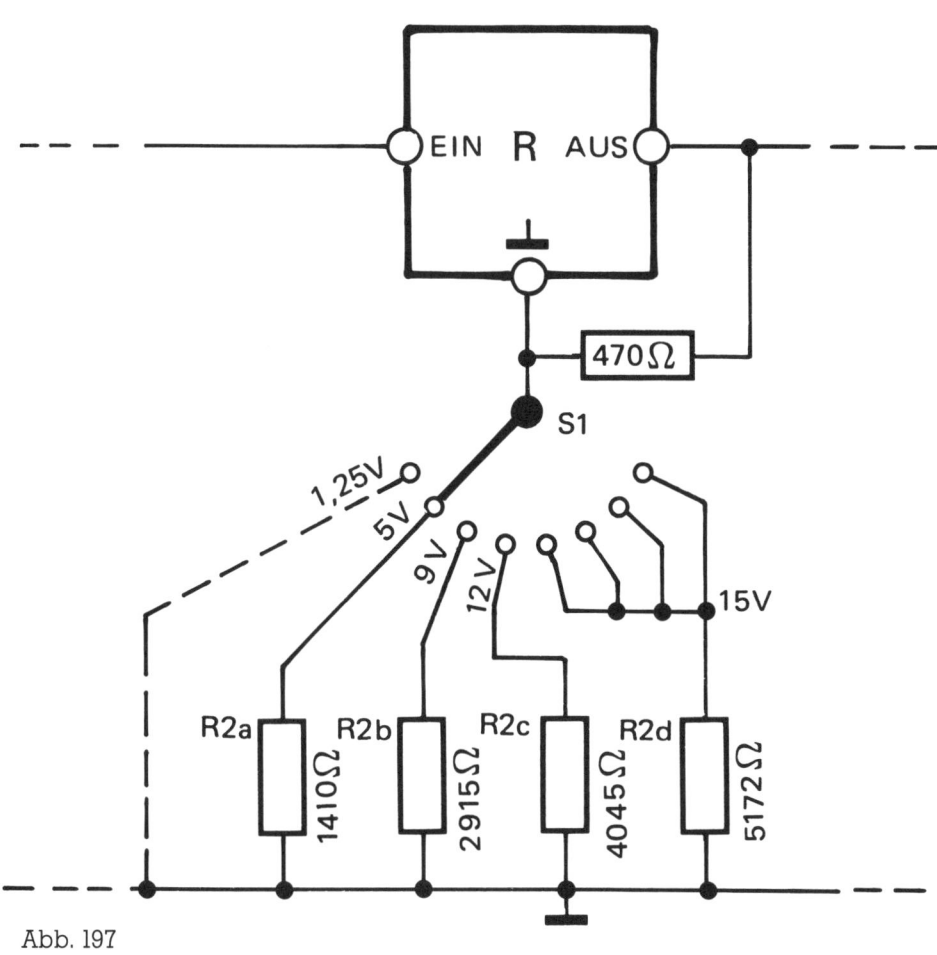

Abb. 197 Ein besonderes Bonbon ist ein Netzteil mit umschaltbarer Ausgangsspannung. Mit diesem Schaltungsvorschlag lassen sich fünf feste Ausgangsspannungen einstellen. Der Clou hierbei ist, daß das Trimmpoti durch Einzelwiderstände ersetzt wurde. Je nach Stellung des Umschalters S1 entsteht so ein anderes Spannungsteilerverhältnis. Die Platine ist übrigens für diese Schaltungsversion nicht vorbereitet. Der Aufbau erfordert also etwas Geschick.

Abb. 197

*D*er einstellbare Spannungsregler hat drei Anschlüsse: 1 = Steuereingang, 2 = Eingangsspannung und 3 = Ausgangsspannung. Intern erzeugt der Regler eine Referenzspannung von 1,25 V; das ist gleichzeitig die niedrigste Ausgangsspannung. Die höchst mögliche Ausgangsspannung ist 37 V. Die maximale Spannungsdifferenz zwischen der Ein- und der Ausgangsspannung darf 40 V betragen. Der Hersteller garantiert einen Ausgangsstrom von mindestens 1,5 A, gibt aber als typischen Wert immerhin 2,2 A an. Die Ausgangsspannung wird mit den externen Widerständen R1 und R2 eingestellt. Die Formel hierfür finden Sie im normalen Text.

Der Spannungsregler ist gegen Überlastung geschützt und deshalb so gut wie unzerstörbar. Der Ausgang ist kurzschlußfest; außerdem ist noch ein thermischer Überlastschutz vorhanden. Die Regeleigenschaften sind optimal.

Das Prinzip der externen Beschaltung bedarf kaum einer weiteren Erläuterung; im einfachsten Fall reichen zwei Widerstände. Der Regler benötigt einen Arbeitsstrom von 4 mA. Die Widerstände R1 und R2 werden deshalb so dimensioniert, daß über sie bereits ein Laststrom von 5 mA fließt. Für R1 empfiehlt der Hersteller einen Wert von 240 Ohm, der jedoch in einem kleinen Bereich noch variabel ist.

Falls der Spannungsregler mit externen Kondensatoren beschaltet ist, verhindern die Dioden D1 und D2 bei Kurzschlüssen, daß sich die Kondensatoren über die interne Reglerschaltung entladen. D1 entlädt bei einem Kurzschluß am Ausgang den Kondensator C2, und D2 entlädt bei einem Kurzschluß am Eingang den Kondensator C3.

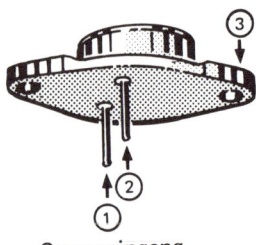

Steuereingang

Gehäuse TO-3
(Bodenansicht)

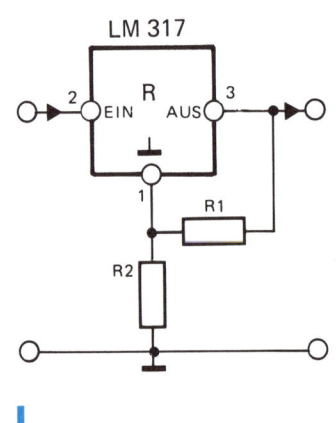

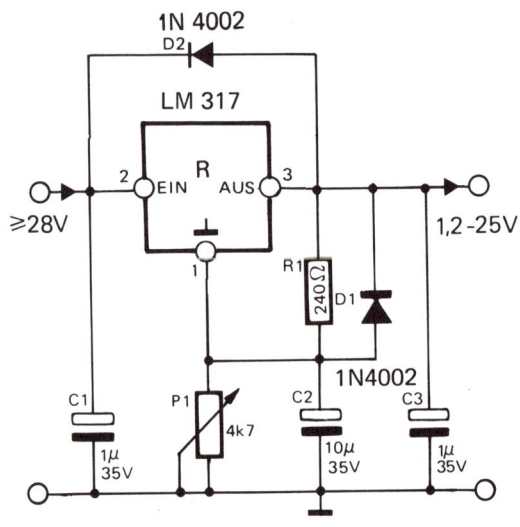

INFO 64 Regeln für den Umgang mit der Netzspannung

*S*obald mit der 220-V-Netzspannung gearbeitet wird, ist Elektronik nicht ganz ungefährlich. Wenn wir jedoch einige Regeln beherzigen, kann nichts passieren.

1. Die drei einzelnen Adern des Netzkabels müssen gut befestigt sein. Das heißt: Die Lötung der zwei Trafokabel muß exakt und sauber sein. Nehmen Sie zum Test eine Pinzette und wackeln an den beiden Kabeln. Den Schutzleiter (Erdleiter), die Kennfarben sind grün-gelb, verschraubt man am besten an einem geeigneten Punkt; das kann zum Beispiel die Befestigungsschraube des Trafos sein.

2. Das Netzkabel muß mit einer Zugentlastung am Gehäuse befestigt werden.

3. Der Schutzleiter muß länger als die beiden anderen Kabel sein. Nur dann ist garantiert, daß er sich beim Abreißen der Kabel als letzter löst.

4. Im Gehäuse müssen netzspannungsführende Teile gut isoliert sein, so daß sie nicht mehr berührt werden können, selbst nicht mit einem langen und dünnen Schraubendreher bei geschlossenem Gehäuse.

5. Nicht isolierte, netzspannungsführende Teile müssen von anderen Teilen weit genug entfernt sein. Sie dürfen sich, selbst wenn man sie verbiegen würde, unter keinen Umständen berühren.

6. Alle metallischen Teile, die von außen zugänglich sind, müssen geerdet sein. Das gilt auch für einen im Kunststoffgehäuse montierten Kippschalter, dessen Knebel aus Metall ist.

7. Arbeiten am geöffneten Gerät (Montieren und Löten) dürfen nur bei ausgezogenem Netzstecker durchgeführt werden. Den Netzstecker in die Hosentasche, bevor das Gerät geöffnet wird!

8. Vor der Inbetriebnahme eines Gerätes unbedingt prüfen, ob alle netzspannungsführenden Teile mechanisch stabil montiert sind. Prüfen Sie mit dem Multimeter (Ohmmessung), ob alle netzspannungsführenden Teile gut isoliert sind und keine Kurzschlüsse bestehen.

9. Müssen Messungen im netzspannungsführenden Teil des Gerätes durchgeführt werden, sind folgende Arbeitsschritte notwendig: Gerät ausschalten, Netzstecker ziehen, Meßstrippen mit isolierten Klemmen versehen, Meßstrippen anklemmen, Netzstecker in die Steckdose, Gerät einschalten, Meßwert ablesen. Auch das Abklemmen der Meßstrippen darf nur bei gezogenem Netzstecker geschehen.

10. Alle netzspannungsführenden Teile müssen isoliert sein, bevor im Niederspannungsteil Messungen durchgeführt werden. Nur so ist ein versehentliches Berühren der Netzspannung ausgeschlossen.

Abb. 198a Die sogenannten Schalen- oder Halbschalen-gehäuse sind weit verbreitet und haben große Vorteile. Sie sind zum einen aus Kunststoff und lassen sich deshalb relativ leicht bearbeiten (bohren, feilen). Zum anderen läßt sich wegen der Bauweise die Platine recht leicht montieren. Außerdem ist bei einer eventuellen späteren Reparatur der Zugriff zur Schaltung recht problemlos. Schließlich kann beim Betrieb der Schaltung mit der Netzspannung beim fertig montierten Gehäuse nichts passieren. Das Gehäuse schützt den Anwender vor gefährlichen Berührungs-spannungen.

Abb. 198a

Gehäusebau

Jede aufgebaute Schaltung soll nach Möglichkeit auch in ein Gehäuse eingebaut werden. Das gilt insbesondere für Netzteile, die ja direkt mit der 220-V-Netzspannung verbunden sind. Es gibt die verschiedensten Gehäuseformen und -materialien: Schuhkartons, Zigarrenkisten, Nähkörbchen, Konservenbüchsen ... Das sind längst nicht alle skurrilen Gehäusearten, die von manchem Freizeit-Elektroniker in seiner Laufbahn verwendet wurden. In den sechziger und siebziger Jahren mag dies vielleicht noch vertretbar gewesen sein; heute sind derartige Gehäusepraktiken verpönt. Das Angebot an preiswerten und formschönen Gehäusen für den Hobbybereich ist so vielfältig, daß jede Schaltung ein „Recht auf ein vernünftiges Gehäuse" hat. Die Fotos 198a und b zeigen einige Gehäuseformen und -arten, unter denen Sie auswählen können.

Bei der Gehäuseauswahl ist unbedingt auf die Größe zu achten. Denken Sie daran, was alles untergebracht werden muß:
● der Netztransformator,
● die Netzteilplatine.
Ferner muß die Frontplatte so groß sein, daß
● die beiden Meßgeräte für Strom und Spannung,
● zwei Ausgangsbuchsen für Plus und Minus,
● der Einstellknopf für die Ausgangsspannung und
● der Netzschalter ihren Platz haben. Einen Vorschlag, wie die Frontplatte aussehen kann, sehen Sie in der Abbildung 199. Ob nun ein Metall- oder Kunststoffgehäuse den Vorzug erhält, hängt in erster Linie von Ihren handwerklichen Fähigkeiten ab, denn die wenigsten Gehäuse sind direkt mit den passenden Bohrungen und Durchbrüchen versehen. Es muß also etwas mechanische Arbeit verrichtet werden. In

Abb. 198b

Abb. 198b Halbschalen-
gehäuse gibt es von vielen
Herstellern in den
unterschiedlichsten Ausführungen. Eine interessante
Gehäusevariante sind die
Pultgehäuse. Bei ihnen
lassen sich die Bedie-
nungselemente recht
übersichtlich und gut
greifbar anordnen.

die Frontplatte sind die Durchbrüche für Netzschalter und Meßgeräte sowie die Bohrungen für die Ausgangsbuchsen und den Einstellknopf einzubringen. Dazu muß gebohrt und gefeilt werden. Doch damit ist es nicht getan: Zusätzlich müssen die Platine und der Transformator befestigt werden.

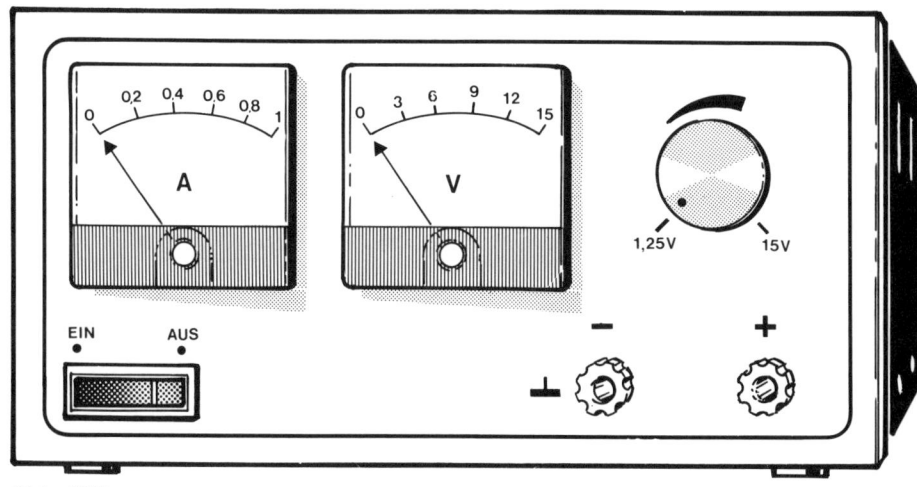

Abb. 199

Abb. 199 Der Frontplatten-
vorschlag ist für ein
Netzteil mit kontinuierlich
einstellbarer Ausgangs-
spannung gedacht. Neben
dem Netzschalter sind ein
Ampere- und ein Voltmeter
vorhanden sowie der
Bedienungsknopf zum
Einstellen der Spannung.
Natürlich sind auch noch
zwei Buchsen vorhanden,
bei denen man die
Ausgangsspannung ab-
greift. Selbstverständlich
ist auch eine andere Front-
plattengestaltung möglich.

Abb. 200 Der Blick aus der
Vogelperspektive läßt gut
erkennen, wie das Netzteil
in ein Gehäuse eingebaut
und verdrahtet ist.

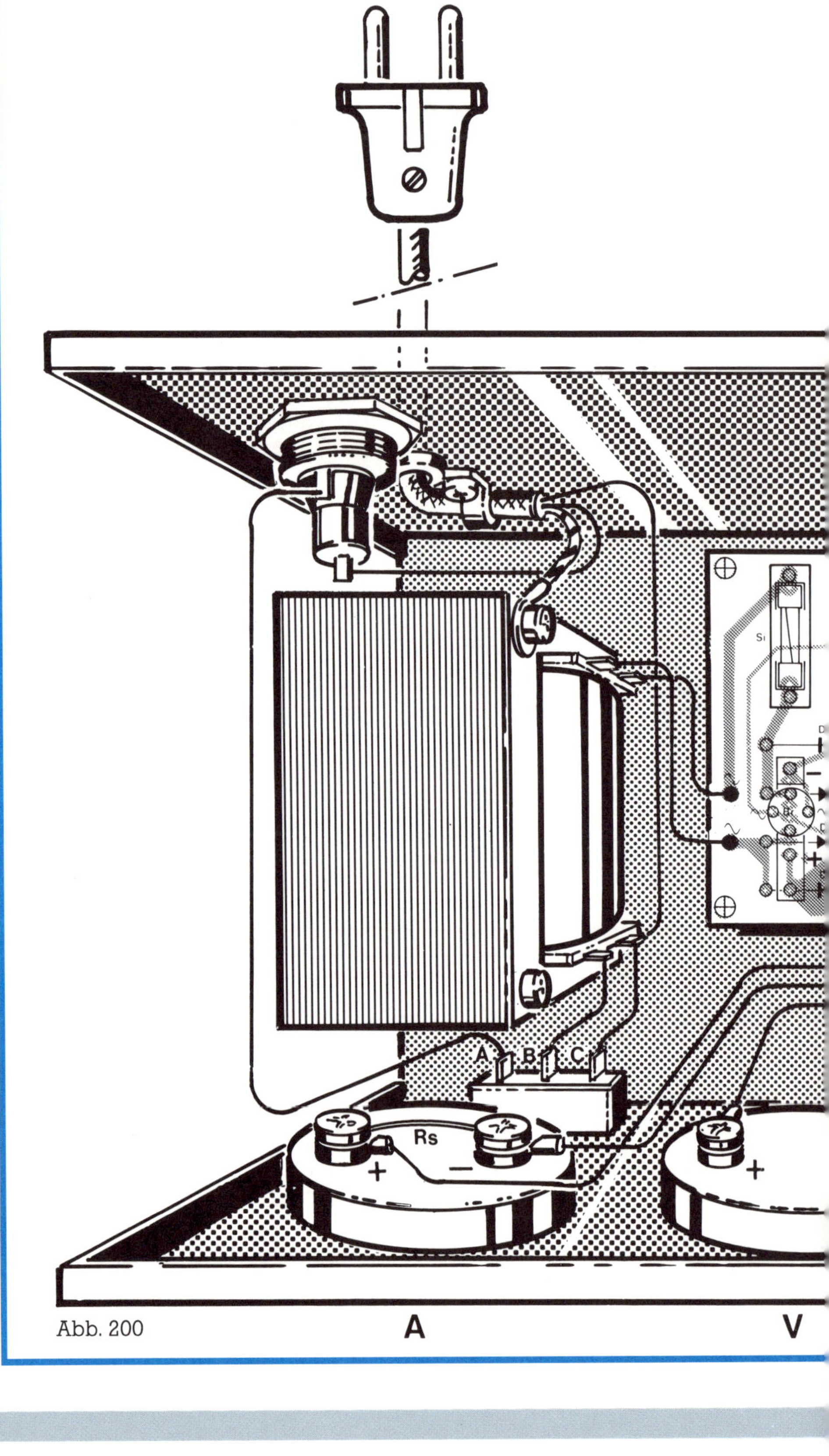

Abb. 200

A

V

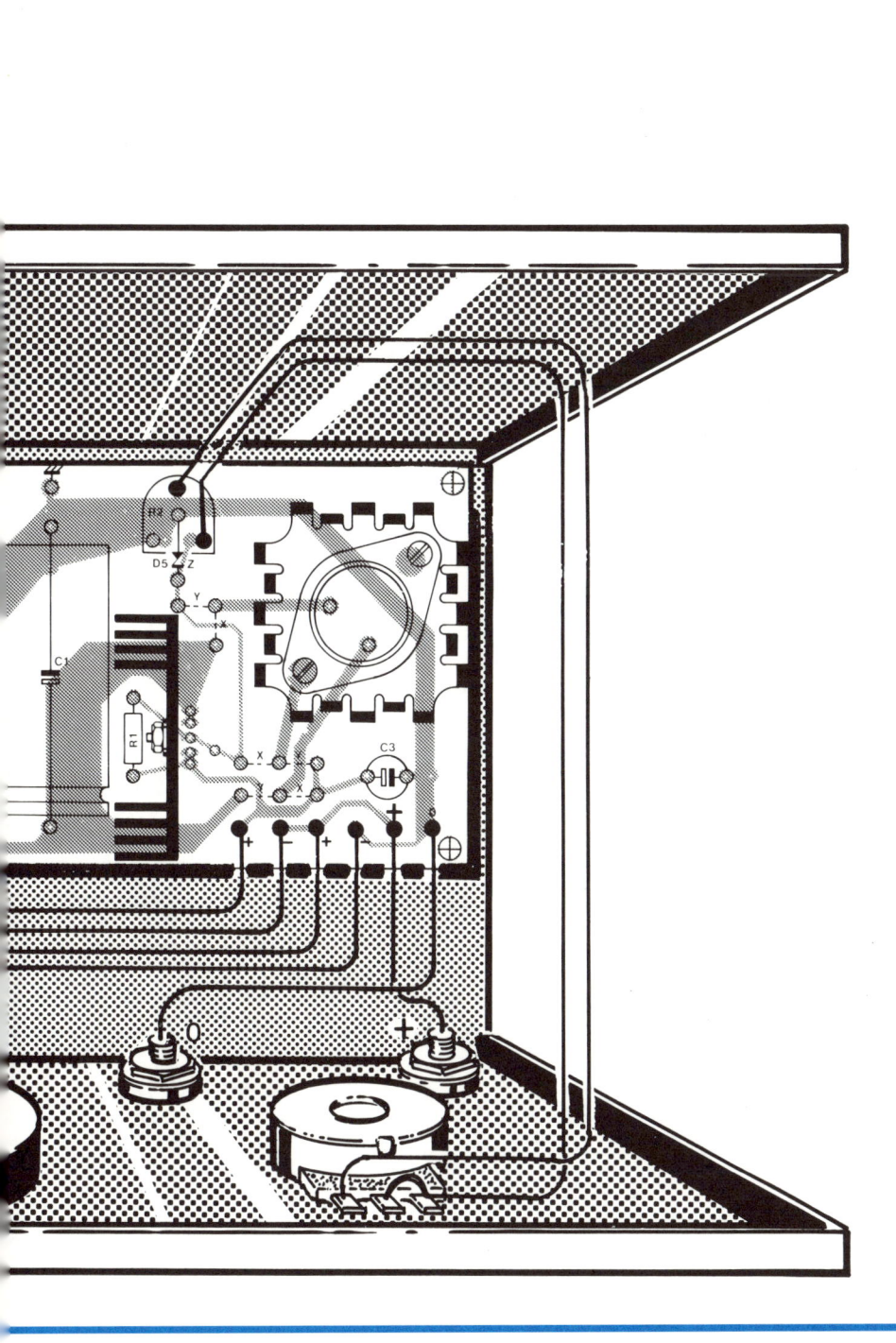

Wenn Sie ein Metallgehäuse verwenden, darf nur der Schutzleiter mit dem Gehäuse verbunden sein. Sonst nichts! Das ist wichtig, damit keine gefährlichen Spannungen zum Metallgehäuse gelangen.

Der Schutzleiter ist das gelb-grüne Kabel, das zum Netzkabel gehört. Das Kabelende des Schutzleiters wird abisoliert und dann zum Beispiel mit einer Befestigungsschraube des Trafos verbunden. Die Farben der beiden übrigen Kabel innerhalb des Netzkabels sind schwarz und blau. Das Netzkabel wird durch die Rückwand ins Innere des Gehäuses geführt. Die Bohrung in der Gehäuserückwand darf auf keinen Fall scharfkantig sein, sonst wird an dieser Stelle die Kabelisolierung im Laufe der Zeit durchgerieben. Das kann zu einem Kurzschluß führen. Es gibt zum Glück Gummitüllen, die man in die Bohrung einsetzt und so das Durchscheuern des Kabels verhindert. Eine weitere gute Schutzmaßnahme, die einen eventuellen Kurzschluß verhindert, ist die Zugentlastung des Netzkabels. Was damit gemeint ist, sehen wir in Abbildung 201. Dadurch ist es unmöglich, daß durch eine unsachgemäße Behandlung das Netzkabel im Gehäuse vom Trafo abgerissen wird. Welche Art der Zugentlastung man wählt, Knoten oder Schelle, ist unerheblich. Wichtig ist, daß sie auf jeden Fall angebracht wird.

Wer ganz sicher gehen will, baut einen Stecker in die Gehäuserückwand. Das Foto in Abbildung 202 zeigt die genormten Eurosteckerbuchsen; bekannt auch unter der Bezeichnung *Kaltgerätestecker*. Sie haben drei Anschlüsse: einen für den Schutzleiter und zwei für die spannungsführenden Kabel. Zu diesen Steckerbuchsen gibt es im Handel Kabel mit passendem Eurostecker. Damit ist das Problem des Kabelabrisses vom Netztrafo gelöst.

Abb. 201a Die einfachste Zugentlastung besteht aus einem Knoten im Netzkabel. Das Durchführungsloch in der Gehäuserückwand ist mit einer Gummitülle versehen.
b) Recht professionell ist die Zugentlastung mit einer Kabelschelle.

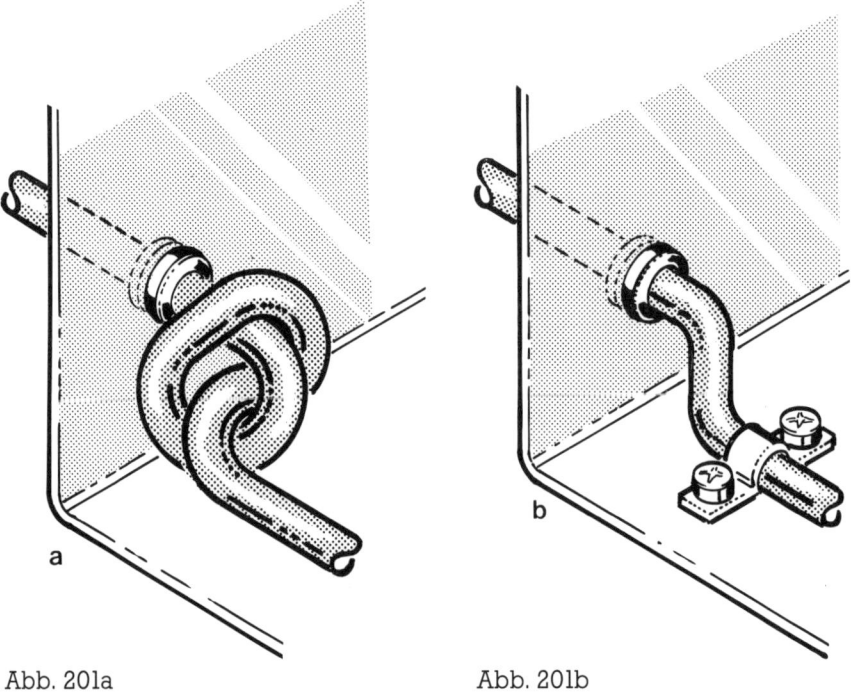

a

b

Abb. 201a   Abb. 201b

Als Netzschalter eignet sich im Prinzip jeder einfache Ein- und Ausschalter. Wer jedoch auch optisch deutlich machen will, daß im Gerät Netzspannung vorhanden ist, wählt einen Schalter mit Glimmlampe. In Abbildung 203 sind einige Exemplare zu sehen. Normalerweise haben Schalter nur zwei Anschlüsse. Wegen der Glimmlampe sind jedoch drei Anschlüsse erforderlich.

Abb. 202

Abb. 202 Gerätestecker sind heutzutage genormt. Es sind die sogenannten Eurostecker, deren Anschlußpins eine ganz bestimmte Anordnung haben.

Abb. 203

Abb. 203 Die im Foto abgebildeten Netzschalter sind aus zweierlei Gründen optimal. Erstens handelt es sich beim Umschalter nicht um einen Metallknebel, sondern um einen Kunststoffbügel, und zweitens wird die anliegende Netzspannung optisch angezeigt.

INFO 65   Schutzmaßnahmen

*B*erührungsspannungen von 65 V und mehr (für die Tiere bereits 24 V) sind für den Menschen gefährlich. Die Berührungsspannung ist die Spannung, die bei einem elektrischen Defekt (zum Beispiel Kurzschluß) zwischen dem leitenden Gehäuse des Geräts und einem leitenden Fußboden auftreten kann. Die Schutzerde (das ist der eigentliche Name des grün-gelben Kabels, der Schutzleiter ist strenggenommen etwas anderes) leitet einen im Falle eines Kurzschlusses auftretenden Fehlerstrom zur Erde ab. Was ist damit gemeint? Die Zeichnung a zeigt eine funktionierende Erdung. Im Falle eines Kurzschlusses fließt der Fehlerstrom über den Erdungswiderstand zur Erde ab. Das funktioniert aber nur bei ordnungsgemäß angeschlossener Schutzerde. Berührt der Mensch jetzt den Kurzschluß, kann trotz einem gleichzeitigen Kontakt zur Erde nichts weiter passieren. Im Fall b sieht die Sache anders aus. Dort fehlt die Schutzerde; gleichzeitig ist der Kontakt zwischen Mensch und Erde sehr gut. Fließt jetzt ein Fehlerstrom, nimmt dieser den Weg vom Kurzschluß über den Menschen zur Erde. Je nach der Höhe der Berührungsspannung kann der so entstehende Fehlerstrom für den Menschen gefährlich werden.
Sorgen Sie deshalb immer für eine gute Schutzerde!

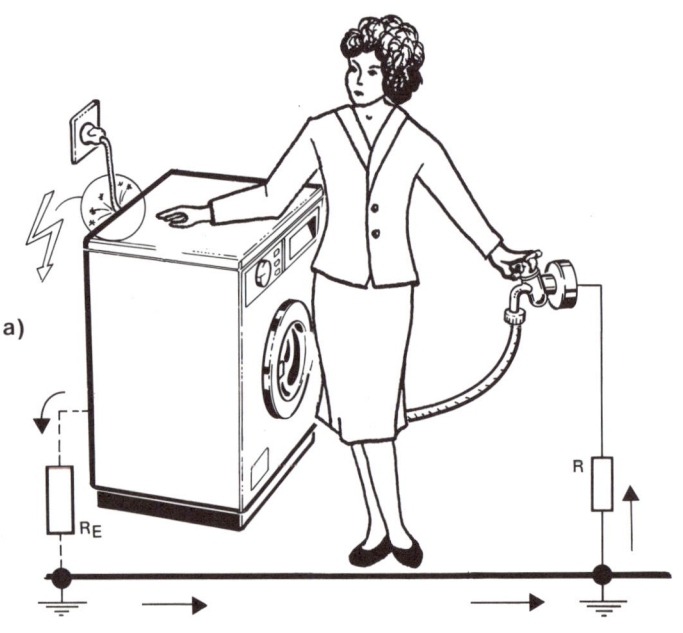

a)

Nicht nur Spannungen, auch Wechselströme können gefährlich sein. Schon ein Wechselstrom von nur 50 mA kann tödliche Folgen haben. Aber auch geringere Ströme sind für den Menschen von Bedeutung: 30 mA können zur Betäubung und 10 mA zum Muskelkrampf führen. Bei 1 mA kommen Sie mit dem Schrecken davon, während die Empfindungsgrenze bei 0,3 mA liegt. Dabei spielt jedoch die Frequenz des Wechselstromes eine nicht unerhebliche Rolle: Bei hohen Frequenzen (Megahertzbereich) tritt der sogenannte „Skineffekt" auf, der den Strom auf die peripheren Bereiche eines Leiters verlagert. Der Strom fließt, im Falle eines menschlichen Leiters, über die Haut und richtet keinen Schaden an. Ein beliebter Zirkuseffekt: Glühbirnen beginnen zu leuchten, wenn sie von Menschen (die unter HF-Strom stehen) berührt werden. (Auf keinen Fall ausprobieren!)

Deshalb gilt:

Arbeiten an elektrischen Geräten nur bei gezogenem Netzstecker durchführen!

b)

R

Abb. 204 Ein mit drei Anschlüssen ausgestatteter Netzschalter erfüllt mehr als nur eine reine Schalterfunktion; er zeigt den eingeschalteten Zustand auch noch optisch an. Der Schalter verbindet die Anschlüsse A und B miteinander. Vom Anschluß B, dem einen Trafoanschluß, führt ein Vorwiderstand und eine Glimmlampe zum zweiten Trafoanschluß.

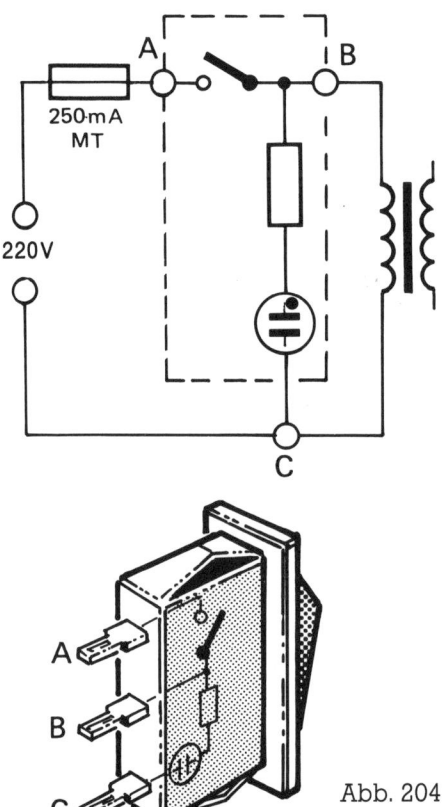

Abb. 204

Wie der Schalter anzuschließen ist, geht aus der Abbildung 204 hervor. Wir wissen, daß auf der Netzteilplatine eine Sicherung vorhanden ist, um die Bauteile bei Überlastung vor Schäden zu schützen. Wenn also die Sicherung durchgebrannt ist, muß in jedem Fall das Gehäuse aufgeschraubt werden. Es gibt dazu eine Alternative, die in solchen Fällen weniger arbeitsintensiv, dafür in der Anschaffung etwas teurer ist. Zu sehen ist sie in Abbildung 205. Es sind gekapselte Sicherungshalter, die beispielsweise in die Gehäuserückwand montiert werden. Die von außen zugängliche Verschlußkappe läßt sich leicht öffnen, so daß eine defekte Sicherung schnell ausgetauscht ist. Dazu ist noch nicht mal ein besonderes Werkzeug erforderlich. Der Gehäuse-Sicherungshalter wird mit Schaltdraht mit den entsprechenden Punkten der Platine verbunden.

Abb. 205 Gehäusesicherungshalter sind in vielen Fällen kein Luxus. Mit ihnen dauert das Auswechseln einer Sicherung nur Sekunden. Die Mehrkosten gegenüber einer Platinensicherung sind in den meisten Fällen mehr als gerechtfertigt.

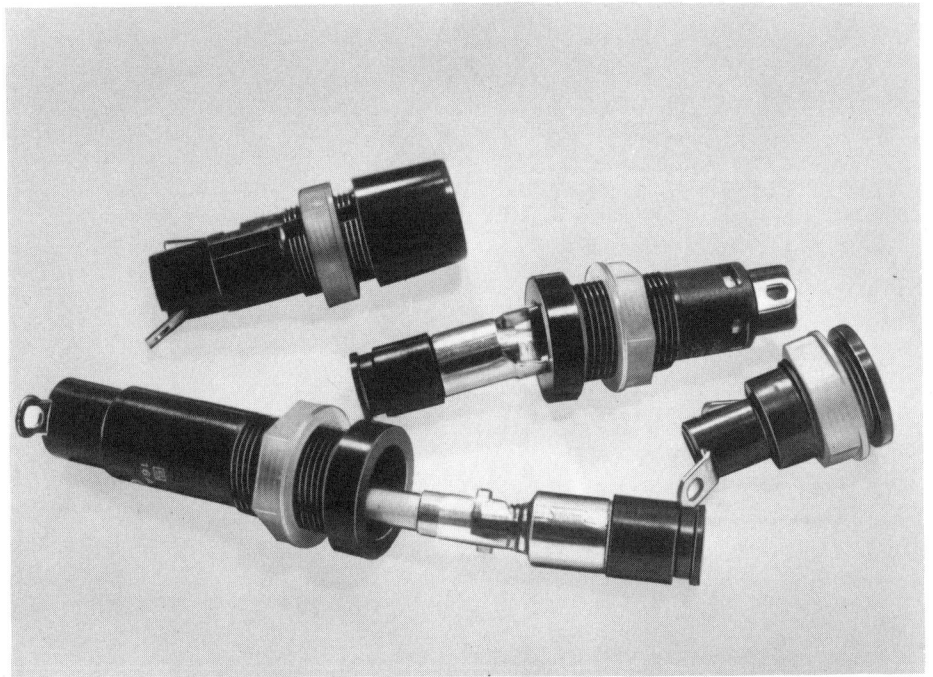

Abb. 205

Wer anstelle des Trimmpotis ein Einstellpotentiometer in die Schaltung einsetzt, verwendet die Schaltung als einstellbares Netzteil. Die Achsen der Einstellpotis haben einen Durchmesser von 4 oder 6 mm. Welcher Typ hier verwendet wird, ist unerheblich. Auf jedem Fall muß der Einstellknopf passen. Eine kleine Knopfauswahl sehen wir in Abbildung 206. Für die Netzteilschaltung eignen sich besonders die kleineren Knöpfe mit der Einstellmarkierung. Wer noch mehr investieren möchte, bekommt im Fachhandel zu den Knöpfen auch noch passende Skalenringe.

Über den Anschluß der beiden Meßgeräte gibt es noch einiges zu bemerken: Beim *Voltmeter* ist alles klar; es wird einfach mit den Anschlüssen, die auf der Platine dafür vorgesehen sind, verbunden. Wichtig ist, daß der Endausschlag des Voltmeters mindestens genauso hoch wie die maximale Ausgangsspannung ist.

Beim *Amperemeter* verhält es sich anders. In der Stückliste ist ein Amperemeter für 1 A angegeben. Wenn man ein solches Gerät einsetzt, wird es einfach bei den entsprechenden Punkten der Platine angeschlossen. Fertig. Das 1-A-Amperemeter hat allerdings einen Nachteil: Geringe Ströme von wenigen Milliampere verursachen auch nur einen geringen Zeigerausschlag. Es ist dann schwierig, diese Ströme exakt abzulesen. Einfacher wäre es, wenn das Amperemeter nur einen Meßbereich von 10 mA hätte, es ließen sich dann auch geringe Ströme gut und exakt ablesen.

Abb. 206 Bedienungsknöpfe gibt es im Fachhandel in den verschiedensten Formen und Farben. Hierbei kann jeder nach Herzenslust auswählen und seinem Gerät eine eigene Note geben.

Abb. 206

Strommessung mit Shunt

Es stellt sich nur die Frage, ob das Amperemeter bei höheren Strömen als 10 mA dann nicht zerstört wird. Die Antwort lautet „ja": Es geschieht, wenn die Stromentnahme wesentlich höher als 10 mA ist.

Wir können nun das 10-mA-Gerät relativ einfach in eine 1-A-Version umwandeln. Ihr Einwand, daß damit wieder der Vorteil des besseren Ablesens bei geringen Strömen verloren geht, stimmt. Doch dazu folgt später noch eine Anmerkung. Wenden wir uns zunächst einmal der Frage zu, wie man ein Amperemeter vor Überlastung schützen kann. Es wird dem Meßgerät ein Widerstand, Fachleute nennen ihn Shunt, parallelgeschaltet. Dies ist in Abbildung 207a skizziert. Der Wert von Rs hängt von drei Faktoren ab: dem Innenwiderstand des Amperemeters, dem Meßbereich des Amperemeters sowie dem maximalen Ausgangsstrom des Netzgerätes. Alle drei Größen sind bekannt:

Innenwiderstand ist beispielsweise 6 Ohm;

Vollausschlag ist beispielsweise 10 mA; Ausgangsstrom maximal 1000 mA = 1 A. Wenn nun ein Laststrom von 1000 mA fließt, sind das für das Gerät 990 mA zuviel (1000 − 10). Der überschüssige Strom von 990 mA muß über den Nebenwiderstand Rs abgeleitet werden. Bevor wir jedoch den Wert von Rs berechnen können, müssen wir noch den Spannungsabfall am Amperemeter wissen. Dieser ergibt sich aus der Multiplikation des Innenwiderstandes mit dem maximal erlaubten Strom:

$U = 6\ Ohm \times 10\ mA = 0{,}06\ V$

Der Nebenwiderstand ist nun dem Amperemeter parallelgeschaltet, und deshalb ist der Spannungsabfall dort genau so hoch, nämlich 0,06 V. Nun können wir also auch den Wert für Rs berechnen:

$$Rs = \frac{U}{I} = \frac{0{,}06\ V}{0{,}99\ A} = 0{,}0606\ Ohm$$

Nach der Methode können Sie nun einfach selbst Widerstandswerte für fünf verschiedene Strommeßbereiche ermitteln. Das Schaltbild dazu ist in Abbildung 207b zu sehen. Über den Umschalter S1 werden die fünf verschiedenen Widerstände zugeschaltet. Bei richtiger Dimensionierung der einzelnen Widerstände ergeben sich so Meßbereiche mit einem maximal zulässigen Strom von 0,2 A bis 1 A in 0,2-A-

Abb. 207a Der Nebenwiderstand Rs (Shunt) erweitert den Meßbereich von Amperemetern. Seine Berechnung ist zwar relativ unkompliziert, jedoch verlangt die Herstellung etwas Geduld und Fingerspitzengefühl.

Abb. 207b Ähnlich wie bei der umschaltbaren Ausgangsspannung ist hier der Strommeßbereich des Amperemeters umschaltbar. Das Instrument wird so optimal genutzt, und beim Ablesen des Stromes ist die Genauigkeit wesentlich höher. Ablesefehler sind (fast) ausgeschlossen.

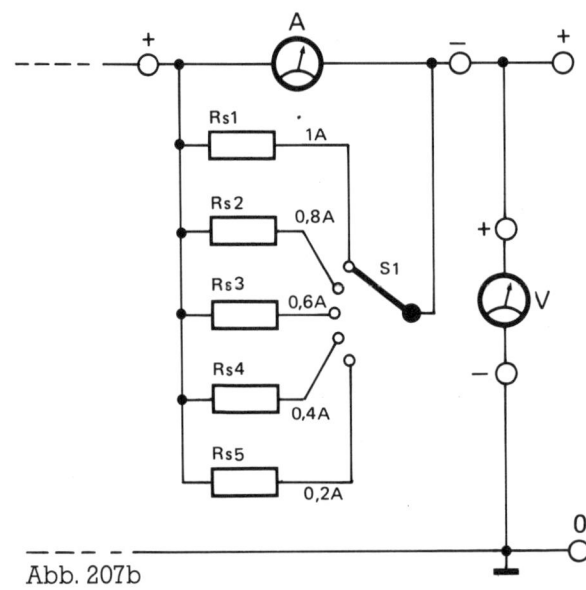

Abb. 207b

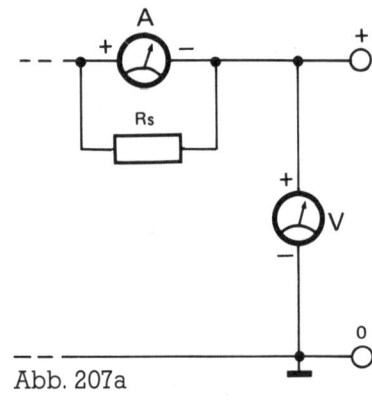

Abb. 207a

Stufen. Wichtig ist, daß Sie die höchste Stufe (1 A) eingeschaltet haben, wenn Sie eine Strommessung beginnen. Ist der Zeigerausschlag zu minimal, dann schaltet man auf die nächst niedrigere Stufe.

Es gibt eine Schwierigkeit: Widerstände mit derart niedrigen Werten sind kaum erhältlich. Gegebenenfalls müssen wir ihn uns selbst herstellen. Wir besorgen uns im Fachhandel eine Rolle Widerstandsdraht. Nun beginnt das Experimentieren. Wir schalten das Netzteil ein und stellen die Spannung auf 10 V ein. Dabei müssen die Ausgangsbuchsen offen sein; es ist also keine Last angeschlossen. Nachdem die Ausgangsspannung auf 10 V eingestellt ist, schalten wir das Netzteil wieder ab. Nun schalten wir die Rolle Widerstandsdraht parallel zum Amperemeter; sie entspricht dann dem Widerstand Rs. Einen Widerstand von 10 Ohm verbinden wir mit den Ausgangsbuchsen; er muß mindestens 10 W Leistung haben. Bei diesen Voraussetzungen fließt ein Strom von 1 A, sobald das Netzteil eingeschaltet wird. Beobachten Sie das Amperemeter. Schlägt es beim Einschalten ziemlich schnell bis zum Skalenrand oder darüber hinaus aus, dann muß das Netzteil sofort wieder ausgeschaltet werden. Der Widerstand Rs hat dann einen zu geringen Wert. Zeigt das Amperemeter weniger als 1 A Strom an, ist der Widerstandswert von Rs zu hoch. Sie müssen dann durch mehrere Versuche erreichen, daß das Meßgerät genau 1 A anzeigt. Ist das der Fall, dann ist der Widerstand Rs1 aus Abbildung 207b richtig dimensioniert.

Damit bei geringeren Meßströmen als 1 A der gesamte Skalenbereich genutzt werden kann, sind in Abbildung 207b fünf Nebenwiderstände vorgesehen. Mit einem Umschalter können wir den richtigen Widerstand für den momentanen Meßstrom anwählen. Begin-

nen Sie die Messung immer in der Stellung 1 A. Schlägt das Meßinstrument nur bis zur Hälfte oder noch weniger aus, wählen Sie den 0,8-A-Widerstand an. Wiederholen Sie das so lange, bis der Zeiger über die Hälfte der Skala hinaus ausschlägt. Mit Hilfe der Widerstände haben Sie nun den gesamten Skalenbereich auch bei kleineren Strömen genutzt.

Bei Rs2 soll der Vollausschlag des Amperemeters schon bei 800 mA erreicht sein. Das heißt: 790 mA müssen über Rs2 fließen, so daß dessen Wert 0,076 Ohm betragen muß. Zum Abgleich bleibt das Netzgerät auf 10 V eingestellt. Der anzuschließende Lastwiderstand muß dann 12,5 Ohm bei 10 W sein. (Denken Sie daran: all dies wird nach dem Ohmschen Gesetz errechnet. Mehr ist dazu nicht notwendig.) Das Rechenschema gilt auch für die Widerstände Rs3 bis Rs5.

Abschließend noch ein Tip. In Abbildung 208 sind zwei Buchsen mit der Bezeichnung EXT eingezeichnet. Hiermit ist es möglich, Ströme in externen Schaltungen zu messen. Dabei darf das Netzgerät selbst nicht eingeschaltet sein.

Wer alle die Vorschläge und Tips in diesem Kapitel beherzigt, verfügt nun über ein Netzgerät, das für viele Verwendungen geeignet ist.

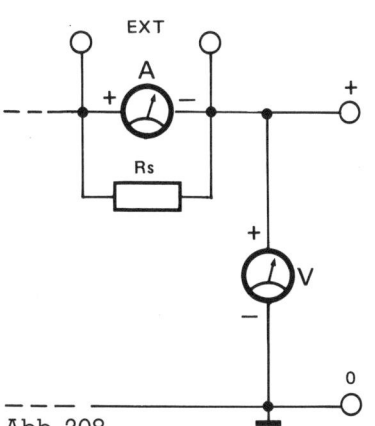

Abb. 208

Abb. 208 Die zwei zusätzlichen Buchsen EXT ermöglichen es dem Anwender, auch Ströme in externen Schaltungen zu messen.

Anhang

Das Herstellen einer Platine

Auf den letzten Seiten finden Sie alle wichtigen, in diesem Buch besprochenen *Platinenlayouts* noch einmal abgedruckt. Die mit den Platinenlayouts bedruckten Buchseiten zeigen zwei Besonderheiten:

1. die Platinenlayouts sind spiegelverkehrt abgedruckt;
2. die Buchseiten mit den spiegelverkehrten Platinenlayouts sind nur einseitig bedruckt.

Diese zwei Besonderheiten ermöglichen es, mit Hilfe von Klarpausspray, erhältlich im Zeichen- oder Elektronikfachhandel, die Platinenlayouts relativ problemlos auf einen fotobeschichteten Platinenrohling zu übertragen. So wird es gemacht:

Trennen Sie die Buchseite mit dem Platinenlayout, das auf das Platinenrohmaterial zu übertragen ist, aus dem Buch heraus. (Man kann die Seite auch im Buch lassen, nur ist dann die Übertragungsprozedur etwas schwieriger.) Mit dem Klarpausspray wird die Buchseite mit dem entsprechenden Platinenlayout durchsichtig, also transparent gemacht. Besser ist es allerdings, die fotobeschichtete Platine mit dem Klarpausspray einzusprühen; möglichst gleichmäßig, nicht zu viel, aber auch nicht zu wenig. Die herausgetrennte Buchseite mit dem zu übertragenden Platinenlayout wird nun mit der bedruckten Seite auf den eingesprühten Platinenrohling gelegt und vorsichtig glattgestrichen, bis zwischen Platinenrohling und Papier keine Luftblasen mehr vorhanden sind. Anschließend muß die Vorlage fest auf die Platine gepreßt werden; dazu nimmt man beispielsweise eine Gummiwalze. Das Anpressen darf aber nicht zu fest geschehen, da ansonsten die Vorlage verrutschen kann. Dadurch würden die Konturen der Leiterbahnen verwischt und Sie um den Lohn Ihrer Arbeit gebracht. Damit die Buchseite dann auch tatsächlich an ihrem Platz bleibt, kann man noch eine (entspiegelte) Glasscheibe drauflegen. Wenn Sie jetzt durch die transparente Buchseite das Platinenlayout betrachten, sehen Sie es richtig, also nicht mehr spiegelverkehrt. Damit ist der schwierigste Teil des Übertragungsverfahrens beendet.

Die so präparierte Vorlage (fotobeschichteter Platinenrohling mit transparenter Buchseite) wird nun belichtet. Dazu ist eine UV-Lampe erforderlich; es gibt verschiedene Möglichkeiten: eine spezielle UV-Lampe, eine UV-Leuchtstoffröhre, eine Quecksilberdampflampe, selbst mit einer Höhensonne funktioniert es noch (auch das Sonnenlicht ist geeignet). Die Belichtungszeit hängt von der verwendeten Lichtquelle ab. Mit Sonnenlicht dauert die ganze Prozedur länger als mit einer UV-Lampe. Hierfür gilt bei 300 W eine Belichtungszeit von durchschnittlich sechs Minuten bei einem Abstand von 30 bis 40 cm. Die genauen Belichtungswerte erfährt man am besten durch Ausprobieren; es sind Erfahrungswerte, die Sie aber in relativ kurzer Zeit kennen werden.

Nach dem Belichten wird die Vorlage (die transparente Buchseite) von dem Platinenrohling abgenommen; nun folgt der Entwicklungsvorgang. Dazu benötigen wir einen Liter Natronlauge. Wer sie selbst ansetzt, muß etwa 9 Gramm Ätznatron auf einen Liter Wasser lösen. Der Entwicklungsvorgang dauert etwa eine Minute, auf keinen Fall länger als zwei Minuten. Der Platinenrohling wird in das Entwicklerbad gelegt. Die Flüssigkeit sollte während des Entwickelns ständig bewegt werden. Nach dem Entwickeln muß man die Platine noch gut wässern, bevor es ans Ätzen geht.

Das Ätzbad besteht aus 500 Gramm Eisen-III-Chlorid, in einem Liter Wasser aufgelöst. Wenn die Lösung nicht zu kalt ist – sie sollte mindestens Zimmertemperatur haben –, dauert der Ätzvorgang etwa 15 Minuten, bis sich der Platinenrohling in ein sauberes Layout verwandelt hat. Zur Aufnahme der Bauelemente sind die Lötstellen noch mit einer Bohrung von einem Millimeter Durchmesser (maximal 1,5 mm) zu versehen. Damit ist die Platine fertig und kann bestückt werden.

Vergessen Sie eines nicht: Entwickler- und Ätzbad sind aggressive Chemikalien. Gehen Sie vorsichtig damit um. Das gilt auch für deren Vernichtung; einfach in den Abfluß schütten belastet auch Ihre Umwelt unnötig!

Auf den nun folgenden Seiten sind die Platinenlayouts aus den Abbildungen 81, 91, 98a, 100, 107, 112, 116 und 183 abgedruckt. Das also sind die Platinen, die Sie mit der vorstehenden Anleitung nach dem Klarpaus-Sprayverfahren selbst herstellen können. Sollten die ersten Versuche fehlschlagen, lassen Sie sich nicht entmutigen. Bald haben Sie genug Erfahrung, um saubere Platinen herzustellen.

Fachausdrücke

AC (= alternativ current)	Wechselstrom
adjustment	Einstellung
average	Mittelwert (arithmetisch)
balanced	symmetrisch
bandwidth	Bandbreite
bias	Vorspannung
cascaded	in Reihe geschaltet
C.L. (= closed loop)	geschloss. Rückkopplungsschleife
clamp diode	Begrenzungsdiode
CMR (= common mode rejection)	Gleichtaktunterdrückung
common	allgemeiner Bezugspunkt (Masse)
convertion	Umwandlung
coupling (AC)	Kopplung (Wechselstrom)
current	Strom
forward –	Durchlaßstrom
reverse –	Sperrstrom

DC (direct current)	Gleichstrom
distortion	Klirrfaktor
encapsulated	gekapselt
error	Fehler
feedback	Rückführung
negative –	Gegenkopplung
positive –	Mitkopplung
floating	erdfrei
F.P. (= full power)	Nennlast
F.S. (= full scale)	Vollausschlag, Vollbereich
gain	Verstärkung
unity –	1fache Verstärkung
go-no-go	Ja-Nein-Entscheidung
grounded	geerdet
heat sink	Kühlblech, Kühlrippe
hold	halten (speichern)
lag	Nacheilen (Phase)
leakage	Leck(strom)
loop	Rückkopplungsschleife
L.P. (= low pass)	Tiefpaß (Filter)
magnitude	Betrag (komplexe Größe)
matched	gepaart
narrow band	Schmalband
noise	Rauschen
O.L. (= open loop)	geöffnete Rückkopplungsschleife
Op amp	Operationsverstärker
optional	zusätzlich
output	Ausgang
– impedance	Quellimpedanz
overshoot	Überschwingen
path	Pfad, Zweig
pp (= peak-peak)	Spitze-Spitze
protected	geschützt

quiescent current	Ruhestrom
range	Bereich
rated current	Nennstrom
rated voltage	Nennspannung
recovery time	Erholzeit
rejection	Unterdrückung
reset	Rückstellung
resolution	Auflösung
response	Antwort
frequency –	Amplitudengang (Frequenz)
step –	Sprungantwort
risetime	Steigzeit
rms (= root mean square)	effektiv
roll-off	Abfall (Amplitudengang)
sample	Abtasten
saturation	Sättigung
settling time	Einstellzeit
short circuit protected	kurzschlußsicher
single ended	einpolig
slew rate	Durchsteuerzeit
slope	Steigrichtung
source	Quelle (Spannung, Strom)
square	Rechteck
step	Sprung, Stufe
stray capacitor	Streukapazität
summing point	Summierpunkt
supply	Versorgung
sweep	durchlaufen, ablenken
swing	Hub
time constant	Zeitkonstante
triangle	Dreieck
VCO (= voltage controlled oscillator)	spannungsgesteuerter Oszillator
waveform	Kurvenform
zero crossing	Nulldurchgang

Meßgrößen und ihre Einheiten

Bezeichnung	Formel-zeichen	Größen-gleichungen	Bezeichnung	Kurz-zeichen	Einheiten-gleichungen
Meßgrößen des elektrischen Stromes			**Einheiten**		
Spannung	U	$U = I \cdot R$	Volt	V	$1\,V = 1\,A \cdot 1\,\Omega$
Stromstärke	I	$I = \dfrac{U}{R}$	Ampere	A	$1\,A = \dfrac{1\,V}{1\,\Omega}$
Stromdichte	S	$S = \dfrac{I}{A}$	Ampere je Milli-meterquadrat	$\dfrac{A}{mm^2}$	
Elektrizitätsmenge elektr. Ladung	Q	$Q = I \cdot t$	Coulomb Amperesekunde	C As	$1\,C = 1\,A \cdot 1\,s$ $1\,As = 1\,A \cdot 1\,s$
Widerstand	R	$R = \dfrac{U}{I}$	Ohm	Ω	$1\,\Omega = \dfrac{1\,V}{1\,A}$
spez. Widerstand	e	$R = e \cdot \dfrac{l}{A}$ $e = \dfrac{R \cdot A}{l}$		$\Omega\,m$	
Leitwert	G	$G = \dfrac{1}{R}$	Siemens	S	$1\,S = \dfrac{1}{1\,\Omega}$
spez. Leitwert	x	$x = \dfrac{1}{e}$ $x = \dfrac{l}{R \cdot A}$		$\dfrac{S}{m}$	
Leistung des Gleichstroms	P	$P = U \cdot I$ $P = I^2 \cdot R = \dfrac{U^2}{R}$	Watt	W	$1\,W = 1\,V \cdot 1\,A$
Leistung des Wechselstroms					
Scheinleistung	S	$S = U \cdot I$	Voltampere	VA	$1\,VA = 1\,V \cdot 1\,A$
Wirkleistung	P	$P = S \cdot \cos\varphi$	Watt	W	$1\,W = 1\,V \cdot 1\,A$
Blindleistung	Q	$Q = S \cdot \sin\varphi$ $Q = P \cdot \tan\varphi$	Voltampere reaktiv	var	
elektrische Arbeit des Gleichstromes	W	$W = P \cdot t = U \cdot I \cdot t$	Wattsekunde Wattstunde	Ws Wh	$1\,Ws = 1\,W \cdot 1\,s$ $1\,Wh = 1\,W \cdot 1\,h$
des Wechselstromes	W	$W = P \cdot t = U \cdot I \cdot \cos\varphi \cdot t$	Kilowattstunde	kWh	$1\,kWh = 1000\,W \cdot 1\,h$

Internationale Farbkennzeichnung nach IEC für Widerstände (Kondensatoren)

Farbe	1. Ring *) 1. Ziffer	2. Ring 2. Ziffer	3. Ring Größenwert **)
schwarz	0	0	Ω (pF)
braun	1	1	0 Ω (pF)
rot	2	2	00 Ω (pF)
orange	3	3	kΩ (nF)
gelb	4	4	0 kΩ (nF)
grün	5	5	00 kΩ (nF)
blau	6	6	MΩ (µF)
violett	7	7	–
grau	8	8	–
weiß	9	9	–

Farbe	4. Ring Toleranz
braun	± 1%
rot	± 2%
grün	± 5%
gold	± 5%
silber	± 10%
keine	± 20%

*) Vereinzelt kennzeichnet Körperfarbe die 1. Ziffer.
**) Bedeutet Zahl der Nullen nach der 2. Ziffer bei Wertangabe in Ω bzw. pF.
Reihenfolge der Ringe (oder Punkte) geht im allgemeinen vom benachbarten Rand aus.

Beispiele für Farbkennzeichnung

Beispiele	1. Ziffer 1. Ring	2. Ziffer 2. Ring	Nullen nach 2. Ziffer 3. Ring
2,5 kΩ = 2500 Ω	2 rot	5 grün	2 rot
2,5 MΩ = 2500000 Ω	2 rot	5 grün	5 grün
47 kΩ = 47000 Ω	4 gelb	7 violett	3 orange

Typenbezeichnungen von Halbleiterbauelementen

Standardtypen (Rundfunk, Fernsehen):   2 Buchstaben und 3stellige Zahl
Professionelle Typen (Leistungstechnik):   3 Buchstaben und 2stellige Zahl

1. Buchstabe: Ausgangsmaterial
  A = Germanium
  B = Silicium

2. Buchstabe: Funktion

A = Signal-, Schalt-, Mischdiode	P = Fotodiode
B = Nachstimm-, Abstimmdiode	R = Vierschichtdiode
C = NF-Transistor (Vorstufe)	S = Schalttransistor
D = NF-Leistungstransistor[1]	T = Thyristor (gesteuerter Gleichr.)
E = Tunneldiode	U = Leistungs-Schalttransistor
F = HF-Transistor (Vorstufe)	Y = Leistungsdiode
L = HF-Leistungstransistor[1]	Z = Referenz-, Z-Diode

Anschließende Zahlen für laufende Kennzeichnung
  Frühere Kennzeichnung: Amerikanische Kennzeichnung:
    OA = Diode   1N = Diode
    OC = Transistor   2N = Transistor

---

[1] Bessere Wärmeabfuhr.

Formelzeichen

Dioden

U_F = Durchlaßspannung	I_F = Durchlaßstrom
U_R = Sperrspannung	I_R = Sperrstrom
P = Verlustleistung	I_o = mittlerer Richtstrom
U_Z = Zenerspannung	I_Z = Zenerstrom
R_Z = Zenerwiderstand	R_F = Durchlaßwiderstand

Transistoren (statische Werte)

U_{BE} Spannung Basis-Emitter[1]	I_B Basisgleichstrom
U_{CB} Spannung Kollektor-Basis	I_C Kollektorgleichstrom
U_{CE} Spannung Kollektor-Emitter	I_E Emittergleichstrom
R_{BE} Widerstand Basis-Emitter	R_L Lastwiderstand

Register

Hinweise für den Benutzer
Kursiv gedruckte Ziffern beziehen sich auf Abbildungen, halbfett gedruckte besagen, daß auf dieser Seite etwas besonders Wichtiges über den entsprechenden Begriff zu finden ist.

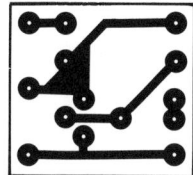

Abb. 81 (siehe S. 88)

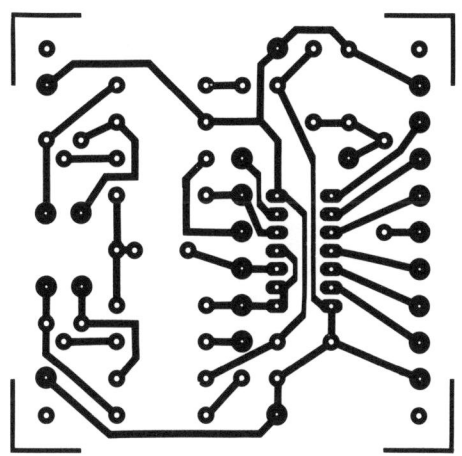

Abb. 91 (siehe S. 104)

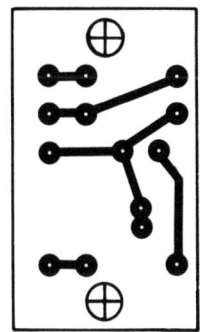

Abb. 98a (siehe S. 114)

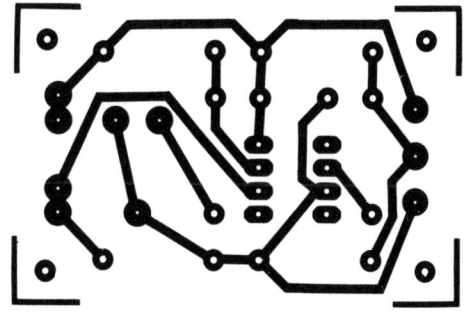

Abb. 100 (siehe S. 118)

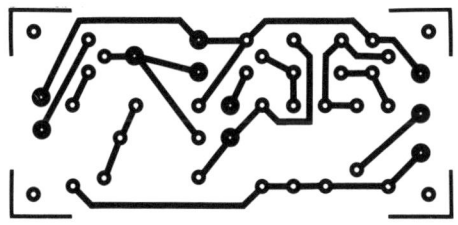

Abb. 107 (siehe S. 129)

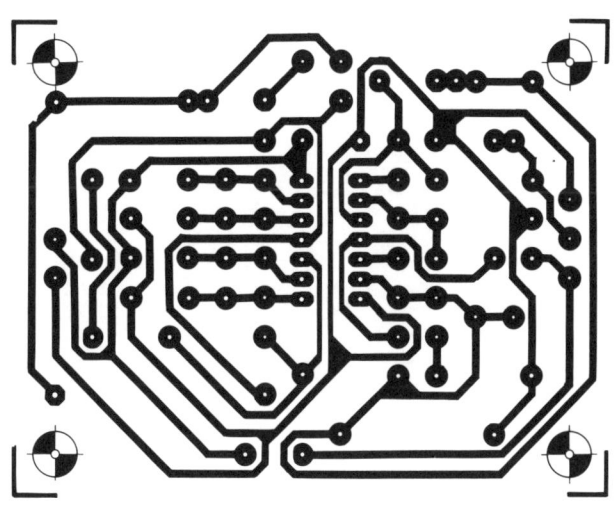

Abb. 112 (siehe S. 135)

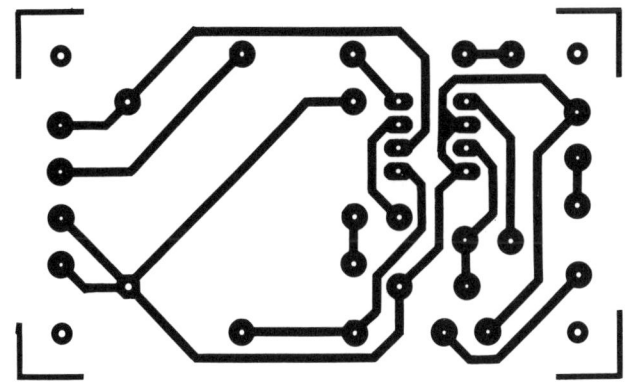

Abb. 116 (siehe S. 139)

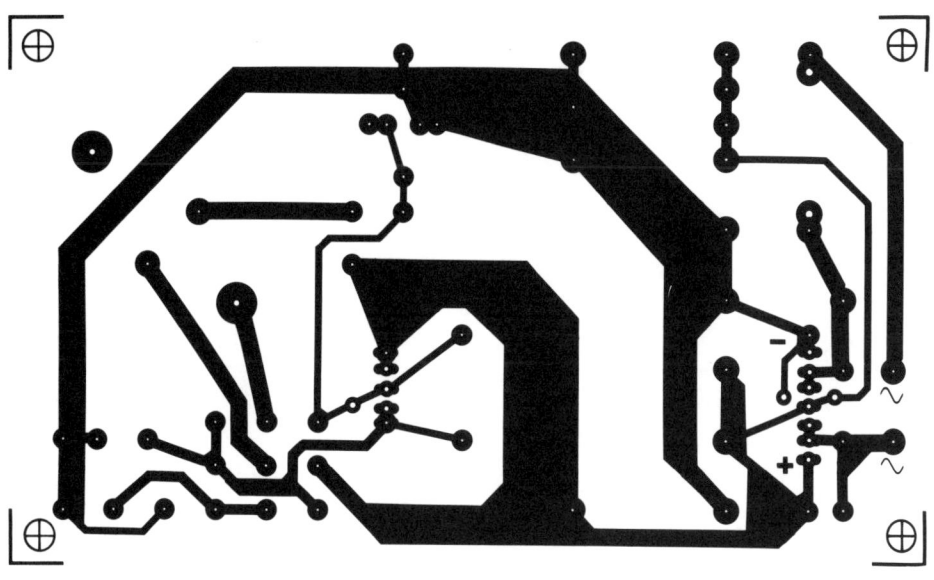

Abb. 183 (siehe S. 204)